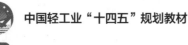

中国轻工业"十四五"规划教材

 高等学校粮食工程专业教材

粮食加工副产物综合利用

赵仁勇　田双起　主编

U0397011

Comprehensive Utilization
of Grain Processing
By-products

中国轻工业出版社

图书在版编目（CIP）数据

粮食加工副产物综合利用 / 赵仁勇，田双起主编.
北京：中国轻工业出版社，2025. 3. -- ISBN 978-7
-5184-5130-2

Ⅰ. TS210. 9

中国国家版本馆 CIP 数据核字第 2024DK7784 号

责任编辑：巩孟悦

策划编辑：马　妍　　　责任终审：劳国强　　　封面设计：锋尚设计
版式设计：砚祥志远　　　责任校对：晋　洁　　　责任监印：张京华

出版发行：中国轻工业出版社（北京鲁谷东街 5 号，邮编：100040）
印　　刷：北京君升印刷有限公司
经　　销：各地新华书店
版　　次：2025 年 3 月第 1 版第 1 次印刷
开　　本：787×1092　1/16　印张：16.25
字　　数：405 千字
书　　号：ISBN 978-7-5184-5130-2　定价：48.00 元
邮购电话：010-85119873
发行电话：010-85119832　010-85119912
网　　址：http://www.chlip.com.cn
Email：club@chlip.com.cn

前言 | Preface

　　粮食加工副产物综合利用既是粮食工程的重要分支学科，又是食品科学的重要组成部分，它是专门研究与粮食加工有关的副产物的种类、特性、转化以及综合利用与粮食工程的相互关系及其营养健康的一门学科。粮食加工副产物综合利用作为高等学校粮食工程相关专业一门核心课程，对粮食精深加工和粮食资源转化与利用起着非常关键的作用。特别是随着现代粮食加工行业和现代食品工业的迅猛发展，粮食加工副产物综合利用对粮食加工行业发展产生了越来越深刻的影响，已经渗透到粮食精深加工、谷物食品营养、粮食安全的各个方面，成为支撑粮食加工行业的重要技术。

　　本书根据粮食工程及食品学科发展特点，强调理论与实践相结合，强调科学性与应用性相结合；将国内特色与国际发展前沿相结合；在介绍粮食加工副产物知识的同时，进一步突出其在粮食精深加工中的具体应用，增强该学科的实用性和针对性。

　　本教材主要特点如下：第一，粮食加工副产物与营养健康内容紧密衔接。在编写时力争突破原有粮食加工副产物教材中"先基础知识、后实际应用"的编写模式，将粮食加工副产物基础知识与营养健康知识以及生产实践的案例贯穿始终，突出粮食工程专业的学科特点。第二，力求简洁、通俗易懂。各章节中尽量将烦琐的文字描述转化为图、表的形式来表现，力求内容直观、形象，易于理解。第三，突出实用性和针对性。粮食加工过程中产生的副产物具有很大的资源优势，通过了解粮食加工副产物的基本组成和功能特性提高其综合利用率和产品附加值，对保障国家粮食安全具有十分重要的意义。第四，新颖性和前沿性。力求把本学科领域的前沿知识与编者自身的科研方向和优势结合，突出教材的新颖性和学术前沿性。

　　本教材不仅适合高等学校粮食工程专业学生使用，也可作为相关研究院所和生产企业科技人员及工程技术人员的参考书。

　　本教材的编写成员汇集了河南工业大学长期从事粮食工程专业教学和科研的中青年学术骨干，他们活跃在教学、科研及生产第一线，既有扎实的理论基础，又有丰富的实践经验。全书由河南工业大学赵仁勇教授、田双起教授任主编。具体编写分工如下：第一章由赵仁勇教授编写，第二、三章由王香玉博士编写，第四、五章由娄海伟副教授编写，第六章由牛永武副教授编写，第七章由王新伟副教授编写，第八章由田双起教授编写。

由于编者水平所限，书中难免存在遗漏和不妥之处，诚请读者批评指正。

编　者

2024 年 10 月

目录 Contents

绪论

学习目标

1. 了解粮食加工副产物的种类。
2. 掌握粮食加工副产物的主要成分。

学习重点与难点

1. 重点是三大主粮的加工副产物综合利用。
2. 难点是粮食加工副产物的活性成分。

我国粮食产品资源非常丰富，为粮食产品深加工提供了丰富的原料。粮食是我国最大宗的农产品，是保障全国人民食物供给和国民经济发展的战略物资。粮食加工以大宗谷物、杂粮、薯豆类及其加工副产物为基本原料，生产出各种米、面主食及方便食品、营养保健食品、化工生物产品以及能源类物质，从而提高了粮食的营养效价和粮食的利用率。因此，粮食加工业是农产品加工业的基础产业，食品工业的支柱产业和人类的生命产业。

"民以食为天，食以粮为先。""一粥一饭，当思来处不易；半丝半缕，恒念物力维艰。"节约粮食是中华民族的传统美德，更是新时代公民应该具备的素质和修养。因此，综合利用粮食加工副产物意义重大。

我国粮食产品加工存在的问题主要有低值粮食产品利用率低、粮食产品深加工精深程度不高、附加值偏低等。目前，我国粮食深加工比例占粮食产品总量的 20% 左右，而在有些国家，近 75% 的粮食用于深加工。因此，我国的粮食产品深加工产业具有非常广阔的市场空间以及良好的市场前景。

一、稻谷加工副产物

一般而言，稻谷加工副产物主要有稻壳、米糠和碎米。

目前世界上有 70 多个国家种植水稻。根据最新的统计数据，我国每年生产约 2.7 亿 t 水稻。稻壳是稻谷加工的最主要副产物，约占稻谷总产量的 20%。然而，由于稻壳不耐储藏，所以通常情况下都是将稻壳焚烧，造成了严重的环境污染和资源浪费。而实际上，稻壳的用途十分广泛，可制成糠醛、木糖、高纯二氧化硅、白炭黑、吸附剂、乙醇等化工制品，还可用来发电。总之，充分利用稻壳这一丰富的生物质资源，将对整个经济社会的发展起到良好的促进作用。

米糠作为另一种稻谷加工副产物，其营养价值也很高，包含了64%的稻谷营养素以及90%以上的人体的必需元素，米糠富含脂质、蛋白质、矿物质、维生素等多种营养物质，是一种极好的食品资源、化工原料和药物原料，素有"天然营养宝库"之称。但是就目前的情况而言，我国约有90%的米糠得不到充分利用，其损失相当惊人。米糠是一种巨大的可再生利用资源，从米糠中可提取米糠油、米糠蛋白、米糠多糖、米糠植酸钙等多种营养物质，具有可持续的开发利用价值和广阔的市场前景。

碎米为大米产量的2%~5%，其经济价值只有整米的1/3~1/2，如果将碎米加以利用，经济效益可大大提高。利用碎米可以开发再制米、米粉、米面包、米饮料等。

二、小麦加工副产物

小麦是世界上最早也是种植最广泛的粮食作物，产量仅次于玉米，全球有35%~40%的人口以小麦作为主要粮食作物。我国年产小麦1.1亿t左右，居世界第一位。小麦的传统加工主要是制粉，相当多的小麦加工副产物得不到有效利用。一般情况下，面粉厂生产出的小麦胚芽占小麦籽粒质量的1.5%~3%，而麦麸约占小麦籽粒质量的15%，这是很大一部分比例的副产物，其有效利用对促进经济发展具有非常重要的作用。

麦麸是指小麦在干磨制粉生产过程中，经过逐道地研磨和筛理，除去打碎入粉的胚乳剩下的成分，约占小麦质量的14.5%，主要由小麦种皮、糊粉层和少量胚芽组成。麦麸是可利用的最广泛的膳食纤维源，其膳食纤维总量占干物质成分的35%~50%，小麦麸皮膳食纤维直接食用时味道不佳，需经过加工处理，如热处理（烘烤、挤压等），除去麸皮中的不良气味，制成清香可口的系列产品，目前主要在面包、饼干、面粉类、糕点等食品中作为品质改良剂和膳食纤维强化剂使用；麦麸中的阿魏酸具有抗氧化、抗血栓、降血脂、抗动脉粥样硬化、抗菌消炎、抗突变以及预防心脏病、防癌、防辐射、护肝、增强精子活力等功能，被广泛应用于医药、食品、化妆品行业；麦麸中的蛋白质，是一种优质的蛋白质，可弥补膳食中蛋白质的不足。麦麸中还含有一些有生理活性的物质，具有非常重要的功能特性，麦麸中的低聚糖具有一系列生物活性。一是低聚糖具有良好的双歧杆菌增殖效果，可作为双歧杆菌生长因子应用于食品；二是低聚糖具有低热值性能，属于难消化糖，不被口腔中的产酸类和其他微生物利用，显示出抗龋齿功能；三是由于它的低热值性能，可以作为糖尿病、肥胖病、高脂血症等病人理想的糖源；四是低聚糖还具有表面活性，可吸附肠道中的有毒物质及病原菌，提高机体抗病能力，激活免疫系统，可用于医药工业和饲料工业。

麦胚是小麦籽粒的生命源泉，不仅含有生命活动所必需的丰富而优质的蛋白质、脂肪及多种维生素、矿物质等营养素，而且还含有谷胱甘肽、黄酮类物质、麦胚凝集素、二十八烷醇及多种酶类等生理活性物质。小麦胚蛋白质是全价蛋白质，每100g麦胚中含赖氨酸205mg，比大米、面粉均高出几十倍。小麦胚蛋白质可在面包、饼干、巧克力中作营养强化剂使用；小麦胚中脂肪酸约占10%，其中80%是不饱和脂肪酸，亚油酸含量约50%以上。此外，维生素E、二十八烷醇含量也很高，是一种珍贵的营养保健油品。欧美等国家和地区还将小麦胚油作为抗氧化剂添加到油脂食品中以及作为化妆品和医药品的稳定稀释剂、饲料添加剂以及特殊食品等。从经济角度考虑，小麦胚油可制成油丸或保健品、化妆品。此外，小麦胚油还可用作糖果、面包、饼干、糕点等食品的添加剂。

三、玉米加工副产物

玉米是当今世界上继水稻和小麦之后最重要的粮食作物，单位面积产量位居第一，加工利用程度也远远超过水稻和小麦。我国的玉米资源十分丰富，产量占全国粮食总产量的26.9%，总产量位于世界第二位。

在玉米的消费中，工业消费占消费总量的80%以上，并呈不断上升的趋势。玉米生产加工中会伴随大量副产物产生，估算玉米须的年产量为750万t、玉米芯为1500万t、玉米苞叶为1000万t。由此可见，若要提高玉米加工产业的社会及经济效益，就要不断提高玉米加工综合利用与整体开发的技术水平，其中加大对玉米加工副产物的深度开发利用尤为重要。国外对玉米的综合利用途径较多，已经开发的深加工产品就达数十种之多，如玉米胚芽油、玉米醇溶蛋白、低聚糖、果葡糖浆、柠檬酸等。目前，正在进一步研究玉米加工副产物中具有生物活性的产物。国内近些年来对玉米的综合利用开发途径也越来越多，如果葡糖浆、淀粉糖、结晶葡萄糖、聚乳酸等。

玉米胚是玉米淀粉及酒精工业的副产物，其中脂肪含量高达40%~50%（按干物质计），是一种丰富的油料资源。其次是蛋白质和灰分，此外还含有磷脂、谷固醇、肌醇磷酸苷、蛋白质水解产物、糖类等。利用玉米胚芽可生产玉米胚芽油和植酸，玉米胚芽油含34%~62%的亚油酸和多种维生素（如维生素A、维生素D、维生素E），并易被人体吸收，对防治动脉硬化、血管胆固醇沉积、糖尿病等疾病有积极作用。

玉米皮是玉米加工淀粉时产生的副产物，它是玉米籽粒的表皮部分，占玉米总质量的7%~10%，年产量2000万t以上。玉米皮中纤维素和半纤维素的含量较为丰富，分别在37%和11%左右，蛋白质的含量在12%左右，灰分占1.3%。长期以来，玉米皮主要用于饲料的生产，没有被充分地利用，造成较大的资源浪费，若能进行深加工，被充分利用，将会提高玉米的经济效益和社会效益。可以从玉米皮中提取可溶性膳食纤维、黄色素，也可以用玉米皮来生产饲料酵母，这是一种新型利用手段。同样，通过生物转化得到高科技附加值的纤维寡糖和低聚木糖，不仅可以促进玉米的综合利用，还可以形成可再生资源，促进国民经济的可持续发展，具有广泛的社会效益。

四、杂粮加工副产物

在我国，通常将稻谷、小麦、玉米等大宗粮食以外的小宗谷物和各种薯类等称为杂粮。小宗谷物是我国传统的粮食作物，主要分布在大宗粮食作物不宜生长的干旱、半干旱地区和高寒山区，面积相对集中，区域性分布明显，其种类主要包括燕麦、高粱、谷子、糜子、荞麦、青稞、薏苡等。本书中主要介绍燕麦、高粱、谷子、黑米、荞麦和大麦等小宗谷物和薯类加工副产物的综合利用情况。

燕麦是一种具有较高营养价值和保健功能的小宗谷物。燕麦加工产品目前主要有3个系列：纯燕麦制品系列，如碾压燕麦片、切粒燕麦果、速食燕麦片等；燕麦食品系列产品，如燕麦糊、燕麦面包、燕麦膨化休闲食品等；燕麦功能保健食品系列，如燕麦膳食纤维产品、

trim产品（美国开发的一种脂肪代用品）、燕麦精（具有特殊香味，有提神作用）等。燕麦加工初级产品包括麸皮、面粉与抽提物；对初级产品进行改良与改性，并应用新型纯化技术处理，可以得到燕麦淀粉、燕麦油、燕麦蛋白和燕麦膳食纤维等二级产品；三级产品是在燕麦中提取的燕麦β-葡聚糖、燕麦抗氧化物质、燕麦肽等，它们具有极高的营养特性，可以作为保健品或医药配料与产品使用。

高粱是世界上重要的禾谷类作物之一，种植面积和产量仅次于小麦、水稻、玉米、大麦，居第五位。高粱是我国最早栽培的禾谷类作物之一，有着5000多年的栽培历史。近年来，高粱深加工研究发展很快，除传统的用高粱制作主食、酿制白酒、生产陈醋、加工饲料以外，还对高粱的多种加工用途进行了有益探索。通常我们得到的高粱加工副产物有糠麸、酒渣、醋渣、高粱茎叶、颖壳和秸秆等。高粱加工副产物可以应用于能源业、饲料业、酿酒业、造纸业、板材业和色素业等。

谷子原产我国，是广泛栽培的古老的传统谷类粮食作物之一，谷子具有抗旱节水、耐瘠薄、低投入、营养平衡、粮饲兼用等特点，是北方干旱、半干旱地区的区域粮食作物。传统的谷子加工是将皮壳碾去得到小米，是人类食用米类中营养价值最高的米种。小米加工后得到的副产物主要是小米糠和小米麸皮。小米糠富含多种营养素，其中含油量达15%~20%，可用于提取小米糠油。同时，还可以从小米糠中提取谷维素、糠蜡、谷固醇等营养物质。从小米麸皮中可提取膳食纤维、植酸等营养物质。

黑米是名贵珍奇的特殊稻种，黑米食品的开发形式多种多样，较多的是传统的加工工艺，如制成黑米米粉、黑米粉丝、黑米八宝粥、黑米面包等。随着研究的深入，新工艺、新产品不断出现，如黑米香酥片、黑米双歧酸奶、黑米芝麻营养糊、黑米冰淇淋、黑米果茶、黑米软糖等。这些产品风味独特，更具营养价值。

荞麦又称三角麦、乌麦，自古以来是人类的口粮。荞麦是起源于我国喜马拉雅山系和西南地区的古老农作物，具有生育期短、抗旱、抗寒、耐瘠薄的特点，在我国干旱、半干旱地区，高寒冷凉山区以及生产条件较差的瘠薄地区的农业生产中发挥着重要作用，是当地居民的主要粮食作物和经济来源。我国荞麦食品具有悠久的历史，食用极其普遍，传统荞麦食品花样繁多，主要有面条、烙饼、凉粉、荞米、胶团、麻食等。荞麦食品在国外也特别流行。荞麦产品有荞麦食品，如荞麦营养粉（又称心粉、白粉）、荞麦粥、荞麦米、荞麦方便面、荞麦挂面、荞麦营养快餐粉、荞麦芽菜、苦荞疗效粉、苦荞降糖饼干、荞花糖、荞酥等；荞麦发酵食品，如荞麦面包、荞麦发酵酸奶、荞麦啤酒、荞麦酱油、荞麦醋、荞麦豆酱等；荞麦茶及饮料；荞麦药用产品，从荞麦中提取的生物类黄酮，如槲皮素、芦丁、桑巴素、茨菲醇等物质，可制成散剂、片剂、软膏、胶囊等，还可制成疗效牙膏、生物类黄酮口服液等；除此之外，荞麦还可以制成苦荞护发素、苦荞麦浴液、苦荞麦护肤霜、苦荞麦防辐射软膏等，同时荞麦外壳配上中药可制成清心明目枕芯，荞麦嫩叶可充当蔬菜或用作饲料。

大麦又称饭麦、裸麦、赤膊麦，为禾本科植物，在我国许多地区都有种植。大麦的用途相当广泛，既可以作为粮食工业和食品工业的重要原料，又在医药、纺织、核工业、编织工艺等方面有广泛的应用。目前，大麦主要用于饲料和酿造工业，但随着保健方便食品的兴起，大麦在早餐食品、保健食品及饮料生产上崭露头角。主要有大麦仁、大麦粉、大麦片、大麦芽、大麦茶、大麦嫩叶汁粉、β-葡聚糖产品等。

薯类作物又称根茎类作物，主要包括马铃薯、甘薯、山药、芋类等。这类作物的产品器官是块根和块茎，具有生长前期和块根（茎）膨大期两个生理分期。薯类加工副产物的综合利用主要包括在生产淀粉过程中的几种副产物，如薯皮、薯渣、蛋白质、果胶等，是薯类深加工产业中重要的一部分资源。目前这些副产物大部分被直接丢弃，综合利用率和产品附加值均较低。

粮食加工副产物综合利用深入贯彻"藏粮于地、藏粮于技"的国家战略，相关从业人员应掌握粮食加工副产物综合利用的基本理论及加工工艺，为国家提高粮食产能、确保粮食基本自给、口粮绝对安全做出贡献。

🔍 思考题

1. 稻谷综合利用的途径有哪些？
2. 小麦综合利用的途径有哪些？
3. 玉米综合利用的途径有哪些？

稻壳的综合利用

学习目标

1. 了解稻壳的理化性质。
2. 掌握稻壳的综合利用。

学习重点与难点

1. 重点是稻壳的综合利用。
2. 难点是提高稻壳综合利用的方法。

　　稻壳是大米加工过程中数量最多的副产物，约占稻谷总产量的20%。长期以来，国内外对稻壳的综合利用进行了广泛的研究，获得了许多可利用的途径，但真正能够形成规模生产的却很少；多数途径经济效益不显著，或增值不大，或是在工艺上、环境保护等方面还存在一些问题。由于稻壳体积大、密度小、不便堆放，因此通常情况下，都是将稻壳焚烧。但研究发现，稻壳的用途非常广泛，在能源、环保、农业、建材领域，甚至化妆品领域都有着良好而又广泛的应用。因此，研究并解决稻壳的合理利用问题，变废为宝，意义重大。

第一节　稻壳的理化特性

一、物理特性

　　稻壳是稻谷脱壳后分离出来的，它由两片退化的叶子内颖（内稃）和外颖（外稃）组成，内外颖的两缘相互钩合包裹着糙米，构成完全封闭的稻壳，具有保护内部不受外界昆虫和细菌攻击的作用。通过数年的自然进化，稻壳中形成一种独特的纳米多孔二氧化硅层，这些无定形二氧化硅主要集中在外表面，少量分布在稻壳内表面。稻壳的表面有毛刺，极不光滑，流动性差，属于不易流化的介质（图 2-1）。稻壳具有良好的韧性、多孔性、表面坚硬和高热值等优点，但也存在表面凹凸不平、毛刺多、密度小和堆放困难等缺点。稻壳长 5 ~ 10mm，宽 2.5 ~ 5mm，厚 25 ~ 30μm，色泽呈稻黄色、金黄色、黄褐色及棕红色等，其真实密度和自然堆积密度分别为 720kg/m³ 和 83 ~ 160kg/m³。

稻壳容重为 96 ~ 160kg/m³，粉碎后容重可达 384 ~ 400kg/m³。稻壳中硅含量越高，则越坚硬，耐磨性能也越强。

图 2-1　稻壳形态

二、化学特性

稻壳是由木质素、维生素、半纤维素等组成的，具体化学成分见表 2-1。与其他农业废弃物中的木质物质相比，最大区别是其灰分中二氧化硅的含量高，且含有少量的钾、磷等元素。

表 2-1　稻壳化学成分分析　　　　　　　　单位:%

成分	水分	粗蛋白质	粗脂肪	粗纤维	多缩戊糖	木质素	灰分
含量	7.5 ~ 15	2.5 ~ 3	0.04 ~ 1.7	35.5 ~ 45.0	16 ~ 22	21 ~ 26	13 ~ 22

1. 有机成分

（1）碳水化合物　稻壳中不含淀粉，稻壳中的碳水化合物主要有纤维素和半纤维素。半纤维素是一种木聚糖，主要为多缩戊糖，木聚糖可水解为木糖。

（2）粗蛋白质　稻壳中粗蛋白质含量为 2.5% ~ 3%。

（3）粗脂肪　稻壳中粗脂肪含量为 0.04% ~ 1.7%，而平均含量一般在 1% 左右。

（4）维生素和有机酸　稻壳中主要维生素较少，从稻壳中萃取出的全部总酸为（58.8±1.4）mmol/kg。

2. 灰分

稻壳的灰分组成见表 2-2。

表 2-2　稻壳的灰分组成

名称	范围/%	名称	范围/%
SiO_2	86.9 ~ 97.3	Fe_2O_3	0 ~ 0.54
K_2O	0.58 ~ 2.5	P_2O_5	0.2 ~ 2.85
Na_2O	0 ~ 1.75	SO_2	0.1 ~ 1.13
CaO	0.2 ~ 1.5	Cl	0 ~ 0.42
MgO	0.12 ~ 1.5	—	—

三、稻壳灰的理化特性

稻壳燃烧时大部分有机物（纤维素和木质素等）被烧掉后，即得到稻壳灰，约为稻壳质量的20%。稻壳灰的主要成分是二氧化硅，含量高达87%~97%。二氧化硅是目前常用的工业填料，可用于改善高聚物的性能，因此人们试图将稻壳灰填充于高聚物中，使其作为一种经济型替代资源加以充分利用，能够变废为宝，减少污染。其次为炭，还有少量金属以及氧化物（质量分数<0.005%），如氧化钾、氧化镁和氧化钙等。稻壳灰的容重为 $200~400kg/m^3$，相对密度是2.14，热导率为 $0.017W/（m·K）$。稻壳灰是一种多孔性物质，其颗粒内部并不致密，比表面积通常为 $50~60m^2/g$，有时可高达 $100m^2/g$。由此可以推断，稻壳灰是一种具有较好隔热保温特性和吸附特性的天然有机材料。

稻壳灰的化学成分分析结果见表2-3。

表2-3 稻壳灰的化学成分分析结果 单位:%

成分	SiO_2	CaO	Al_2O_3	Fe_2O_3	MgO	K_2O	Na_2O
含量	91.71	0.86	0.36	0.90	0.31	1.67	0.12

X射线衍射分析结果表明，稻壳灰中的二氧化硅焚烧后保持无定型状态。稻壳灰的红外光谱分析表明，稻壳灰二氧化硅的聚合度小于硅灰中二氧化硅的聚合度，这有助于提高稻壳灰的化学反应活性。

稻壳灰的组成和结构取决于处理条件和燃烧温度。当稻壳焚烧温度低于600℃时，所得低温稻壳灰中二氧化硅的质量分数在0.9%以上，且仍保持无定型状态，基本粒子的平均粒径约为50nm，松散黏聚并形成大量纳米尺度孔隙，粒子呈不规则形状。低温稻壳灰的比表面积大，活性高。当温度超过600℃时，二氧化硅由无定型状态变为结晶状态，并且炭会进入二氧化硅的晶格中，导致纯度下降。稻壳灰与其他硅酸盐类填料一样，表面含有羟基或硅醇基，因而具有一定的亲水性，且易吸湿。

稻壳灰根据其炭含量可以分为高炭灰、低炭灰和无炭灰；也可根据其色泽分为黑稻壳灰和白稻壳灰，它们分别对应于高炭灰和低炭灰。黑稻壳灰是由于焚烧时外部低温而产生的，含炭，颜色深；白稻壳灰是由于焚烧时内部高温而产生的，外观呈灰白色。

第二节 稻壳的综合利用

一、能源利用

能源短缺是全球面临的最大挑战之一。当今世界，随着石油、煤炭等化石能源资源日益消耗枯竭，寻找可替代能源已成为各国优先发展的能源战略。我国能源短缺日渐明显，人均石油、煤炭资源拥有量低于世界平均水平，石油对外依赖度相对较高，越来越制约我国经济的发展。在各种可再生能源中，生物质是储存太阳能的唯一一种可再生的碳源，是可持续再生能源中的重要组成部分。生物质能是指除化石燃料外所有来自动植物并能再生的物质，生物质能是蕴藏在生物质中的能量，是绿色植物通过光合作用而储存在生物质内部的能量。常见的煤、石油和天然气等化石能源也是由生物质能转变而来的。生物质能易燃烧，污染少，灰分较低；但热值及热效率低，体积大而不易运输。生物质能源资源包括农作物秸秆、薪柴、木材加工剩余物、植物油料、植物纤维和淀粉、人畜粪便等。目前，很多国家都把研发高效、清洁、安全的生物质能源技术列入国家科技优先发展目标，并投入大量的人力、财力、物力，以期占领能源科技高峰。稻壳在我国可以说是"取之不尽，用之不竭"，其着火性能较好，热值低，是易燃、挥发分高的植物燃料，而且不含硫和重金属，热值在 12.5 ~ 14.6MJ/kg，约为煤的一半，燃烧时对环境的污染比煤等化石能源要小得多，可以称之为一种环境友好型能源。联合国粮农组织在 1971 年就认识到，稻壳最实际的用途就是作为燃料提供能量。

经过长期试验和不断改进，我国稻壳发电技术已经在集成创新和商业化应用方面取得了很大进展，稻壳发电具有非常好的推广应用前景。湖南岳阳城陵矶粮库于 1990 年建成了装机容量为 1500kW 的稻壳发电车间。黑龙江是我国产粮大省，省内几乎每个县市都有稻壳发电机组，如 2006 年鹤岗市已建有 4 座 200 ~ 600kW 的发电车间，2009 年又建成了 1 座 3000kW 的稻壳发电厂，至今又建成 2 座 6000kW 的稻壳发电车间。据不完全统计，浙江省稻壳发电企业有 20~25 家，湖南省有 10 家左右，湖北省有 10 家左右，安徽省有 15 家左右，江苏省有 12 家左右，江西省有 20 家左右。其中有些稻壳发电除企业自用外，还有部分返销给国家电网使用。

稻壳作为稻谷加工过程中的主要副产物，是一种污染少、易燃烧（着火点最低为 340℃）和灰分低的生物质能源。稻壳作为良好的能源燃料，其可燃成分在 70% 以上，2kg 稻壳相当于 1kg 标准煤的发热量。稻壳发电既有成熟的稻壳发电技术作保障，又有大量廉价的稻壳资源作储备，属于极具发展前景的可再生能源项目。同时，利用稻壳替代矿物燃料发电可在一定程度上减少温室气体的排放，生态效益十分显著。通常燃烧 1kg 稻壳可以产生 2.4 ~ 2.7kg 的蒸汽，2~3kg 稻壳即可发电 1kW·h。据预测，如果每年将全国 10% 的稻壳用于发电，可发电量 16 亿 kW·h 左右。

稻壳作燃料是一种古老、普遍的综合利用方法。稻壳作为燃料提供热能或动力，最早有记录的是 1889 年在缅甸建造的稻壳燃烧炉。在菲律宾和苏里南，分别建有 1 座 1200kW 和 1900kW 的稻壳发电站。在产稻区，民间多用稻壳烧水做饭，也有用稻壳烧制砖瓦的；不少粮食加工厂用稻壳烧锅炉，提供生产所需蒸汽，用于干燥高水分谷物（稻谷、玉米）。使用无烟煤作为直接热源，费用高，而且对谷物有污染，利用稻壳提供蒸汽进行干燥，既降低生产成本，又避免谷物污染，许多蒸谷米加工厂，也用稻壳烧锅炉产生蒸汽，作为浸泡、蒸谷、干燥等主要工序所需的热源。中粮（江西）米业有限公司，年产 20 万 t 蒸谷米，稻谷水热处理所需热能，全部为稻壳直接燃烧提供，每年可节省 2.5 万 t 标准煤。

1. 稻壳直接燃烧发电

直接燃烧发电技术又称直燃法。其利用在加工过程中产生的废弃稻壳为原料，与煤粉按一定比例充分混合（通常煤粉与稻壳按 2∶1 比例混合），用高压鼓风机吹入燃烧炉中直接燃烧，多用于传统的直燃式锅炉。这种方法优点是设备简单、使用方便、产生的炉粉多用于建筑材料生产；其缺点是燃烧不够充分，容易造成污染。

稻壳直接燃烧发电包括全稻壳燃烧发电和稻壳替代部分燃煤发电两种形式。全稻壳燃烧中所需的蒸汽涡轮发电机组主要由稻壳筒仓、锅炉和通风、蒸汽涡轮发电机和柴油发电机等部分组成。采用此种方式具有易点火、易燃、升压快和停火容易等优点，能够均衡方便地提供所需蒸汽。稻壳替代部分燃煤发电主要的技术包括稻壳与燃煤配料的混合、混合燃料锅炉的技术特性设定，其中主要是要控制稻壳的气力输送量、锅炉尾部受热面和炉膛受热面孔板等方面的技术改造以及原煤与稻壳混合的质量比（一般取配比在 1.5∶1~2∶1 为最佳）。为了解决稻壳燃烧时质量较轻、体积较大、不易搬运存放等问题，目前采用稻壳挤压机将稻壳挤压成稻壳棒，经过挤压后的稻壳棒的燃烧发热量比木柴高出 62% 左右，发热量达到 14630~16720kJ/kg。

直接燃烧技术主要适用于大规模的生物质利用项目，具有代表意义的生物质锅炉炉型是丹麦 BWE（水冷振动炉排）技术和 Foster wheeler（福特惠勒）的循环流化床锅炉技术，主要应用于瑞典、丹麦等森林国家。这些国家生物质能源集中，主要以木屑、树皮、稻壳等林业废弃物为主，此种做法的优点是效率高，可实现工业化生产；但其投资成本高，不适于生物质资源少的地区使用。

2. 稻壳煤气发电

稻壳煤气，是指利用在加工过程中产生的废弃稻壳为原料，在空气有限供应情况下进行燃烧时产生的一种可燃性混合气体。稻壳煤气通常在炉中产生，故又称为发生炉煤气。稻壳通过发生炉产生的煤气，经过滤、降温、去焦油和净化后成为纯净气体，送入煤气机中燃烧产生动力，驱动发电机发电，这就是稻壳煤气发电。

稻壳煤气发电的主要设备包括稻壳输送及加料装置、稻壳气化炉、滤清冷却装置、气体内燃机、发电机组及灰渣输送装置等。我国主要采用稻壳煤气发电技术，此工艺设备由煤气发生炉、脱焦装置和发电机组成，稻壳在煤气发生炉中气化转化为可燃气体（煤气），经水洗脱焦油后，进入发电机组转变成电力。目前，国内已研发出了用稻壳作燃烧原料的卧式锅炉，具有以稻壳为燃料的热风机和燃烧稻壳锅炉。

用稻壳作燃烧原料的卧式锅炉炉体上安装有稻壳进料料斗，料斗的下端外表面与炉排的上表面之间有间隙，在炉排的进料端，即位于料斗的下方设置点火装置；炉排尾端的炉体顶部具有与锅筒连接的烟管，锅筒位于炉体的上方，其一端设置有与引风机连接的引风管道，炉排具有调节速度的装置。其燃烧方法为真空缺氧燃烧法，料斗下表面与炉排上表面之间的间隙为 15~20cm，采用风机引风，使稻壳处于漂浮状态，悬空贴近锅筒燃烧，送料速度为 10~15m/h；炉排的进料端，料斗的下方点火。这样的锅炉结构简单，使用方便，无烟煤腐蚀，使用寿命长；真空缺氧燃烧法，可提高稻壳热值达 2.73 × 10⁴J 左右，比同吨位的烟煤锅炉的产气量大。

以稻壳为燃料的热风机产生的热风可由另一种具有抽风装置的设备接引至所需使用的场所，包括进料单元、燃烧单元、热交换单元及废气排放单元。该燃烧单元包含助燃风道，其设于内壳体与燃烧室之间，形成一个流道空间，导引外部的空气进入燃烧室。入风风道设于内壳体与外壳体之间，形成一个流道空间，是由一具有抽风装置的外部设备提供负压力将空气导引至入风风道。助燃风道包含送风机，该送风机连接助燃风道，经由入风风道的流量及燃烧室内部的稻壳数量可控制输出热量的多少。该热交换单元是与燃烧单元连接，燃烧室燃烧后的气体由热交换管内部导引。入风风道的空气导引至柱体与热交换管间作热交换后由该出风口将产生的热风由另一种具有抽风装置的设备接引至所需使用的场所。燃烧稻壳锅炉是在卧式链条炉排快装锅炉的基础上改进的，其要点是它的前拱和隔墙都比快装锅炉的前拱和隔墙提高了一段距离；又采用了具有内腔通以冷却水的料闸板；落渣池也采用水密封结构；同时，为了除尘效果好，又增设了上部有水喷淋装置的塔式水喷淋除尘器和水箱式除烟尘器。

稻谷加工后稻壳较多，体大质轻，极易自燃，而且严重污染环境，成为工厂中不安全因素。利用稻壳发电是解决能源不足的一条有效途径，既解决稻壳废物处理问题，又解决稻壳对环境造成的污染。需要说明的是，所产生的煤气中含有一定量的煤焦油，对环境也有一定污染，发生炉采用下吸式，当煤焦油通过高温区时发生裂解而产生 CO 和 H_2，从而使煤焦油对环境的影响程度减少到最低。生产中要注意提高煤气机工作效率，延长煤气机寿命，妥善处理煤焦油渣，避免环境污染。

每加工 1t 大米所产生的稻壳可发电 $110\sim140$kW·h，除满足加工 1t 大米所需用电外，多余的可供其他方面使用。我国 20 世纪 20 年代已有少数碾米厂以稻壳煤气为能源；20 世纪 30 年代稻壳煤气有了发展，以广东、江苏、浙江三省居多；20 世纪 50 年代初稻壳煤气又进一步发展，当时的稻壳煤气发生炉比较简单，煤气机多为低速单缸卧式，由煤气机主轴带动过桥轴驱动碾米设备。目前，我国生产的稻壳煤气发电机组，除国内江苏、江西、湖南等使用以外，还出口国外，其良好的经济效益深受用户好评。

在 1MW 循环流化床生物质气化发电系统中，对生物质从最初生产到最终被转化利用的碳循环加以分析，得出产生单位电量时的 CO_2 收支量。结果表明，利用稻壳、稻秆、麦秆、玉米秆和蔗渣等农作物废弃物进行发电，其中以稻壳固定大气中 CO_2 量最多，为 0.603kg/（kW·h），因此，利用稻壳发电可以起到减少 CO_2 排放、减轻地球温室效应的作用。

在实际的应用生产中，则以德国鲁奇公司和 ECN（荷兰能源研究中心）为代表，其开发出的循环床生物质气化技术是目前最先进的生物质气化方式，该技术具有燃气热值高、处理能力大、能够平稳高效运行、方便实现自动控制的特点。

3. 稻壳蒸汽发电

稻壳蒸汽发电是以稻壳为燃料，在蒸汽锅炉内将稻壳充分燃烧产生高压蒸汽，驱动汽轮发电机组发电，主要由稻壳锅炉、汽轮机、发电机等设备组成。这种发电效率高，单机容量可根据稻谷加工厂产生的稻壳量进行选择（日加工稻谷 300t 的碾米厂，发电机装机容量以 $1000\sim15000$kW 为宜），可利用汽轮机组产生的蒸汽向用户供热。20 世纪 90 年代，湖南城陵机粮库已取得成功的应用；益海嘉里佳木斯粮油工业有限公司顺利投产的一期工程（日加工稻谷 600t），年利用稻壳 6 万 t，发电量 2000 万 kW·h，全部并入国家电网，并入价与使用价之差近 0.2 元/（kW·h），效益可观。

稻壳作燃料提供能源时，需注意以下问题：①稻壳燃烧后灰尘粒径很小，易被烟气带走污染环境，可采用干法或湿法处理，降低灰尘；②稻壳需干燥，霉变的稻壳不宜作燃料；③稻壳燃烧时，必须保证足够的燃烧温度与时间以及与燃烧相适应的空气量，以确保稻壳与空气的充分混合。

稻壳发电技术推广中存在的主要问题是稻壳煤气中的煤焦油问题。目前煤焦油通过循环用水清洗处理、过滤、沉淀收集后再掺入稻壳燃烧，但归根结底，这只是一种机械的处理方法，不能彻底解决煤焦油综合利用问题。此外，处理煤焦油和排灰后的废水也会引起环境的二次污染，燃烧后的炭化稻壳处理和再利用问题也需要进一步研究。目前不完全燃烧的炭化稻壳主要用作钢厂的保温材料。但大面积推广稻壳发电技术后，炭化稻壳用作保温材料的市场有限。完全燃烧后的稻壳灰，还可用作白炭黑、活性炭、硅锰酸钾、涂料、预制混凝土等行业的填充剂，但投资成本高，回收周期长。籼稻壳热值高于粳稻壳，其使用效率高于粳稻壳。粳稻壳焦质含量大，在燃烧中易结块，稻壳炭不易清出，同时产生的气体不均匀，影响内燃机的正常生产发电。如何解决煤焦油问题、提高发电规模和发电效率成为目前技术研究的主要内容。

4. 沼气

稻壳发电企业面临的问题是稻壳收集和运输困难，只有大型的稻米加工基地才有可能建设，而农户零散分布的稻壳却很难被利用。户用沼气是解决零散稻壳能源利用的有效模式，2020 年，全国沼气产量达到 158 亿 m^3。稻壳沼气研究也一直在发展，有学者研究了稻壳厌氧消化沼气，采用中温发酵，用 10g/L NaOH 和 20g/L NaOH 分别对不同负荷的稻壳进行预处理，加快厌氧消化速度，缩短厌氧消化周期，10g/L NaOH 预处理的稻壳产气效果最好；以稻壳鸭粪混合物料为原料，利用小型厌氧装置开展了厌氧消化工艺的试验研究，并利用不同的产气速率模型以及累积产气模型对混合物料的厌氧消化过程进行了拟合，发现堆沤处理前后稻壳鸭粪的产气潜力和最大产气速率都高于堆沤处理后；以稻壳类酒糟为原料，在恒温 30℃条件下，分别用实验室正常沼气发酵后的混合厌氧活性污泥和秸秆半连续干发酵后的发酵残留物作为接种物进行厌氧消化，发现以秸秆发酵残留物为接种物的 TS（总固体）产气率和 VS（挥发性固体）产气率要高于以混合厌氧活性污泥为接种物的 TS 产气率和 VS 产气率。

5. 合成气

合成气是以一氧化碳和氢气为主要组分，作为基础原料，可以合成氨、甲醇等高附加值的化学品。传统上合成气的生产主要来源于煤的汽化以及石油的催化裂化。然而，由于石化资源供应不足，世界各国纷纷寻找适宜的非石化路线来替代。稻壳气化制备合成气技术可以有效地减少温室气体排放问题，是一种可持续的清洁的能源转化技术。以稻壳为研究对象，采用碳化硅、残炭为微波吸收剂，利用微波吸收剂辅助吸波快速热解稻壳，转化率达 53%，其中氢气浓度最高，高于 38%，合成气含量大于 60%。

6. 制成燃料棒（块）

稻壳的堆积密度小，一般为 $100 \sim 140kg/m^3$，如果加入黏接剂或助燃剂，通过压缩成型制成燃料块，这种压缩燃料块火力强，发热时间长，可极大提高稻壳的燃烧效率。该技术简单实用，易于推广，是提高稻壳利用效率的有效途径，可在我国各水稻生产区大面积推广应用。

建三江热电厂以稻壳棒替代部分原煤作燃料，其锅炉掺烧稻壳棒 18%~19% 时，发电成本平均节省 0.03 元/（kW·h）。以稻壳成型块为原料进行低温热解试验，热解温度 270℃，热解时间 4h，产品得率为 63.2%，能量得率 79.1%，热值 21.33MJ/kg。经过低温热解处理后的成型块具有易储存携带、燃烧性能高、使用方便等优点，且热解过程中的馏出液和可燃气体等副产物较少，可减少液体和气体收集、净化设备的成本投资。

7. 制备生物质油

稻壳中含有大量的木质素、纤维素和半纤维素，因此完全可以通过微波裂解技术制备生物质油。而实际上，微波裂解技术是近年来受到广泛重视的新型技术，它最初应用于煤炭行业，目前也开始应用于生物质资源的研究。如图 2-2 所示，生物质的微波裂解原理是利用微波辐射热能在无氧或缺氧的条件下切断生物质大分子中的某些化学键，并使之转变为低分子物质，然后快速冷却挥发组分，分别得到气、液、固三种不同形态的物质。整个化学反应过程是非常复杂的，包含分子键断裂、分子异构化和小分子的聚合等诸多反应。生物质油是实现生物质新能源替代石油燃料的关键，以生物质能源为主的生物质资源开发利用受到世界各国的关注。

以稻壳为原料，通过微波快速裂解技术可以制备生物质油，采用稻壳与废轮胎以不同比例组成的均匀混合物在管式固定床内催化共热解，稻壳占到 60% 时，生物质油产率为44.15%，热值为 40MJ/kg，这与柴油的相关参数非常接近。分别用稻壳、木屑、玉米芯与废轮胎混合物共热解，与其他两种生物质相比，稻壳与废轮胎共热解更有利于热解油热值的提高。

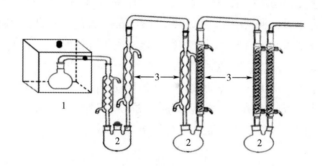

1—微波裂解系统；2—裂解产物收集系统；3—冷凝系统

图 2-2 微波裂解的试验装置示意图

大多数研究均是运用农林废弃物为原料来制取生物质油，其产油率高，同时其含氮量、含硫量和灰分量均较小，可实现 NO_x、SO_2 等酸性氧化物气体的极少排放，是一种可再生的清洁型能源资源。利用稻壳制备生物质油，由于其含硅量较高，导致产油率下降，生产成本增高。目前，加拿大 Dynamotive 能源系统公司、加拿大 Ensyn 公司和荷兰 BTG 公司均已实现用农林废弃物商业化生产生物质油。但由于生物质油成分复杂、含氧量高、不稳定，虽然已实现产业化生产，但是产品应用市场受到了一定的限制。

目前，秸秆制备生物质油在国外已实现产业化生产，但是应用稻壳制备生物质油仍处于中试阶段，尚未有实现产业化的报道。原因是目前以稻壳为原料制备生物质油的技术还存在以下诸多缺点：生物质油化学成分复杂，以现有手段不能进行完全综合分析；生产成本通常高于矿物油；生物质油是高含氧量的碳氢化合物，在物理、化学性质上存在着不稳定的因素，长时间储存会发生分离、沉淀等现象，并具有腐蚀性。

发展生物质能源已经成为当今世界各国的共识。全球范围内，生物质能源应用最广泛的是欧盟，其生产原料主要是菜籽油，美国的原料主要是大豆和玉米，日本以食用废油为主，巴西则主要是用甘蔗来制造生物乙醇。与他们不同的是，我国的基本国情决定了发展生物质能源，必须走非粮之路。大力发展稻壳生物质能源符合国家发展生物质能源不与人争粮、不与农争地和对环境友好的原则。

世界发展生物质能源比较成功的国家，都编制了相关生物质能源产业发展规划，以循序渐进、持之以恒地发展建设。生物质能源开发作为我国未来能源发展的重要方向，正处于快速发展阶段，但目前仍缺少关于稻壳生物质能源的政策导向、产业规划和运行机制。开发稻壳生物质能源的经济效益吸引力不强，国家对发展稻壳生物质能源产业的财政投资、信贷、税收优惠和政策性补贴等扶持力度不够，缺乏促进稻壳生物质能源发电产业发展的配套政策，不能有效激励和调动开发利用稻壳生物质能源的积极性。我国应编制生物质能源产业发展规划，在稻壳生物质能源领域实施技术和体制创新，坚持自主开发与引进消化吸收相结合，在高起点上发展稻壳生物质能源。

二、化工应用

1. 制备有机化学品

（1）糠醛和糠醇　糠醛和糠醇是迄今为止无法用石油化工原料合成，而只能采用农作物纤维废料生产的两种重要的有机化工产品。

对稻壳深度水解即可获得糠醛，其生产工艺较为简单，主要包括水解、脱水、蒸馏分离等步骤：将稻壳等原料放进蒸煮管内，并加入稀酸等催化剂，通入水蒸气进行加热处理，升温加压后，多缩戊糖水解为戊糖，戊糖进一步脱水为糠醛，随水蒸气馏出，经减压蒸馏后可得纯品糠醛：

$$(C_5H_8O_4)_n + nH_2O \xrightarrow{H^+, \ 加热, \ 加压} nC_5H_{10}O_5$$

$$C_5H_{10}O_5 \xrightarrow{H^+, \ 加热, \ 加压} C_5H_4O_2 + 3H_2O$$

在水解条件较强的环境下，则会产生较多的醋酸、丙酮和甲醇等。糠醇则以糠醛为原料，在铜、镉、钙催化剂作用下，经加氢还原而获得。

糠醛是具有双键的杂环醛，化学性质活泼，在化学有机合成工业中具有非常重要的地位。糠醛及其衍生物的用途也十分广泛，除了在化学工业上用作选择性溶剂外，还可以合成树脂及塑料、合成纤维、合成橡胶、合成医药、农药和合成染料等，糠醛也是一种良好溶剂，在石油工业上用途很广，同时在食品工业和国防工业也有重要的应用。

（2）木糖和木糖醇　木糖又称 D-木糖，分子式 $C_5H_{10}O_5$，为白色结晶粉末，熔点为 145℃，其甜度相当于蔗糖的 67%，是制取木糖醇和饲料酵母的重要来源，也是食品、化工、皮革生产、生物制药的原料。在自然界作为木质化植物细胞的构成物质，是木聚糖的组成成分。由于木糖醇具有在人体内的代谢与胰岛素无关，不蛀牙，代谢的利用率低等特点，近年来已成为国内外的研究重点，是糖尿病人和希望减肥人群的理想甜味剂。工业化生产木糖主要以玉米芯为原料，这主要得益于其产量大，易集中，半纤维素含量高的特点，以稻壳为原料生产木糖，虽不及玉米芯的产量高，但作为肌醇、谷维素的联产产品，还是具有较好的经济效益和社会效益。

木糖和木糖醇的制备工艺是：将稻壳在 150℃下蒸煮 1.5h 除去果胶、单宁、灰分等不利于水解的物质，然后置于水解锅中，并加入 1% 稀 H_2SO_4，加入量约为稻壳质量的 14 倍；120℃加热反应 1.5h 后，用密度为 1100kg/m³ 的石灰乳中和，然后倒入压滤机过滤，滤液采用真空蒸发；用颗粒状炭柱脱色，经离子交换（阴阳柱）除去阴阳离子及有机酸等杂质，析出木糖晶体，离心分离，干燥后即可得到成品木糖。大致的化学反应方程式如下：

$$(C_5H_8O_4)_n + nH_2O \xrightarrow{H^+} nC_5H_{10}O_5$$

木糖醇则以木糖为原料，经催化加氢、浓缩、结晶、离心分离、干燥等过程而获得，化学反应方程式如下：

$$C_5H_{10}O_5 + H_2 \xrightarrow{催化剂} C_5H_{12}O_5$$

木糖醇是不发酵物质，它不像木糖、蔗糖，经发酵可变成木糖醇，被用作忌糖患者的甜味剂，且不被大部分细菌分解，可以预防龋齿。木糖醇是生产口香糖的良好原料之一。

低聚木糖是一种功能性低聚糖。低聚木糖具有稳定的物化性质及对双歧杆菌高效的增殖作用，市场前景广阔。作为双歧因子，低聚木糖具有使用方便、安全、稳定、经济价值高等特点。

在农业方面，低聚木糖可以作为农作物的营养物，不仅能提高作物的生长速度，还能提高作物的抗病能力。因此低聚木糖作为生态肥料，在农业中具有广阔的应用前景。在饲料工业中，低聚木糖是一类新型、绿色、保健饲料添加剂。

低聚木糖已经成为国际新型低聚糖类产品，以其功效强而受到业内人士的广泛关注。在日本，对低聚木糖的研究开发已经有20多年的历史，并且其被认为是最有前途的功能性低聚糖之一，欧洲各国对低聚木糖的开发热情也正不断升温。在国外，人们对集营养、保健于一体的低聚木糖类产品需求旺盛。在国内，低聚木糖因其独特的物理和化学特性，在食品、医药和生物能源等领域具有广泛的应用。目前，中国、日本、欧洲诸国已有十几种低聚木糖品种的商业化生产，广泛应用于各种保健食品、婴幼儿及老年人食品中，而且产量、品种都在迅速增加，应用范围也在不断扩大。

（3）压榨和过滤助剂　在美国，将经过加热和清洗的稻壳大规模应用于非柑橘类水果（如苹果、梅子、葡萄等）的压榨助剂，稻壳起疏松和助滤作用，可以提高果汁以及干果浆的得率。

（4）黄酮　黄酮类化合物在植物界分布广泛，存在于植物的叶和果实中，大部分与糖合成苷类，以配基的形式存在，少部分以游离形式存在。该类化合物不仅对心血管、消化系统疾病有一定防治作用，而且具有抗炎、抗菌、抗病毒、解痉等作用。相关研究选用水稻壳作为提取黄酮类物质的原料，以乙醇作为提取溶剂，通过单因素及正交试验对水稻壳中所含总黄酮的提取工艺进行优化，并利用现代分析手段对提取物进行了分析。

（5）乙醇　乙醇是一种重要的有机化工产品，可以用作化学溶剂、机器洗涤剂、萃取剂，应用于有机合成。乙醇也可以用作黏接剂、硝基喷漆、清漆、化妆品、油墨、脱漆剂等的溶剂以及农药、医药、橡胶、塑料、人造纤维、洗涤剂等的制造原料、还可以做防冻剂、燃料、消毒剂等。乙醇还是酒的主要成分。另外，作为燃料乙醇，乙醇汽油也是世界上可再生能源的发展重点。相关研究表明，稻壳富含纤维素，经硫酸高压分解，用水酵母发酵即可制得乙醇。

用稻壳生产乙醇有两种方法：一是稻壳直接发酵生产乙醇；二是稻壳在无机酸存在下水解，水解液净化后再发酵生产乙醇。

2. 制备无机化学品

（1）制备锂离子电池碳负极材料　大容量硅阳极因其优异的比容量可以大幅度提高锂离

子电池（LIB）的能量密度而受到电池界的广泛关注。

将洗净的干燥稻壳与 3mol/L HCl 煮沸 1h 后，用蒸馏水洗至中性；取经处理的稻壳与 2mol/L NaOH 溶液煮沸 2h，用蒸馏水洗至中性并于 120℃下烘干；稻壳在 N_2 保护下于程序控制加热炉中炭化，炭化升温速率为 5℃/min，最终温度为 700℃，将炭化稻壳进一步洗涤、干燥、粉碎、筛分即可得到电极用稻壳炭材料。

高容量炭材料是指比石墨碳容量大的材料。通过天然或农业原料，如糖、棉、咖啡壳等的热解作用得到一系列用于阳极锂离子电池的硬炭材料。稻壳的主要成分是纤维素、木质素、硅的化合物（20%～25%），它在惰性环境中热解后即生成含硅炭材料，而且含硅的硬炭能改善电池的容量和循环性能。因此，稻壳是制备无定型含硅炭材料的经济潜力能源。稻壳经酸洗或碱洗，除去金属杂质，在惰性气体保护下加热至 500～900℃得到的黑色残渣，即为含有一定量硅的无定型炭材料。由于稻壳中大量硅原子的存在（14.8%～16.2%），使得稻壳炭材料的层间距远远地超过理想石墨的层间距（0.3354nm）。在 500℃时，层间距达到 0.37nm；在 900℃时，层间距达到 0.41nm。随着处理过程中 NaOH 浓度的提高，稻壳炭中硅含量明显减少，层间距减少。以稻壳得到的含硅炭材料作负极，金属锂作对电极，$LiPF_6$ 作为电解液，测试电池的首次放电容量是 2374（mA·h）/g，经过 5 次循环后，可逆容量仍为 1051（mA·h）/g。虽然稻壳炭材料的不可逆容量很高，并且在早期阶段不实用，但其作为一种新型优良的硬炭材料还是有极大潜力的，不但可以有效利用稻壳这种廉价资源，还能降低电极材料的老化，提高电池的性能，减轻工业成本负担。

（2）制备高纯二氧化硅　高纯二氧化硅是精细陶瓷、光导纤维和太阳能电池等工业的基本原料，多孔的高纯二氧化硅可以作为某些发光材料的载体，也可作为制备高纯硅溶胶的材料。高纯二氧化硅通常指二氧化硅中含有的总金属杂质含量小于 10mg/kg，单个非金属杂质的含量也要小于 10mg/kg，它主要用于集成电路密封剂和高纯石英玻璃的制作。用于电子领域时，还要求高纯二氧化硅中的放射性元素 U 和 Th 的含量均小于 1.0μg/kg，甚至更低，有的要求小于 0.1μg/kg。由石英硅石等通过精制而得的天然二氧化硅，其中 U 和 Th 的含量只能降至 1mg/kg 左右，尚难满足电子材料的要求，而且成本较高。为了寻找廉价的生产途径，人们想到用稻壳为原料提纯二氧化硅。利用稻壳与 NaOH 溶液反应制得硅酸钠溶液，然后在预先配好浓度的 H_2SO_4 和螯合剂（EDTA 或草酸）中缓慢加入上述硅酸钠溶液，在常压下保持一定的温度进行反应，即生成二氧化硅，再经酸洗、水洗、干燥和煅烧即得高纯二氧化硅。用稻壳灰制得的硅酸钠来制备高纯二氧化硅，大多数的杂质含量比市售硅酸钠制得的产品要低很多，特别是放射性元素 U 和 Th 的含量，几乎是市售硅酸钠制得产品的 1/10。

利用稻壳制取高纯二氧化硅有以下几种方法。①将稻壳在煮沸酸中纯化，然后在惰性气体中加热，进一步去除残留杂质，把稻壳制成小圆片，置于电弧炉中高温冶炼而得高纯单晶硅片。②将稻壳用盐酸煮沸，用超纯水洗涤，使杂质含量降低到 300mg/kg，灼烧除去有机物使杂质含量降到 75mg/kg，最后经酸洗和高纯水洗涤，进一步除去杂质，干燥后在高温下和高纯碳反应，还原出高纯硅。③将稻壳高温分解，然后通入高纯氯气生成四氯化硅，将四氯化硅水解生成高纯多晶硅。④稻壳炭化后用泡沫浮选法除去炭粉，再经高温处理得高纯硅。

由于稻壳中几乎不含铁、铝等无机杂质，因此制得的高纯硅是进一步制取超高纯硅的良好原料，可用于硅光电池、集成电路包封材料、半导体材料等方面。

稻壳经过气化燃烧后的炭化稻壳中的二氧化硅含量可达 36.4%，并且是经过气化生物提纯所获取的，相对于传统生产方法表现出安全无害的特性，更适用于在食品、化妆品、医药和牙膏等行业中的应用。相对于传统的液相沉淀法，其工艺污染程度低，产品粒度小，成本也较高。

有研究表明，从稻壳裂解残渣中提取二氧化硅的优化条件为：稻壳须在600℃以上的温度裂解60min才能去除稻壳中大多数挥发性成分，温度过低将会造成稻壳炭化后留有煤焦油，使得二氧化硅的颜色变浅。当过滤液碳酸钠浓度为90g/L、稻壳炭化后的悬浊液液固比为25:1的状态时，温度为100℃下加热4.5h所生产的二氧化硅得率最佳。

另外，将稻壳炭化后生成的稻壳灰与硫酸铵反应可制得白炭黑，其化学反应方程式为：

$$(NH_4)_2SO_4 + Na_2O_nSiO_2 + H_2O \longrightarrow Na_2SO_4 + 2NH_3\uparrow + nSiO_2 + 2H_2O$$

经沉淀分离后的二氧化硅再进行干燥后可以获得白炭黑产品。

（3）制备高聚物添加剂及各类催化剂　稻壳中的纤维素、木质素等有机物分布比较均匀，与有机材料具有良好的相容性；稻壳中的无定形二氧化硅具有良好的耐热性和机械强度。因此，稻壳是一种天然的有机–无机物复合材料。稻壳经过粉碎后，可直接添加到某些高聚物中改变其机械性能或者生物降解性，也可经过化学改性后再加入高聚物中提高其性能。

（4）制取水玻璃　自然界中矿物型二氧化硅大多数以晶体形式存在，它们不能与碱溶液发生水解反应。唯有稻壳、稻草、麦秸等禾本科植物含有16%~21%无定形二氧化硅，这种无定形二氧化硅与晶体二氧化硅性质差别很大，在温度和OH^-下，水合二氧化硅巨大硅氧四面体网状结构被水解成$Si(OH)_5^-$而溶解。

用稻壳灰制水玻璃，特别是制高模数水玻璃，是现有水玻璃生产工艺难以实现的。由于稻壳灰中不含有砷、铅等有害重金属，经燃烧又排除农药等污染，由它制备水玻璃除模数可达到很高外，其产品水溶性、透明度、稳定性等，都优于火法制得的水玻璃，所以它不仅扩大了水玻璃使用范围，满足生产特殊产品需要，而且可使由高模数水玻璃制得的白炭黑、硅胶、硅溶胶等其他工业产品提高质量，降低成本，尤其可用于食品医药等行业。

水玻璃为硅酸钠的水溶液状态，在南方多称为水玻璃，在北方多称为泡花碱。水玻璃主要用于电视荧光粉、高温涂料黏接剂、电焊条黏接剂、洗涤剂、焊接用的电极还原染料、防腐剂、防火剂、展色剂、高级陶瓷涂料、墙壁涂料等。目前，国内在电焊条的制造上，均采用硅酸钠或硅酸钾钠作为涂料黏接剂，国外的电焊条制造工业采用硅酸钾作涂料黏接剂。

稻壳经热解或燃烧后得到稻壳灰，稻壳灰中所含的SiO_2在加温、加压的条件下与$NaOH$溶液或Na_2CO_3溶液反应，充分反应后的溶液通过常规方法分离，滤液经浓缩即得水玻璃。在一定条件下，稻壳灰的SiO_2溶出率可达90%以上。

硅酸钾的模数是指产品中SiO_2与碱金属R_2O含量之比：

$$M = SiO_2(\%)/R_2O(\%)K$$

式中　M——模数；

　　　K——系数，硅酸钠为1.0323，硅酸钾为1.5666。

有研究表明，蒸煮时间变化为2~3h和$NaOH$溶液浓度为2~3mol/L时可以获得2.3~2.6模数的水玻璃。获得的水玻璃的模数和$NaOH$用量的多少密切相关，$NaOH$用量较少时得到的产品模数高，但所获得的水玻璃的浸出率低；$NaOH$用量多时产品模数低，但能得到相对较高的浸出率；一般情况下使用碱浸法所获得的水玻璃的产品模数都不会高于3。

以稻壳灰为原料制备活性炭、水玻璃、白炭黑的工艺流程如图 2-3 所示。根据市场需求，可随意切换生产流程，以改变 3 种产品的产量。年处理 600t 炭化稻壳灰，可生产活性炭 230t，同时可得到水玻璃 1000t，如果全部转化为白炭黑，可得到 330t 白炭黑。

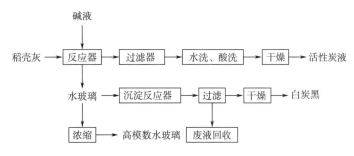

图 2-3 以稻壳灰为原料制备活性炭、水玻璃、白炭黑的工艺流程

（5）制取氟硅酸钠 将烧透的稻壳灰 100kg 与萤石粉放入耐酸缸内，加 40% H_2SO_4 265kg，连续搅拌反应 2.5h，过滤后在滤液中加入含 132kg NaCl 的水溶液，并搅拌使之沉淀，过滤后滤液经蒸发浓缩得到浓盐酸，滤渣用水冲洗至中性后，将其蒸发至结晶，干燥后即得氟硅酸钠产品。

（6）制取白炭黑和纳米白炭黑 稻壳中硅化合物最有价值的利用方向是制备白炭黑或纳米白炭黑（图 2-4）。白炭黑又称水合二氧化硅、活性二氧化硅或者沉淀二氧化硅，化学式为 $SiO_2 \cdot nH_2O$，是一种白色、无毒、无定形的微细粉末状硅化合物，具有多孔性、高分散性、质量轻、化学稳定性好、不燃烧、耐高温、电绝缘性好等优异性能，广泛应用于制鞋、塑料、橡胶、乳胶、涂料、农药、消防、电镀、造纸、化妆品、医药及食品等诸多领域。白炭黑微观结构十分复杂，可分为原始粒子、二次结构及三次结构。由于原始粒子大小、二次结构及三次结构不同，白炭黑性能相差很大，利用此特点，可制得各种性能白炭黑产品，并针对性地将其应用于不同的领域。

图 2-4 由稻壳灰生产白炭黑、纳米白炭黑

纳米白炭黑是一种粒径为 0～100nm 非晶态的白炭黑，具有比表面积大、密度小、分散性好等特征。具有较强的亲水性、稳定性、补强性、触变性、增稠性、消光性和防黏结性，广泛应用于硅橡胶、涂料、油墨、医药、造纸、食品、化妆品、化学机械抛光等行业，可起到补强、增稠、触变、消光等作用，它是一种在世界范围内真正工业化的纳米材料。

目前，国内外生产白炭黑基本上为传统方法，即石英砂和纯碱在高温反应炉中于1300℃以上熔融制备固体水玻璃，固体水玻璃在加温加压下通蒸汽溶解制得液体水玻璃，液体水玻璃再加强酸反应后制得白炭黑。影响白炭黑微观结构的主要因素是水合二氧化硅从溶液中析出沉淀时成核速率与长大速率的相对大小。

传统沉淀法生产白炭黑是水玻璃加强酸。新技术实质上也是采用沉淀法生产白炭黑，与传统方法不同之处在于，参与反应的硅酸钠与碳酸氢钠在反应生成单硅酸之前就已均布于混合液中，处于饱和状态的单硅酸发生沉淀相变析出。因而，白炭黑性能调控主要是在降温过程实现的，由于这一特点，新技术易于制得结构均匀、性能稳定的产品。

传统工艺是通过不同加酸方式，控制终点 pH 及温度等参数来调节白炭黑结构，新工艺主要是控制煮液中水合二氧化硅浓度及析出温度。

当溶液中水合二氧化硅浓度较小或溶液温度较高，即过饱和度较小时，由于晶核形成数量较少，导致粒子生长速度增大，最终得到原始粒径大、比表面积小和活性差的白炭黑产品；当溶液中水合二氧化硅浓度较大或溶液温度较低，即过饱和度较大时，由于晶核形成数量急剧增加，产生爆炸性成核，过饱和度迅速降低，导致粒子生长速度减慢，最终得到原始粒径小、比表面积大和胶凝性强的白炭黑产品，这种产品在橡胶中分散性较差。因此，控制适当的水合二氧化硅浓度及溶液温度，使过饱和度保持在一个理想范围内，得到的产品原始粒径和比表面积适中，且分散性良好。

实际生产中，通过调节稻壳灰和碳酸钠相对配比、碳酸钠溶液浓度和溶煮时间，可获得不同水合二氧化硅浓度煮液，将此煮液过滤并经冷却器一步或分步冷却降温，可控制水合二氧化硅沉淀析出时原始粒径和微观结构。

由稻壳灰制备白炭黑，工艺简单，调节白炭黑性能手段灵活，易于实现，能生产出质量和性能比传统方法更优良的系列白炭黑产品。

（7）碳化硅 碳化硅是一种强共价结合陶瓷，具有高强度、高硬度、高热导和优良耐腐蚀性能，作为热机应用和制备高性能复合材料越来越受到重视。自 1970 年美国 Utah 大学的 Cutler 教授发明稻壳合成碳化硅晶须（SiCw）以来，稻壳合成碳化硅的研究得到了很快的发展。稻壳制备碳化硅的原理是将稻壳用一定浓度的盐酸煮沸，除去其中的金属氧化物，洗涤后的稻壳粉末用催化剂浸泡，再经过滤、干燥、高温分解与合成，HF 处理未反应的 SiO_2 可获得 SiC。经酸处理后炭化稻壳中 SiO_2 以无水无定形态存在，其硅氧间排列并不像石英那样有序，这有利于高温下 Si—O 键的断裂，有利于 SiC 的合成。稻壳中的 C 为无定形碳，是由石墨层型结构的分子碎片互相大致平行地无序堆积，间或有少许 C 按四面体成键方式互相键连，从而形成无序结构。稻壳中的无定形 SiO_2 和无定形碳相互交替排列，无序程度较一般无定形 SiO_2 和 C 更高，在一般合成反应中有一定的活性。

稻壳合成 SiCw 的过程中虽然产生了大量的 SiC 颗粒（SiCp），但与其他合成方法（如炭黑加 Si）相比，SiCw 的直晶率较高。这是由于稻壳内部结构中的 SiO_2 起着维持稻壳原形骨架的作用，使原料内部的堆积密度降低，料间的空隙及炭化稻壳内部的空隙为 SiCw 生长提供了足够的生长空间。也可以通过提高反应温度、加快升温速率、调整原料的硅碳比、选择催化剂并提高催化剂分布的均匀性，来改变 SiCw 及 SiCp 的生成比例。

经酸处理后的炭化稻壳中 SiO_2 的含量为 40%～45%，在合成 SiCw 温度下，C 和 SiO_2 按下式反应：

$$SiO_2 + 3C \xed\longequal SiC + 2CO$$

由反应式可知,自然炭化稻壳中的 C 过量,适当外加 SiO_2(稻壳灰),可提高 SiCw 生成率,通常 SiO_2 的含量以 57.50% 为宜;为了保证 SiCw 的生成速率及生成率,合成的温度一般控制在 1600~1700℃,升温速率控制为 30℃/min。

适合作 SiCw 生长的催化剂有 Cr、Al、Fe、Co、$FeCl_3$、$LaCl_2$、Fe_2O_3 等,不同的催化剂及生长方式下合成 SiCw 的形貌及结构有较大的差异,而且层错、位错、孪晶及 α-SiC 变体等晶体缺陷普遍存在。采用复合催化剂不仅能降低 SiO_2 的熔点,提高 SiO_2 的生成速率,而且还提高了 SiCw 的生成率。

由于 SiCw 的生长经过气相(SiO)传输过程,稻壳内部结构中的残留杂质进入催化剂溶球的可能性较小,SiCw 的生长受杂质的影响很小,晶须的缺陷很少,为完整的 β-SiC 单晶。

将稻壳分成两份,一份在非氧化环境中于 55℃ 炭化,另一份在 400~700℃ 空气中灰化。然后将稻壳炭化残余物和稻壳灰混合,在氩气中 1400~1500℃ 反应制得碳化硅,得率 16.14%。据相关报道,这种碳化硅最适合制作陶瓷。

(8)制备硅胶　硅胶是具有三维空间网状结构的二氧化硅干凝胶,属多孔物质,具有很大内表面积和特定微孔体积。这种特性使它成为重要干燥剂、吸附剂和催化剂载体等。随着石油化工、医药、生物化学、环保、涂料、轻纺、农药、造纸、油墨、塑料加工发展,硅胶自 20 世纪 60 年代以来,已逐步向精细化、专业化方向发展,并形成各种规格系列产品。

工业上制备硅胶通常是用硅酸钠与各种无机酸(主要是硫酸)反应,根据成胶时 pH 不同,可分为酸性成胶、中性成胶和碱性成胶。一般来说,酸性成胶可制备比表面积大,孔容 0.4~1.0mL/g 粗、细孔硅胶;碱性成胶可制备比表面积小,孔容 1.6~2.0mL/g 大孔硅胶。

稻壳硅胶制取工艺流程如图 2-5 所示。

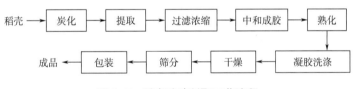

图 2-5　稻壳硅胶制取工艺流程

炭化的目的是热解去除稻壳中有机物,同时回收热解产物燃烧放热产生的高温烟道气,用于反应釜加热和硅胶干燥等。最适宜炭化温度为 50~700℃。炭化温度过低,挥发物不能完全去除,在后续提取二氧化硅时,残存挥发物将溶于碱液中,使制取硅胶色泽发黄;炭化温度过高,稻壳中硅晶结构将发生转变,出现玻璃体态,破坏炭化稻壳中水合二氧化硅,影响其提取率。

中和成胶是根据产品要求不同,在反应釜中配制好不同浓度稀硫酸,在沉淀罐中配制好不同相对密度和 Na_2O 含量稀硅酸钠溶液。将配制合格的酸和硅酸钠溶液经计量称重后,分别放入酸、硅酸钠耐压贮罐中,当工作压力达到一定值时,开启阀门,使酸与硅酸钠按要求的流速进入反应喷头,生成溶胶,此过程需要控制 pH 和反应温度。

熟化后将凝胶装入水洗槽,进行洗涤脱盐,除去硫酸钠。水洗后,根据硅胶产品孔径粗细的要求不同,应合理选择不同的处理方式。粗孔块状硅胶需用浓度为 0.13%~0.18% 稀氨水浸泡至胶块内部含碱量达到 0.03% 以上;细孔块状硅胶则用浓度为 0.016%~0.020% 稀硫酸浸泡至胶块中含酸量为 0.01%~0.015%。

部分燃烧后的稻壳灰中可含有 36% 的碳和 61% 的硅，通过酸碱水解稻壳来制取硅或硅胶，也是比较成熟的工艺。将稻壳灰酸法沉淀，碱液提取，可得到矿物质含量较小的纯硅。硅胶在 80℃ 下加热 12h 得到干胶，所得的干胶含 93% 的硅和 2.6% 的水分，提取过程中主要的杂质为 91% 的钠、钾和钙。在提取之前先用酸洗涤，可使其钙含量减少（<200mg/kg），而最后用水洗涤对减少所有矿物质含量更为有效（钠<200mg/kg，钾<400mg/kg）。生产硅的最佳工艺已经得到快速发展，包括初步的化学纯化、高温分解、用碳高温还原、金属高温还原等。确定了反应的相组成，所得硅样品的纯度可达到 99.95%~99.97%，可用作生产光电转炉的粗原料。将稻壳灰溶解在 NaOH 溶液中，以得到硅酸钠溶液，用 1mol/L 的硫酸滴定到 pH 7，以得到中性的胶体。再在特殊条件下经过熟化、洗涤、干燥等，使其水分含量>65%。将其与 Trisy1300（一种商品硅胶）的物理化学特性做了比较，分析表明，产品中的硅含量最为丰富，而钠和硫的含量比 Trisyl300 要高，其比表面积为 258m²/g，略高于后者的一半；而其孔径为 12.1nm，约为后者的两倍。二者的化学结构在硅氧烷键、硅醇集团、结合水等方面基本相似，产品的颗粒直径在 5~40mm，比后者略大（5~25mm），不如后者外观均匀。产品用途很广，如用于植物油加工厂、药厂、化妆品厂、油漆厂等。

利用稻壳硅制备的硅胶也可以高效地吸收城市空气中有毒的重金属飞灰，净化空气，使稻壳成为最丰富且最易得的生物硅资源，充分利用好这一宝贵资源既可改善目前废弃稻壳对农村环境的污染，又可创造更多新财富，延长稻谷产业链，提高稻谷产业的经济效益和社会效益，因此探讨稻壳硅的利用是一项十分有意义的工作。

（9）制造高级陶瓷 只要在 750℃ 下，就可把稻壳烧成白色的灰烬，灰烬中含二氧化硅达 95% 以上。用这种高纯度的二氧化硅就可制造出高级陶瓷。

（10）在橡胶工业中的应用 稻壳灰可用于橡胶工业，用于橡胶的填充剂和补强剂，增强硅橡胶的性能。

天然橡胶（NR）是通用橡胶中综合性能最好的品种。在 NR 胶料中加入白炭黑，由于白炭黑表面羟基对促进剂的吸附作用而延迟了硫化，因此使用时必须加入胺类或醇类化合物作为活性剂。稻壳灰的作用与炭黑相似，对硫化具有促进作用。其中黑稻壳灰的硫化促进作用比炭黑小，而白稻壳灰的硫化促进作用则比炭黑明显，特别是当填充量超过 20 份时。在相同硫化体系的条件下，若用稻壳灰部分替代炭黑或白炭黑，对硫化仍具有促进作用。用黑稻壳灰部分替代白炭黑时，虽然对硫化有促进作用，但作用比白稻壳灰小；而用黑稻壳灰替代炭黑时则起相反作用。分析原因认为，在体系中加入氧化锌时，稻壳灰中存在的少量金属氧化物对硫化起促进作用，另外稻壳灰的粒径较大，对配合剂的吸附作用小。有研究表明，在 NR 中加入稻壳灰，胶料的硫化时间缩短。

研究表明，稻壳灰填充量为 40 份以下时，随着填充量的增大，硫化胶的硬度增大，拉伸强度和撕裂强度减小，回弹值增大，杨氏模量和耐磨性变化不大。当填充量较小时，硫化胶的撕裂强度相差不大。黑稻壳灰为非补强性填料，硫化胶的拉伸强度明显下降，填充量超过 20 份时拉伸强度下降较大；白稻壳灰为半补强性填料，当填充量为 20 份时，其补强性能与炭黑和白炭黑相当，而在整个填充范围（50 份以下）内对硫化胶物理性能的影响较大。当白稻壳灰填充量为 10 份时，NR 胶料的性能最佳。

稻壳炭可用作丁苯橡胶（SBR）1500 的补强剂。稻壳炭是在温度约 300℃ 下将稻壳灰炭化后得到的粉体（二氧化硅质量分数为 0.5036%，碳质量分数为 0.4149%），相当于黑稻壳灰，不经处理时可使 SBR 的拉伸强度提高 1 倍，具有与滑石粉和陶土相同的补强效果。

高含量二氧化硅（质量分数为 0.961%）的白稻壳灰经傅里叶变换红外吸光谱仪（FT-IR）分析，表面不含羟基，填充到三元乙丙橡胶（EPDM）中，胶料的门尼黏度减小，易于加工；随着稻壳灰用量的增大，胶料的硫化速率提高；硫化胶的拉伸强度先增大后减小，当白稻壳灰用量 20~40 份时达到最大值；100% 定伸应力则不断增大，但增幅比白炭黑填充胶小；白稻壳灰填充胶的撕裂强度不如白炭黑填充胶。

在 NR/聚乙烯聚丙烯（PPTPE）中加入稻壳灰，随着稻壳灰用量的增大，聚丙烯（TPE）的拉伸模量增大，拉伸强度、拉断伸长率和屈服强度减小，加入氨基硅烷偶联剂 KH-550 后，TPE 的性能有所提高，吸水性下降。在 NR/线形低密度聚乙烯（LLDPE）TPE 中加入白稻壳灰，TPE 的硬度和 100% 定伸应力增大，拉伸强度、拉断伸长率和耐油性下降；加入相容剂 PPEAA（丙烯-乙烯-丙烯酸共聚物），则能改善填料与基体间的作用，使各项性能有所提高。

稻壳灰在橡胶和 TPE 中只能起到廉价填充剂的作用，而补强作用需在低填充量条件下或经过处理（如加入适当的偶联剂、相容剂或多功能添加剂）后才显示出来；当填充量较大时，胶料的拉伸强度、拉断伸长率和撕裂强度等下降，补强效应很小。分析原因认为：①稻壳灰是极性材料，且亲水，而大多数高聚物亲油，二者之间相容性差，稻壳灰在胶料中不能良好分散，聚集现象明显。②燃烧过程的不可控导致得到的稻壳灰粒径分布和杂质含量发生了变化。杂质含量大，粒子的形状和多孔性会影响粒子的聚集及其与基体间的相互作用。③扫描式电子显微镜（SEM）分析显示，稻壳灰在胶料中的分散是不连续的，不能形成像炭黑和白炭黑那样致密的网络结构，因此不能起到补强作用。④粒子的形态和表面活性影响粒子的改性效果，稻壳灰的外形不规则且多孔使其硅烷化的能力变差，改性效果不显著。

（11）电容炭　多孔炭应用在超级电容器电极材料时被称作电容炭，作用是使电解液离子快速运动和积累电荷，这就要求电容炭需要有合适的表面积和孔隙以适应电解液离子的大小，这是影响超级电容器性能的关键。电容炭的比表面积、孔容等受前驱体类型和活化方法控制。

（12）硅酸钙晶须　硅酸钙晶须具有优良的力学性能和较好的耐高温性及生物活性，被广泛应用于橡胶、复合材料、保温材料和生物领域。钙源和硅源对合成硅酸钙晶须的形貌及长径比有较大的影响。

稻壳在化工生产中需注意以下问题：①稻壳前处理（筛选）。稻壳经筛选处理后，可去除大部分细小杂质，提高产品质量。②根据产品品种的不同，有效控制稻壳炭化温度。如产品以活性炭为主，则炭化温度以 600℃ 为宜。炭化稻壳中的碳含量是随着炭化温度的升高而下降的，温度过高（800℃）时的稻壳灰已不具备生产活性炭价值。③高温活化。上述工艺流程中，干燥温度较低（150℃），滞留在孔隙中的 H_2O 等杂质不能完全去除，将导致比表面积降低，直接影响到吸附能力。采用二次高温（800~1000℃）活化，可提高活性炭的亚甲基蓝吸附值。

三、环保应用

1. 活性炭

活性炭是使用含碳量较高的物质经炭化和活化处理后获得的一种具有良好吸附性能的多孔材料，将稻壳干燥后所得的稻壳灰经炭化、清选、碱法、烤干、磨制，便可制取活性炭，活性炭具有大量的毛细孔结构和细小孔隙，比表面积很大，可达 $100 \sim 1000m^2/g$，因此活性炭有着很好的吸收和吸附性能，是一种可作为吸附、催化剂和催化剂载体的优良材料，被广泛用于食品、化工、日常生活及海上清油工作、气体吸附、重金属离子吸附等领域。

稻壳由于具有容量小、质地粗糙、不易吸水、无有害物质的性质，并且对有机化合物具有较强的吸附作用，所以使用稻壳制作活性炭有很高的利用价值。稻壳灰中的主要成分为二氧化硅和碳，主要用碳脱除油脂中的色素，用碱液和二氧化硅反应生成硅酸钠（水玻璃），以除去二氧化硅，并用酸液处理硅酸钠，使之从非水溶性转变为水溶性，从而彻底除去二氧化硅，剩下活性炭，并水洗至中性，干燥得到成品，高效环保，符合当今绿色化学的主题。

目前，利用稻壳制作活性炭主要有两种方式：①利用稻壳中的木质素和纤维素等通过处理制作活性炭吸附剂。②把稻壳在一定条件下炭化后制成吸附剂加以利用。研究表明，稻壳通过使用氯化锌法和氢氧化钾法所得的活性炭对染料脱色能力较强，并且对油脂中的红色脱色效率较高，同时对油脂中含有的游离脂肪酸和氧化物的吸附具有促进作用。

稻壳在无氧的条件下加热得到炭化稻壳，除去炭化稻壳中的二氧化硅和少量的其他杂质，即可得到活性炭。稻壳的炭化温度选择 $600 \sim 700℃$ 为宜，升温速率控制在 $4.5℃/min$。相关研究表明，稻壳制备活性炭的最佳工艺条件为：稻壳置于 $700℃$ 持续炭化 $5h$；而后将炭化后的稻壳混入 $2.5mol/L$ 的氢氧化钠溶液，在 $400℃$ 下处理 $30min$ 后再升温至 $700℃$ 连续活化 $1.5h$；经实验验证，其碘值和亚甲基蓝吸附值达到 $726mg/g$ 和 $250mg/g$，均明显优于商品活性炭，具有很高的经济价值。

活性炭对气体、蒸气或胶态固体有强大的吸附力，其成分由于原料和制取方法的不同有较大的差别，一般含碳量为 $70\% \sim 98\%$。根据用途的不同，可将活性炭制成粉末状或颗粒状，以提高其吸附效能。

稻壳本身具有多孔结构的特性，再经化学改性，其吸附能力更强。将稻壳燃烧成灰后也可以利用其碳和无定形硅的吸附作用。将稻壳燃烧成灰后，其颗粒结构为整齐排列的蜂窝状，这种蜂窝状结构的骨架主要由二氧化硅和少量钠盐、钾盐组成，在骨架中间的蜂窝内充填着无定形碳。该结构具有很强的吸附能力，其吸附效果比单一结构的硅酸盐要强得多。

影响稻壳活性炭制备的主要因素是稻壳的炭化程度和炭化稻壳碱化处理后二氧化硅的溶出情况。二氧化硅的存在会降低活性炭的吸附性能，因此，必须设法除去。通常二氧化硅的去除方法是用碱与稻壳反应生成可溶性硅酸盐。可溶性硅酸盐是制作水玻璃的原料，或生产白炭黑，或进一步提纯生产高纯二氧化硅。

活性炭最大的特点是具有发达的孔隙结构和很大的比表面积，而且具有较强的吸附能力，足够的化学稳定性、机械强度及耐酸、耐碱、耐热，不溶于水和有机溶剂，使用失效后可再生等良好性能，使得近年来人们越来越注重对活性炭的研究和开发。

2. 吸附剂

吸附剂主要应用如下。

（1）金属等离子的吸附剂　各种加工厂在生产过程中产生的金属离子如镉、铜、铅、锰、汞等以及砷、磷等有毒离子对环境和人类生活的危害非常大，如何处理这些有毒离子是一个亟需解决的问题。人们已经着手研制利用稻壳来处理水溶液中的各种离子，并取得了不错的效果。季铵化稻壳可以吸附除去溶液中的砷离子，其吸附本质是一个离子交换过程，吸附过程符合 Langmair 等温线，在 pH 7.5、28±2℃时最大吸附量可达到 18.98mg/g。在酸性条件下，稻壳可以按照 Freundlich 等温线的规律吸收铅离子和汞离子。在 0.01mol/L 的酸性（HNO_3，HCl，H_2SO_4 和 $HClO_4$）条件下，用 1g 吸附剂分别处理汞离子浓度为 1300mg/kg 和铅离子浓度为 48.2mg/kg 的溶液，分别在 5min 和 10min 之内即可达到其最大吸附量。按其设计的方法，对中等企业来说，9.9kg 的稻壳即足够净化其污水。300℃下加热所得到的稻壳灰有特殊的硅醇集团和氧化态的碳集团，可吸收金和硫脲的复合物。产品和活性炭对金的最大吸附量分别为 21.12mg/g 和 33.27mg/g，而对硫脲的吸附量分别为 0.072mg/g 和 0.377mg/g，这表明它是一种吸附金和硫脲的复合物的新方法。稻壳活性炭经硫酸处理后再用 CO_2 活化可去除溶液中 88% 的铬和大于 99% 的 Cr^{4+}。在 $c(H^+)$: $c(Cr)$ 为 5.0 且 $c(Cr)$: $c(C)$ 为 0.0065 时，吸附量最大，上述比例在较大的铬离子浓度范围内均适用。柱体实验表明，稻壳和商品活性炭对 Cr^{4+} 的吸附量分别为 8.9mg/g 和 6.3mg/g，若用碱液使其再生，则分别有 22.5% 和 30.6% 的 Cr^{4+} 可再生，这可用于铬电镀厂中废水的处理。EDTA 改性稻壳对 Cu^{2+}、Cr^{3+}、Ni^{2+} 和 Pb^{2+} 的最大吸附能力分别为 8.86mg/g、9.59mg/g、8.76mg/g 和 28.65mg/g，但 EDTA 和王水的存在对金属束缚有抑制作用。利用绿藻和稻壳去除水中的重金属离子，其中稻壳经过干燥、研磨，以取得最大表面积，其对锶离子和铅离子的去除率分别可达到 94% 和超过 99%，吸附速率很快，可在几分钟内达到平衡。吸附金属离子在静止状态下比较稳定，不会解吸。而在低 pH 条件下，大多数阳性金属离子可以解吸。研究发现，在 pH 3 的条件下，用甲醛溶液处理活性淤泥和稻壳，过滤，即得到金属吸附剂。含 Cu^{2+}、Zn^{2+}、Cr^{3+}、Hg^{2+} 的含量分别为 12mg/kg、10mg/kg、5mg/kg、5mg/kg 的废水，经过 1g 这种吸附剂处理后，其中金属离子的含量分别为 0.06mg/kg、0.14mg/kg、0.24mg/kg 和 0.03mg/kg。一种由进水箱、处理器（含稻壳或炭化稻壳）和出水箱三部分组成的污水处理设备处理污水后，可大大降低水中的 Zn^{2+}、Fe^{3+} 和 Fe^{2+} 含量；另一种是用稻壳或炭化稻壳来处理废弃矿藏污水中的重金属离子。污水经过过滤后，滤液再用一种硫化填充剂处理以除去铁、锌和其他重金属离子。镉离子和锌离子含量分别为 0.042mg/kg，14.22mg/kg 的污水经过 6 层炭化稻壳处理，第二层的流出液再用 Na_2S 液混合，最终金属离子的去除率分别能达到 100% 和 96.69%。

（2）吸附水或气体中的有毒性物质　除了能够吸附金属等离子外，稻壳产品对其他物质也有不错的吸附效果。例如，用碱液处理稻壳以除去木质素，再炭化即可用来净化水。将稻壳制成的碳经过硝酸处理或结合 CuO 来增强对 NH_3 的吸附能力，其吸附能力可能与表面氧的浓度有较大的关系。将稻壳粉和 10%~30% 沸石或海泡石混合制成小球，再煅烧以得到直径 1~10mm 的多孔渗水微粒。将此微粒填充在固定的过滤床中，去除鱼塘水中有毒气体（如 NH_3）或悬浮微生物，其吸附能力比活性炭要高。含有多孔结构、空间体积达到 75%~80% 的无定形硅的稻壳灰可用来固定废弃的和有毒的液体（如钻探泥浆、化学物质）以及放射性的物质。

（3）作为酶的载体　稻壳特有的结构使其作为酶载体发挥一些特殊的功效，将稻壳灰在马弗炉中 700℃加热 2h，再用 10% 的硫酸滤去其中的金属氧化物，得到的酸化稻壳灰可用来固定假丝酵母圆筒状脂肪酶,固定的脂肪酶的活性残留30%,但其耐热性大大增加,在50℃、60℃、70℃下的半数残留时间分别为45min、17min、4min。

(4) 吸附溶液中的染色剂　有学者比较了用五种廉价物品树皮、稻壳、废棉、毛发和煤炭来吸收两种基本的染色剂——番红精、亚甲基蓝,确定了Langmuir等温线。结果表明,稻壳对番红精和亚甲基蓝的单层饱和吸附量分别为838mg/g、312mg/g,效果不如树皮好,但比其他几种材料要强。而研究通过$ZnCl_2$,H_3PO_4和CO_2来活化或炭化稻壳,以制取活性炭来吸附亚甲基蓝的方法发现,用500g/L $ZnCl_2$溶液,在750℃下加热1h来制取活性炭的吸附效果最好,且吸附过程符合Freundlich等温线和BET等式。用500g/L H_3PO_4预浸稻壳,在400℃炭化所得的活性炭,其吸附亚甲基蓝的效果良好。亚甲基蓝测试表明,在850℃空气中加热4h的脱色度可达98.3%;而在氮气,有$ZnCl_2$存在的条件下,900℃下加热4h,其脱色度可达99.5%。

(5) 油类加工中的应用　油脂工业中稻壳的应用比较广,分别用1.0mol/L和14.0mol/L的硝酸来处理稻壳,以增加其吸附饱和脂肪酸(C8,C10,C12,C14,C16和C18)的量。结果发现,两种处理方法所得产品的单层吸附量分别为(0.25±0.03)mmol/g和(0.43±0.03)mmol/g。稻壳灰可以用来制取硅酸钠膜,用其来减少煎炸油中的自由脂肪酸产生。应用稻壳灰产品还可以对油脂进行脱色,如对大豆油、芝麻油的漂白以及吸附棕榈油中的胡萝卜素。

此外,还有研究表明,利用稻壳良好的吸附特性制备成的吸附剂,可用于提高啤酒的稳定性。稻壳粉碎后与稀硫酸混合,经240℃密闭干馏,再以高温灼烧活化,可得到对单宁有较强吸附能力的稻壳吸附剂,以此吸附剂去除啤酒中的部分单宁,从而提高酒胶体的稳定性。试验表明,每100mL啤酒以0.4g吸附剂在15℃下搅拌吸附30min,可使酒中单宁量下降16.7%,从而减缓了引起啤酒浑浊的缔合反应,使酒体稳定性明显提高。该吸附剂与聚乙烯聚吡咯烷酮相比,具有吸附速度快、吸附单宁能力更强且成本低廉的优点。

3. 去污剂

稻壳燃烧后的稻壳灰可用作去污剂清洁油污。将稻壳灰、三聚磷酸钠、硼砂、烷基芳基磺酸盐按适当比例混合、研磨即成为去污粉。英国研究者把稻壳灰添加到磨碎的玉米穗轴中制成清洁粉,其清除机器部件油污的效果显著。

稻壳还可作航天机械辅助动力装置的清洁剂组分,它含硅量高,可作为金属表面脱脂去碳的研磨粉。

4. 一次性环保餐具

稻壳制备一次性全降解环保餐具是用经过精细粉碎过筛达到一定粒度的稻壳粉作为原材料,添加适当比例的无毒可食用的胶合剂与水混合搅拌均匀;轧片、切料、模压成型;预干后经表面涂层,烘干而获得不同形状和用途的一次性餐具。目前产品按用途分为碗类、盘类、碟类、盒及其他几大类,各大类又由不同规格大小尺寸的产品组成。

稻壳制一次性全降解环保餐具具有无毒、成本低、表面光洁、外形美观、生产过程无二次污染、原材料来源广泛、绿色环保等特点。该餐具是替代有毒发泡塑料餐具的最佳产品之一。

稻壳制一次性餐具的加工可分为冷成型工艺和热成型工艺,按成型方法的不同又可分为模压成型和挤压成型两种。现以冷成型工艺为例介绍其大致的生产工艺。

稻壳制一次性餐具生产的主要工艺路线如图 2-6 所示。

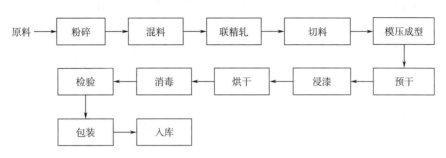

图 2-6 稻壳制一次性餐具生产的主要工艺路线

稻壳制环保餐具于 20 世纪末起于我国台湾，20 世纪 90 年代开始研制并有样品问世。1997 年我国第一条生产线建成，稻壳制一次性餐具在铁路部门推广。

日本公司利用塑料成型技术，开发出以天然稻壳为原料的容器。这种用稻壳制作的容器使用后不需要进行复杂的废物处理，可以自然溶入土壤中。其加工方法基本与塑料成型法相同，而且加工成本低于塑料制品。

四、饲料利用

稻壳所含营养物质很少，易受农药残留污染，不宜直接作为饲料。但如果经过加工处理，使纤维软化或酵解，就可制成粗饲料。稻壳不宜喂猪，但可作为牛、羊等反刍动物的补充饲料，具有一定的经济价值。这样不仅充分利用了再生资源，而且还解决了由于稻壳堆积造成的环境污染。

1. 统糠饲料

统糠饲料是 70%~80% 的稻壳粉与米糠的混合物，是一种营养价值很低的初级混合饲料。统糠的营养价值取决于米糠的比例。米糠越多，则营养价值越高。稻壳粉在其中只起填充作用，其主要成分是粗蛋白质、粗脂肪、无氮浸出物、粗纤维和灰分，其中后两者含量极高，灰分没有营养价值，且过量食用会影响畜禽对矿物质的吸收。

相关研究和营养分析认为，稻壳直接粉碎后其消化能、代谢能和可消化蛋白质均为负值，所以一般情况下不能直接用作饲料添加物制作统糠饲料。但由于其生产工艺及设备简单，成本低，价格便宜，目前仍有部分地区用统糠饲料喂养猪及家禽。另外，饲料中含有一定的粗纤维，对于动物消化是必需的，而且粗纤维也是畜禽小肠中淀粉酶、胰蛋白酶及大肠中脲酶的活化剂，所以目前许多日增重效果较好的配合饲料中仍含有 5%~10% 的统糠。

2. 稻壳膨化饲料

稻壳的营养成分含量低，再加上稻壳表面整齐排列的木质素将粗纤维紧紧包裹，所以，动物食用后不易消化，总消化率只有 5%~8%。但若用膨化处理方法，便可使稻壳成为畜禽饲料，这种饲料有助于畜禽肠胃内有益微生物的活动，适口性和消化率都比未处理的好，可以提高动物对饲料的利用率。膨化的稻壳由于其纤维组织完全溃散成膨松状态，并使紧紧包围在纤维素外面的木质素全部被撕裂而脱落，这种主体组织很容易吸水，因此膨化后稻壳吸水性很高，各种营养成分的溶水机会就会增多，故容易被畜禽吸收，吸收率达 17%~20%。据日本长野县畜产试验场试验证明，膨化稻壳喂牛后的排出量是 70%~80%，稻草排出量是

70%~75%，二者排出量相当，营养成分相近，因此认为膨化稻壳完全可以替代稻草喂牛。

据有关资料介绍，膨化后的稻壳细胞壁成分和半纤维成分分别由 79.5% 和 22.6% 下降到 67.3% 和 13.1%。原来的稻壳细胞壁排列紧密，细胞表面硅酸物突起，细胞间宽度为 89.7μm；而膨化后的稻壳细胞疏松，细胞间宽度拉大为 102.85μm。与原稻壳相比，细胞间宽度拉长了 13.15μm，其吸水性大大增强，作为饲料效果较为理想。稻壳膨化时的高温、高压条件，使杀菌比较彻底。

具体的操作方法是：取稻壳（水分含量 12%）500kg，加水 50kg，搅拌均匀。必要的时候也可加入 3%~5% 的碳酸盐作助膨剂。另用电热器将密闭型膨化装置加热至 200~230℃，然后将拌湿的稻壳连续加入膨化装置中，有条件的话，最好将其水分调整至 30%~50%，然后在压力平均为 $1.5×10^5$Pa 下压缩 10s，之后瞬间解除压力，则可得到松软呈网片状的膨化稻壳 500kg，膨化稻壳可直接与配合饲料配用，也可粉碎后混入饲料，掺水量以 5%~20% 为宜。膨化后的稻壳代谢能提高近 10 倍。

需要注意的是，稻壳膨化处理时，如果水分含量不足 10%，则压缩时，稻壳易蒸煮不透或发生炭化，或易膨化不彻底。如果水分含量高于 60%，则稻壳的膨化温度难以控制，影响膨化效果。

3. 稻壳发酵饲料

稻壳发酵饲料是在以稻壳为主的原料的基础上，添加适量的米糠、纤维素分解酵母、种曲和磷酸一氢铵，经过发酵糖化得到的饲料。具体做法是：在 100kg 稻壳粉中添加米糠 20kg，磷酸一氢铵 3kg，水 30kg，种曲 50kg 和纤维素分解酶 100g，将其充分搅拌均匀，然后置于 30℃ 室内培养 48h，即可得到 145kg 的发酵饲料。利用该法制取的饲料是一种含高蛋白质和高碳水化合物的新型饲料，蛋白质含量可以达到 30%，且适口性好、增重快，不仅适用于反刍动物，也可用做猪、鸡饲料，技术简便，成本低廉。

4. 稻壳氨化饲料

用氨处理可以增加稻壳的消化能力和含氮量。稻壳经 10% 氨水、30% 水处理后，常温下储存 12 个月，粗蛋白质含量增加 3 倍，所增加的氮绝大部分是非蛋白氮。将稻壳加热到 170~180℃，再通入氮，在 1.7~1.8MPa 的压力下进行处理将稻壳纤维软化，可用作牛、羊的饲料。目前，全世界已经建立起许多类似这样的氨处理工厂，用 10% 和 20% 的处理稻壳饲料喂养肉牛，日增重分别为 1.25kg 和 1.16kg。但是，超过 20% 将会产生毒性，因此，美国食品与药物监督管理局（Food and Drug Administration，FDA）规定，氨处理稻壳作饲料的用量不得超过 20%。

5. 稻壳颗粒饲料

稻壳颗粒饲料是在粉碎的稻壳内添加 7.5% 质量的蜂蜜和水，用制粒机制成直径为 8mm，长 7~20mm 的圆柱形颗粒即为成品，其体积为未加工稻壳的 1/6。这种饲料完全可以代替稻草喂牛，并且运输和贮藏方便，因而降低饲养中的生产成本，喂给量一般控制在精饲料质量的 20% 以内最佳。

6. 稻壳单细胞蛋白饲料

以稻壳为碳源，用液体深层发酵的方法得到大量的单细胞蛋白。由于稻壳黏度低并且表面含有蜡质层，大规模液体发酵很难控制，加上稻壳灰分含量很高，能被微生物发酵利用的营养物质也低，因此用稻壳生产单细胞蛋白饲料，必须对稻壳进行预处理。比如，可以先用 NaOH 处理纤维素，再用酸中和，可以得到较高的菌体产量，为后续微生物发酵提供基础。

此外，将稻壳通过蒸煮法、酸水解法或者碱法提取等获得的稻壳低木聚糖可以用作动物保健饲料的添加剂，通过减少动物体内有害菌的数目，提高动物的免疫性能。蛋鸡食用该添加剂后能够显著提高蛋鸡的产蛋性能，降低料蛋比；饲料中低聚木糖的添加量为 0.05% 时可以提高 4%~5% 的鸡蛋产率。

7. 稻壳化学处理后做饲料

用碱或酸处理是去除硅和木质素的有效方法，处理后消化多数会有所增加，干物质从 5% 增至 20%，纤维从 12% 增至 28%，无氮浸出物从 5% 增至 38%。一种方法是用 300g/L NaOH 溶液喷雾稻壳，喷到单位体积中含 50g/L NaOH 的营养价值为好，成本低；另一种方法是用氨处理。

五、农业与生物应用

1. 制备食用菌培养基

将稻壳用 3%~5% 石灰水浸泡 24h，捞起后用水冲洗降碱并沥干，然后混合细米糠、石膏粉、蔗糖等制作培养基，栽培料配方为：稻壳 76%、细米糠 21%、石膏粉 1%、蔗糖 1%，过磷酸钙 1%。培养料水分含量为 60%~65%。该方法效果好，能使营养充分被菌种吸收，成本低、产量高、效益好、缩短生产周期，易推广，可替代木屑栽培香菇。

2. 用作土壤改良剂

稻壳灰是一种很好的土壤改良剂，可保持土壤的疏松性和透气性。将稻壳与其他物质等量混合后可改善土壤的酸性条件。对水稻施稻壳灰有机复合肥可起到壮秆、抗病、抗倒伏、增产作用。

3. 制作苗床

浸透的稻壳可用作苗床；而在农作物育苗时，苗床播种后用粉碎的稻壳覆盖，可实现无土育苗，且无需封闭灭草，即使用细土覆盖，也可达到节土育苗的效果。以稻壳作农作物的育苗床，培育出的苗根多且长，而稻壳体轻便于幼苗运输。此外，育秧基质采用稻壳和菌糠同体积混合可提高秧苗的综合素质，有效地节约生态资源；在钵体育秧覆土部分掺入 20% 稻壳，可提高出苗率，改善秧苗素质。

4. 用作除草剂

把稻壳直接铺在土地表面，可防止杂草生长，保持土壤温度，并且有利于植物吸收养分，提高抗菌能力。同时因稻壳灰中的二氧化硅能够将昆虫胸部的蜡质表层腐蚀，进而打乱昆虫正常的新陈代谢，致使其死亡。国外的一些相关研究认为，从稻壳中能够提取出除草剂和生物抑制剂，这主要是由于稻壳中木质素及其硝基苯氧化单体具有抗菌性；且研究发现，利用稻壳为底物生产出一种生物制剂，该制剂能够抑制稻铁甲虫生长。

5. 生产肥料

经膨化的稻壳，可吸水自重的 2~3 倍，掺入 1% 的尿素或 0.15% 硫铵及少量石炭水，于露天自然发酵 60~70d，待色变黑，作肥料，具有良好保土、保肥性和孔隙性。用稻壳炭制成的海绵状材料，吸水、保水性能极好，蓄水系数大于泥土 1 倍以上，且具有良好吸光性、吸空气性。用稻壳灰、菜籽油下脚料、菜籽饼等配制有机复合肥，氮、磷、钾含量齐全，肥效高，增产明显。将这种肥料用于蔬菜种植，会提高产量 1 倍以上。

6. 防腐剂

用稻壳储藏稻米有很大的保护作用，可防治米象虫害。试验证明，用稻壳储藏稻米，比粉状燧石、白云石和路渣效果好。稻壳灰还可以防治蟑螂。

7. 杀菌剂

应用稻壳在热裂解气化过程中发电，还会产生液态的焦油，经过水洗净后即为木醋液，具有给农作物杀菌的功效。

8. 脱色剂

稻壳灰可制备大豆油精炼中的脱色剂。最佳工艺条件：碱液浓度 2mol/L，活化过程可选择 5% 的酸浓度，在 90℃ 下活化 4h，然后在 ≤200℃ 的条件下干燥，最终产品具有良好的脱色效果。

9. 生物抑制剂

从稻壳中可以提取一些生物抑制剂，如稻壳中的木质素及其硝基苯氧化单体；从稻壳中分离出的 4-羟基苯甲酸和转 4-羟基肉桂酸，可作为大多数革兰氏阴性菌和部分革兰氏阳性菌的抗菌剂。也有报道称稻壳甲醇提取物中酚类物质不仅具有较高的抗氧化活性，还能抑制过氧化氢激发的人淋巴细胞 DNA 损伤。以乙醇为提取溶剂，廉价的稻壳可以作为提取黄酮类物质的原料，并利用现代分析手段对提取物进行分析和性质表征，而黄酮又是一种很强的抗氧化剂，具有较强的抗脂质过氧化能力，可有效清除体内的氧自由基，改善血液循环，降低胆固醇，抑制炎性生物酶的渗出，增进伤口愈合和止痛，还能诱导很多药物代谢酶的表达。此外，采用索氏提取法，以 70% 甲醇水溶液为提取剂，可以从稻壳中提取绿原酸，而绿原酸具有抗菌、消炎、解毒、利胆、降压和升高白细胞及显著增加胃肠蠕动和促进胃液分泌等药理作用，对大肠杆菌、金黄色葡萄球菌、肺炎球菌和病毒有较强的抑制作用。以稻壳为原材料可制备纤维素，再经碱提取或通过微生物降解，最终产生木聚糖，而木聚糖通过降解又可形成低聚木糖，它是一种重要的功能性食品，具有低热、安全、稳定、无毒等良好的理化特性，还具有减少有毒发酵产物及有害细菌酶的产生，抑制病原菌和腹泻、防止便秘、保护肝脏功能、降低血清胆固醇、降低血压、增强机体免疫力，具有良好的配伍性，促使机体生成多种营养物质，包括维生素 B_1、维生素 B_2、维生素 B_6、维生素 B_{12}、烟酸和叶酸，抑制口腔病菌的滋生等生理功能。利用蒸汽加热对稻壳进行硫酸水解试验生产糠醛，该方法生产糠醛的效率明显高于玉米芯。糠醛主要用作溶剂，它的衍生物具有很强的杀菌能力，可合成镇痛药莫沙朵林和抗日本血吸虫病药物。

10. 制备分子筛

以稻壳为原料制备沸石分子筛，实际上是将稻壳作为硅源进行使用，硅源提取的方法一般是将稻壳灰化，得到二氧化硅含量在 95% 以上的稻壳灰，其中的二氧化硅大多为无定形态，也可以将稻壳与其他原料混合通过一步煅烧直接合成分子筛。稻壳中具有独特的二氧化硅管束结构，使其在合成分子筛中能保持良好的有序度，随着化工生产的不断发展，分子筛的制备方法也在不断地改进。

六、食用与医药应用

1. 食用价值

（1）促进身体生长发育与健康　硅是人体的生命元素，属含量较多的微量元素，约占人体重的 0.026%。人体内硅浓度随着年龄增长而呈下降趋势，且人体对硅的吸收率仅 1% 左右。食品经过加工和精制会导致硅含量大大减少，使食物中本来就不太多的硅还要损失大部分，加上人体对硅的吸收率低，缺硅会导致骨质疏松、骨骼生长迟缓、内分泌紊乱，冠心病等疾病的患病率和死亡率升高。

硅是组成骨骼的重要成分，能促进骨骼、软骨和结缔组织的生长。通过对骨质疏松妇女双盲的临床实验研究，得到可溶性硅酸盐通过刺激骨细胞的基因表达，促进骨矿化和骨基质的形成。原硅酸是二氧化硅的水合物，双盲实验利用原硅酸刺激胶原蛋白的产生并修复结缔组织，口服食用原硅酸可以让粗糙的皮肤不断改善，甚至让受试者的头发和指甲也有所改善。另外，硅具有一定的抗衰老作用，能促进结缔组织细胞形成细胞外基质，促进机体的新陈代谢，帮助排出体内的毒素和废弃物，使胶原含量增加，降低动脉粥样硬化发生的可能性。因此，补硅对抗衰老有积极作用。尽管二氧化硅无毒，但人吸入其粉尘，可能会导致硅肺病。当人体内硅含量过高时，会导致人体抗氧化功能降低、骨质疏松、骨细胞生长缓慢异常，还会导致硅在泌尿系统堆积，引起尿结石甚至肾衰竭和老年痴呆等。故科学合理补硅和保持硅的平衡均十分重要。这为稻壳硅制造功能性食品奠定了基础。

（2）食品的储藏与加工　二氧化硅、硅酸或硅酸盐有良好的防止粉体食物黏结成块和消除某些液态食物泡沫的作用，因此，常将二氧化硅、硅酸和硅酸盐作为抗黏结剂或消泡剂应用于面粉制备、大米加工、糖果制造、啤酒和饮料酿制、食盐加工等食品工业。

稻壳硅也可用于制造包装材料，美国曾开发出一种涂硅食品包装膜，就是将硅与膜黏合在一起，用于食品包装。与现在的金属化膜、铝箔复合膜相比较，其优点在于气障性更好，可延长食品保质期，现已普遍应用在食品行业中。磁性介孔材料具有潜在的良好吸附、分离特性，是一种新型功能复合材料，可以将稻壳作为硅源制备，廉价且高效、易分离的氨基改性的有序磁性介孔二氧化硅材料对于脱除粮油等液态食品中的黄曲霉毒素 B_1 具有很高的研究价值。

除此之外，利用稻壳制成的纳米白炭黑（含硅混合物）还是水果多种病菌的高效杀灭剂、昆虫的拒食剂、啤酒等酒类的净化剂和保鲜剂等。另外，稻壳中的硅还可以缓解或阻隔重金属对水稻的毒害。通过把稻壳掺入土壤，能有效降低稻籽粒中镉和砷含量，改善溶解态的碳氢化合物水平。这为种植无镉大米提供了最佳之路。

2. 医用价值

（1）含硅药物　自研究发现硅是鸡和大鼠生长发育必需的微量元素以来，硅对生命过程的作用和对人体健康与疾病的关系等日益受到人们重视。硅对骨质疏松症有很好的预防作用，体外实验研究结果表明，可溶性硅酸盐能有效提高成骨细胞碱性磷酸酶（ALP）活性并参与骨质合成的基因表达。因此，如果将稻壳中的硅提取出来制作成药物，可对人体健康做出极大的贡献。

稻壳硅对心脏病、血管硬化有一定疗效，在心脏病学中相关有机硅化合物对抢救病人及时吸氧有很大帮助。通过集中于纳米二氧化硅对人脐静脉血管内皮细胞（HUVECs）的毒性影响，以及大范围的人群实验研究发现，纳米二氧化硅引起了血浆 D-二聚体、TG 及 sI-CAM-1 的显著改变，纳米二氧化硅对心血管系统有一定的效应。至于纳米二氧化硅对心血管是否有长期显著的影响以及能否广泛应用于生物医学还有待进一步的研究与探索。稻壳硅可以增强人体血管内膜弹力层的弹性纤维强度，维持正常的血管功能，保证血管的通透性，从而预防血管粥样硬化，因此可利用稻壳硅进一步研究制作治疗血管粥样硬化药物。稻壳硅还可以制成抗癌药物，近年来关于有机硅抗癌药物的研究取得了良好进展。如对含硅二烃基锡类配合物的抗癌活性，研究得到了药效更佳、毒性更低的新的含硅二烃基锡类新药，并且已证明这类含硅抗癌药物在骨肉瘤、肺癌以及前列腺癌等恶性肿瘤的治疗试验中获得了令人满意的效果，且具有一些特别的生理活性，如顺 2，6-二苯基六甲基环十四硅氧烷可用于前列腺癌的治疗，含硅的血清脑钠肽（BNP1350）可用于治疗恶性脑肿瘤和肺癌。可见，制备更加高效低毒的抗癌药物是稻壳硅未来发展的一个重要方向。

（2）制备医用器材　将稻壳制得白炭黑，再进一步加工制成医用假肢、人工支架、医用模型、药用或基因载体、分子机器、医用探针等高附加值的医用器材。二氧化硅纳米粒子具有较好的稳定性与相容性，可用于细胞示踪，介孔二氧化硅纳米粒子由于其特殊的性能，在药物输送领域显示出了极大的应用前景。一方面，介孔二氧化硅纳米粒子外形易于调控，可以运载不同的药物；另一方面，其表面易于修饰，可以实现靶向传输、控释药物等多功能运输体系，在靶向药物输送治疗癌症方面已经表现出一定的优势。二氧化硅介孔材料 SBA-15 在人体内，以 OT/SAB-15 载药系统可以明显促进人体脂肪元间充质干细胞向成骨分化，增强碱性磷酸酶活性及Ⅰ型胶原活性，这种介孔材料安全性良好，不但不会对骨缺损的修复产生影响，还会对骨损修复有显著的促进作用。另外表面修饰的二氧化硅纳米粒子可用于转基因研究。目前，将具有生物可降解性能的介孔二氧化硅纳米材料应用于体内已经成为下一代介孔材料研发的热点和方向。随着科技的发展，多功能介孔二氧化硅纳米材料有望在药物输送领域具有更广阔的应用前景。

可以利用稻壳制取二氧化硅气溶胶给药剂，用于药物布洛芬和食品防腐剂丁香酚，表现出良好的缓释作用和给药效果。作为高分子材料，可以设计研究出二氧化硅复合材料人工神经网络专家系统，进一步利用二氧化硅复合材料。胰岛素是动物体内唯一能降低血糖水平的激素，由于口服胰岛素会被体内相应的酶所消化，从而降低生物利用度，如果可以通过利用稻壳硅质体为蛋白质多肽类药物载体，并对其进行修饰以提高口服药的利用率，这也将成为稻壳硅未来发展的又一方向，并促进医学药物的发展及提高经济效益。

（3）在制造业中的应用　稻壳硅在制造业的应用主要集中在化工、建材、电子和能源等领域。在化学工业中，稻壳硅用来制造白炭黑、食品添加剂、水玻璃及其聚合物激发剂、硅胶、橡胶改性剂、树脂基复合材料、催化剂、纳米二氧化硅、碳化硅、多孔材料、纳米材料、疏水性能良好的分子筛、含木质素的复合微球等。近年来，将可再生资源作为催化剂或载体引起了广泛的关注，稻壳灰负载 K_2CO_3 固体碱催化制备生物柴油，提高催化剂的可重复使用，使其能够工业化应用。利用燃烧后所得到的稻壳灰还可以制得硅胶干燥剂，其吸附性能大于国家标准（GB 10455—1989《包装用硅胶干燥剂》），具有良好的干燥作用。值得一提的是，近年来高档食品级白炭黑的国内外需求较高，带动了我国白炭黑产业迅猛发展，规模化的生产厂家已有数十家，年生产能力超 100 万 t，出口量和生产量一直处于上升状态。稻壳硅也可用来制备 $SiCl_4$、硅胶等多种含硅化学试剂。在环境保护方面，城市固体废物燃烧会产生大量有毒重金属的飞灰，可以通过从稻壳灰提取硅胶吸附空气中这些有毒物质，同时相关研究证明，从稻壳中提取的二氧化硅对空气中有毒物质 Pb 的吸附容量约为 36mg/g，远远大于其他吸附剂对于城市固体废物焚烧飞灰的吸附能力，能达到净化城市空气的目的。

在电子工业中，稻壳中的硅可用来制造单晶硅、多晶硅、石墨烯、氧化石墨烯、硅二极管、特殊电极、发光材料、超导体材料和半导体材料等，也可以制备成耐热、耐寒及介电性极佳的有机硅材料和电子工业材料，如发光二极管配套的封装材料、导热材料等。其中多晶硅是半导体、集成电路、分立原件和太阳能产业最重要的基础原材料之一，是硅制品产业链中重要的中间物，通过多晶硅发展太阳能光伏产业与当前倡导的"低碳经济"相呼应，我国对多晶硅的需求量从 2006 年 4 万 t 增至 2010 年 15 万 t，到 2016 年产能达 20.8 万 t，占全球的 45.7%。近年来，全球对光纤需求量迅速增长，利用四氯化硅制作的石英光纤被大规模利用，假如可以通过稻壳硅为原材料合成四氯化硅，大量再利用的稻壳将会提供更多高纯度四氯化硅，用于我国高速发展的通信信息产业。

在建材工业中，稻壳硅被用于制造稻壳灰、水泥添加剂、工程塑料、氮化硅多孔陶瓷、密封材料、保温材料和轮胎等。如通过稻壳硅合成的四氯化硅可用于制造耐腐蚀的硅铁以及脱模剂等工业用品。

在能源工业中，稻壳硅被用于制造稻壳硅炭、超级活性炭、生物质能源、多种新型电池、电容器、太阳能板等。研究发现，稻壳硅可以用来制作拥有循环稳定性和容量保持率的锂离子电池硅/碳复合负极材料。由于稻壳二氧化硅能与烷基次磷酸盐具有较好的协效作用，因而加入稻壳二氧化硅的合成环氧树脂（EP），能明显提高 EP/AL（MEP）的力学性能、阻燃性能及热稳定性能，使其成为更优秀的电子器件和集成电路等封装用材。

七、建材应用

1. 水泥

利用稻壳灰和石灰可生产稻壳水泥，其主要原理是稻壳灰中硅与石灰在高温反应生成硅酸钙水合物。利用稻壳灰的主要途径是将其与硅酸盐水泥或石灰混合，分别制成稻壳灰水泥、稻壳灰-石灰无熟料水泥。还有的研究是将稻壳灰作为硅酸盐水泥代用料，配制砂浆和混凝土，以取代部分水泥。印度发明 50%～90% 的稻壳灰与 11%～50% 石灰，再与熟石灰一起研磨，制成水泥。

稻壳水泥具有强度高、自重小、保温性好、耐腐蚀能力强等诸多优点，成为建筑学界的新宠，被誉为 21 世纪的高科技建筑材料。将稻壳灰部分取代水泥与黏土混合制备的混凝土，兼顾了经济性和有效活性，不仅能节省资源和降低成本，还能提高土质抗劈裂强度及地基承重力。尤其是当修筑摩天大楼、桥梁、近海或地下建筑时，稻壳水泥抗渗、耐腐蚀的优势能得到更好的体现。稻壳灰具有含硅量高、比表面积大和多孔性特点，还具有超高的火山灰活性，对水泥混凝土具有强烈的增强改性作用，是混凝土顶级矿物掺和料。水泥生产厂家可将稻壳发电厂产生的稻壳灰添加到水泥中，生产复合稻壳水泥。利用稻壳灰生产水泥时，稻壳灰水泥的配料、计算方法和生产条件与传统水泥相同，所需生产设备也完全一样。稻壳灰中的硅与石灰在高温条件下反应，便可得到石灰含量低、强度高、抗酸能力好的优质水泥，比以硅石为原料制造水泥便宜得多。稻壳灰掺入水泥中，水泥浆体流动性变小、凝结时间缩短、早期强度显著提高，水泥的抗渗和抗硫酸盐侵蚀等性能也得到明显改善。

稻壳灰中残留碳对强度和凝结时间都有影响，碳含量过高势必会导致强度降低。残留碳对凝结时间也有影响，对于稻壳灰石灰水泥，碳含量增加使初凝、终凝时间延长；而对于稻壳灰水泥，残留碳增加使初凝、终凝时间缩短。

稻壳灰水泥制得砂浆和混凝土有很强抗酸侵蚀能力，这与其水化产物中 Ca（OH）$_2$ 减少有关。例如，分别用稻壳灰水泥和硅酸盐水泥制成混凝土试件，浸泡在 5% 盐酸溶液中 1500h，硅酸盐水泥试件有 35% 质量损失，而稻壳灰水泥试件质量损失仅为 8%。另外，将稻壳灰-石灰水泥砂浆试件存放在 1% 醋酸溶液中长达五年仍保持完好，而同样条件下硅酸盐水泥砂浆试件表面松散，出现相当大质量损失，因此稻壳灰胶凝材料可作为一种有效耐酸水泥。

稻壳灰-石灰水泥标准稠度较大，拌制混凝土要保持一定流动度，需较大水灰比，致使强度偏低，可通过添加减水剂加以提高。但在盛产稻谷国家和地区还是可行的，而且这种水泥能耐硫酸盐腐蚀，尤其适用于沿海地区和地下防空工程。我国目前也有用稻壳灰制造彩色水泥的专利。

2. 混凝土

焙烧稻壳约得到 20% 的稻壳灰，内含 60%~95% SiO$_2$，1%~2% K$_2$O，其余为未燃碳等，SiO$_2$ 以非晶态存在，比表面积可达 50~60m^2/g。稻壳灰与硅灰的化学组成、性能有许多相似之处。稻壳的密度小、质量轻、孔隙度较大，具有较好的韧性和保温性能，并且耐腐蚀性强，可以以稻壳为主干原料制备混凝土。优质稻壳灰制备的混凝土与金属有较强的黏接力，可以用钢丝网或钢筋作骨架。由于以韧性很好的稻壳作骨料，因此混凝土的材性与木材相近，有可锯、可钉、防腐蚀、不易燃烧等特点，拼板可用水泥浆黏结，是一种比较理想的混凝土。

稻壳的抗压强度达到 8~15Pa，抗折强度为 2~6Pa，置于 -20℃ 下的低温，其抗冻性依旧良好。但是，随着稻壳添加量的增加，稻壳混凝土的总体强度和弹性模量逐渐降低，其"塑形"特征随之逐渐显著；同时稻壳混凝土相对渗透系数和强度损失率也逐渐变大，当稻壳在混凝土中的含量达到 40% 时，混凝土部件的渗水性最低。稻壳混凝土也具有一定的抗腐蚀性，其中稻壳最大添加量到 40% 时，稻壳水泥混凝土均对 50g/L 硫酸钠溶液和 100g/L 硫酸镁溶液具有较好的抗腐蚀性。

由于其稻壳自身导热率较低，使得稻壳水泥混凝土的导热系数较之普通混凝土有 14%~20% 的降低。因此，在实际生产中可以通过改变稻壳的不同添加比例来满足不同结构构件和保温的要求。

对稻壳混凝土抗冻性的影响因素顺序为稻壳掺量>粉煤灰掺量>水灰比，当稻壳掺量为 10.0% 和 8.6%，粉煤灰掺量为 17%~20% 时，稻壳混凝土具有良好的抗冻融特性。水灰比在 0.40~0.43 范围内时，其抗冻性能最好，且随水灰比增大，抗冻性能变差。

稻壳灰替代水泥掺入混凝土，能明显的改善孔结构，孔隙明显细化。随着稻壳灰掺量的增加，混凝土的强度明显增加，龄期为 7d 和 28d 获得较高的强度增长率。随着稻壳灰用量的增加，混凝土的初凝时间显著缩短，而终凝时间稍微延长。抗压强度、劈裂抗拉强度和抗折强度随着稻壳灰用量的增多而相应地减小，10% 的稻壳灰替代量是比较合适的。在高强度大体积混凝土中，用稻壳灰可得到高强度而内部升温不大、典型的稻壳灰混凝土，28d 强度比普通硅酸盐水泥高出 8%，而在 7~28d 内部升温却低于 21℃。

日本制成一种典型的绝热轻质混凝土，组分为：黏胶丝 1000 份，稻壳 200 份，火山灰 1250 份，水分 300 份，乙烯醋酸乳胶 300 份和水 700 份。印度用 65% 的磨细的稻壳灰与 300g/L 熟石灰和 50g/L 氯化钙混合，将该混合物按水泥、砂、水以 1：3：0.15 比例掺和，烧成试块。把稻壳灰与硅酸盐混合在一起，能制成强度较高的砂浆和混凝土。

3. 稻壳板

稻壳中含有丰富的粗纤维，虽然较短，但坚韧耐腐、抗虫蚀、导热性低、弹性强、耐压磨。因此可以稻壳为主要原料，将稻壳用粉碎机粉碎并碾磨后，与脲醛树脂或酚醛树脂等胶黏剂在搅拌机中搅拌均匀，经混合热压成板状，晾干即可制成板材。这样的制造工艺简单，设备投资少。这种板材具有可锯、钻、钉等加工性能，静曲强度、平面抗拉等指标接近刨花板，具有防火、防蛀、防霉、吸水性能好等特征，可广泛用作墙板、天花板、门板和地板等。经二次加工后，可制作家具和建筑板材。1t 稻壳约能制成 1m³ 板材，可代替 3m³ 原木。如果建立一个年生产 3000m³ 的小型稻壳板厂，每年就能为国家节约木材 9000m³。这对于缓和我们国家的木材供需矛盾和保护森林资源有着十分重要的现实意义。

1951 年，英国曾用粉状热固性酚醛树脂松脂与稻壳混合制成了稻壳板，但由于板材性能差、成本高，而未能引起人们的重视，直到 20 世纪 60 年代末 70 年代初，加拿大、美国、日本、英国、德国、印度、泰国、马来西亚等国相继着手开发研制，稻壳板才逐渐推广开来。加拿大较早获得了专利权，并于 20 世纪 70 年代生产出成套稻壳板制造设备向菲律宾转让，实际上由于工艺与设备不够成熟，还存在着不少有待解决的问题。

我国的稻壳板研究起步于 20 世纪 70 年代末到 80 年代初，江西与上海的科研单位相继研制成功。江西省建材科学研究设计院于 1982 年完成研究并通过了鉴定，哈尔滨林业机械厂为江西分宜建成一条年产 5000m³ 稻壳板生产线，以后又在浙江桐乡、江西横峰、新疆米泉等地建起了几个稻壳板厂。湖北省蒲圻市粮食局米面食品厂于 1988 年 6 月在哈尔滨林业机械厂的协作下，建成了年产量为 5000m³ 稻壳板的生产车间。在稻壳板工业化生产过程中，该厂首先对胶黏剂进行了研究，用多种胶黏剂进行试生产，并以稻壳为主加入其他纤维进行制板试验，取得了良好的效果。

4. 绝热耐火砖

稻壳导热率低，熔点高，是很好的耐火原材料，且稻壳内含有 20% 左右的优良无定形硅石，是制砖的上等原料。制砖泥土中，加入适量的稻壳粉，制作砖坯容易干燥，而且在烧制过程中不易产生裂纹，这种砖比一般泥砖质量轻，具有很强的硬度和抗冲击力，目前国外已研究出几种用稻壳制作的耐火砖。印度用 15%~20% 黏土与稻壳灰掺和，在球磨机中磨细，再掺入 1%~2% 聚乙烯醇乳液，浇注成型，在 120℃ 下干燥 24h，然后以 50℃/h 的温度上升速率加热至 1100~1175℃，保持 12~24h，冷却后制成绝热耐火砖。日本将稻壳与水泥、树脂混匀后，再经快速模压制成砖块，具有防火及隔热性能、密度小、不易破碎的特点。巴西一家公司将稻壳放入球磨机内研磨后，用耐火黏土、有机溶剂混合制造成耐火砖用于易燃易爆品仓库。

5. 保温材料

稻壳的密度较小，内部空隙较大。若将其压实，可作为密封、防潮材料使用。20 世纪，一些国家曾用稻壳和秸秆作冰库外墙、冷藏间的保温、隔热材料。稻壳本身就具有一定的抗热冲击作用，是良好的硅质隔热材料，稻壳中的硅化合物使隔热层性质稳定，不容易腐烂。

稻壳经不完全燃烧，则可保留部分炭，得到的是炭化稻壳，也称为煤气稻壳。炭化稻壳的生成方式，一种是间接加热干馏法，主体设备为回转窑，主要工艺是稻壳在回转窑中经加热处理，使稻壳中的有机物缓慢氧化，该法设备复杂，投资多，耗能大，但产品收率高，炭化均匀，产品粒子状程度高；另一种是直接加热氧化法，主体设备是炭化炉，稻壳在炭化炉内有控制地氧化，炭化炉内的温度可以调整，以控制稻壳的氧化程度。稻壳炭化设备中，以后者居多。炭化稻壳是黑色闪光的颗粒，经电子显微镜观察，其结构为空心状的网状结构，可成为制备活性炭较好的原料。

炭化稻壳具有保温性能好、隔热、熔点高、性能稳定的特点，可作为新型保温材料。冶金行业中用作钢水覆盖剂，可减少钢材缩孔，提高炼钢成材率。此外，还可用作建筑材料、土壤改良材料、堆肥、工业用原料等。质量较好的炭化稻壳，含碳量 38% ~ 56%、水分 ≤ 2%、粒度 2~5mm（粒度 <2mm 的不超过 40%）、无生碳、不含其他杂质。

6. 配制涂料

稻壳内含有约 38% 的干性纤维素。美国利用此特性将稻壳灰添加到涂料中，可使涂料中常见的龟裂现象消失。日本将稻壳粉作填充剂配制涂料，涂在墙上不会龟裂。

7. 制防水材料

稻壳可制防水材料。印度某科研所把稻壳灰配入沥青铺于屋顶防渗漏获得成功。新材料可耐 80℃ 高温，防水性能优异，有效使用寿命达 20 年以上。

8. 炭化稻壳块

炭化稻壳具有良好的吸热特性和绝缘特性，被作为炼铁和炼钢工业中的绝缘和抗结渣方面的保温材料而大量推广应用，但这种炭化稻壳呈松散状态，密度小，易飞扬，易污染，且不便运输和集中。为了改善稻壳和炭化稻壳的使用性能，我国研制出了压缩稻壳块及压缩炭化稻壳块，不仅克服了上述缺点，而且压缩的稻壳块火力强、发热时间长，可充分发挥其绝缘保温性能，也可作为燃料、制造活性炭等。

9. 制造木材

稻壳与树脂混合可制成人造木材，它是由稻壳粉末和树脂粉混合物制成的塑形产品，具有节约木材资源、工艺简单、成本低廉、终端产品性能稳定、无污染，自然木质感强，保温性能好，耐磨，耐水，阻燃，使用寿命长，机械强度高且易于加工的特点，其物理及化学性能均优于一般木材，具有巨大的经济效益和社会效益，广泛应用于建筑、装修、家具等领域，以代替木材使用。用稻壳为主要原料制成的新型吊顶材料——天花板，不仅价廉物美，而且具有防火、防蛀、防霉等优点，适用于造船和建筑业，以及潮湿多雨和白蚁多的地区。

10. 木塑复合材料

利用稻壳和热塑性塑料为主要原料，与助剂一起熔融、混炼制成颗粒，再挤出成型而制成，其与塑料相比具有低毒、成本低、易加工等优点。其可用于建筑业的建筑板，活动板房板材、门窗、楼梯扶手、装饰材料等方面。

11. 钢锭固化剂

在钢铁工业中，由于稻壳炭有良好的绝热特性，可作钢锭的固化剂，将其敷盖在钢锭上可保持熔融态钢内的物理和化学性质的均匀性，这一技术在世界上已广泛应用。

总之，稻壳在建材方面应用研究较多，具有广阔的前景。

八、其他应用

稻壳灰化后可以作为 MT 炭黑的替代品，用以提高橡胶料的性能，或者通过浓缩过滤熟化后生成硅胶成品。稻壳、稻壳灰作填充材料煮酒时，常在酒糟中分层铺上清洁的稻壳，使酒糟蓬松透气，以利蒸酒。玻璃器皿搬运过程中，用稻壳作填充材料，减少搬运中的破损，稻壳灰中含有微量钾肥，用作肥料具有很好的吸水性和蓄水性，白色稻壳灰用球磨和粉碎过筛后，可用作牙膏填料以及橡胶制品的防滑添加剂。

稻壳在食品工业中应用有两个方面：一是制食用糖，将干净稻壳碾细以后，加水煮、焖，加入含淀粉酶的固体曲或液体曲，搅拌糖化，液体加热浓缩可制液糖；二是作压榨和过滤助剂，经过加热和清洗的稻壳在美国大规模应用于非柑橘类水果，如苹果、梅子、葡萄等的压榨助剂，稻壳起疏松、助滤作用，能提高果汁及干果浆得率。

稻壳在化妆品领域也有着实际的应用。日本企业使用稻壳制造出香波、香皂和化妆水等美容用品，受到女性消费者的欢迎。稻壳化妆品具有明显的保湿作用，可清除肌肤上的污垢，对皮肤的刺激小，还有抑制黑色素生成、减少皱纹和雀斑等功效。稻壳中含有各种维生素、酶及食物膳食纤维，对促进皮肤的新陈代谢，改善消化消化系统均有一定效果。

稻壳中的另一种有用成分——肌醇，可预防直肠癌及乳腺癌等，而稻壳中的谷维素对自律神经失调和更年期障碍也有一定的疗效。稻壳中还有许多未知的成分，它在开发新商品方面还有很大潜力。

思考题

1. 稻壳综合利用的途径有哪些？
2. 稻壳综合利用的原理是什么？
3. 如何提高稻壳的综合利用率？

第三章

CHAPTER

米糠的综合利用

3

学习目标

1. 了解米糠的理化性质。
2. 掌握米糠的综合利用方式。

学习重点与难点

1. 重点是米糠的稳定化。
2. 难点是米糠的活性成分及其提取。

米糠是稻米加工过程中去掉精米和稻壳后的副产物，主要由果皮、种皮、交联层、珠心层和糊粉层组成，不仅含有蛋白质、维生素、糖类、矿物质和膳食纤维等营养物质，还富含多种生物功能活性物质，如油酸、亚油酸等不饱和脂肪酸，以及米糠多糖、生育酚、角鲨烯、γ-谷维醇、生育三烯酚、谷维素和植物甾醇等。米糠中的天然营养成分和功能因子使其在通便、降低胆固醇、降血糖、减少尿结石、抗氧化、抗炎、抗癌、护肤保健、调节肠道菌群以及预防和控制肥胖等方面起着重要的干预作用。我国稻米种植面积广、产量高，因而米糠资源丰富，是"天赐的营养源"，也被人们称为"米珍"或"米粕"。我国米糠年产量在1043 万～1147 万 t，但综合利用率低于20%，由于加工过程中稻壳、灰尘、微生物等物质的混入，导致米糠外观差、有异味并缺乏可食性，且由于米糠在储藏期间的不稳定性，我国对于米糠开发程度有限，多作为饲料使用，只有少量的米糠用于榨油或进一步制备植酸钙、肌醇和谷维素等产品，造成了这一可再生资源的极大浪费。

第一节　米糠的理化特性

一、米糠的组成

我国稻谷产量目前居世界首位，生产的米糠约 1000 万 t，占稻谷质量的 5%~7%。米糠是糙米加工过程中分离出的副产物，是糙米皮层中大部分的果皮、种皮、外胚乳和糊粉层、少量的胚乳及大部分米胚和少量碎米的混合物。

米糠是稻谷的精华所在，米糠的多少和组成取决于大米的加工精度（去皮程度）和净糙含谷率。一般来说，大米的加工精度越高，粒面留皮越少，米糠数量随之增加，米糠各组成部分的比例也随之增加，净糙含谷率越低，谷壳在米糠中的含量也越低。

二、米糠的分类

通常按以下 3 种方式对米糠进行分类。

1. 全脂米糠和无胚米糠

全脂米糠是指未经提取米胚的米糠，而无胚米糠是指提取米胚后剩余的米糠。

2. 全脂质米糠、低脂米糠、脱脂米糠

全脂质米糠是指未经提取米糠油的米糠，其脂肪含量保持米糠固有的水平。低脂米糠是指提取米糠油后的饼粕，其脂肪含量一般在 7% 左右。脱脂米糠是指经有机溶剂浸出制取米糠油后的饼粕，其脂肪含量一般低于 1%。

3. 精糠和精白米糠

稻米的加工精度高低，直接反映米粒的碾磨深度。加工特等米以上的高精度大米时，多采用多机碾白，分层碾磨工艺，因而各道米机排出的米糠是不一样的。精糠是指头道或二道米机碾下的米糠，其碾磨深度一般碾至米粒的外胚乳或者糊粉层。精白米糠是指二道或三道、四道米机碾下的米糠，其碾磨深度一般都深及糊粉层或者糊粉层内侧的淀粉细胞。

精糠和精白米糠的主要特点是：精糠脂肪含量高，精白米糠脂肪含量较低，但是蛋白质含量高。在深度开发方面，米糠适合用来制取米糠油及其油品与饼粕的综合利用，开发制取生化制品，提取功能食品因子。精白米糠适合于开发以米糠蛋白为主的营养食品和功能性食品，提取功能食品因子。

三、米糠的物理性质

稻谷一般包括谷壳、谷皮、糊粉层、谷胚和胚乳（图 3-1）。米糠，大部分是由果皮、种皮和糊粉层的碎片以及胚乳淀粉和胚组成。这些成分的粒度不同，能通过 100 目（0.150mm）筛孔的一般称为米糠粉。米糠的粒度与碾白方式有关，擦离式碾米机生产的米糠，其粒度比碾削式碾米机的米糠要大。经湿热处理（气蒸 3min 后快速干燥和冷却）后的稳定化米糠，其颗粒产生团聚作用，粒度有所增加。此外，蒸谷米的米糠外观比普通米的米糠扁平且略大些。

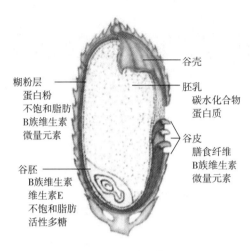

图 3-1 稻谷结构图

糊粉层
蛋白粉
不饱和脂肪
B族维生素
微量元素

谷胚
B族维生素
维生素E
不饱和脂肪
活性多糖

谷壳

胚乳
碳水化合物
蛋白质

谷皮
膳食纤维
B族维生素
微量元素

四、米糠的化学成分和生理功能

1. 米糠的化学成分

米糠的化学成分因稻谷品种和成品米加工精度的不同而有很大的差异。米糠中脂肪的含量较高,约为20%,在我国是仅次于大豆的植物油资源,所以米糠常用于制油。米糠脂肪的主要成分为中性脂质及磷脂,此外还有一定的糖脂。中性脂质以甘油三酯为主,磷脂中含有8种物质,其中卵磷脂、脑磷脂及肌醇磷脂含量最多。

米糠中无氮浸出物大部分是纤维素和半纤维素,含量分别为8.7%~11.4%和9.6%~12.8%,半纤维素分为水溶性和碱溶性两种,米糠中水溶性半纤维素很少,主要是碱溶性半纤维素。

米糠中矿物质含量受品种、土壤条件、生长环境以及加工条件等因素的影响而有所差别。米糠中矿物质以磷含量最多,其次为钾、镁、硒等。米糠中的磷存在于植酸、核酸和一些无机磷中,其中植酸中的磷占米糠中磷总量的89%。

最新研究表明,米糠集中了64%的稻米营养素,除含有丰富和优质的蛋白质、脂肪、碳水化合物、维生素、膳食纤维和矿物质等营养成分外,还含有生育酚、生育三烯酚、脂多糖、α-硫酸锌、γ-谷维醇、二十八碳烷醇、神经酰胺、角鲨烯等多种天然抗氧化剂和生物活性物质,这些成分具有预防心血管疾病、调节血糖、预防肿瘤、减肥、美容、抗疲劳等多种功能,对人体健康具有重要意义。

2. 米糠中生物活性物质的生理功能

米糠中生物活性物质的生理功能见表3-1。

表 3-1 米糠中生物活性物质的生理功能

生物活性物质	举例	生理功能
γ-谷维素	阿魏酸、甾醇酯和三萜醇的化合物	抗菌、抗氧化、减少胆固醇吸收、癌症化学预防、降血脂、降糖、调理更年期综合征、防治雀斑及皮肤老化、改善老年痴呆

续表

生物活性物质	举例	生理功能
维生素 E	α-生育酚、γ-生育酚、生育三烯酚类	癌症化学预防、抗氧化剂、抗菌、降低胆固醇吸收
多酚	阿魏酸、硫辛酸、咖啡酸、水杨酸	抗氧化剂、抗肿瘤增殖作用、抗菌、抗炎
黄酮类	麦黄酮、黄酮木质素	抗氧化剂、抗炎、抗癌、抗病毒
植物甾醇	β-谷甾醇、菜油甾醇和豆甾醇	减少胆固醇吸收、抗炎、抗氧化剂、促进淋巴细胞增殖、癌症化学预防
其他	花青素、植酸	抗氧化、抗癌及保肝、抗癌、抗诱变、降胆固醇及控糖
	角鲨烯	抗氧化、抗癌、抗疲劳、降血脂及抑菌
	二十八烷醇	改善运动神经、降低胆固醇、抑制胃溃疡、治疗生殖障碍、治疗骨质疏松

第二节　米糠的稳定化

米糠的储藏不稳定性是由于它的易酸败造成的，其脂质酸败的反应途径包括酶促水解、酶促氧化和非酶促氧化三种，限制米糠中生物活性成分被利用。米糠的不稳定性表现为：米糠中的脂肪酶和油脂一起进入米糠相互接触时，水解反应立刻发生，脂肪分解酶使油脂迅速分解出游离脂肪酸，如亚油酸和油酸，在氧气存在的情况下，脂肪氧合酶能够促进游离的多不饱和脂肪酸发生酶促氧化反应，生成多元不饱和酸的氢过氧化物，进一步裂解生成一系列醛、酮、酸等小分子羧基化合物，数小时后，米糠就会产生非常难闻的霉味，导致米糠食用价值迅速降低。除了酶促氧化反应之外，谷物中天然存在的叶绿素和核黄素等光敏剂在光照的作用下会促使脂质发生光氧化反应，以及自动氧化等非酶促氧化反应都会加剧油脂的氧化。

如果米糠不经有效处理，在碾米后的短短几个小时，米糠的酸值会急剧上升。如果米糠的酸败问题得不到妥善的解决，其开发利用价值便会大大下降。因此，米糠的稳定化是米糠资源开发利用的关键问题。

一、米糠品质劣变的原因

影响米糠品质劣变的因素有很多，已有研究表明，米糠的酸败是由其自身所含的脂肪分解酶及氧化酶造成的。

米糠中含量较高的是脂肪酶，主要包括 4 种，即甘油酯水解酶（解酯酶）、磷脂酶 A

（A₁ 和 A₂）、磷脂酶 C 和磷脂酶 D。

在稻谷籽粒中，脂肪酶位于种皮层，油脂位于糊粉层、亚糊粉层和胚内，由于处在不同部位，二者没有接触，它们之间不会发生反应。但碾米后，脂肪酶混入米糠中，此时脂肪酶显示出活力，催化脂类物质分解，油脂的水解作用就会迅速发生而产生游离脂肪酸，接着在氧化酶、光、热等因素的共同作用下，发生脂肪的酸败。

米糠中含有的磷脂酶也有很多种，在水分适宜条件下，磷脂酶对米糠中的磷脂也产生分解作用。磷脂在磷脂酶的作用下生成酸性甘油、磷酸、脂肪酸和胆碱，使酸值上升。

米糠中脂质含量约为 20%，主要成分为中性脂质，以甘油三酯为主。在分解甘油三酯时，主要是进攻 1,3 位上的酯键，使 1,3 位上的酯键断裂，脂肪酸被分解出来，使中性的甘油三酯分解成具有酸性的脂肪酸和甘油一酯及甘油二酯，从而使酸值升高。由于空间位阻效应，脂肪酶对甘油三酯 2 位上的酯键作用减弱，在有水分的酸性条件下，被脂肪酶分解后的甘油一酯会继续被分解，生成最终产物甘油和脂肪酸，使酸值上升。在米糠被碾下来 20min 开始检测，连续检测 6h，发现米糠的脂肪酸值快速上升，新鲜米糠的酸值基本上以每小时 10% 的速度上升，表明了米糠的不稳定性。国内外大量研究证实，从糙米脱下来的米糠必须在 6h 内将其进行脱酶稳定化处理，否则米糠的酸值会快速增加，严重影响米糠的利用价值。

米糠发生酸败后，出油率降低，甚至失去利用价值。米糠若不经过稳定化处理，储藏期间酸值会逐渐升高。温度与湿度越高，酸值上升越快，给米糠的加工带来的困难越大。因此，如何使米糠稳定，延缓劣变，是开发利用米糠资源的关键。

二、米糠的稳定化方法

米糠的稳定化技术已经成为利用米糠资源制取米糠油和米糠健康食品的关键。对米糠进行稳定化处理的目的是：使酶钝化失活，消灭微生物和害虫，提高米糠在储藏期间的稳定性；保存米糠中有价值的成分，主要包括蛋白质、脂质、维生素及其他的营养物质。

米糠的稳定化处理主要存在以下两种机制理论：一是酶的稳定结构在高温、高压条件下被破坏，导致与米糠酸败有关的脂肪酶和脂肪氧合酶的"失活、钝化"；二是加热处理扰乱了酶催化反应和微生物生长所需的水环境。防止米糠酸败的最有效方法就是使脂肪酶失活。米糠中的脂肪酶有很多种，大多数为碱性蛋白质解酯酶，其最适宜的 pH 为 7.5~8.0，最适宜的温度是 37℃，最适宜的水分是 11%~15%。

米糠稳定化的方法有很多种，包括物理法、化学法、生物法和复合法。物理法包括冷藏法（-18~-16℃）、挤压法、辐射法、微波法、加热处理法（干热、湿热）等；化学法是利用酸类、碱类等来降低酶活力的方法；而生物法是利用酶和微生物发酵，其中酶法是稳定米糠主要的生物方法；稳定米糠的复合法一般有 Na_2SO_3 挤压复合法、超声辅助酶法、干热联合红外加热法、挤压超声法等。目前比较常用的稳定化方式有热处理、微波处理、挤压处理等。

1. 冷藏法

冷藏法是最早采用的一种方法，其机理是：脂肪酶的活力和温度密切相关，温度越低，酶活力越小。

在冷藏法中，要将米糠于 -3~3℃ 的低温条件下存放。此时，脂肪酶的活力被抑制，活动能力大大降低，米糠的酸败得到延缓，从而使米糠达到稳定的目的。但是在冷藏法中仍存在一些问题：低温虽然能够降低米糠的水解速度，但并不能完全地抑制米糠的水解，当米糠温度恢复到室温时，米糠中的酶就会重新恢复活力。该方法的可操作性比较差，在实验室的小范围内易于操作，但在工业化生产中，要使大量米糠在短时间内迅速降温比较困难。如果降温时间较长，脂肪酶又会起作用，无法稳定米糠。此外，冷藏法的费用比较高，不利于在工业上推广使用。

2. 化学法

化学法是利用无机或有机化学物质改变米糠中脂肪酶的最佳离子强度以及最适 pH，降低脂肪酶的活性。人们研究了不同化学试剂，如醋酸、盐酸、腐殖酸、乙醇、甲醇、二氧化硫等对米糠的稳定化作用。在这些试剂中，二氧化硫钝化酶的能力最强。日本专利报道，用浓度 5%~15% 的二氧化硫处理米糠 15h，然后在阳光下晒干，这样能有效地破坏米糠中脂肪酶的活性。也可以利用过亚硫酸钠分解得到二氧化硫，具体操作是把米糠与其质量 2% 的过亚硫酸钠在密封玻璃瓶中混合均匀，此时分解的二氧化硫可以有效地抑制游离脂肪酸（FFA）的产生，钝化脂肪酶，二氧化硫与米糠接触进行作用，破坏脂肪酶的结构，降低脂肪酶的活性，从而抑制米糠中脂质的水解。这种方法效果很好且并不影响米糠油提取。处理过的米糠储藏 30d 后，脂肪酸含量从 2.2% 升到 3.5%。且在室温下储藏 70d 后，碘值从108.8 降至 75.8。国外学者用盐酸来稳定米糠，用 40L 28%~30% 的盐酸处理 1t 米糠，能够有效抑制脂肪酶的活性，减缓米糠的酸败，达到稳定化的效果。但是，盐酸加入量过大会影响米糠的品质，使米糠的颜色变深，失去原有的米香味，并且会有一定的试剂残留。米糠不是单一的物质，在钝化脂肪酶的同时要尽量减少营养物质的损失，所以在选择化学试剂时一定要注意食品安全问题。尽管化学法有它的有利之处，但是还要考虑到安全性和经济性以及其他不利方面，所以化学法在实际应用中有相当大的局限性。

3. 加热处理法

热处理是目前米糠稳定化处理中最常用、最便捷也是历史最悠久的方法。据史料记载，早在 1903 年人们就通过热蒸汽在大米碾磨后立即将米糠加热到 90℃，由于与米糠酸败密切相关的脂肪酶的最适温度为 35~40℃，所以迅速地升温能够导致酶的钝化失活，这样可以有效地抑制米糠的水解反应。热处理主要分为两种：无水热处理（热处理过程中不加水）和加水热处理（热处理过程中加水），即干热法和湿热法。

（1）干热法　干热法主要是利用烘箱、气流干燥器、隧道式烘箱、振动流化床等加热设备，直接将米糠置于热空气中；给存放米糠的容器加热，将米糠加热至需要的温度。对米糠进行加热处理以除去水分，钝化解酯酶的活性，延长米糠的保鲜期。

工艺方法：将新出机的米糠在 2~4h 内烘炒加热 10~15min，使温度达到 95℃以上，水分降到 4%~6%，即可使米糠在短时间内保鲜。如果继续加热，使温度达到 115~120℃，水分降到 3%~4%，保鲜期可达半个月左右。米糠在 100℃以下的温度下干热处理达不到稳定化的效果，一般情况下，在烘箱温度为 135℃左右烘 1h 以内（从米糠温度达到烘箱设定温度开始计时），就能达到较好的稳定化效果。

然而，米糠中的酶不会因为热处理而完全失活，因为当米糠水分含量重新上升到5.5%~6.5% 时，游离脂肪酸（FFA）的含量就会升高。但是如果米糠没有重新吸收水分，FFA 的含量就不会变化。所以在干热处理中，只要处理后米糠不吸水，还是能够达到米糠稳定化的目的的。

干热法虽然设备投资少，操作简单，但是能源消耗大，短期干热处理对米糠的稳定化效果甚微，因此需要较长的处理时间。然而在处理温度过高且处理时间过长的干热处理条件下，米糠的品质会受到影响，发生焦化问题，导致米糠中的部分营养成分被破坏，且不能完全抑制酶的活性，米糠储藏一段时间后，游离脂肪酸的含量仍然会增加，而且，长时间的高温也会使米糠油氧化变质。

（2）湿热法 湿热法是利用蒸炒锅等设备，先在上层对米糠通入蒸汽，进行加湿、加热，然后再干燥至水分低于12%，最后冷却至常温。蒸汽有两个作用：一是加热米糠而且导热系数较大；二是提高米糠的水分活度，以杀死耐热型的微生物，钝化耐热型的酶。但是，蒸汽很可能同时会导致米糠中其他成分的变化。由于水是良好的传热介质，和干热法相比，湿热法加热均匀，加热时间短且钝化解酯酶的效果比较好，过热蒸汽甚至基本上可以将脂肪酶完全灭活，但是操作相对复杂，蒸汽消耗量较大。

有研究比较了不同米糠稳定化的方法，发现高压湿热灭菌是各种加热处理中具有最佳灭活效果的处理方法，在其他加热方法处理下，脂肪酶活性残留量高至30%～35%，而在高压蒸汽湿热灭菌的作用下，脂肪酶相对活性降低到10.7%。

4. 挤压膨化法

挤压膨化是一个加温加压的过程，是最适合米糠稳定化的处理方法之一，利用挤压膨化机对米糠进行膨化处理，在高温、高压和剪切力的作用下达到钝化米糠中脂肪酶的目的，提高米糠储藏稳定性，使米糠的储藏时间大大延长，并且营养成分和天然抗氧化剂可以高度保留，米糠结构疏松，对于米糠作为饲料或者后续制油都是有利的。米糠中的微生物也由于高热高压而被杀灭，而且会生成脂肪复合体，使脂肪受到淀粉和蛋白质的保护，同样可以达到延缓脂肪酸酸败的目的。挤压膨化法可分为干法膨化和湿法膨化。

（1）干法膨化 干法膨化是不向米糠或膨化设备中添加水或者蒸汽，米糠在膨化机内受到挤压、摩擦作用，使其密度不断增大，物料间隙的气体被挤出，当空隙气体被填满后，物料因剪切作用而产生回流，使机腔的压力增大，同时机械能转化为热能，将米糠温度升高到100～130℃，经模板瞬间喷爆，形成具有一定强度的膨化米糠，从而使米糠中的解酯酶等酶类物质失去活性，蛋白质变性，淀粉糊化，破坏细胞使油脂扩散出来，以稳定米糠品质。

（2）湿法膨化 湿法膨化是向膨化机内喷入蒸汽，使米糠在膨化机缸体内不仅受到挤压、揉搓、剪切等机械作用，而且还受到喷入蒸汽的湿、热作用，促使米糠温度达到100～120℃，在从模板处挤出时，由于压力突降，水分迅速蒸发，米糠因急剧膨胀而形成疏松多孔且强度又高的挤压膨化物料。高压和湿热作用使米糠中的解酯酶等酶类物质失去活性，既延长了米糠的保鲜期，又破坏了油脂细胞，有利于米糠的浸出制油。

采用高温、高压、高剪切的挤压处理是米糠稳定化的经济有效的方法，米糠的挤压膨化技术及设备已在生产实际中得到广泛的应用。

干法膨化和湿法膨化与其他米糠稳定化方法相比，具有操作简单、产量大、稳定化效果好、成本低、快速高效等优点。在挤压过程中会发生淀粉分子的糊化和蛋白质的交联等化学变化，并产生特殊的风味。相对而言，湿法膨化又较干法膨化有很大的优势，主要表现在以下几个方面。

①产量大：膨化预处理工艺的产量主要取决于膨化机的生产能力。目前干法膨化机处理米糠能力为8～20t/d，而湿法膨化机（YJP20型）的单机产量可达120t/d。

经生产实际检测，湿法膨化料的干基密度为 488kg/m³，而干法膨化料的干基密度为 380kg/m³，这样，在浸出制油工序中，浸出器在同样料层高度下，湿法膨化的产量将提高 25%以上。

②动耗小：产量为 8~20t/d 的干法膨化机的配套动力为 45~55kW，而产量为 120t/d 的 YJP20 型湿法膨化机的配套动力为 90kW。一个产量为 100t/d 的米糠预处理车间，干法膨化机的最小配动力为 405kW，其动力消耗是 YJP20 型湿法膨化机的 4 倍以上，如配产量较低的干法膨化机，其动耗会更大。

③主要工作部件使用寿命长：由于干法膨化机的热量主要是依靠米糠与机筒和螺旋等相互挤压摩擦产生的，所以对机筒、螺旋等部件的磨损较大，一般 30d 左右则需要更换螺旋，因而每年的维修费用较高。而 YJP20 型湿法膨化机的螺旋等主要工作部件的使用寿命可达到生产 10000t 米糠，每年的维修费用较低。

④稳定化效果好：湿法膨化后的米糠经干燥水分降至 9%以下，并冷却至常温后，在常温下可以储藏 3 个月以上，而酸值升高较慢。这样，米糠加工厂可在稻谷加工的高峰期大量收购米糠，先膨化后再储藏，避免出现因不能及时加工而酸败。

⑤膨化料浸出效果好：与干法膨化相比，湿法膨化所产生的膨化料，其结构性更好，疏松多孔，油脂充分外漏，并且不易形成粉末，这种料不但不会堵塞浸出器筛板，而且溶剂的渗透性、渗滤性好，粕残油一般在 1.1%以下，在溶剂蒸脱过程中也不易产生粉尘而堵塞冷凝器。

米糠的湿法膨化工艺流程如图 3-2 所示：

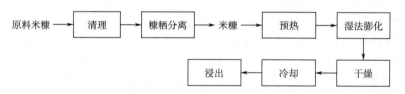

图 3-2　米糠的湿法膨化工艺流程

由于米糠中混有一定的碎米和淀粉，应该进行严格的筛分，以除去碎米及其他杂质。否则，不但影响膨化过程中压力的形成，而且会使膨化料结块。因此，米糠一般先经过清理工序，然后入糠秕分离器去除米秕后，再进入预热锅调节水分和温度。

米糠的水分含量是影响米糠膨化效果的主要条件之一，水分过高没有塑性，过低则弹性太差，经过预热锅调节后，水分一般为 10%~13%。原料米糠入机温度对膨化效果也有一定的影响，经预热锅调节后，温度一般为 60~80℃。经过前面工序处理后的米糠由喂料器输入膨化机，并通过蒸汽注射阀向机筒内通入 0.6~0.8MPa 的蒸汽，米糠在机体内受到混合、剪切、挤压和蒸煮的作用，在出料口的温度为 100~120℃。由于这个过程是一个高温短时间的湿热过程（米糠在筒体内的有效停留时间不到 1min），因此可以有效地钝化米糠中解酯酶的活性，同时保持米糠中的有效成分，此过程还可以破坏胰蛋白酶抑制素等有害物质，杀死米糠中的微生物和虫卵，提高糊化度。膨化出来的米糠由于温度高，水分一般为 12%~15%，质地松软，因此需要冷却干燥，才能形成水分适宜、具有一定抗压强度的膨化料。否则，不仅增加物料的粉末度，对浸出产生影响，而且储藏时易发生霉变，酸值仍会上升。

5. 微波处理

微波加热稳定米糠的研究始于 1979 年，微波是一种超高频率的电磁波，米糠中的水分子在微波的作用下发生共振，利用分子间的摩擦将能量转化为热能，使米糠快速均匀的吸收微波能量，从而使米糠的温度迅速上升，米糠中的脂肪酶受热变性失活，米糠储藏的安全性也得到了提高。微波被认为是替代能源，其最大的特点就是热源来自物体内部，渗透到原料中并同时加热整个米糠，而没有从外部到内部的热传导。微波选择性地对物料进行加热，耗能少，加热速度快且受热均匀，微波转换成热能效率高，同时由于微波加热惯性小，不易产生余热而容易控制。在加热过程中，初始水分含量是米糠微波稳定的关键因素，应对其进行合理控制以优化处理过程。除酶灭活外，微波加热还具有有益的杀菌和杀虫作用，对米糠的营养品质或功能特性几乎没有影响。而且操作工艺简单，作用时间短，脂肪酶失活效果明显，因此微波加热稳定米糠与众多的米糠稳定化方法相比具有巨大的应用前景。

6. 红外处理

红外以电磁波的形式传递能量，在加热食品过程中，无须借助任何传导介质，热损失小，热效率高。食品直接吸收红外能量后，其内部分子剧烈振动产热，物料升温过程中水分子迅速蒸发出去。红外与微波均属于辐射加热的范畴，但红外加热更均匀，对人体无安全隐患，同时红外热惯性小，物料温度易于控制，更易于实现智能化控制。当使用红外加热干燥潮湿的物料时，辐射会穿透物料，并且辐射能会转化为热量。即使渗透受到限制，它也可以提供均匀的加热，并可以降低加热和干燥过程中的水分梯度。红外辐射在食品加工中的应用势头强劲。将米糠置于 140℃红外加热温度下 15min 是保持米糠储藏稳定性的有效方法。但是有研究表明，红外处理容易影响米糠营养物质的含量，如生育酚和谷维素含量。

此外，还有 γ 射线或钴-60 辐射米糠的稳定化处理方法，但效果不好。新鲜米糠氧化酸败速度较快，不可能在另一地集结到一定规模后再进行稳定化处理，因此必须在当地米厂尽快进行米糠的稳定化工作。同时，还必须有较为经济有效的米糠稳定化方法，这就使得 γ 射线辐射实际并不可行，另外辐射处理钝化法还存在着较多的技术限制，并且这种方法所需投资较高，就目前来讲，还不能大规模地在工业化生产中推广应用。

7. 生物法

生物法主要是酶法和微生物发酵，稳定米糠主要是酶法。酶法稳定是将一定量能分解脂解酶的蛋白酶与米糠和水混合，并在一定温度下维持一段时间以使脂解酶不可逆失活，蛋白酶通过水解作用将脂肪酶水解为肽，从而使脂肪酶丧失将脂肪水解为脂肪酸和甘油三酯的能力，再烘干至一定水分含量。此方法利用酶作用的专一性，反应条件温和，没有试剂残留，既能很快使脂解酶失活，还能较好地保存米糠中所含的营养成分，优点十分明显。

经酶解的米糠，其变性淀粉分子质量下降；分子柔性多，分散系数上升，二硫键含量减少，蛋白质多肽链得到伸展，疏水性、溶解性以及乳化活性都会有所升高，但乳化稳定性降低；酶解后的米糠蛋白通过傅里叶红外光谱测得二硫键、α-螺旋和 β-转角含量相比于未酶解的米糠蛋白减小，而 β-折叠、无规则卷曲含量和表面疏水性相对升高，这说明蛋白质的空间结构会因酶解作用被破坏，使其发生了重组与伸展，促进蛋白质的溶解以及乳化活性的提升。酶解之后米糠蛋白增强了抗氧化性，有较强的抑制脂质体脂肪氧化的能力，乳化能力显著降低。酶解不仅能够改变米糠中支链、直链淀粉含量的比例；而且使得米糠中快消淀粉（RDS）含量升高，慢消淀粉（SDS）和抗性淀粉（RS）含量降低。研究表明，经过胰蛋白酶、糜蛋白酶和木瓜蛋白酶水解的米糠脂肪酶活性在水解 45min 时急剧提高，达到最大值。脂肪酶活性的增加可能是由于蛋白质水解对鞘膜的破坏，从而通过扩散增强了脂肪与脂肪酶的接触。在此之后，所有米糠样品的脂肪酶活性都显著降低。酶处理改变了膳食纤维的空间结构，形成了蜂窝网状构象，增加了可溶性膳食纤维的含量；酶处理使纤维结构有不同程度的断裂，纤维结晶度受酶的显著影响，也能提升米糠中多酚的提取率。

8. 欧姆加热法

2003 年，美国研究人员发现，在电阻加热过程中通过调节米糠的水分含量，可使米糠中脂肪酶的活性得到有效的抑制，米糠中游离脂肪酸值显著低于未经处理的米糠。

9. 复合法

稳定米糠的复合法一般有 Na_2SO_3 挤压复合法、超声辅助酶法、干热联合红外加热法、挤压超声法等。Na_2SO_3 作为一种还原剂，能够裂解蛋白质间因热变性而形成的二硫键，提高蛋白质的提取率。并且 Na_2SO_3 分解生成的 SO_2 能有效抑制 FFA 的生成，使酸值降低。化学法虽然能稳定米糠，但 Na_2SO_3 挤压复合法相较于单个化学法而言，对米糠的稳定效果更好。挤压超声联用，相较于挤压未超声和超声未挤压来说，其米糠油提取率更高，提取时间更短，而且对米糠中的不饱和脂肪酸没有明显影响。先微波加热，后接种乳酸菌进行培养，能减少脂肪酶活性和延长米糠的保质期，蛋白质、脂肪、磷和铁含量增加。一段和两段干燥过程中采用红外加热、回火处理和自然冷却的方法，获得了较高的加热速率、干燥效率、碾米质量及米糠储藏期。新干燥方法将米糠的储藏稳定性从现有干燥方法的 7d 延长到 38d，采用红外加热与其他处理相结合的方法，既能实现米糠的同步干燥，又能有效地稳定米糠。

同时，除考虑稳定化的效率外，还要考虑稳定化处理方式对米糠中存在的天然营养成分和功能因子的影响，一个好的稳定化处理方法需要保证：①脂肪酶的活性应有效抑制，保证米糠的储藏稳定性，延长其保质期；②将对蛋白质、淀粉、多酚等营养成分的影响降到最小，以保证功能特性；③能耗降到最低，操作简单，适用于工业化，易于应用。单一的方法可能满足不了既能有效稳定又能充分保留其营养物质和活性成分的需求，因而复合法将会成为米糠稳定化新的研究焦点，以提高米糠经济附加产值。

第三节　米糠蛋白的提取及应用

米糠中米糠蛋白含量 12%～17%，远高于大米蛋白含量（约 7%），其中 10%～16% 为优质的植物蛋白。米糠蛋白可分为 4 类：清蛋白（37%）、球蛋白（36%）、谷蛋白（22%）和醇溶蛋白（5%）。其中，可溶性蛋白质约占 70%，与大豆蛋白接近。米糠蛋白是公认的优质植物蛋白，其必需氨基酸组成平衡合理，其中赖氨酸较高且其他植物蛋白无法比拟，其可成为与动物蛋白相媲美的优质蛋白质。其生物效价也非常高，为 2.0～2.5，优于大豆蛋白、玉米蛋白和小麦蛋白，营养价值仅略次于牛奶和鸡蛋，且米糠蛋白是低过敏性蛋白，是唯一可以免于过敏试验的谷物蛋白。因而，米糠蛋白被认为是一种理想的婴儿食品原料，也可以为抵抗力弱的人群提供营养。此外，米糠蛋白比马铃薯、玉米窝头等其他谷物中的蛋白质更容易消化，消化率高于 90%。米糠蛋白还可以应用于功能性多肽的开发、蛋白保健食品、营养强化剂及食品添加剂等领域。但它与米糠中的植酸、半纤维素等结合会影响其消化与吸收，天然米糠中蛋白质的功效比为 1.6~1.9，消化率为 73%，但经稀碱液提取的浓缩米糠的功效比与牛奶中的酪蛋白接近，可达 2.0~2.5，消化率高达 90%。因此，为了提高米糠蛋白的利用价值，可从米糠中对蛋白质进行提取。

一、米糠蛋白的提取

米糠蛋白的聚集和二硫键的交联作用限制了米糠蛋白的提取，此外，米糠中含有较多的植酸盐和纤维素，植酸盐和纤维素会与蛋白质结合形成复合物，使蛋白质很难被分离出来，而且，植酸还会与可能影响蛋白质溶解度的物质相互作用。目前，提取米糠蛋白的方法主要有碱法、酶法、物理方法、多溶剂萃取和复合法等，其中最常见的是碱法。每一种提取方法都有各自的优缺点，碱法工艺成本低，但是存在 pH 高、制备的米糠蛋白容易变性且提取率低等缺点；酶法制备米糠蛋白反应条件较温和，所得蛋白质营养价值高，但相对于碱法来说，其工艺成本较高。在实际应用中，应取长补短，将多种方法有机地结合起来使用，目前国内外都在致力于复合酶法提取米糠蛋白的研究，期望在工艺成本略有增加的同时，得到最高的蛋白质提取率。物理方法提取蛋白质，提取率较低，可以考虑物理法与其他方法结合来提取米糠蛋白。现在也有关于酶法与碱法相结合提取米糠蛋白的报道。

1. 碱法提取米糠蛋白

稀碱法是提取米糠蛋白最常采用的方法。碱液可使米糠紧密结构变得疏松，同时碱液对蛋白质分子的氢键、酰胺及二硫键等次级键，特别是氢键具有破坏作用，并可使某些极性基团发生解离，使蛋白质分子表面具有相同电荷，促进结合物与蛋白质分离，从而对蛋白质分子有增溶作用，并且，随着碱性增加，米糠中蛋白质提取率增加。

碱法提取米糠蛋白的工艺流程如图 3-3 所示。

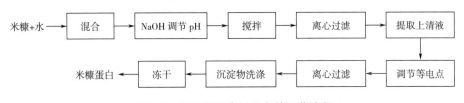

图 3-3 碱法提取米糠蛋白的工艺流程

提取时的 pH、温度、液固比以及提取时间是影响米糠蛋白提取率的主要因素。一般而言，碱性越强，米糠蛋白的提取率越高，但是在碱性过高的情况下会产生一些不利的反应：①蛋白质的变性和水解增加；②美拉德反应促使产品的颜色加深，产生黑褐色的物质；③提取物中的非蛋白质含量增加，分离效果差，纯度降低。除此之外，在高碱性条件下，还会产生一种有毒有害的物质，即赖-丙氨酸。赖-丙氨酸不但会造成营养物质的损失，而且还有毒，使蛋白质丧失营养价值。因此，在提取米糠蛋白的过程中应该避免过高的碱浓度。pH是影响米糠蛋白溶解度的重要因素。米糠蛋白的等电点在 pH 4~5，低于此 pH，米糠蛋白的溶解度仅有小幅上升。在 pH>7 时，其溶解度显著上升；当 pH>12 时，90%以上蛋白质可溶出。因此，米糠蛋白的提取常用较高浓度 NaOH 溶液。

2. 酶法提取米糠蛋白

近年来采用酶法提取米糠蛋白的报道也比较多。酶法提取米糠蛋白的条件比较温和，可以更多地保留蛋白质的营养成分，且不会有有害物质产出。与传统工艺相比，酶法提取多了加酶和灭酶两道工序，提取率不高，而且生产成本较高。

酶法提取米糠蛋白的工艺流程如图3-4所示。

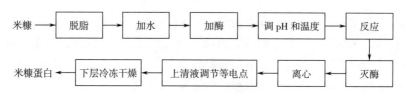

图3-4　酶法提取米糠蛋白的工艺流程

酶法不仅是提取米糠蛋白的研究热点，也一直是蛋白质提取领域的研究热点。酶法提取米糠蛋白所用的酶包括蛋白酶和非蛋白酶，蛋白酶法是利用蛋白酶对米糠蛋白的降解和修饰作用，使其变成可溶的蛋白质而被抽提出来。非蛋白酶法是利用如糖酶能破坏细胞壁组织细胞和解聚蛋白质、纤维素、半纤维素、果胶等形成的复合物。采用植酸酶、木聚糖酶解除交联状态后使蛋白质易于提取。酶法提取米糠蛋白的反应条件温和，蛋白质提取率较高，且能更多地保留蛋白质营养价值，同时也避免传统碱法提取米糠蛋白所带来的负面效应。因此，近年来国内外采用酶法提取米糠蛋白的研究相当活跃。

目前，用于提取米糠蛋白的酶主要是蛋白酶、糖酶和植酸酶等。它们的作用机制主要是将米糠蛋白分子降解为可溶性物质，或将其从与半纤维素、植酸等形成的复合物中解聚出来后进行抽提。纤维素酶通过将蛋白质水解为小分子的可溶肽，从而增加蛋白质的溶出，而蛋白酶通过水解蛋白来增加蛋白质的溶出，糖酶能降解组织细胞壁，有利于米糠中蛋白质的提取，特别是蛋白质与植酸、半纤维素等交联形成复合物，采用植酸酶、木聚糖酶解除交联状态后使蛋白质易于提取。将此法应用于米糠中，采用半纤维素酶和植酸酶联合使用，提取米糠蛋白，蛋白质提取率可达92%。但是目前酶的成本较高，无法实现酶法提取米糠蛋白的商业化生产。

3. 物理方法提取米糠蛋白

物理法提取是采用胶体磨、超微粉化机或均质机等机械对米糠的细胞结构进行破坏，使得蛋白质溶出的提取方法。胶体研磨和均质化降低米糠的粒径，并影响了回收产品中蛋白质的分布，超声波或水煮烹饪可以破坏细胞壁和分子键，稀硫酸浸泡可以帮助超声波使生物结构变松或打开，从而提高蛋白质的溶解性。有研究表明，研磨过的全脂米糠，蛋白质回收率可提高12%，连续均质后其回收率可增加17%左右，对于脱脂米糠，采用同样的方法可使回收率增加5%左右。经微粉碎和均质后的全脂米糠，米糠蛋白提取率要比仅用水溶液提取提高75%，通过物理法处理后的脱脂米糠，其米糠蛋白提取率可提高18.7%。由此可见，通过物理法提高米糠蛋白的提取率是可以的。

物理法提取米糠蛋白的工艺流程如图3-5所示。

据报道，经胶体磨研磨后，全脂米糠浆料上清液中蛋白质提取率可从21.8%增加到33.0%，进一步均质，蛋白质提取率增加到38.2%，相当于蛋白质含量总体上增加75.2%。

图 3-5　物理法提取米糠蛋白的工艺流程

而脱脂米糠经胶体磨研磨后，上清液中蛋白质提取率从 13.9% 增加到 14.7%，均质后达到 16.5%，总体上蛋白质提取率增加 18.7%。可以看出，物理法成本低、能耗少，更加经济，且工业化更容易，但与化学法和酶法提取相比，蛋白质回收率明显降低。这表明物理方法在破坏蛋白质中各组分之间的广泛聚集还是有所不足。因此，建议物理处理结合其他方法，如酶处理和碱处理等，可以更有效地从米糠中提取蛋白质。

　　4. 多溶剂萃取法提取米糠蛋白

　　多溶剂萃取法是利用水、氯化钠、乙醇和盐酸依次溶解白蛋白、球蛋白、醇溶蛋白和谷蛋白。与碱法相比，多溶剂萃取法提取的米糠蛋白中谷氨酸钠和赖氨酸的含量较高，pH 8 左右时，可溶性成分主要是白蛋白，其次为球蛋白，还有很少的醇溶蛋白和谷蛋白。pH 12 时，白蛋白具有最高的起泡能力。而醇溶蛋白分子内疏水性较强或分子外疏水性较低或较松散。白蛋白中含有较多的 α-螺旋、β-转角和无规则卷曲，球蛋白、醇溶蛋白和谷蛋白中 β-转角和无规则卷曲不多，说明多溶剂萃取提取后，球蛋白、醇溶蛋白和谷蛋白失去了有序的二级结构。这些性质揭示米糠蛋白在乳化、起泡、发泡等方面的潜在应用前景，为米糠蛋白组分结构性质的研究提供基础。

　　5. 复合方法提取米糠蛋白

　　相关研究对经热稳定化的脱脂米糠中的蛋白质提取进行系统研究，认为用物理方法并结合酶水解技术提取蛋白质效果明显。当反复冻融、超声波、高速剪切和高压等手段单独采用时只能分别提取 12%、15%、16%、11% 的米糠蛋白，而超声波处理再经淀粉酶水解后，可提取 33.9% 米糠蛋白，若采用蛋白酶处理，则可提取 57.8% 的蛋白质。超声辅助提取已被广泛用于食品加工中，超声波在液体中的声空化现象，会产生高剪切力，超声预处理破坏了米糠的刚性结构，增加米糠与酶的接触面积，提供更多的作用位点，酶解和碱性条件会进一步破坏米糠结构，使纤维结构变得疏松多孔，增加蛋白质溶出。对比超声辅助酶法（纤维素酶、木瓜蛋白酶）以及超声辅助碱法对米糠蛋白提取率和溶解度的影响，结果发现超声与酶法或碱法相结合可以显著提高米糠蛋白提取率。

　　20 世纪初，Osborne 根据蛋白质在不同 pH 条件下的溶解性不同且在等电点处溶解度最低的特点，采取碱溶酸沉的方法将多种蛋白质分级提取出来。微波技术是集加热和渗透性强为一体的一门新型技术，渗透分子内部，增加分子运动，对氢键、疏水键产生作用，从而改变蛋白质的构象与活性。采用微波对米糠进行预处理，并利用 Osborne 分级法提取米糠谷蛋白，蛋白质的溶解性提高了 8.12%。

　　微波加热不均匀、超声波控温难，与两种单一方法相比，超声-微波协同处理能够充分结合微波的高能效应和超声波的振动空化作用，是一种更具优势的提取方式。对比碱提法、超声辅助法、微波辅助法以及超声-微波协同四种方法对米糠蛋白提取效果的影响，超声-微波协同法能够更大程度破坏米糠颗粒结构，显著提高富硒米糠蛋白提取率、抗氧化活性以及硒含量，这说明超声-微波协同提取技术在富硒米糠蛋白提取方面具有较大应用前景。高压处理米糠蛋白后同时使用淀粉酶和蛋白酶则可提取 66.6% 的蛋白质，应用效果高于纤维素酶。所以，首先采用物理方法解除米糠蛋白的束缚，对蛋白质的提取非常有利。从以上论述可以看出，各种方法都有优缺点。在实际中，也要利用各种方法的优点，取长补短，将多种方法有机地结合起来使用。

需要强调的是，米糠蛋白的提取不仅受提取方法的影响，还受很多条件的影响，如米糠油的提取工艺、米糠稳定化的处理条件等。在米糠稳定化处理过程中，由于瞬时受热，温度过高导致蛋白质产生一定程度的变性。如果采用高温提油或高温脱溶工艺对米糠进行脱脂处理或除溶剂时，会使蛋白质因为温度过高而发生严重的变性而难以提取出来。为了开发和利用脱脂米糠中的蛋白质，已把过去的单一油脂提取工艺发展到蛋白质和油脂提取并重的生产工艺上来。

二、米糠蛋白的应用

蛋白质的功能性质主要包括溶解性、乳化性、起泡性、持水性和持油性等。由于米糠蛋白存在大量二硫键和聚集体，只有少数蛋白质能溶解于水溶液中；乳化性包括乳化能力和乳化液的稳定性。表面疏水性是影响蛋白质乳化能力的一个重要因素，米糠分离蛋白表面的疏水基团较少，与油脂结合性比牛血清蛋白低。但是适度的水解和脱氨能增加蛋白质的乳化能力和乳化稳定性、起泡性和泡沫稳定性。蛋清蛋白具有良好的起泡性，常作为评价起泡性的标准。米糠分离蛋白的起泡性与蛋清蛋白相近，泡沫稳定性略低于蛋清蛋白。

用酶处理的米糠蛋白，其溶解性、起泡性、乳化性等均有明显改善，特别是采用内切蛋白酶和外切蛋白酶对米糠蛋白进行适度的水解和脱氨反应，获得了具有适度肽链长度和功能特性的蛋白质水解产物，提高了米糠蛋白的溶解性，改善了其他功能特性。米糠蛋白在有酶存在时，溶解性和乳化能力提高，扩大了其在食品中的应用范围，可用于饮料、涂抹酱、咖啡伴侣、花色蛋糕发泡装饰配料、夹心料、调味汁、卤汁、羹料、风味料、果脯蜜饯、焙烤制品、肉制品等的营养强化剂等。另外，风味蛋白酶（Flavourzyme）对蛋白质的脱氨作用不仅脱除了小分子肽的苦味，并且将谷氨酰胺转化为谷氨酸，因而对水解产物的风味产生特殊的效果。这种改性米糠蛋白不仅可以作为食品中的营养强化剂，还可以作为食品中的风味增强剂，可用在肉制品、即食米饭、汤料、酱汁、肉汁以及其他食品中。将米糠蛋白应用于冰淇淋的生产，可以生产出口感柔软润滑，组织状态均匀细腻的冰淇淋，丰富冰淇淋种类。

三、米糠蛋白提取副产物的应用

将提取米糠蛋白过程中产生的废水与米糠残渣混合在一起，采用碱解法从混合物中提取阿魏酸，利用微生物降解阿魏酸生成4-乙烯基愈创木酚。4-乙烯基愈创木酚（4-Vinylguaia-col），化学名称为2-甲氧基-4-乙烯基苯酚，是一种具有辛香味的高档香料，是决定茶叶、酒类、咖啡、干酪、酱油等食品品质的主要香味物质之一，其商业价值达到阿魏酸的 40 倍左右。目前，市售4-乙烯基愈创木酚大多是利用化学方法合成，化学方法制得的 4-乙烯基愈创木酚其香型单一，易掺杂质，产品的安全性不确定，且在合成过程中污染较重。因此，寻找一个安全且有效的生产方法是极其必要的。目前认为合成4-乙烯基愈创木酚安全有效的方法为以阿魏酸为底物，利用生物合成法制备。整个过程实现了稻米副产物米糠资源的充分利用，提高了产品的附加值，避免了资源浪费，减少了废水的产生，对环境友好。

以米糠蛋白为原料，经物理化学方法、酶法和生物发酵法等可以制备有生物活性的蛋白肽，蛋白肽具有抗氧化（清除自由基等）、抗菌、调节免疫力、降血压、低致敏等作用。理化方法工艺最为简单，但其工艺存在难以完全控制氨基酸缺损、水解程度及产物肽的氨基酸序列等问题，存在制备的米糠蛋白肽提取率低且易变性等缺点。相对而言，酶法和生物发酵法的工艺条件较为温和，且能有效避免有害化学物质的带入，制得蛋白肽营养价值高，但相对于理化方法来说工艺成本较高。此外，利用超声波辅助等辅助方法也能够提升蛋白肽的提取效率。

第四节　米糠油的提取及应用

米糠综合利用的途径很多，一是米糠的脱脂利用，米糠经过脱脂，再利用米糠油以及米糠饼粕；二是米糠的全脂利用。

一、米糠油的提取

1. 米糠油的营养价值

米糠油是一种营养极其丰富且吸收率较高的植物油，米糠油中所含有的脂肪酸多为人体必需的不饱和脂肪酸，其中亚油酸含量为 29%～35%，豆蔻酸为 0.5%～1%，软脂肪酸为 17%～18%，硬脂肪酸为 1%～3%，油酸为 40%～50%，亚麻酸为 0.1%～1% 等，有利于降低血管壁上不饱和胆固醇沉积量，可以有效缓解高脂血症和动脉粥样硬化，并且具有芳香气味、耐高温煎炸、可长时间贮存、几乎无有害物质生成等优点，由此成为继葵花籽油、玉米胚油之后的又一优质食用油。近年来，随着人们生活水平和饮食健康意识的不断提高，对食用油的要求已向营养全面均衡，以及卫生保健方面过渡。米糠油作为一种健康营养的食用油，在国际市场上备受青睐。

米糠油中还含有维生素 E、活性脂肪酶、角鲨烯、谷甾醇、豆甾醇和 3 种阿魏酸酯抗氧化剂及固形植物成分等多种对人体有益的活性物质，其含有的 3 种阿魏酸酯抗氧化剂对机体的抗氧化起到一定的作用，且具有调节人脑的功能，能一定程度上防治血管性头痛和植物神经功能失调症状。研究表明，长时间食用米糠油有利于睡眠。长期食用对于调理人体生理功能、健脑益智、消炎抗菌等都具有显著的作用；这些活性物质可以作为机体胆固醇合成的调节因子而产生协同作用，它们通过抑制胆固醇的吸收，防止胆固醇的沉积，抑制 HMG-CoA 还原酶的活性，从而抑制内源性胆固醇的合成，可减少血浆中胆固醇、甘油三酯的含量，起到清除血液中的胆固醇、降血脂、防治心脑血管疾病的作用。此外，米糠油还可以作为油炸食品用油，制造人造奶油、人造黄油和色拉油以及高级营养油，还可用作生产表面活性剂及化妆品和香料等产品的原料，其应用范围非常广泛。总而言之，以米糠为原料生产米糠油对实现农业资源合理利用最优化、农村经济效益最大化、农民收入最高化具有广阔的发展空间。在对米糠油精深加工方面，要重视根据所要开发的产品选择更加科学、实用的精炼方法。

2. 米糠油的提取方法

目前常用的米糠油提取方法主要有压榨法和浸出法。压榨法的主要设备是螺旋压榨机，该法分为液压机压榨法和动力螺旋榨油机压榨法，它具有适应性强、工艺简单、操作方便、生产成本低等特点，但生产效率低，出油率只有8%，干饼残油率高达7%~8%。浸出法是利用有机溶剂，将米糠中的油脂浸出，出油率高达12%，干饼残油率只有1.5%，采用浸出法生产米糠油劳动强度低，生产效率高，有机溶剂可回收利用。对比不同提取方法对米糠油原油品质的影响，发现亚临界丁烷作为提取介质可较好地保留米糠油原油中的活性成分，也能很大程度上降低有害物质含量，所得原油色泽、蜡含量也很低，适用于米糠油的提取。

（1）液压制油　液压制油是早期米糠制油所采用的方法，分为液压冷榨制油和液压热榨制油两种。冷榨，即直接用液压机压榨米糠原料，不需预先蒸炒加热；热榨，即在压榨之前，米糠原料要蒸炒加热。对比发现，冷榨法的出油率低，但是设备比较简单；热榨法的出油率比较高，但是设备复杂。其工艺流程分别如图3-6和图3-7所示。

图3-6　液压冷榨法提取米糠油的工艺流程

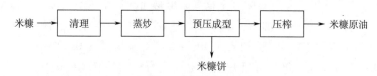

图3-7　液压热榨法提取米糠油的工艺流程

上述两种液压制油方法的共同特点是工艺操作简单，设备投资少，能源消耗低，机器操作维修方便，油的品质不受污染。压榨法适合用于农村和小型工厂，缺点是强度大，生产效率比较低。液压冷榨制油工艺中，米糠基本上没有进行稳定化处理，脂肪酶和磷脂酶等酶的活性较强，制得的米糠原油酸值高、品质差，出油率低，米糠饼残油率一般在7%以上，米糠饼不易储存。液压热榨制油工艺中，米糠经过蒸炒，在不同程度上抑制了酶活力，相对于液压冷榨制油其制得的米糠原油酸值较低，但米糠饼残油仍然较高。液压制油是一种比较古老的制油方法，综合经济效益差，一般不予采用，仅在特殊情况下使用。

（2）螺旋榨油机压榨制油　螺旋榨油机压榨制油是现代油脂工业经常采用的方法之一，其工艺流程如图3-8所示。

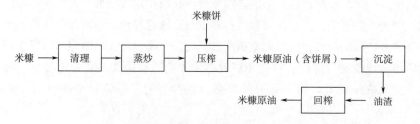

图3-8　螺旋榨油机压榨制油的工艺流程

螺旋榨油机压榨制油工艺技术成熟，米糠经过了润湿蒸炒，在一定程度上抑制了酶活力，制得米糠原油的酸值相对较低，米糠饼残油率可降至 5% 左右，较液压制油低，比浸出制油高。螺旋榨油机压榨制油与浸出制油一般用于高油分油料的加工，对低油分油料的米糠制油不予推荐。

总之，机械压榨法是采用机械物理原理，借助机械外力把油脂从料坯中挤压出来的过程。此法将稳定化处理与制取油脂合为一道工序，是国内植物油脂的主要提取方法。其优点是制得的毛糠油质量好、色泽浅、风味纯正，且工艺简单，配套设备少，对油料品种适应性强，生产灵活，无三废处理。但该法出油效率较低，只有 8%~10%，压榨后的饼粕残油量高，蛋白质严重变性；动力消耗大，零件易损耗。

（3）浸出制油 溶剂浸出法是选择能够溶解油脂的有机溶剂，通过湿润、渗透、分子扩散作用，使料坯中油脂被溶解出来的一种制油方法。该法具有劳动强度低、出油率高、生产效率高、易实现工业化生产等优点，是米糠油工业生产中常用的方法。己烷浸出法是生产米糠油常用的方法，但由于正己烷挥发性大，易燃、易爆，目前常常选取异丙醇作为浸出溶剂。两者浸出米糠油得率相同，磷脂与游离脂肪酸含量也相同。现在还出现一种新的浸出法——亚临界丁烷萃取技术，是一种低温萃取技术，能防止活性营养成分在提取过程中热氧化裂变。

米糠浸出制油分为造粒浸出和膨化浸出两种方法。

米糠造粒浸出制油的工艺流程如图 3-9 所示。

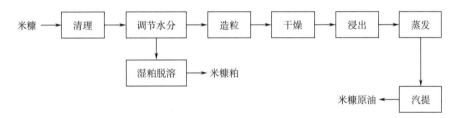

图 3-9 米糠造粒浸出制油的工艺流程

米糠膨化浸出制油的工艺流程如图 3-10 所示。

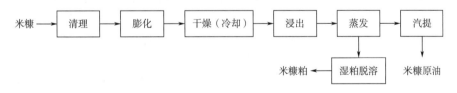

图 3-10 米糠膨化浸出制油的工艺流程

米糠造粒浸出制油是我国在 20 世纪 80 年代末、20 世纪 90 年代经常采用的方法。造粒是先将米糠增湿至 12%~13%，压制成直径 4mm 左右的颗粒后，对米糠颗粒进行流化态烘干，保证入浸水分为 7%~9%，温度为 50~55℃。造粒工艺大大降低了米糠入浸的粉末度，提高了米糠的容重（由 360kg/m³ 提高到 620kg/m³），改善了喷淋浸泡渗透性，浸出效果比较好；同时，由于流化态烘干的作用，在一定程度上抑制了酶的活性，但对米糠的稳定化不够彻底，生产的米糠原油酸值上升较快。

米糠膨化浸出制油是近年来才发展起来的，米糠经过膨化后，其中的各种酶类特别是解脂酶被钝化，水分降低，从而抑制了米糠酸值的过快上升，提高了米糠的稳定性，解决了米糠的保鲜问题。该技术可使蛋白质变性，淀粉糊化并迅速破坏米糠细胞结构，使油脂均匀地扩散出来，易于提取；还可使米糠从粉状变成多孔的颗粒，增大浸出时溶剂的渗透面，提高渗透速度，从而提高产量和得率，降低溶剂损耗。

米糠膨化分为干式膨化和湿式膨化两种。干式膨化是在米糠入机前先加水将其水分调整到 11%~13%，入机后经高压（21.5MPa）、高温（105~140℃）作用后喷爆成 3~5mm 的膨化颗粒，然后冷却，同时水分汽化，米糠水分达 7%~9%，温度为 50~55℃后进行浸出。

干式膨化操作简单、处理量较小，电耗偏高，可达 70（kW·h）/t 料，机件磨损快，相对于湿式膨化，米糠的稳定化不够彻底，生产的米糠原油酸值上升较快。干式膨化一般只适合小规模生产或分散安装在缺乏蒸汽的米厂，对新出机米糠进行保鲜处理。

湿式膨化是米糠膨化过程需要引入直接水蒸气，膨化后的料粒水分在 13% 左右，需要烘干降低水分，使水分降至 8%~10%，再去浸出。湿式膨化过程中直接水蒸汽的引入提高了米糠的水分和温度，使其软化，膨化机产量提高，机件磨损减缓，耗电量一般在 15（kW·h）/t 料以下。相对于干式膨化，湿式膨化使米糠中脂肪酶和磷脂酶等酶类钝化更彻底，生产的米糠原油酸值降低，且存放过程中酸值回升慢。湿式膨化适合于大型米厂或油厂集中米糠原料后对米糠进行集中预处理的场合。

溶剂浸出法虽然有很多优点，但是投资、三废排放处理成本高，有机溶剂选择性差，毛糠油品质较差、酸值高，不利于加工和储存，且会有一定溶剂残留在毛糠油和糠粕中。

（4）其他制油方法　米糠油的提取除了以上的方法外，还有超临界 CO_2 浸出制油技术、水介质浸出法酶催化浸出制油技术等，这些新型的制油技术还有待于进一步完善，目前还未能实现工业化生产。

超临界 CO_2 萃取法是利用超临界 CO_2 对某些特殊天然产物具有特殊溶解作用，利用超临界 CO_2 的溶解能力与其密度的关系，即利用压力和温度对超临界 CO_2 溶解能力的影响而进行的，通过调整 CO_2 流体的溶解性来提取油料中的油脂，被萃取物质则完全或基本析出，从而达到分离提纯的目的，所以超临界 CO_2 萃取过程是由萃取和分离组合而成的，是目前国内外竞相研究开发的新一代高效分离技术。因其工艺简单，设备操作方便，能耗和成本低，且 CO_2 流体对脂溶性物质溶解能力强，选择性好，化学性质稳定，无毒，无腐蚀性，无溶剂残留，对环境无污染，被称为高效绿色洁净工艺，是较干净的提取方法。大量研究表明，超临界 CO_2 萃取制得油脂品质好，收率高，杂质含量少，色泽浅，是一种相当纯的天然高品质油。因此，超临界 CO_2 萃取技术被广泛用于开发米糠油、小麦胚芽油、沙棘油、葡萄籽油等具有高附加值和高营养价值的保健油脂。采用超临界 CO_2 萃取法提取米糠油，可极大地提高油脂提取率。结合超临界精馏技术可直接获得精制米糠油，而且可以最大限度地保留米糠油中营养成分。

水介质浸出法是将油料浸泡在水溶液中，使其中的油脂浸泡出来的方法，通常使用碱性或者酸性溶液作为溶剂，提取温度通常在 45~80℃。使用水溶性的介质提取米糠油的过程中，通过对比一些基本参数后发现，浸出时间、水介质 pH、搅拌速度、浸出温度以及水与米糠比例均对油脂的浸出效果有影响。其中，浸出温度和 pH 影响较大，在温度 50℃，pH

12，浸出30min，搅拌速度1000r/min，米糠与水比例（1.5~10）：1的条件下，油脂得率最高。该工艺有效地解决了油脂中有机溶剂残留的问题，提高了油脂的品质。但该方法也有一些缺点，如浸出的油脂很容易被乳化，油脂浸出的效率较低，浸出的过程产生较多的废液等。

水酶浸出法是利用酶降解油料的细胞壁，使细胞内油脂释放出来的一种新型提油工艺，该工艺的提取条件温和，提取出来的油脂质量较高，同时得到的米糠粕品质也比较好。与传统的米糠油提取工艺相比，酶催化浸出法对米糠油的提取率较高，几乎可以从米糠中提取出全部的油脂。但由于酶制剂成本高，限制了水酶法提油技术的发展及其工业化应用。

亚临界萃取米糠原油的具体操作如下：称取30.0kg米糠样品装于亚临界萃取装置中，在常温0.5MPa压力条件下采用丁烷为萃取溶剂，萃取6h，得到米糠油原油，装瓶密封，保存于4℃冰箱中，备用。

综上所述，米糠膨化尤其是湿式膨化起到了良好的调质效果，使米糠成为具有无数微孔的疏松组织结构，大大改善了浸出时溶剂的渗透条件，降低了湿粕的溶剂含量，节省能源，米糠粕残油率低，可降至1%以下，同时由于瞬时的高温挤压，钝化了脂肪酶和磷脂酶等酶类物质的活性，对米糠稳定化起到了良好的效果；湿式膨化使膨化料粒更结实，粉末度小，容重由360kg/m³提高到500kg/m³左右，有利于提高浸出产量。就米糠制油的几种工艺方法来看，米糠湿式膨化浸出制油是目前最为先进的一种工艺技术。

二、米糠油的精炼

直接制取的毛米糠油，其中含有糠蜡、磷脂、色素和较多的游离脂肪酸，会影响人体的吸收。因此，米糠油要作为食用油还要进行进一步的提纯精炼。米糠油精炼之前要先通过过滤、离心以及膜分离技术等除杂工艺除去固体杂质，然后再经过脱胶、脱酸、脱色、脱蜡等加工工序除去脂溶性杂质，最后才得到精制米糠油。目前在传统工艺的基础上，采用了室温快速平衡浸出技术、低温联合脱胶脱蜡等新的工艺。此外，利用超临界萃取技术，能够较好地分离其中的各种成分，不过成本比较高。米糠油是一种营养价值很高的植物油，但它含有较复杂的和数量较多的脂溶性物质，如游离脂肪酸、蜡质、色素等，大大增加了米糠油精炼难度，制约了米糠油的深度开发和利用。

1. 脱胶

米糠油中含有约0.5%的磷脂、少量脂蛋白、糖、脂质、金属离子与脂肪酸产生的螯合物胶体。整个胶质中大部分是磷脂，其中磷脂包括水溶性磷脂和水不溶性磷脂，水不溶性磷脂不除去也会对油脂精炼后续工艺造成影响，使中性油脂损失较大。未经脱胶处理的毛油将会给后面的脱色、脱酸等工序带来困难，因而脱胶工艺是米糠油精炼过程中的关键之一。另外，胶质如果不提前去除，在后面脱臭工艺中受高温影响会焦化变黑，加深油的色泽，影响糠油品质。因此脱胶必须安排在脱臭之前，甚至绝大多数精炼操作中脱胶一般放在第一位。

脱胶工艺主要包括水化脱胶和加酸脱胶，其中，水化脱胶是利用磷脂等胶溶性杂质具有亲水性的特点，在米糠油中加入热水或电解质稀溶液，使杂质吸水膨胀，再通过重力沉降或离心分离的方法将磷脂除去。采用水化脱胶的方法不仅可以去除毛油中的磷脂，而且可以将与磷脂结合在一起的蛋白质、黏液质和微量金属等物质除去，然而水化脱胶后油脂的磷含量仍保持在80~200mg/kg，难以满足物理精炼的要求。用其他条件辅助水化脱胶，如超声辅助水化脱胶等能使毛油胶质降到很低的水平。加酸脱胶法主要是通过在米糠油中加入柠檬酸、醋酸、草酸、酒石酸等有机酸以及磷酸、稀盐酸、硫酸等无机酸来促进胶体水化沉淀，并通过水洗除胶。除此之外，米糠油脱胶的方法还有吸附脱胶法、乙醇胺脱胶法、冷析脱胶法以及膜过滤脱胶法等。

2. 脱蜡脱脂

毛米糠油中蜡质含量非常高，在1%～5%，油脂中蜡质含量过高时，不仅会影响油脂的浊点、透明度，而且还会使气味、滋味和适口性变差。糠蜡的化学性质很稳定，不易被水解，也不能被人体消化吸收，致使米糠油的消化率降低，从而大大降低了米糠油的营养价值，且食用过多的蜡还会影响人体的健康。此外，米糠油中固体脂的存在也会影响成品米糠油的透明度。因此需要进行脱蜡脱脂处理才能得到优质的食用米糠油。

脱脂脱蜡工艺都是利用糠蜡和固体脂的物理特性对其进行冷冻结晶分离的原理，只不过脱脂工艺需要的冷却结晶温度更低，可分为常规法、碱炼法、溶剂法、表面活性剂法等，其中常规法是目前最常见的方法，脱脂脱蜡工艺对米糠油中营养成分的影响很小。

3. 脱色

色素的存在会使米糠油的颜色变深，导致油脂的外观和品质急剧下降，因此加工过程中需要对毛油进行脱色处理，大多数油脂加工生产采用吸附剂脱色的方法对毛油进行脱色，一般采用单一活性白土、活性白土与活性炭混合物或混合油精炼脱色，常用的吸附剂由高岭土与活性炭这两种具有吸附作用的活性物质混合制得，能使两者的吸附功能发挥得更大，不仅可以吸附油脂中的色素，还能够将油脂中一些金属离子、残留的胶质和有臭味的物质一并除去，但是过量的吸附剂也能使中性油脂被除去，造成油脂的损失。还可以采用硅胶柱渗滤脱色和硅胶与混合油混合脱色。

4. 脱酸

米糠中含有大量的脂肪酶与脂肪氧化酶，导致其易酸败，制得的米糠原油酸值较高，甚至游离脂肪酸（FFA）质量分数高达30%，使得油脂更容易被水解和氧化，影响米糠油的风味和品质。脱酸的主要目的是除去毛油中的游离脂肪酸，酸值高低也是评价油脂品质的主要指标之一，因此采用满足高脱酸率以及高生理活性物质保留率的脱酸工艺显得尤为重要。

工业上的脱酸方法主要是化学碱炼脱酸法和物理精炼脱酸法。常规的化学碱炼法能耗高、对环境造成污染较大，且会损失大量的中性油，米糠油中大量的谷维素等有效物质会流失到低价值的皂脚中，营养成分保留少，降低米糠油的品质。物理精炼脱酸相对于传统化学碱炼脱酸，有精炼得率高、产品稳定性好、无皂脚、排放物数量减少等优点，但物理脱酸对油脂的前处理要求比较严格，传统的物理、化学精炼工艺都有一定的局限性。为了克服各工艺的不足，国内外学者开发了多种新的方法应用于米糠油脱酸工艺中，如酶法脱酸、超声波辅助精炼脱酸、溶剂萃取脱酸、化学再酯化脱酸等，也有部分学者对传统工艺进行改进，旨以高脱酸率、高生理活性物质保留率等优点代替传统的脱酸方法。

（1）物理法脱酸　物理法脱酸技术主要包括蒸馏法脱酸、膜分离技术脱酸、超声波辅助精炼技术脱酸、超临界CO_2萃取脱酸、溶剂萃取法脱酸、有机溶剂萃取脱酸、低共熔溶剂萃取脱酸、液晶态脱酸等。其中蒸馏法脱酸操作简便，可直接获得高品质油与副产物脂肪酸。但该方法耗时，精炼得率低，同时真空高温环境会使得米糠油中一些活性成分损失。膜分离技术操作温度适中，可避免油脂氧化，降低损耗，可用于米糠油精炼的各个加工工序。但工艺复杂，后续处理工艺困难，因而该方法并未在米糠油脱酸中得以广泛应用。超声波辅助技术具有高效、无污染等特点，具有较好的应用前景。超临界 CO_2 萃取无试剂残留、萃取率高，但工艺成本较高，在实际加工中的运用也比较少。有机溶剂萃取法是目前工业最常见的脱酸方法，但脱酸后产品存在溶剂毒性等问题，低共熔溶剂（DESs）是由 2 种或者 3 种化合物以氢键相互作用形成低共熔物质，其特点是熔点低于各单独组分的熔点，与传统的有机溶剂以及离子液体相比，低共熔溶剂价格低、无毒无害，且能够被生物降解，可作为一种无毒可降解的绿色溶剂来去除米糠油中的 FFA。

（2）化学法脱酸　化学碱炼脱酸也称化学精炼，是一种常用的脱酸方法，其原理是在毛油中加入碱液，以中和米糠油中的游离脂肪酸，产生脂肪酸钠物质析出，达到脱酸的效果。该方法脱酸效率高、投资少、操作简单，而且皂脚絮状沉淀能够去除部分色素和杂质，但是该方法只适用于酸值不高的米糠油进行脱酸，高酸值米糠油用此方法进行脱酸，会产生大量皂脚和废水，从而增加环境压力，且米糠油中的中性油脂易被损失，谷维素、甾醇、维生素E 等生物活性成分损失也较为严重。化学再酯化脱酸是在高温、高真空和催化剂存在的条件下，将油脂中的 FFA 与甘油反应生成甘油酯的一种方法，常用甲醇钠、$ZnCl_2$、$SnCl_2 \cdot$ $2H_2O$、$AlCl_3 \cdot 6H_2O$、Mg、FeO、$CdCl_2 \cdot 2H_2O$ 等进行催化酯化反应。酶催化酯化脱酸是近年发展的一种新型米糠油脱酸方法，国内外在此领域进行了大量的研究，该方法的原理是利用特定的脂肪酶在一定条件下催化油脂中的 FFA 与甘油、乙醇、甲醇、甾醇等酰基受体发生反应，使得 FFA 转变为甘油酯，从而达到降低油酸值的目的，同时脂肪酶不仅有高立体选择性和区域专一性，而且其催化反应条件温和，操控简单。目前由于脂肪酶价格本身昂贵，阻碍了该方法的推广，大多数研究均为实验室脱酸工艺研究，工业化难以实现。

（3）复合方法脱酸　结合物理和化学方法对米糠油进行脱酸处理，先用碱炼脱酸将酸值（以 KOH 计）降到 5~7mg/g，然后采用蒸馏脱酸工艺脱除剩余脂肪酸，这种方法能够提升米糠油中谷维素的含量。

5. 脱臭

毛油中的油脂的主要是没有气味的甘油三酯，但是米糠油本身往往含有一些低分子有气味的物质，使得米糠油呈现一种特殊的糠油异味，同时，在油脂制取和精炼过程中还会产生新的异味、焦煳味、溶剂味和漂土味，影响油脂的品质。脱臭是利用油脂中的臭味物质和甘油三酯的挥发度有很大的差异，在高温、高真空条件下，低分子有机物先被挥发而留下油脂，借助水蒸气蒸馏脱除臭味物质的工艺过程。脱臭过程除了降低臭味成分，还具有提高烟点、改善风味、提高油脂安全性的作用。脱臭过程中气流夹带也容易造成维生素 E、谷维素和植物甾醇的损失，且气流量越大或脱臭时间越长，损失越大。环流蒸汽搅拌式脱色塔、填料塔双塔或多塔的组合式脱酸脱臭工艺技术比层板式脱臭塔的脱酸脱臭工艺技术在降低米糠油中功能性成分方面有明显的优势。

工业生产中，米糠油的脱臭大多采用水蒸气蒸馏法，脱臭工艺一般是在 200~220℃，0.27~0.40kPa 的操作压力下进行的，直接蒸汽量为油量的 5%~8%，脱臭 3~8h。但是水蒸气蒸馏能耗高、排污大、营养物质损失大，因而开发能源利用率高、能耗低的除臭工艺是生产高品质油脂的必然需求。目前开发出了一种新型的除臭工艺——短程蒸馏，这种方法所需的温度低、时间短，且能够达到较高的分离效果，清洁无污染，已广泛应用于油脂制取与精炼的研究中。

6. 毛米糠油的精炼流程

（1）米糠油化学精炼技术　化学精炼法适用于低酸值的米糠油，若酸值过高，则会造成中性油损失严重，因此对于酸值过高的米糠油不宜采用此法。

米糠油化学精炼的工艺流程如图 3-11 所示。

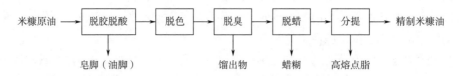

图 3-11　米糠油化学精炼的工艺流程

米糠原油中通常含有较多的游离脂肪酸，在生产一级米糠油时，采用化学碱炼的方法脱除了米糠原油中的谷维素、甾醇和维生素 E 等成分，会影响米糠油的营养价值。脱臭时甾醇以及维生素 E 易被蒸馏物夹带而造成损失，总之，脱臭的工艺条件不同，其损失可能会不同。一般来讲，在符合工艺要求的前提下，温度越低，汽提蒸汽用量越少，时间越短，甾醇和维生素 E 的损失就会越少。

脱蜡的方法有冬化法、表面活性剂法、溶剂脱蜡法、凝聚剂法、脲包合脱蜡法和静电脱蜡法等。工业生产上经常采用的是冬化法，其次是表面活性剂法，其他的方法很少采用或者是还没有实现工业化生产。将冬化脱蜡设在脱色、脱臭之后，油在缓慢冷却并长时间保持低温的条件下使蜡结晶，采用隔膜过滤机分离，为蜡糊生产、精制糠蜡提供了很好的原料保证，产品得率高，质量好，生产成本低；若将冬化脱蜡设在脱臭之前，为促进结晶和过滤，通常在结晶器中添加助滤剂，其加入量取决于米糠油的含蜡量，一般为油重的 0.2%～1.0%，所得蜡糊中因含有助滤剂而影响精制糠蜡的产品质量和生产成本。米糠油分提技术常采用的是 干法分提，原理与冬化脱蜡基本相同，只是工艺条件有所差异，所得高熔点脂产品稳定性良好，适合作为煎炸用油，也可用作人造奶油、起酥油等产品的原料。

（2）米糠油物理精炼技术　物理精炼可直接获得高质量的精炼油和副产物——脂肪酸，而且具有节省原辅材料、没有废水污染、产品稳定性好、精炼率高等优点，越来越引起人们的关注。尤其对高酸值油脂，其优越性更加显著。它包括蒸馏前的预处理和蒸馏脱酸两个阶段。

米糠油物理精炼的工艺流程如图 3-12 所示。

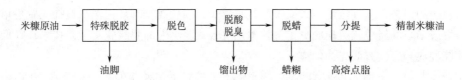

图 3-12　米糠油物理精炼的工艺流程

脱酸脱臭是米糠油物理精炼技术的又一关键工序。因脱臭时受工艺条件的影响，米糠油谷维素、甾醇和维生素 E 等对人体健康有利的功能性成分易被蒸馏物夹带损失，所以，在降低米糠油中功能性成分方面，填料塔双塔或多塔的组合式技术要比层板式技术具有明显的优势。其不同之处在于采用填料塔进行水蒸气蒸馏脱酸，减少了脂肪酸等低沸点组分的汽化时间和汽提蒸汽用量，可有效保护米糠油中的生理活性物质，谷维素保留率达 90%，精炼率也有不同程度的提高。谷维素、维生素 E 等生物活性物质抗氧化性强，相互间又具有良好的增效作用，从而保证了成品油具有较好的氧化稳定性，并且减少了酸碱消耗，降低环境污染，同时，可直接获得脂肪酸产品。

米糠油物理精炼技术在脱蜡和分提方面有着与化学精炼技术相同的工艺效果。

（3）其他的米糠油精炼技术　米糠油精炼技术除上述之外，还有混合油精炼、生物精炼、再酯化脱酸、膜技术脱酸等。在高 FFA 植物油的各种脱酸方法中，混合油精炼是一种很有效的精炼工艺。对于此工艺的各种参数，如混合油的浓度、碱的浓度和超碱量，以及非离子表面活性剂的应用等，对脱酸的程度、精炼损失和油脂色泽的影响有很多报道，而混合油精炼对于高 FFA 和色泽很深的米糠油的研究则不多。

将生物精炼技术应用于高酸值米糠油的精炼，其原理是借助微生物酶（1,3-特效脂肪酶）在一定条件下能催化脂肪酸与甘油间的酯化反应，使大部分脂肪酸转化为甘油酯。生物精炼虽可有效提高高酸值米糠油的精炼率，减少环境污染，但由于酶的价格昂贵，加上保存条件要求高，因此应用于实际工业生产比较困难。

再酯化脱酸米糠油精炼技术，是高酸值米糠油的脱酸要在脱胶和脱蜡后进行。酯化时加入甘油并使用酸作催化剂，通过醋化达到脱酸的效果。膜技术脱酸米糠油精炼技术虽然是新型的精炼技术，但由于设备投资昂贵或技术有待进一步研究，目前还未能实现工业化生产。

三、米糠饼（粕）的利用

新鲜和经过稳定化处理后的米糠，是重要的膳食纤维源。米糠膳食纤维主要有抑制血清胆固醇上升、整肠、抑制大肠癌三大生理作用。但我国对米糠的利用多限于制油和作饲料，利用价值有待提高。若能将制油后的米糠饼粕进行深加工，提取具有生理活性的米糠膳食纤维，无疑能大大地提高米糠的利用价值。

糠饼（粕）主要用作饲料，但脱脂糠饼中除含有较丰富的蛋白质外，还有 10%（质量分数）左右的植酸钙镁（也称菲丁），具有较大的经济价值，提取的植酸钙经进一步加工可获得肌醇、植酸，其中植酸作为食品添加剂，可以提高食品质量和延长食品保质期。

四、谷维素的提取

谷维素是多种阿魏酸酯组成的混合物，主要是以环木菠萝醇类阿魏酸酯和甾醇类阿魏酸酯所组成的一种天然混合物，是一种对人体健康很重要的生理活性物质，具有调整自主神经功能、减少内分泌平衡障碍、降低血脂、防止脂质氧化等多种生理功能，在医药、食品和化妆品等领域都有应用。米糠油是谷维素含量最高的植物油，米糠原油中谷维素的含量高达 20000mg/kg。谷维素的生理功能主要表现在以下几个方面：①是一种植物神经调节剂，对植物神经功能失调症状有较好的疗效；②对胃肠神经官能症有调节改善作用；③有阻止体内合成胆固醇和降低血清胆固醇的作用；④对动物有促进生长的作用。

谷维素具有酸类物质的性质，因此可与氢氧化钠反应生成酚钠盐被碱性皂吸附。毛糠油通过两次碱炼，可使油中 80%～90% 的谷维素富集于皂脚中，达到富集的目的。利用谷维素可以溶于碱性甲醇，而糠蜡、脂肪醇、甾醇等不皂化物不能溶于其中的特点，使谷维素钠盐与黏稠物质和不皂化物分离，最后用有机酸酸化谷维素钠盐，使其成为谷维素成品。为尽量保留米糠油中所含谷维素，毛油精炼不应采用碱炼脱酸，宜采用蒸馏脱酸。

谷维素主要存在于谷类植物的种子中，它是脂质的伴随物，在米糠原油中含量 1.8%～3.0%。目前，谷维素主要是从米糠油中制得，提取的方法有酸化蒸馏分离法、甲醇直接萃取法和弱酸取代法等。

1. 酸化蒸馏分离法

酸化蒸馏分离法是早期从米糠原油中提取谷维素的一种方法，将米糠毛油进行两次碱炼，把谷维素吸附到皂脚中，以与油分离。皂脚中的谷维素含量为 8% 左右，远远高于油中谷维素的含量（2%～3%），用酸分解皂脚使其成为酸化油，然后进行高真空蒸馏，使脂肪酸蒸馏出，残留物中的谷维素浓缩至 20%～30%，再利用谷维素碱溶酸析的特点，用甲醇碱液皂化黑脚，析出皂，静置过滤，将滤液调节至 pH 3～4，谷维素即析出，洗涤精制，即可得谷维素成品。

捕集碱炼得到富含谷维素的皂脚，在该技术中是先将皂脚中的肥皂和中性油转变成脂肪酸，采用蒸馏的方法将大部分脂肪酸蒸馏出去，然后再将蒸馏残留物中谷维素与其他杂质成分分离，最终得到谷维素。该技术工艺过程比较复杂，富含谷维素的皂脚在补充皂化、全皂化时易导致谷维素的水解损失，蒸馏易导致谷维素热裂解损失，而且蒸馏过程中高温的作用，也会导致氧化或聚合脂质生成量的增加，氧化或聚合脂质成为石油醚和甲醇的不溶物进入成品谷维素，造成色泽加深。

酸化蒸馏分离法提取谷维素的工艺流程如图 3-13 所示。

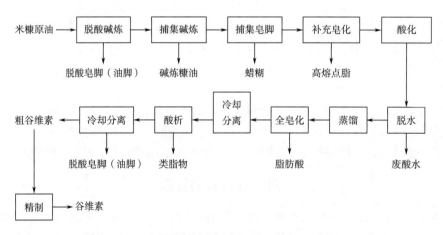

图 3-13　酸化蒸馏分离法提取谷维素的工艺流程

酸化蒸馏分离法，提取谷维素的同时也可得到精制米糠油的混合脂肪酸产品，工艺过程复杂，设备投资大，谷维素提取率低，产品质量差，目前工业生产几乎不采用。

2. 甲醇直接萃取法

甲醇直接萃取法是从米糠原油中提取谷维素的方法之一。其工艺流程如图 3-14 所示。

甲醇直接萃取法是先将米糠原油脱胶，然后利用谷维素易溶于碱性甲醇溶液的性质直接从米糠原油中萃取出谷维素，再进行酸析和精制即为谷维素成品。

甲醇碱液萃取是本工艺技术的关键。碱性甲醇能溶解谷维素钠盐和脂肪酸皂，而不溶解

图 3-14 甲醇直接萃取法提取谷维素的工艺流程

糠蜡、脂肪醇、甾醇等不皂化物，可使谷维素钠盐与黏稠物质和不皂化物分离。甲醇萃取法革除弱酸取代法和酸化蒸馏分离法中油脂捕集碱炼、皂脚补充皂化（酸化和蒸馏）等复杂工艺，直接将米糠原油加入碱性甲醇中进行萃取，大大简化了工艺流程，避免了米糠油捕集碱炼和补充皂化过程中谷维素的损失，极大地提高了谷维素收率。谷维素收率可达68%，比国内目前的生产水平提高一倍。

3. 弱酸取代法

弱酸取代法是从米糠原油中提取谷维素的另一种方法。其工艺流程如图3-15所示。

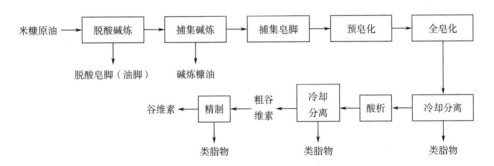

图 3-15 弱酸取代法提取谷维素的工艺流程

弱酸取代法提取谷维素时，谷维素的捕集与酸化蒸馏分离法相同，都在米糠油精炼车间完成，即采用碱炼方法将米糠原油中的谷维素捕集在皂脚中，得到富含谷维素的皂脚。经过预皂化、甲醇碱液全皂化、酸析和精制即为谷维素成品。

捕集米糠原油中的谷维素时，米糠原油酸值高低对谷维素的提取率和生产成本的影响与酸化蒸馏分离法基本相同。与酸化蒸馏法相比，在分离皂脚时，弱酸取代法操作简单，去除了酸化和蒸馏工序，预皂化也不像补充皂化那么彻底，减少了谷维素热裂解损失和水解损失；弱酸取代法工艺较甲醇直接萃取法复杂，捕集时增加了脱酸碱炼的吸附损失和皂脚预皂化的水解损失。由于甲醇碱液萃取谷维素是在富含谷维素的皂脚中进行，甲醇用量小、消耗少，工厂回收甲醇的任务也大大减少，而且也不会影响米糠油精炼车间的防火等级。因此，目前在工业生产中广泛采用该工艺。

4. 超临界流体萃取法

用二氧化碳超临界流体萃取米糠油，该方法具有二氧化碳价格低，无可燃性，在食品和环境中安全等优点。研究表明，超临界流体萃取谷维素的得率高于采用不同溶剂和加工条件的溶剂提取率。

但以米糠油不皂化物为原料进行超临界流体萃取谷维素的研究还未见报道，超临界流体萃取的局限性是流速和压力波动将导致结果波动，且设备及安装费用昂贵。

5. 谷维素的其他提取方法

米糠原油提取谷维素除了上述方法外，还有非极性溶剂萃取法、真空蒸馏结合溶剂分提法、分子蒸馏技术等。这些虽然都是新型米糠油提取谷维素技术，但由于设备投资昂贵或技术有待于进一步试验等，目前还未应用到工业化生产中。总之，目前米糠油提取谷维素技术的工业生产方法主要还是弱酸取代法。

谷维素提取方法及其优缺点比较分析见表3-2。

表3-2 谷维素提取方法及其优缺点比较分析

方法	原理	优点	缺点
弱酸取代法	谷维素对不同pH的极性溶剂有不同的溶解度	工艺简单，生产周期短，色泽好，成本低	谷维素得率比较低（40%~50%），甲醇消耗量大，不适用于酸值超过30的米糠油
甲醇直接萃取法	谷维素溶解度的差异，通过调节甲醇溶液的pH萃取得到谷维素	去除了米糠油碱炼、皂化工艺，简化了工艺，谷维素得率较高，可达68%	增加了去除甲醇工艺单元操作，不能有效利用米糠油副产物皂脚
多溶剂萃取法	利用谷维素在不同pH时在非极性溶剂中溶解度不同，谷维素溶解度在pH 8~9时最高	减少了步骤，谷维素纯度高，得率可达到70%以上，同时可得维生素E、甾醇等不皂化物	需要同时使用极性和非极性溶剂，配置两套溶剂回收系统，萃取时两相易混溶，造成溶剂和制品流失
吸附法	活性氧化铝吸附后洗脱	工艺简单，谷维素得率和纯度都较高	需减压蒸馏，对设备要求较高，生产成本高
超临界流体萃取法	利用米糠油中不皂化物在不同条件下溶解度不同，提取谷维素、脂肪酸、甾醇等	得率超过采用有机溶剂萃取法，萃取介质是二氧化碳，清洁无毒，无溶剂残留风险	在应用过程中面临设备一次性投资较大的问题，设备成本较高

五、植酸钙镁生产技术

脱脂米糠分为糠饼和糠粕两种。从脱脂米糠中提取植酸钙镁后经碱液提取和盐析，则可制得优质的米糠蛋白，它是制作高蛋白保健、营养食品的理想强化剂。利用植酸钙镁作原料可以生产肌醇和植酸等。

植酸钙镁是植酸与钙、镁等金属离子形成的一种复盐，又名菲丁。植酸钙镁广泛存在于植物油料种子中，但不同的植物油料种子含量不同，即使是同一种植物油料种子，也因产地的不同而含量各异。大部分植物油料种子都含有植酸钙镁，但是一般含量比较低，只有脱脂米糠中植酸钙镁的含量最高，达10%~11%，可见，脱脂米糠饼粕是提取植酸钙镁的最适原料。

米糠提取植酸钙镁步骤如下。

（1）粉碎 榨油后的糠饼需经粉碎机粉碎成1mm左右的粒度，再经过20目（0.850mm）筛，制成糠饼粉。溶剂脱脂糠粕可直接投料。

（2）酸浸 将糠饼粉投入已配好的约8倍0.1mol/L的盐酸（100L水加30%工业盐酸0.53L）或硫酸溶液中浸泡4~8h（时间视温度而定），保持酸浸液的pH为2~3，如pH>3，则再加酸调节，并适时搅拌。

（3）过滤 酸浸后的萃取液，经澄清后吸取上层清液并过滤，将下层悬浮液压滤。滤干后，用清水洗涤滤渣1~2次，合并滤液和洗涤液，送入中和沉淀工序。滤渣可用作饲料或作为酿酒的原料。

（4）中和沉淀 中和是影响植酸钙镁得率和质量的重要工序，必须严格控制。将已配好的新鲜石灰乳（生石灰：水=1:10，缓慢地将水加入生石灰中消化溶解，取上层石灰乳过100目筛）加入滤液中，边加边搅拌（压缩空气），控制pH 7.0左右。中和完毕后静置2h，使植酸钙镁充分沉淀析出。

（5）洗涤过滤 中和液经静置分层后，虹吸弃去上层清液（可作提取农用核苷酸的原料），再注入清水反复洗涤至中性。最后将下层白浆用泵打入压滤机压滤，即得含水约为80%左右的粗制膏状植酸钙镁，其中有机磷的含量为28%~32%（干基），可直接用来制取肌醇，或进一步精制成药用植酸钙镁。

植酸钙镁广泛用于医药领域，可以促进人体的新陈代谢，是一种滋补强壮剂，服后可以强身健体，有补脑、治疗神经衰弱、改善睡眠、防治幼儿佝偻病、强化肝脏、护肝保肝、促进生长、延缓衰老等功效。

在酿酒时，植酸钙镁代替磷酸钾作酵母培养的增长剂，能使酒精度增加，提高出酒率，而且酒味醇香，绵软可口。在食品工业上，用植酸钙镁溶液处理容器的金属盖或易拉罐等可防止生锈，并防止食品变黑变质，是理想的食品防腐剂。用植酸钙镁处理金属表面，在电镀时更加容易，并能改善金属与镀层之间的接触性能，使镀层更牢固和光滑明亮。目前，植酸钙镁最主要的用途是用作制备植酸和肌醇的原料。

六、植酸钙镁制取肌醇的生产工艺

肌醇广泛分布在动物和植物体内，是动物、微生物的生长因子。可由玉米浸泡液中提取，主要用于治疗肝硬化、肝炎、脂肪肝、血中胆固醇过高等症。肌醇是广泛存在于食物中的一种物质，结构类似于葡萄糖。

由植酸钙镁生产肌醇的方法步骤如下。

（1）打浆 以水膏状的植酸钙镁为原料生产肌醇，可将原料直接送入水解锅。如以干燥的植酸钙镁为原料，送入水解工序需经打浆处理，加水量可按植酸钙镁：水=1:（3~3.5）。

（2）水解 将打成浆的植酸钙镁吸入有搅拌装置的加压水解锅中，水解锅内的压力为490~588kPa，水解10h左右（pH≈3），即可出料。

（3）中和 在植酸钙镁水解后的产物中，除了肌醇以外，还有水不溶性的磷酸盐（磷酸镁及磷酸钙镁）及水溶性的磷酸和磷酸盐（磷酸氢钙和磷酸二氢钙）。为了提高肌醇溶液的纯度，对于其中的水不溶性磷酸盐可以通过过滤除去，水溶性的物质可采用加入石灰乳的方法，使磷酸及其酸式盐成为水不溶性的磷酸钙沉淀，以利于除去。将水解液压入中和锅内，开动搅拌，分次加入新鲜石灰乳（21波美度左右）进行中和，至pH 8~9时为止，将中和液过滤。

（4）过滤　在中和后的溶液中，大部分杂质都已生成沉淀物，而肌醇仍然溶解在溶液中，通过压滤即可把沉淀物从肌醇的水溶液中分离出去。由于一次滤饼中残存一部分肌醇，必须重新加水冲洗，将过滤后的洗液并入滤液进入下道工序。二次滤渣中全磷的含量在30%以上，有效磷在20%以上。

（5）脱色过滤　将中和滤液分批吸入密闭的脱色锅，加入溶液量0.5%~1.5%的活性炭（也可分次脱色）。加热煮沸，保温15~20min，然后再进行压滤，滤液送去真空浓缩，浓缩至相对密度为1.28~1.30时，进行冷却结晶及离心分离。分离后的粗制肌醇送去精制，母液导入脱色锅套，用以回收其中的肌醇。

（6）精制　为了进一步提高纯度，以达到药典要求的指标，需要用活性炭、蒸馏水等进一步精制处理。将粗制品和蒸馏水按1:1.2配比投入不锈钢反应锅中，加热充分溶解。加入占粗制肌醇重1.5%~2.0%的药用活性炭，加热至微沸，保温15~20min后，用砂芯棒抽滤至不锈钢冷却锅，当冷却至32℃左右时进行离心分离及洗涤。此时温度不宜过低，否则熔点较低的杂质易析出混入肌醇中。如杂质含量超过标准，则需要进行第二次精制处理，最后加入少量的酒精冲洗分离，即得湿制品肌醇。精制过程中分出的母液，可经浓缩后送入精制工序，以尽可能地减少肌醇的损失。

（7）干燥　湿精制肌醇放在搪瓷盘中，摊开用布盖好，置烘房或烘箱中，在60~70℃下烘干，即得成品。

七、其他米糠油副产物

1. 糠蜡

从米糠油精炼的脱蜡工序获得的副产物是蜡糊，里面含有很多杂质。从蜡糊中提取糠蜡，有溶剂萃取法和压榨皂化法两种。溶剂萃取法所得糠蜡质量较好，得率较高，脱蜡油的回收也比较充分，可以节约烧碱，减轻劳动强度，但溶剂消耗量大，设备较复杂，防火防爆条件要求严格。压榨皂化法则设备简单，维修费用低，但产品得率较低，糠蜡和米糠油损失大，蒸汽耗用大，产品的纯度、光泽、硬度等均比溶剂萃取法差。

2. 三十烷醇

由于米糠蜡的生产工艺、设备、存放环境和时间等条件的不同，使得米糠蜡的质量不一致，所以提取三十烷醇的原料以精制糠蜡较好，并且皂化值不大于82mg KOH/g，酸值不大于3mg KOH/g，丙酮不溶物不低于95%，熔点在78℃以上，碘值在15g/100g以下。

3. 脂肪酸

由米糠油皂脚可以提取和分离混合脂肪酸、硬脂酸、油酸等脂肪酸产品。这些脂肪酸的用途十分广泛，可用于合成洗涤剂、制皂、保护和装饰用涂料、润滑剂、防水防蚀剂、化妆品、医药制剂、食品乳化剂、矿物浮选剂、增塑剂和纺织助剂等。提取脂肪酸的原料一般采用毛糠油头道碱炼的皂脚，二道碱炼的皂脚可作为制取谷维素的原料。

4. 角鲨烯

角鲨烯，分子式为$C_{30}H_{590}$，由六个异戊二烯双键组成，是一种高不饱和的直链三萜类化合物，是深海鲨鱼肝油的主要成分，在油料植物果实中分布较广，但含量偏低，一般低于皂化物的 5%。角鲨烯是生物体代谢中不可缺少的物质，能生化合成胆固醇，再从胆固醇中生化合成副肾皮激素、性激素，从而调节人体新陈代谢过程。角鲨烯在血液中输送活性氧的能力很强，能抵抗紫外线伤害，还能促进胆汁分泌，强化肝功能，增进食欲。米糠油中的角鲨烯的含量接近橄榄油，高于其他植物油，一般在 300mg/100g 油以上。许多研究结果表明，角鲨烯具有抗疲劳、抑制心血管疾病和抑制肿瘤、增强免疫力等生理功能。近些年来，作为非常重要的一种生物活性物质，角鲨烯大量应用于食品、化妆品、药品等行业中。

5. 天然维生素 E

维生素 E 是一类具有 α-生育酚活性物质的混合物，包括生育酚、生育三烯酚及其衍生物，是脂溶性维生素，它主要存在于植物油中，尤其是在谷物种子的胚芽油及大豆油等油脂中含量比较丰富，在米糠油中含量为 41~2501mg/100g 油，其中生育酚在作为保健品和药品时被称作维生素 E。维生素 E 具有抗氧化、抑制胆固醇合成、抑制癌细胞生长、改善动脉粥样硬化及预防心血管疾病等生理功能，且由于维生素 E 卓越的抗氧化和生理功能，其已被广泛应用于食品、医药、饲料、化妆品和塑料等行业。维生素 E 与亚油酸配合使用时，还可以预防和治疗动脉粥样硬化、抗癌、降低高胆固醇血症和脂肪肝、提高免疫力。在食品中，维生素 E 主要作为食用油、方便面和人造奶油等食品的抗氧化添加剂。

精炼过程中，米糠原油中维生素 E 在物理的、化学的或两者共同作用下，部分分流到碱炼皂脚、脱臭馏出物等副产物和废液中，而且主要分流到脱臭馏出物中。所以，油脂脱臭馏出物是提取天然维生素 E 的主要原料。主要制取方法有化学处理法、蒸馏法、超临界二氧化碳流体萃取法、生物化学法等。

（1）化学处理法提取天然维生素 E 工艺技术　脱臭馏出物 → 酯化 → 脱甾醇 → 维生素 E 制品。

（2）蒸馏法提取天然维生素 E 工艺技术　采用的蒸馏方式有直接蒸馏、短程蒸馏、填料塔真空蒸馏和分子蒸馏等。其中分子蒸馏工序可反复进行，以提高纯度。以分子蒸馏为例，提取工艺为：

脱臭馏出物 → 甲酯化 → 去除残留溶剂 → 去除脂肪酸甲酯 → 维生素 E 制品。

（3）超临界二氧化碳流体萃取法提取天然维生素 E 工艺技术　超临界二氧化碳流体萃取法提取天然维生素 E 工艺流程为：

脱臭馏出物 → 结晶法脱甾醇 → 酯化 → 超临界 CO_2 流体萃取 → 维生素 E 制品。

（4）提取天然维生素 E 其他工艺技术　从米糠油精炼副产物中提取天然维生素 E 除了上述方法外，还可采用吸附剂和离子交换树脂法、生物化学法等。上述几种方法各有优缺点，在实际应用中也有几种方法结合进行的。如采用常规方法进行浓缩后，再进行超临界二氧化碳流体萃取；或者是分子蒸馏与超临界二氧化碳流体萃取等结合。工艺路线要根据所要求的产品纯度，结合具体原料、生产条件等进行选择或组合，以取得最佳的工艺效果。

6. 甾醇

甾醇是米糠油中不皂化物的主要成分之一，大部分是谷甾醇、菜油甾醇和豆甾醇。米糠毛油中植物甾醇含量在 0.75% 左右，在各种植物油中米糠油的植物甾醇含量较高。植物甾醇不仅对人体有较强的消炎作用，还可以抑制人体对胆固醇的吸收，从而预防由动物固醇引起的一系列疾病，在降血脂、降低固醇浓度、预防心血管疾病、抑制肿瘤生长、抗氧化功能等方面有明显的成效。同时，还可以阻滞胆结石的形成、促进伤口愈合和毛细血管血液循环。

植物甾醇具有极高的药用价值，目前，也主要是从油脂脱臭馏出物中提取，可以通过结晶、络合、蒸馏、皂化、萃取及吸附等方法提纯制取。被广泛应用于甾体药物合成、食品、化妆品、饲料、动物生长剂、植物生长激素等行业中。

八、米糠油的应用

1. 制取生物柴油

米糠油甲醇酯化法生产生物柴油，属可再生能源，加快生物柴油的生产、开发，利国利民。研究表明，米糠油经酯化后，其燃料特性、黏度、闪点等技术指标得到改善。常温下，其燃料特性与0#柴油接近。

2. 米糠油酸辛酯

环氧米糠油酸辛酯是聚氯乙烯（PVC）、氯丁橡胶等含卤素高分子聚合物的优良增塑剂兼热稳定剂。制取原理是米糠油精制后与辛醇在硫酸的催化作用下进行酯交换，生成混合脂肪酸辛酯，与过氧甲酸作用即生成环氧米糠油酸辛酯。

3. 米糠油在饲料中的应用

米糠油为高热能原料，加入配合饲料中能提高肉料比。其代谢能为 7.2~7.8MJ/kg，大约是玉米 2.3 倍，对于家畜尤为重要。

4. 米糠油在食品行业的应用

米糠油的营养价值高，含有丰富的 γ-谷维素、生育三烯酚、生育酚、磷脂或软磷脂、植物甾醇、角鲨烯和阿魏酸等生物活性物质和抗氧化剂，对人体健康有益，且脂肪酸组成平衡，使得其稳定性强、保质期长。米糠油在食品行业中的应用主要有以下几个方面：①制造人造黄油和起酥油；②与稳定性较差的油进行混合，提高热稳定性、氧化稳定性，延缓油的变质，如米糠油与葵花籽油、花生油、芥末油以及橄榄油混合，或米糠油与大豆油混合等；③生产乳化填充凝胶或脂肪替代品，来替代或模拟食品中的脂肪的特性；④米糠油还可以制作微胶囊并广泛应用于食品工业。可见米糠油有非常高的保健开发价值，市场前景广阔。

5. 米糠油在药物方面的应用

米糠油可用于药物剂型的开发，用于局部防晒和治疗皮肤病。米糠油具有降血脂、预防动脉粥样硬化、糖尿病和癌症化学预防特性，能够预防结肠癌发生。由于植物油具有的降血脂作用，用米糠油或菜籽油代替葵花籽油可以减轻 2 型糖尿病女性的脂质紊乱。

第五节　米糠中活性成分的提取和利用

一、米糠多糖的提取和利用

米糠多糖是一类结构复杂的杂聚多糖，主要有脂多糖、阿拉伯木聚糖和葡聚糖等。另外还发现，米糠多糖不仅具有一般活性多糖的生理功能，还具有抗肿瘤、降血糖、降血压和降低胆固醇等功能。因此，米糠多糖既可用来生产预防、治疗肿瘤和提高免疫功能的药品以及预防高血压、心脏病和肝硬化等疾病的营养保健品，也是生产化妆美容品的优质原料。

目前，米糠多糖的提取大多采用热水浸提法，然而由于米糠多糖存在于植物组织的细胞中，不易溶出，所以一般提取率较低。一些新的提取技术（如超细微化、微波等）在米糠多糖提取中的应用，可使其提取率增加，但增幅不大。原因是米糠多糖与米糠中其他成分结合，以复合态形式存在，上述提取方法难以打破这种结合。为了更好地破坏这种结合，提高米糠多糖的得率，可以采用酶法提取米糠多糖，得率可达 1.8%。尽管利用酶法提取米糠多糖的得率较高，但提取成本太大，目前还较难实现工业化生产。因此米糠多糖的提取还有待进一步研究。日本研究人员已获得一些米糠多糖如 RBS、PBF-P、RBF-PM、RDP、RON 等，这些米糠多糖具备一定的生物活性和保健功效，包括增强免疫力、降血糖等。

二、米糠膳食纤维的提取和利用

世界卫生组织（World Health Organization，WHO）和联合国粮农组织（Food and Agriculture Organization of the United Nations，FAO）定义膳食纤维是一类在小肠内未被水解，聚合度不小于 10 的糖单体聚合物，膳食纤维分为可溶性和不可溶性两种，可溶性膳食纤维如半纤维素、瓜尔胶、果胶等具有黏性，能有效创造肠道的健康生态。米糠膳食纤维主要以可溶性膳食纤维为主，具有较强的吸水性和持水力。因此，可作为配料添加到食品中改善食品的加工特性。据研究，脂肪含量为 12% 并添加 2% 米糠纤维的法兰克福香肠可降低水分、灰分、碳水化合物、能量值以及蒸煮损失，具有良好的结构特性，与常规品控为 30% 脂肪的香肠相似。向无麸质面包中添加含有丰富可溶性膳食纤维的米糠，面包的颜色和孔隙度更好，提高了面包的感官接受度，延长了保质期。

可见米糠膳食纤维可通过改变目标物质的相关质构来改善它的外观、口感及延长它的保质期等。此外，经过蒸汽爆破超微粉碎的米糠膳食纤维可降低小鼠的血糖，并改善它的血脂四项和增加抗氧化活性的指标，对 2 型糖尿病小鼠具有更强的保护作用。米糠水溶性膳食纤维还有极强的抗氧化能力和良好的抗炎效果。且经超声-微波协同法改性的小米糠水溶性膳食纤维能够抑制 α-葡萄糖苷酶活性。

三、米糠的综合利用

1. 挤压稳定化米糠

挤压稳定化后的米糠组织结构疏松，具有微甜滋味并略有坚果风味，已没有米糠特有的令人难以接受的口感，是一种营养丰富的食品原料。目前，米糠除用于酿酒、制醋和生产饴糖外，还可生产米糠饮料、制取米糠营养纤维、米糠营养素、米糠蛋白等。

（1）水溶米糠营养素　水溶米糠营养素又称米糠精或全能稻米营养素，它富含了米糠中水溶性的营养素，其制取工艺流程如下：

米糠 → 精选 → 提取 → 固液分离 → 提取液 → 浓缩 → 调制均匀 → 喷雾干燥 → 成品。

由于提取过程中采用了适合植酸酶作用的条件，米糠内源性的或外加一部分的植酸酶使成品中抗营养因子——植酸的含量大大降低。水溶米糠营养素富含各种营养素，味道甜美，可直接食用或制成饮料，也可作为其他食品的营养增强剂。

（2）米糠营养纤维　米糠营养纤维对人体的生理功能主要表现在防治结肠癌和便秘，预防和改善冠状动脉硬化造成的心脏病，调节糖尿病患者的血糖水平以及预防肥胖病和胆结石等。米糠营养纤维质量分数为 25%~40%，米糠营养纤维又称米糠浓缩纤维，主要含有米糠膳食纤维。其制取工艺流程如下：

米糠渣 → 淀粉液化 → 过滤 → 气流干燥 → 成品。

米糠营养纤维有着广泛的生理功能，主要有整肠、抑制血清胆固醇上升和预防大肠癌三大作用，同时对高脂血症、糖尿病等与饮食有关的慢性病也有重要疗效。米糠半纤维素是由米糠制得的天然水溶性膳食纤维，其主要化学结构是一个阿拉伯木聚糖胶主支加上一个木糖，支链上有树胶醛糖聚合物，它是一个生物反应免疫调节物，并具有抗病毒与抗癌活性。研究表明，米糠是治疗 B 型肝炎的辅助剂。由于膳食纤维本身不被胃肠道所消化，故增加膳食纤维的供给量有利于缩短肠内食物残渣（其中包括致癌毒性物质）通过肠腔的时间，从而减少致癌物质对肠壁的作用时间。膳食纤维在减少进食量的同时，还可从人体内带走多余的脂肪和能量，有明显的减肥效果。

米糠营养纤维通常作为一种面粉添加剂来制作面包、饼干等焙烤产品，也可以直接冲饮。米糠营养纤维对于面粉的粉质和拉伸曲线都有影响。在面粉中加入米糠营养纤维，表面上看起来稳定时间随着米糠营养纤维量的增加而增加，但反而有减弱面筋的作用；添加米糠营养纤维后，面团延伸性明显变小。经相关试验后发现，米糠营养纤维添加量小于 20% 效果最好，在这个范围内，和面时间可以缩短，且面片较有韧性，不易断裂。

米糠营养纤维可作为纤维食品及各类食品（焙烤食品、休闲食品及糕点）的功能性添加剂。米糠营养纤维的质量指标见表 3-3。

表 3-3　米糠营养纤维的质量指标

项目	指标	项目	指标
蛋白质/%	≤15	含水率/%	2~7
脂肪/%	≤20	细菌总数/（个/g）	≤10000
膳食纤维/%	≥40	大肠杆菌/（个/g）	≤3
灰分/%	≤15	沙门氏菌	不得检出

（3）米糠发酵食品　常见的米糠发酵食品有米糠酿酒、米糠面包、米糠饼干、米糠馒头、米糠酸奶及米糠乳酸饮料等。以米糠液为天然培养基的原料，接种灵芝菌发酵培养，得到灵芝米糠发酵液，以此发酵液为主要配料制作保健饮料；将米糠添加到面粉中制作面包，不仅能增加其营养价值，改善人们的膳食营养平衡，还可充分利用大米加工企业的副产物，延伸大米加工产业链，增加企业经济效益。

2. 米糠功能性饮料

（1）米糠蛋白饮料　从脱脂米糠中提取植酸钙镁后，经碱液提取和盐析技术则可制得优质的米糠蛋白。利用米糠分离蛋白制取的蛋白饮料，具有优良的乳化稳定性。另外，酶水解可制成功能性饮料如 RiceX 等产品。

米糠蛋白饮料的研制多采用脱脂米糠为原料，利用酶法或酸碱提取法将蛋白质提取后，对提取液进行调配而制得饮料。杨慧平等人以木瓜蛋白酶水解米糠中的蛋白质，将脱脂米糠制作成米糠蛋白营养饮料，确定了最适反应条件为 pH 6.0、蛋白酶浓度为 2.0%、α-淀粉酶浓度为 0.5%、固液比为 1∶5、水解温度为 80℃、水解时间为 2h，在此条件下，米糠中蛋白质水解率达到 48.20%。王智霖对酶解米糠蛋白制备米糠营养液的方法和工艺进行研究，主要以膨化米糠、脱脂米糠为原料，以蛋白质提取率为评价指标，中性蛋白酶酶解膨化米糠，碱性蛋白酶酶解脱脂米糠，得到最佳酶解工艺，可溶性蛋白质提取率分别可达 29.83% 和 45.06%。米糠营养液产品的蛋白质分子质量为 2ku，氨基酸总量最高可以达到 1000mg/100mL。胡元斌以脱脂米糠为原料，分别采用酸、酶水解法处理米糠蛋白提取液，确定酸水解条件为：盐酸浓度为 4%、水解时间为 2h、温度为 90℃，水解过程中适当搅拌；酶水解条件为：2709 碱性蛋白酶浓度为 1000U/mL，温度为 45℃，pH 9，水解时间为 45h；胃蛋白酶浓度为 300U/mL，温度为 40℃，pH12，水解时间为 5.5h；水解度均控制在 25%，制得的米糠营养保健饮料具有较高的营养价值。

（2）米糠纤维饮料 米糠纤维饮料多辅助以发酵手段制得，先将米糠的水溶性膳食纤维提取出来，再将其应用于活性乳酸菌酸奶工艺中。利用纤维素酶水解米糠，得到的水解液和全脂牛奶及其他配料作为基质，通过乳酸菌发酵生产凝固型酸奶。

（3）米糠大豆粉饮料 米糠先经焙炒，按每 100g 米糠加 300~400mL 水的比例添加水，煮 5~10min，取出浸出液，反复加热提取几次，使浸出液总量达到 1000mL，备用。

将脱脂大豆粉 110g 放入米糠浸出液中，加热溶解，在 110℃时加入总质量 3% 的葡萄糖，加压灭菌 15min。在脱脂豆乳中加少量嗜热乳酸杆菌，37℃发酵 48h，料液酸度可达 2.5 左右。按上述方法制得的米糠大豆粉饮料乳既无豆腥味，又无米糠的不良气味，营养价值高。

3. 功能性添加物

目前，已从稳定化米糠产品中开发出新的第二代功能性添加物，如天然低脂米糠、稳定天然米糠及组织状天然米糠等。

（1）天然低脂米糠 越来越多的食品配方偏重于降低食品本身所含的脂肪和热量。稳定米糠经处理（不用化学物质和添加剂）后，可使自身脂肪含量降低约 60%，可增加维生素 B 含量约 15%，还增加了自身的膳食纤维和蛋白质含量，降低了热量。天然低脂米糠具有类似果仁的风味，颜色呈现柔和的棕黄色。在饼干、营养饮品、油炸土豆片及面条等食品中，米糠的良好颗粒结构使产品具有较好的组织结构。大致来说，这类产品具有如下特点：高膳食纤维、低脂肪、良好的结构及理想的风味。

（2）稳定天然米糠 如果将糙米直接研磨成粉，因米糠的不稳定性，很容易使产品变质。如果把稳定化的米糠和大米粉按天然糙米的比例混合而成糙米粉，则可使产品的稳定性提高。稳定糙米粉的营养价值比白米粉明显提高，它包含皮层中所有的维生素和矿物质，另外，还含有较多的蛋白质和纤维素，而且保质期至少可以延长至 12 个月。

（3）组织状天然米糠 组织状天然米糠这种添加剂主要由稳定米糠和挤压的纯大米粉末混合而成，可给食品提供理想的风味、组织结构和外观。

4. 米糠在化工工业中的应用

以米糠酶解液（主要含糊精和蛋白质）为壁材，应用于油脂微胶囊化中获得了较好的效果。米糠中富含的维生素 E、磷脂、多糖和谷维素等成分具备美容效果，如除去雀斑、使皮肤细腻光滑和美白等，所以能将米糠用于美容化妆品当中。作为一种用途很广的油脂化工原料，对米糠油进行深加工开发利用，可以生产表面活性剂、化妆品、香料等产品。如乙酰化米糠油可作为液体柔软剂用于润肤膏，这是因为其易于形成持久的抗水保护膜；其可以使头发柔软，产生光泽感，应用于洗发及护发配方中。乙氧基化米糠油可用于香波、洗涤剂、洗手剂及浴液，它能够减轻皮肤的干燥感并改进头发的梳理性，保护头发和皮肤。且含有季铵化米糠油的头发护理剂使得头发梳理性更强，并在染发时也能让染发效果更均匀，提升染发效率。目前，在美国，加拿大等国家，米糠在化妆品领域进行的应用研究更加深入，并且有了一定系统化的生产工艺，在日本的商场货架上已经可以看到许多以米糠油为添加物的化妆品和洗浴剂。相比较而言，我国对米糠中生物活性成分在化妆品领域应用研究甚少。目前已知的化妆品领域可使用的米糠生物活性成分主要有 B 族维生素、维生素 E、γ-谷维素、植物甾醇、烟酰胺、二十八烷醇、角鲨烯和植酸等。因此，加大对大米糠在化妆品方面的应用研究力度，会提高大米经济附加值。

🔍 思考题

1. 米糠的稳定化方法有哪些？各有什么优缺点？
2. 米糠蛋白的提取方法有哪些？
3. 米糠油的应用方式有哪些？

第四章

CHAPTER

4

碎米的综合利用

学习目标

1. 理解碎米的定义。
2. 掌握碎米的质量指标和理化特性。
3. 熟悉碎米淀粉和碎米蛋白质的综合利用。
4. 了解碎米在红曲色素和传统食品生产中的应用。

学习重点与难点

1. 重点是碎米的质量指标、碎米淀粉和碎米蛋白质的综合利用。
2. 难点是碎米淀粉和碎米蛋白质的深加工产品的生产工艺和工艺要点。

稻谷是人们赖以生存的重要谷物之一，稻谷需经碾米工艺以制成大米或米制品，全球超过 30 亿人消费大米。稻谷经过砻谷后得到糙米，由于糙米的食用口感较差，人们喜爱食用脱除米糠层的精制大米，因此，需要对糙米进行碾米（包括砂辊碾米和铁辊碾米）和抛光，在碾米过程中，不可避免的会产生碎米（broken rice），在抛光过程中，由于抛光机的挤压作用也会产生碎米。因此，碎米是大米加工的主要副产物之一，碎米的量为碾米后大米的10%~15%。我国的国家标准（GB/T 1354—2018《大米》）对碎米的定义是"长度小于同批试样完整米粒（whole kernel，除胚外其余部分未破损的完善米粒）平均长度（average length，试样中完整米粒长度的算术平均值）的四分之三、留存在直径 2.0mm 圆孔筛上的不完整米粒"。按照类型，国家粮食行业标准 LS/T 3246—2017《碎米》将碎米分为四类，分别为非糯性长粒米碎米、非糯性中短粒米碎米、糯性长粒米碎米和糯性中短粒米碎米，同时该标准又对碎米的质量指标进行了明确的规定（表4-1）。其中大碎米（large broken kernel）是指长度小于同批试样完整米粒平均长度四分之三，留存在 2.0mm 圆孔筛上的不完整米粒，互混（mixed kernel）指的是同一批次产品中的其他类型米粒。

表 4-1 碎米的质量指标

项目	指标要求	
	长粒米碎米（糯性和非糯性）	中短粒米碎米（糯性和非糯性）
小碎米含量/%	≤ 5	≤ 3
整精米含量/%	≤ 5	
大碎米含量/%	≥ 80	
杂质		
总量含量/%	≤ 0.3	
其中：矿物质含量/%	≤ 0.02	
糠粉含量/%	≤ 0.15	
带壳稗粒含量/（粒/kg）	≤ 5	
不完善粒含量/%	≤ 4.0	
互混含量/%	≤ 5.0	
黄粒米含量/%	≤ 1.0	
水分含量/%	≤ 14.0	
色泽、气味	正常	

全球的稻谷年产量约为 6.8 亿 t，其中中国是水稻生产大国且是世界上稻谷产量最多的国家，其次是印度、印度尼西亚等国家。2022 年，我国的稻谷产量为 20849 万 t（数据来源于国家统计局），产量巨大，居世界首位。正是因为稻谷的产量较大，且我国有 9 亿多人的主食是大米，每年加工 1 亿 t 以上的大米，因此，产生的碎米量也很大，有报道显示我国的碎米年产量约为 3000 万 t。随着人民生活水平的提高，大家对生活质量的要求也逐渐升高，对大米加工的精细度要求越来越高，从而导致碎米的产生量也越来越多。由于消费者喜欢食用形状规整的米粒，所以碎米被认为是不受欢迎的，其价格不到普通大米价格的一半，给农民和大米加工企业带来巨大的经济损失。另外，碎米的食味性不好，不宜直接作为食物食用。但碎米的成分与普通大米没有什么不同，具有相似的理化性质和淀粉颗粒的完整性，是一种很好的淀粉生产资源。由于在碾米过程中不可避免地会形成碎米，因此碎米的供应是恒定的。碎米行业是一个巨大的市场，如果开发得当，可以产生可观的收入，避免资源浪费或低值利用。早期，碎米大多被用来作为牲畜和家禽的饲料，以低值形式被利用，是粮食资源的极大浪费，稻米加工的经济效益体现不出来。因此，利用现代化技术研究并开发碎米资源的精深加工产品，提高碎米的附加值是亟待解决的科学问题，这将有利于我国的粮食安全保障。

第一节　碎米的理化特性

大米和碎米的营养成分基本相同，含量最多的是淀粉（约有 75%），还有一定量的蛋白质（约有 8%），少量的脂肪、膳食纤维、维生素和多种矿物质。基于碎米的营养成分特点，可以从淀粉和蛋白质两个方面对碎米进行开发和精深加工。根据安徽省地方标准 DB 34/T 2907.1—2017《稻谷资源综合利用技术规范　第 1 部分：碎米淀粉提取》和 DB 34/T 2907.2—2017《稻谷资源综合利用技术规范　第 2 部分：碎米蛋白提取》，用于提取淀粉和蛋白质的碎米，其感官指标必须满足表 4-2 的要求。

表 4-2　碎米的感官要求

项目	要求
色泽	具有碎米固有色泽，无霉变
气味、滋味	具有碎米香味，无异味
杂质	无杂质

碎米淀粉属于一种多糖，这类多糖是由 α-D-葡萄糖通过糖苷键连接而成的，相对于其他谷物中的淀粉，碎米淀粉的颗粒度较小（$3 \sim 8 \mu m$）且较均匀，呈不规则的三角形，在糊化之后，其吸水性能增加，呈现奶油状。可采用酶制剂、发酵、葡萄糖异构等多种方法对碎米淀粉进行深加工，生产果葡糖浆、麦芽糖浆、山梨醇、麦芽糖醇、葡萄糖（固体葡萄糖和液体葡萄糖）、麦芽糊精、低聚糖、改性米淀粉、微孔淀粉、缓释淀粉、抗性淀粉、脂肪替代物、低聚异麦芽糖、聚羟基丁酸酯等产品。

碎米中的蛋白质具有较高的生物价（biological value，BV），高达 77%，高于其他谷物蛋白质，大米蛋白质真实消化率（true digestibility，TD）可达 0.84，总蛋白价（gross protein value，GPV）为 0.73，高于鱼肉、牛奶、大豆，这表明大米蛋白质的质量较好。大米蛋白质中不存在酶抑制因子和毒性物质，主要是米谷蛋白，该类蛋白质是一类溶解性较好的蛋白质，易于被人体吸收，具有较好的低过敏性，口感和味道良好。相对于其他谷物，大米蛋白质中的赖氨酸含量较多，在一定意义上，符合 WHO/FAO 建议的理想模式。采用碎米可以开发的蛋白质相关产品有蛋白胨、蛋白粉、酵母培养基、蛋白饲料、浓缩蛋白、分离蛋白、改性蛋白、多肽等。

除了上面阐述的淀粉和蛋白质的相关产品外，还有增稠剂、酱油、发泡粉、啤酒、醋、培育蘑菇、化妆品、人造米或再造米、面包、饮料、可食性膜、红曲色素、大米面条、发糕、饴糖、果酱、米糕等。每年均有大量的碎米产生，不能够完全消化利用，且大多被用来加工为饲料，因此需要更加深入全面地挖掘碎米的利用价值，寻找更好的碎米研究思路和应用途径，例如，采用米粉（rice flour）作为原料制作烘焙食品，结合当今的线上线下销售渠道，可实现低成本生产和高值化利用，较易进入市场。

由于碎米的价格低于整大米，利用碎米的低价优势，可以节省原料的成本，带动粮食产业的发展，也会促进粮食加工企业的发展。碎米综合利用的传统产品主要是饴糖、酒和醋。近几十年，碎米的开发和利用也主要基于碎米的主要成分而进行，一方面是基于淀粉，另一方面是基于蛋白质。

第二节　碎米淀粉的综合利用

一、碎米淀粉糖浆

碎米淀粉糖浆是指碎米淀粉经不完全水解后的产物，其糖分组成为糊精、低聚糖、麦芽糖、葡萄糖等，其色泽为淡黄色或者无色，是一种透明且黏稠的液体。在储藏期间，淀粉糖浆品质较稳定，不会结晶析出。随着食品工业和医药行业的快速发展，淀粉糖浆的用途越来越广。

在工业上，常把淀粉的水解称为转化。根据淀粉水解程度或转化程度的不同，可把淀粉糖浆分为如下几类：①高转化淀粉糖浆，又称高 DE 值（dextrose equivalent value，葡萄糖当量值）淀粉糖浆，DE 值>60%；②中转化淀粉糖浆，又称中 DE 值淀粉糖浆、中转化值淀粉糖浆，DE 值在 38%~48%；③低转化淀粉糖浆，又称低 DE 值淀粉糖浆，DE 值<20%。中转化淀粉糖浆的工业生产量最大，应用最普遍，因此，又称标准糖浆或者普通糖浆，也称液体葡萄糖，简称液糖，在个别地区和公司也称化学烯或糊精浆。中转化淀粉糖浆的糖分组成为：葡萄糖 25%、麦芽糖 20%、麦芽三糖和麦芽四糖 20%、糊精 35%。

碎米的价格较低，其中的淀粉含量超过 70%，而且其资源量较大，因此，碎米是一种较好的生产淀粉糖浆的廉价资源，不仅可以降低生产成本，而且也可以提高其附加值，实现高值化利用。

1. 碎米淀粉糖浆的生产工艺及工艺要点

（1）生产工艺　以碎米为原料生产淀粉糖浆的生产工艺如图 4-1 所示。

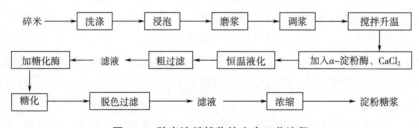

图 4-1　碎米淀粉糖浆的生产工艺流程

（2）工艺要点

①浸泡和磨浆：将碎米浸泡入水中，浸泡 10~12h，浸泡期间换水 1~2 次，然后将浸泡后的碎米进行磨浆，磨至颗粒度达到 60~80 目。以碎米为原料直接生产淀粉糖浆，不需要先提取碎米淀粉，但需要进行磨浆，因为磨浆后碎米的粒度直接影响液化、糖化及转化率，如

果碎米浆的粒度太大，会影响 α-淀粉酶与底物的充分接触，致使淀粉不能完全液化，导致生产效率降低，如果碎米浆的粒度>90 目，虽然有利于液化，但是非常不利于粗过滤操作，导致滤渣中的糖含量增加，从而降低生产效率。因此，碎米磨浆的最适粒度为 60~80 目。

②调浆：碎米磨浆后，需要用蒸馏水将碎米浆的浓度调至 15~200 °Bé。因为米浆中存在纤维素、蛋白质等非淀粉物质，会引起碎米浆的稠度增高，如果调制的碎米浆稠度过高，则不利于传热和传质，从而导致淀粉的不均匀液化和糖化；如果碎米浆的稠度过低，则会导致后续的浓缩难度加大，生产成本增加，因此，碎米浆的适宜浓度为 15~200 °Bé。

③升温、液化：调节碎米浆液的 pH 为 6.2~6.5，液化温度为 90~92℃，液化酶的添加量为 10U/g 干碎米粉，同时，添加 0.3%（占干米粉质量的百分比）的 $CaCl_2$，以稳定和保持 α-淀粉酶的活性。

采用液化酶可将糊化的大分子淀粉颗粒水解成小分子糊精和低聚糖，淀粉的液化可使其黏度急剧下降，水解液流动性增强，有利于后续的糖化操作。通常情况下，将碎米淀粉水解至 DE 值为 12%~15% 即可停止液化。

④糖化：液化后的水解液先经过粗过滤，得到液化滤液，调节 pH 至 4.2~4.5，调节温度至 60℃，然后添加糖化酶（添加量为 8~10U/g 固形物），搅拌均匀后，保持 2~3h 极性糖化，直至 DE 值达到 42%~48%，加热升温至 100℃ 对糖化酶进行灭活，然后降温至 85℃以下。

⑤脱色过滤：糖化后的水解液有一定的颜色，因此需要加入活性炭进行脱色，活性炭的添加量为固形物总量的 1.5%，采用稀 Na_2CO_3 溶液调节溶液 pH 至 4.8~5.2，搅拌并脱色 0.5h，然后进行过滤，获得微黄透明的糖液。

⑥浓缩及成品：脱色并过滤后得到澄清的滤液，采用真空浓缩罐对糖液进行低温低压（真空度>0.08MPa）蒸发浓缩。真空浓缩的温度相对较低，有利于产品的品质和色泽。此外，为了避免糖液的色泽进一步加深，可按固形物总量的 0.05% 添加 $Na_2S_2O_5$ 到糖液中。根据产品标准，真空浓缩至要求的浓度即可得到成品淀粉糖浆。

2. 碎米淀粉糖浆的应用

（1）在发酵工业中的应用　高转化淀粉糖浆中的麦芽糖和葡萄糖的含量较大，使其发酵性能较好。相对于传统的淀粉类发酵原料，高转化淀粉糖浆可不经任何处理而直接使用，因此，在发酵行业，高转化淀粉糖浆常被用来作为优质的碳源，以生产经济价值相对较高的产品，如保健品、医药或其半成品的发酵生产。

（2）在食品加工中的应用　相对于蔗糖，碎米淀粉糖浆的甜度比较低，不易结晶，且具有吸湿性很低、热稳定性好等优点，还可防止蔗糖的结晶，在低甜度食品中具有广泛的应用。

①用于焙烤食品：高 DE 值淀粉糖浆在高温条件下可与蛋白质发生美拉德反应或自身发生焦糖化反应，在烘焙食品的表面形成良好的焦黄色，改善烘焙产品的色泽，非常适用于焙烤食品的生产。

②用于饮料生产：淀粉糖浆的黏度较大，用于饮料中可增强饮料的黏稠度，改善饮料的口感，增加饮料的稳定性。

③用于糖果生产：在糖果制造业，中 DE 值淀粉糖浆可作为填充剂，有效防止糖果中蔗糖的结晶，有利于延长糖果的保质期，还可增加糖果的强度和韧性，使糖果不易裂开。由于

淀粉糖浆的甜度比较低，所以其可降低糖果的甜度，使糖果甜而不腻。因此，淀粉糖浆对糖果工业非常重要，而且是一种不可或缺的原料。

④用于果酱、果脯和蜜饯等产品的生产：由于淀粉糖浆溶液中的溶解氧很少，有利于防止氧化，保持水果的颜色和风味，可用于果酱、水果罐头、果脯和蜜饯等产品的生产。

二、果葡糖浆

果葡糖浆主要由葡萄糖和果糖组成，是一种重要的甜味剂。与蔗糖相比，果葡糖浆具有甜度高、甜味感消失快等优点，且其价格较蔗糖低，被广泛用来作为蔗糖的替代品。采用碎米制备的果葡糖浆还兼具独特的大米风味，具有更广的应用范围。

1. 碎米果葡糖浆的应用

（1）在烘焙食品中的应用　相对于蔗糖，果糖和葡萄糖的发酵性能更优，因此，果葡糖浆在蛋糕、面包等烘焙食品中有一定的应用。在面团的发酵过程中，酵母菌利用果葡糖浆发酵更快，产气更多，可以使烘焙食品更加松软。此外，在烘焙过程中，果葡糖浆可与面团中的蛋白质发生美拉德反应，赋予烘焙食品良好的焦黄色，外观更佳。基于果葡糖浆良好的保湿性能，可有效保持食品的松软性，延长产品的保质期。

（2）在软饮料中的应用

①在不含酒精饮料中的应用：在低温下，果葡糖浆具有冷甜性，口感清爽，无异味，与蔗糖或其他甜味剂互补性好。因此，在很多饮料厂，果葡糖浆被用来全部或部分替代蔗糖，在炎热的夏季，果葡糖浆的需求量最多。在不含酒精的饮料领域，果葡糖浆可应用于茶饮料、果汁饮料、碳酸饮料、功能性饮料等。

②在含酒精饮料中的应用：将果葡糖浆添加到酒精饮料中，可以避免酒精饮料出现沉淀。相对于蔗糖，果葡糖浆可以直接添加，使生产工艺简单化。果葡糖浆易溶于水，溶解度高，而且透明度较高。在含酒精的饮料领域，果葡糖浆可应用于啤酒、葡萄酒、黄酒、果酒和香槟酒等。

果葡糖浆可与多种香味共存，把果葡糖浆添加到饮料中，果葡糖浆不会掩盖饮料原有的香味。

（3）在水果罐头和蜜饯中的应用　糖的渗透压大小与糖的分子大小有关，即与分子质量有关，分子质量小的物质渗透压大于分子质量大的物质。由于果葡糖浆含有果糖、葡萄糖等小分子，所以果葡糖浆具有较大的渗透压，可有效抑制微生物的生长繁殖，具有防腐保鲜作用，可延长食品的保质期。果葡糖浆的主要成分是单糖，其渗透压大于蔗糖，在水果罐头的加工、储藏中，果糖与水果具有良好的亲和作用，能够保持水果的风味，避免果味的逸出，有利于稳定罐头加工性能。基于果葡糖浆的高渗透压性能，对于果脯和蜜饯等产品，可缩短糖渍时间，有利于其储藏，效果较蔗糖好，如果将果葡糖浆与蔗糖一起使用，可以使产品具有良好的色泽，使果酱防腐性好，延长保质期。

（4）在乳制品中的应用　果葡糖浆主要作为甜味剂应用于乳制品中。果葡糖浆与其他甜味剂混合使用添加到乳饮料中，可使乳饮料的甜味更丰富，使产品更加爽口。将果葡糖浆应用于酸奶中，可促进乳酸菌的发酵，提高发酵效率，丰富酸奶的甜味，提升酸奶的口感，由于果葡糖浆的渗透压大，可有效抑制酸奶中微生物的过快繁殖，延长产品保质期。此外，添加蔗糖的酸奶，随着储藏时间的延长，酸奶风味会发生变化，而果葡糖浆不存在这种现象。

果葡糖浆可应用于冷饮食品，如雪糕、冰淇淋等，基于果葡糖浆的冷甜性，可使冷饮食品的口感更加清爽；基于果葡糖浆的抗结晶性能，可使冷饮食品的质构更加柔软、更加细腻，产品品质更好。

（5）在医疗保健品中的应用　果糖和葡萄糖是单糖，可用作药用糖浆，较快被人体吸收，为人体提供能量，如果葡糖浆作为辅料大量应用于止咳糖浆。此外，基于果葡糖浆的高溶解度，可应用于药酒，使药酒的风味更好。果葡糖浆还可应用于儿童食品，能够有效降低儿童患龋齿的风险。

果葡糖浆还具有较多的营养保健功能。果葡糖浆具有保肝作用，因为果糖在体内转化为肝糖的量是葡萄糖的 3 倍；果葡糖浆中，果糖的热量只有蔗糖的 1/3，将果葡糖浆用于低热量食品，可作为肥胖人群的食品。

以碎米为原料生产果葡糖浆，采用液化酶、糖化酶将碎米中的淀粉水解为葡萄糖，然后采用葡萄糖异构酶将葡萄糖催化为果糖，制得果糖含量大于 40% 的果葡糖浆。

2. 碎米果葡糖浆的生产工艺流程

以碎米为原料生产果葡糖浆的生产工艺流程如图 4-2 所示。

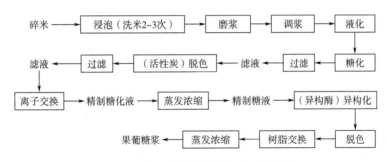

图 4-2　碎米果葡糖浆的生产工艺流程

3. 碎米果葡糖浆生产工艺要点

（1）碎米浸泡　首先对碎米原料进行浸泡和水洗，浸泡期间水洗 2~3 次，以去除米糠、灰尘等杂质。碎米的浸泡时间要依据季节确定，气温高的夏季，浸泡时间短，1~3h；气温较低的冬季，浸泡时间稍长，4~6h。如果采用夹套式的罐，可以采用蒸汽调温，调节浸泡温度至 40~50℃，可有效缩短浸泡的时间。浸泡后，碎米吸水膨胀并变软，便于后续研磨。

（2）磨浆和调浆　采用研磨设备对浸泡后的碎米进行磨浆，根据工艺要求将碎米的粒度研磨至 20~100 目，采用筛网进行过滤，然后加水调浆，调节温度至 50~60℃，使碎米淀粉糊化，获得 18~22 °Bé 的碎米淀粉乳。

（3）液化　调浆后，淀粉浆的浓度为 25%~30%，加热并加入耐高温 α-淀粉酶。在高温高剪切力作用下，使淀粉团粒充分打开，再次加入耐高温 α-淀粉酶，然后将淀粉浆泵入液化柱并停留约 2h，期间使 α-淀粉酶对碎米淀粉的直链 α-1,4-糖苷键进行水解，生成糊精和葡萄糖，并使淀粉乳的黏度急剧降低。实际工业生产中，在液化后，需要检测 DE 值，要使液化的糖液 DE 值在 14%~16%，可避免淀粉水解过度，保证液化体系的黏度降低，长链的淀粉水解为短链的糊精，充分发挥 α-淀粉酶的作用。液化结束后，对液化液进行过滤除渣，滤渣可作为饲料。

（4）糖化　液化结束后，进入糖化阶段，调节 pH 为 4.3，调节温度至 60～62℃，糖化 30～40h。在工业生产中，一般采用复配糖化酶，复配糖化酶的主要成分是葡糖淀粉酶和普鲁兰酶，这两种酶具有较好的协同作用，可水解直链淀粉和支链淀粉，将糖化体系的 DE 值达到 95%～98% 即可。

（5）过滤脱色　在实际工业生产上，一般采用间歇式的板框压滤机对糖化液进行过滤，以去除碎米残渣和蛋白质，然后采用活性炭对滤液进行脱色，可去除色素、杂质和部分蛋白质，压滤后的滤饼干物质含量为 45%～47%。

（6）离子交换　利用强酸性阳离子交换树脂配合弱碱性阴离子交换树脂对糖液中的无机盐离子进行交换，同时，离子交换也会除去一部分有机物，如蛋白质。离子交换结束后，采用真空蒸发浓缩脱除一定量的水分，得到浓缩糖液。

（7）异构　将糖液通入固定化葡萄糖异构酶柱子中，在葡萄糖异构酶催化作用下，部分葡萄糖转化成为果糖。葡萄糖异构酶主要来自芽孢杆菌、链霉菌和放线菌等微生物。为了有效回收酶，降低生产成本，可采用固定化酶技术对葡萄糖异构酶进行固定化处理。

三、麦芽糖浆

麦芽糖具有良好的理化特性和加工性能，在食品、医药、化工等领域具有广泛的应用。根据麦芽糖的浓度，麦芽糖浆可分为普通麦芽糖浆、高麦芽糖浆和超高麦芽糖浆。普通麦芽糖浆是指麦芽糖含量 <60%（干基含量）的麦芽糖浆，高麦芽糖浆是指麦芽糖含量 >60% 而 <80% 的麦芽糖浆，超高麦芽糖浆是指麦芽糖浆含量 >80% 的麦芽糖浆。目前，主要以玉米淀粉为原料生产麦芽糖浆，该技术比较成熟，而且已实现大规模工业化生产。如果以低值大米（如碎米、早籼米）为原料生产麦芽糖浆，在一定程度上还可节约生产成本，延长稻谷深加工产业链，增加产品的附加值。近年来，以碎米等低值米为原料生产麦芽糖浆的技术也取得了较大的进步。下面分别介绍以碎米为原料生产普通麦芽糖浆和超高麦芽糖浆的技术。

1. 碎米普通麦芽糖浆的生产工艺流程

以碎米为原料生产普通麦芽糖浆的工艺流程如图 4-3 所示。

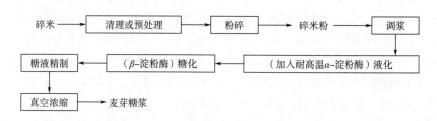

图 4-3　碎米普通麦芽糖浆的生产工艺流程

2. 碎米普通麦芽糖浆的生产工艺要点

（1）原料预处理　碎米的清理，除去杂质和糠粉，保证后续工艺的质量。

（2）调浆　将粒度为 60～70 目的碎米粉与 60℃ 温水混合，碎米粉∶水 =1∶3（质量比），搅拌均匀并浸泡 20min。

（3）液化　耐高温 α-淀粉酶的添加量为 15U/g 干碎米粉，同时还需加入 NaCl 和 $CaCl_2$，使 Na^+ 和 Ca^{2+} 的浓度维持在 0.01mol/L，在 85～90℃ 催化酶解 10～15min。

（4）糖化　液化后，调节温度至 55~60℃，并加入 β-淀粉酶，添加量为 25U/g 干碎米粉，保温糖化 2~3h。糖化结束后，高温杀菌，立即过滤。

（5）真空浓缩　采用真空浓缩技术将滤液浓缩至 38~40°Bé，即得 DE 值为 40% 的麦芽糖浆。

3. 碎米超高麦芽糖浆的生产工艺流程

以碎米为原料生产超高麦芽糖浆的工艺流程如图 4-4 所示。

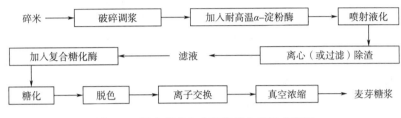

图 4-4　碎米超高麦芽糖浆的生产工艺流程

4. 碎米超高麦芽糖浆的生产工艺要点

（1）碎米破碎　将碎米破碎为 60 目以上的碎米粉，加入适量水并浸泡 2~6h。

（2）调浆并喷射液化　向浸泡后的米浆中加一定量的耐高温 α-淀粉酶，将米浆液调成质量分数为 30%~33% 的体系，调 pH，在 105~110℃ 条件下喷射液化，在 95℃ 保温液化一段时间，控制液化 DE 值为 14%。液化时，DE 值过高或过低，均不利于麦芽糖的生成。影响液化 DE 值的因素较多，从成本角度分析，淀粉酶的添加量越少越好。

（3）除渣　采用离心或过滤的方式将大米蛋白等成分去除。

（4）糖化　调滤液 pH，并添加一定量的真菌淀粉酶和普鲁蓝酶等糖化酶进行糖化，糖化后灭酶。

真菌淀粉酶是一种常用的糖化酶，具有催化淀粉产麦芽糖的能力，也有企业直接采用真菌淀粉酶来生产麦芽糖浆。此外，添加适量的普鲁蓝酶可有效提高麦芽糖产量，因为这两种糖化酶结合使用，具有协同增效作用，能够显著提高麦芽糖的产率。基于两种酶的协同增效作用，需要选择合适的 pH、糖化时间和糖化温度等参数。如果时间短，则会导致麦芽糖的产量低，如果时间过长，麦芽糖的产量也会降低，这可能是因为过长的糖化时间，使麦芽糖转化为单糖或合成其他寡糖。

pH 显著影响酶的活性，真菌淀粉酶的最适 pH 为 5.0~6.0，而普鲁蓝酶的最适 pH 为 4.5~5.5，两种酶混合使用时，pH 的选择非常重要，通常 pH 5.5 左右较为合适，有利于提高麦芽糖的产率，pH 偏离 5.5，则会导致麦芽糖的产率显著下降。

温度也显著影响酶的活性。真菌淀粉酶和普鲁蓝酶的最适催化温度并不完全一样。如果两种酶混合使用，最适催化温度为 59℃ 左右，偏离这个温度，麦芽糖的产率会降低。如果糖化时间过长，糖化温度过低，会出现微生物（如细菌、酵母菌）污染，影响产品的品质和麦芽糖的产率。因此，在不影响酶活力的情况下，尽量升高温度以抑制杂菌的生长，并可提高酶的催化效率。

（5）精制和浓缩　采用活性炭对糖液进行脱色，采用离子交换技术去除离子，采用真空蒸发浓缩法对糖液进行蒸发浓缩。

四、麦芽糖醇

麦芽糖醇的化学名称为 1,4-O-α-D-吡喃葡萄糖基-D-山梨糖醇,分子式是 $C_{12}H_{24}O_{11}$,相对分子质量为 344。以麦芽糖为原料,经高压氢化即可制得麦芽糖醇,被用来作为一种功能性的低热量甜味剂。麦芽糖醇的甜度只有蔗糖的 80%,而其热量(2.1kcal/g)只有蔗糖的 10%。麦芽糖醇作为一种填充型的甜味剂,不但黏度和沸点适中,较易溶于乙醇和水等溶剂中,而且具有多种良好的生理功能,如促进钙吸收、防治龋齿、不升高血糖、不刺激胰岛素分泌、抑制体内脂肪过多积累、脂肪替代品等,适用于加工多种食品。另外,麦芽糖醇还具有吸湿、放湿平稳,不易结晶,不易被微生物利用等优点。因麦芽糖醇具有多种优良的生理功能特性,已被广泛应用于食品、化工、保健品及化妆品行业,具有广阔的市场前景。

1. 麦芽糖醇的生产工艺流程

在工业上,麦芽糖醇的生产工艺可分为两步,第一步是将淀粉水解,制成高麦芽糖浆,第二步是将制得的麦芽糖浆加氢还原,制成麦芽糖醇。其生产工艺流程如图 4-5 所示。

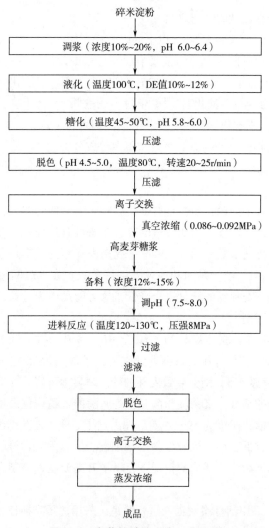

图 4-5　麦芽糖醇的生产工艺流程

2. 麦芽糖醇的应用

麦芽糖醇的研发已持续多年，但是由于我国居民的消费能力和消费习惯，致使麦芽糖醇的工业化生产在我国起步较晚，还不能满足市场需求。根据麦芽糖醇的消费结构分析，大多数麦芽糖醇被用来生产功能性食品。

（1）在冷冻食品中的应用　麦芽糖醇作为一种食品添加剂，可应用于雪糕、冰淇淋等冷冻食品，可按生产需要确定用量。冰淇淋中使用麦芽糖醇，能使产品更加细腻，甜味可口，并可延长保质期。

（2）在果汁饮料中的应用　麦芽糖醇具有一定的黏稠度，很难被微生物利用，所以在制造悬浮性果汁饮料或乳酸饮料时，添加麦芽糖醇可替代一部分蔗糖，使饮料口感更加丰满润滑。

（3）在功能性食品中的应用　麦芽糖醇在人体内几乎不被分解，可用作糖尿病人和肥胖病人的食品原料，如用麦芽糖醇生产无糖饼干、无糖奶粉和无糖月饼等。以麦芽糖醇作为甜味剂的无糖食品不仅可作为糖尿病、肥胖症、高血压等患者的功能食品，还可作为健康人群尤其是儿童的理想保健食品。

（4）用于糖果和巧克力等食品的生产　麦芽糖醇类食品的理化特性和生理功能，在食品加工和食用功效上可以得到充分的体现和应用。基于麦芽糖醇具有的良好口感、非结晶性和保湿性，可用来制造各种糖果，包括硬糖、棉花糖和透明软糖等。FDA 认定麦芽糖醇作为食品配料可安全使用，在软糖中可添加到 85%，在硬糖果中可添加到 99.5%。将麦芽糖醇添加到巧克力中来制作无糖巧克力，无论是可可味、甜味、苦味，还是爽滑口感都与蔗糖巧克力十分接近。

五、麦芽糊精

麦芽糊精也是一种淀粉糖，但它的甜度很低。与其他淀粉糖品相比，麦芽糊精的吸湿性、水溶性、褐变性、冰点下降度也是最低的，而黏度、黏着力、防止粗冰结晶、泡沫稳定化、增稠性等方面的特性很强。麦芽糊精能够与其他香味物质和谐并存，不影响其他香味物质的特性，是香料和甜味的优良载体。基于麦芽糊精的抗结晶性强、冰点低、增稠作用强的优点，可将其应用于冰淇淋中，减少冰淇淋中蔗糖和奶油的用量，降低产品的甜度和能量，降低胆固醇和脂肪的含量。基于麦芽糊精的耐高温、发酵性好、吸湿性低、不掩盖其他香味和甜度低的特点，可作为生产糖果的良好原料。此外，麦芽糊精作为填充剂，已被广泛应用于咖啡、汤料、果汁等粉末产品中，能有效保持产品的风味，防止发生褐变。

麦芽糊精代替脂肪的形式可以是凝胶形式、干粉形式。采用干制的麦芽糊精代替脂肪，可提供的能量为 16.72kJ/g，将麦芽糊精与三倍体积的水混合，溶解后冷却，可形成热可逆胶，提供的能量仅为 4.18kJ/g。采用 25% 的麦芽糊精代替脂肪，其能量较脂肪减少了 8kJ/g。低 DE 值麦芽糊精非常适用于低脂保健食品的生产，还有助于改善食品的黏度和硬度，延长食品的保质期。

采用低 DE 值麦芽糊精制作的凝胶制品具有类似奶油的口感和外观，比较适用于酸奶和部分替代奶油的乳制品，加入适量的低 DE 值麦芽糊精可加工成供人造奶油生产的加氢油脂。因此，将低 DE 值麦芽糊精应用于脱脂人造奶油、低脂肪冰淇淋、减脂或低脂奶酪、酱汁和凉拌菜调味料的生产，具有较大的市场空间和商业价值。在肉制品领域，基于麦芽糊精的增稠性和胶黏性强的特点，向香肠和火腿等肉制品中添加 5%～10% 的低 DE 值麦芽糊精，可赋予产品口感细腻、口味浓郁的特点，还可使产品容易包装成型，延长产品的保质期。在肉制品中加入低 DE 值麦芽糊精，可保持产品的嫩度和多汁性，降低产品的蒸煮损失。向焙烤食品中加入低 DE 值麦芽糊精可赋予产品良好的风味和感官，使烘焙食品保持特有的质构。低 DE 值麦芽糊精还可作为一种填充剂，提高产品的硬度。采用低 DE 值麦芽糊精代替一部分油脂应用于烘焙食品中时，并不能模拟出油脂与淀粉或面筋的相互作用情况，但在脂肪酸型乳化剂的协助下，其相互间的作用可得以增强，这样制得的产品就更具有油脂的口感。20%～25% 的低 DE 值麦芽糊精溶液具有类似脂肪的特性，因此，其可用于生产低热量的烘焙食品，如蛋糕、松饼等，产品不会出现低脂食品中常见的干燥粗糙的口感。麦芽糊精在调味品领域也具有一定的应用，如低 DE 值麦芽糊精可使辣椒酱和果酱等调味品具有良好的光泽度、醇厚感、不析水、不老化和耐剪切力，赋予蚝油较高的透明度和品质稳定性。

基于麦芽糊精的滑腻口感、热可逆凝胶性、伸展性、柔软性等特点，低 DE 值麦芽糊精可用于面包、饮料、冰淇淋等产品中。又因为麦芽糊精具有食用安全性高、理化性质稳定和能量低等特点，低 DE 值麦芽糊精可用于生产低脂产品，作为心血管疾病和肥胖症患者的功能食品。

采用碎米生产的低 DE 值麦芽糊精具有很多优点：作为脂肪模拟品，不会引起人体的过敏现象；不会像脂肪酸酯那样因摄入过多而引起腹部绞痛和腹泻现象，不会影响人体吸收其他营养素；不需要以大米淀粉为原料来生产麦芽糊精，所以，碎米中原有的维生素、蛋白质等营养元素得以保留。

1. 麦芽糊精的生产工艺流程

以碎米为原料生产麦芽糊精的工艺流程如图 4-6 所示。

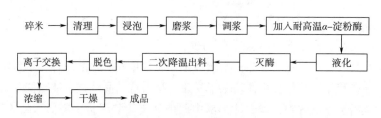

图 4-6 麦芽糊精的生产工艺流程

2. 麦芽糊精的生产工艺要点

（1）碎米原料预处理　相对于整米，以低值碎米为原料可节省生产成本。清除碎米中的杂质，然后加入相当于碎米质量 3～5 倍的水浸泡 2～6h，磨成米浆液，采用 60～80 目滤网过滤。

（2）调浆液　调节米浆液的 pH 为 5.5～6.0，米浆的浓度为 16～19 °Bé，加入耐高温的 α-淀粉酶，搅拌混合均匀。

（3）液化和灭酶　将米浆液在 105～110℃ 喷射，然后冷却至 90～97℃，控制液化液的 DE 值在 8%～11%，出料时用喷射器升温至 125～130℃，对 α-淀粉酶进行灭活，避免 DE 值继续增加。

（4）二次降温出料　将灭酶后的糖液降温至 110℃，间歇 5～10min，再继续降温至 85～

90℃后，泵入压滤机过滤，去除糖液中的蛋白质等成分。

（5）脱色过滤　在 pH 4.5~4.8、温度 85~90℃条件下，添加碎米原料质量 1%~5%的活性炭，搅拌混合 30~45min，然后用压滤机和密闭过滤机过滤，除去残留的蛋白质等成分，直至料液清澈透明，无炭粒、异物即可。

（6）离子交换　使用离子交换技术对滤液进行精制，使料液呈透明状态，气味纯正，pH 4.2~6.1。

（7）浓缩　采用四效降膜式蒸发器进行蒸发浓缩，浓缩至糖液浓度为 75%~80%。

（8）干燥　采用喷雾干燥塔或连续真空低温干燥机干燥，干燥至水分含量 ≤ 6%。

（9）麦芽糊精成品　干燥后的麦芽糊精为白色粉末，按照国家标准（GB/T 20882.2—2021《淀粉糖质量要求　第 2 部分：葡萄糖浆（粉）》）检测 DE 值，DE 值为 8%~11%。

六、山梨醇

山梨醇可作为甜味剂、保湿剂、赋形剂、防腐剂等，具有能量低、防龋齿、低糖等优点，在食品、日化、医药等领域具有广泛的应用。山梨醇的生产方法有生物发酵法、电化学法、氢化法，其中，氢化法是目前最常用的山梨醇生产方法。

以碎米为原料，先将碎米液化、糖化以制备葡萄糖，然后采用氢化法、生物发酵法将葡萄糖转化为山梨醇。以碎米为原料生产葡萄糖的方法有双酶法、酸酶结合法、酸法。相对于酸法，双酶法具有多种优点，如条件温和、专一性强，副产物少，糖液纯度高，可以在较高淀粉浓度下水解，不需要高价的耐高温、耐高压、耐酸设备。下面以双酶法为例阐述碎米生产葡萄糖的技术。

1. 以碎米为原料生产葡萄糖的生产工艺流程

以碎米为原料生产葡萄糖的工艺流程如图 4-7 所示。

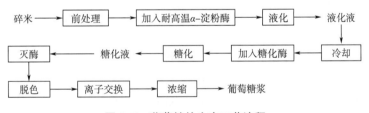

图 4-7　葡萄糖的生产工艺流程

碎米粉的液化是整个工艺流程的关键环节，液化后的 DE 值应控制在 15%~20%，如果 DE 值过低，液化体系的凝沉性强，易于重新结合，对于糖化和过滤均有不利影响，如果 DE 值过高，则不利于生成络合结构，降低催化效率。在实际操作中，符合标准的液化液放出后在 10min 内即可出现悬浮状，呈澄清状态。α-淀粉酶能够水解淀粉分子中的 α-1,4-糖苷键，使淀粉分子断裂，液化体系的黏度降低，如果液化不完全，则会出现黏稠状态、没有悬浮液、分子键断裂不完全、黏度较大等现象。李洪波采用碎米制备葡萄糖，测定了碎米的基本成分，水分 13.97%、灰分 0.85%、蛋白质 7.92%、脂肪 1.08%、淀粉 73.57%，采用耐高温 α-淀粉酶的酶活力为 24000U/g、糖化酶的酶活力为 48000U/g；优化了生产工艺和生产条件，最适液化工艺参数为“自然 pH、耐高温 α-淀粉酶添加量 15U/g、固液比 6:1、液化温度

90℃、液化时间 15~20min"，在此优化条件下获得的液化液的 DE 值为 17.3%；最适糖化工艺参数为"pH 3.5、糖化酶添加量 80U/g、糖化温度 60℃、糖化时间 24h"，在此优化条件下，获得的糖化液的 DE 值为 99.5%；在最适液化和最适糖化条件下处理碎米，获得的葡萄糖液的葡萄糖含量为 77.3%、pH 2.55、透光率 3.5%，甜味温和、淡黄色、无嗅，其黏度在 30℃时达到最大值 1610MPa·s。

2. 以碎米葡萄糖为原料生产山梨醇的生产工艺流程

以碎米葡萄糖为原料生产山梨醇的生产工艺流程如下：

碎米葡萄糖 → 催化加氢 → 分离催化剂 → 山梨醇粗液 → 活性炭脱色 → 浓缩 → 山梨醇。

影响葡萄糖转化为山梨醇的因素较多，李洪波认为影响葡萄糖氢化法制备山梨醇的因素由大到小依次为反应压力、反应温度、pH，而催化剂的影响不大，同时，他也优化了碎米葡萄糖氢化法制备山梨醇的工艺条件，最适工艺条件为 pH 8、催化剂用量 5%、反应温度 120℃、反应压力 10MPa、转速 200r/min、反应时间 2h，在此优化条件下，碎米葡萄糖转化为山梨醇的转化率可达 40.34%。

七、微孔淀粉

微孔淀粉又称多孔淀粉，是一种新型的物理改性淀粉，具有从淀粉颗粒的表面延伸至内部的大量微孔结构，这些微孔的孔径大约为 1μm，微孔的体积约为整个淀粉颗粒的 1/2。在食品工业中具有广泛的应用，因微孔淀粉具有微孔结构，是一种良好的载体，可用作甜味剂或色素的载体，还可用来保护营养元素，如维生素、多酚、不饱和脂肪酸，也可用来保护益生菌。制备微孔淀粉的方法主要有生物法、化学法和物理法。

1. 微孔淀粉的制备方法

（1）微孔淀粉的酶法制备　酶法修饰是生产微孔淀粉的一种生物法，具有良好的发展前景，越来越多地被采用。相对于严格的化学反应条件，酶法具有如下多种优点：副产物少、特异性高、反应条件温和。

酶法改性是在低于淀粉糊化温度的条件下，淀粉酶与淀粉发生反应，酶可以作用于淀粉颗粒而不会损害淀粉颗粒的完整性，通过调整反应条件（水解时间、酶和底物的比例）来控制淀粉表面的微孔孔径大小和多少。20 世纪 80 年代，有日本学者发现淀粉经 α-淀粉酶水解，在淀粉表面出现不规则的圆形小孔。1993 年，日本学者采用糖化酶和 α-淀粉酶共同水解淀粉，在淀粉颗粒表面出现更多的较均匀的微孔结构。目前的研究主要集中在优化 α-淀粉酶和糖化酶的复合酶水解不同种类的淀粉来生产微孔淀粉。

（2）微孔淀粉的化学法制备　采用化学法制备微孔淀粉需要采用酸，常用的酸有盐酸、硫酸、混合酸等。化学法具有一定的优点，如可以控制反应、便于工业化生产，但也存在一定的缺点，如化学试剂残留（食用安全性）、废水（环境污染）等。由于化学试剂的处理，淀粉的基本结构遭到一定程度的改变或破坏。

（3）微孔淀粉的物理法制备　相对于化学法，物理法不采用任何化学试剂，可以安全地用于生产微孔淀粉。近年来，物理新技术被用来制备微孔淀粉。

超声波技术，是一种采用高频超声波（15~20kHz）的物理改性方法。这种超声作用能够产生强大的空穴效应，空穴效应有一定的破碎效应，会产生一定的温度和自由基，在水-

淀粉系统中会使淀粉的结构及功能发生改变。超声波处理会导致淀粉颗粒中出现许多微孔以及表面产生裂缝，从而在分子水平上引起降解或对淀粉链产生较小的影响。超声波处理淀粉会显著改变淀粉的凝胶特性、回生性、热稳定性，并使淀粉颗粒表面凹陷，出现 1.7～300nm 范围内的微孔。淀粉颗粒上的空隙和裂纹在一定程度上提高了淀粉参与化学反应、物理反应和生物反应的效率。采用超声波技术制备微孔淀粉具有处理时间短、非随机性等优点，但是因其制备的微孔淀粉的吸附量有限，目前尚未实现工业化生产。

2. 微孔淀粉的应用

因为微孔淀粉具有多种优良特性，因此，国内外学者对微孔淀粉的应用进行了大量的研究。目前的应用研究主要集中在风味物质的保留、益生菌胶囊、食品保鲜、药物递送以及废水处理等方面。

3. 碎米微孔淀粉的制备

碎米可被用于制备高吸附量的微孔淀粉，且碎米微孔淀粉能够作为功能成分微胶囊包埋的壁材。超声波预处理能够显著增强复合酶法制备碎米微孔淀粉的效率。具体而言，超声波的物理效应通过破坏淀粉颗粒的表面结构，形成裂缝和凹陷，从而为酶解过程创造了有利条件。通过优化超声时间、功率、温度和酶解条件，研究人员发现超声处理可以显著提高微孔淀粉的吸附性能。同时，扫描电子显微镜（scanning electron microscope，SEM）分析显示，经过超声和酶解处理后，淀粉颗粒的表面结构发生了显著变化，形成了大量的孔隙，而 X 射线衍射（X-ray diffraction，XRD）和傅立叶变换红外光谱（fourier transform infrared spectroscopy，FTIR）分析则表明，超声波处理和酶水解并未改变淀粉的晶体类型和化学结构。

碎米微孔淀粉因其优良的吸附性能，可应用于食品、药品及化妆品行业中功能性成分的包埋和保护。例如，通过将其作为微胶囊的壁材，可以包裹脂溶性、水溶性及醇溶性生物大分子，防止其在加工或储存过程中的降解。此外，碎米微孔淀粉还可用于提高活性成分的生物利用率，从而扩大其在功能食品和营养补充剂中的应用潜力。

八、抗性淀粉

碎米抗性淀粉是以碎米淀粉为基质的天然存在或人工制备的抗性淀粉。抗性淀粉是一种抗消化性淀粉，健康者小肠中不吸收的淀粉及降解物。其具有特殊生理功能，可控制体重、抗癌、预防糖尿病、调节血脂、促进矿物质吸收及提高膳食纤维成分等，已广泛应用于主食制品、焙烤食品、蒸煮食品、保健食品、发酵制品及饮料中。研究碎米抗性淀粉的提取工艺，对改善膳食纤维的产品口感、外观等和提高大米加工产品的附加值及经济效益均具有重要意义。

第三节　碎米蛋白质的综合利用

国内外市场上已出现很多种类的含有大米蛋白质的产品。籼米、碎米以及提取大米淀粉后剩余的米渣均是提取大米蛋白质的良好原料，采用不同的蛋白质提取方法得到的产品中，大米蛋白质的含量、理化性质和用途也不相同。大米蛋白质含量在 80% 以上的产品主要被用来作为营养补充剂，大米蛋白质含量在 40%~70% 的产品主要被用来作为宠物饲料，如猪崽饲料、犊牛饲料、犬饲料或猫饲料等。大米浓缩蛋白质是一种非常好的蛋白质补充剂，该产品具有低过敏性，无不良气味，也不会引起肠胃胀气，非常适合作为高档宠物饲料。在美国，约有 2% 的人对小麦谷朊蛋白过敏，因此，他们将大米蛋白质添加到面包中以满足这类人群的需求。在英国，大米粉被添加到面包中，制成各式各样的面包，产品松软可口，明显有别于普通的面包口感。除了上述产品外，大米蛋白质也被用在日化领域，如大米蛋白质作为增稠剂和发泡剂用在洗发水中。

一、米渣蛋白质的制备

在采用碎米或早籼米生产淀粉糖、有机酸、谷氨酸等产品时，原料中的淀粉被利用，而剩余的米渣成了副产物，由于淀粉已被利用，在一定程度上实现了大米蛋白质的富集或浓缩，米渣中的蛋白质含量可达 40%~70%，因此，米渣也被称为大米浓缩蛋白。因为大米的蛋白质基本被完全保留下来，米渣是提取或提纯大米蛋白质的良好原料。

以大米或碎米为原料生产淀粉糖，则每 7t 大米或碎米会产生约 1t 的米渣，因此，如何充分利用米渣中的蛋白质是目前研究的热点。在利用碎米或大米中的淀粉时，往往伴有较强烈的反应条件，使大米蛋白质的结构受到一定程度的破坏甚至变性，导致大米蛋白质的理化性质发生改变。

1. 高温对大米蛋白质结构和性质的影响

以碎米为原料生产淀粉糖，需要对碎米进行高温液化、淀粉酶水解，然后过滤得到滤渣即为米渣。在高温液化的过程中，大米蛋白质有以下几点变化。

（1）蛋白质结构的变化　高温使米渣中的蛋白质亚基间通过二硫键聚合发生交联形成高聚物，并影响蛋白质的溶解性。相对于天然大米蛋白质，米渣中蛋白质的疏基及二硫键含量较高。此外，高温破坏了大米的细胞结构，导致未被水解的淀粉、低聚糖、糊精及其他成分之间发生交联融合，形成大分子。

（2）蛋白质溶解性的变化　蛋白质是有机大分子化合物，其水溶液为胶体状态，大米蛋白质的溶解性受到多种因素的影响，如盐离子、温度、电荷、pH 等，其中 pH 的影响较大，在等电点的溶解度最小，偏离等电点，则溶解度逐渐上升。大米蛋白质中的主要蛋白质为谷蛋白，占 80% 以上，该蛋白质由一条酸性 α 肽链和一条 β 肽链组成，α 肽链的等电点 pI 为 6.6~7.5，β 肽链的等电点 pI 为 9.4~10.3，所以，大米谷蛋白在碱性条件下具有较好的溶解性，因此，在实际生产中常采用碱提酸沉的方法提取大米蛋白质。米渣经过高温处理，其中的蛋白质次级键和二级结构被破坏，蛋白质肽链伸展开，疏水基团也暴露出来，蛋白质肽链间的碰撞致使其凝结并形成沉淀，这个过程是不可逆的，因此，米渣蛋白质的溶解性比较差，如果再采用碱提酸沉的方法提取大米蛋白质，则提取率比较低。由于米渣蛋白质的变性严重影响了蛋白质的各项理化性质和生理功能，这严重限制了米渣蛋白质的开发和利用。

（3）蛋白质和碳水化合物的结合性变化　大米谷蛋白中碳水化合物的含量约为 2.2%，这部分碳水化合物与蛋白质结合得非常紧密。这些糖蛋白的结合方式是靠 O-糖肽键或 N-糖肽键而连接。由于高温处理，米渣蛋白质中的糖蛋白含量较高，结合方式为 N-糖肽键，米渣蛋白质结合一定量的葡萄糖，而且高温也使一部分蛋白质和碳水化合物发生了美拉德反应。

（4）蛋白质组成的变化　相对于天然大米蛋白质，经受过高温的米渣蛋白质中的谷蛋白和球蛋白的含量降低，而醇溶蛋白和清蛋白的含量稍有增加。高温液化时，大米谷蛋白分子间形成大分子多聚体，使其结构发生较大变化，碱溶性显著降低。

2. 米渣蛋白质的制备

由于米渣蛋白质的特殊结构和较差的溶解性，学者们一直在研究较适合的提取方法。目前，提取米渣蛋白质的方法主要有碱法、酶法、排杂法等。随着新技术的不断涌现，一些物理辅助方法也在被采用，如微波辅助技术、超声波辅助技术、高压均质技术等，这些技术主要是借助物理作用使蛋白质聚集体被打松散，暴露出亲水基团或酶切位点，通过化学提取或酶法水解作用，使大米蛋白质溶解或水解为可溶性肽而被提取出来。

（1）酶法 早在 1985 年，日本学者采用酸性蛋白酶提取大米蛋白质，提取率可达 90%。酶法提取大米蛋白质主要是采用蛋白酶对米渣蛋白质进行有限水解，利用蛋白酶的外切或内切作用来对蛋白质进行水解，使蛋白质水解为可溶性的肽，再经过离心分离、喷雾干燥即可得到米渣蛋白质。相对于天然米蛋白，米渣蛋白质的聚集体形式、蛋白质和糊精（或淀粉）相互包裹，某些酶切位点被掩盖，使酶和底物的接触性较差，从而造成蛋白质的提取率偏低。采用酶法提取米渣蛋白质，由于酶的水解作用，蛋白质变成了多肽，而且在酶水解的过程中，暴露出大量的疏水性氨基酸，水解产物具有一定的苦味，影响其食用价值。

（2）物理辅助法 由于米渣蛋白质以多聚体形式存在，采用物理辅助手段（如超声波辅助提取技术、微波辅助提取技术、高压均质技术等）可改变蛋白质的高级结构，破坏淀粉和蛋白质的包裹，破坏糊精和蛋白质的包裹，使蛋白质聚集体松散，再进行酶法提取或化学法提取，可有效提高米渣蛋白质的提取率。

（3）碱法 由于米渣蛋白质自身组成和成分结构的变化，蛋白质的溶解性较差，采用碱法提取米渣蛋白质的提取率较低。为了改善这一问题，不同的预处理方法被应用于提升碱法提取米渣蛋白质的效率。研究表明，使用稀释 20 倍的醋酸（0.875mol/L）或 50g/L 的柠檬酸对米渣进行预处理（在 25℃处理 180min），然后再采用 0.1mol/L 的 NaOH 溶液进行提取，在 50℃下提取 27h，可以显著提高蛋白质的提取率。通过预处理后的蛋白质提取率分别达到了 80.1% 和 84.6%，显著高于未经过酸处理的米渣蛋白质提取率。进一步的 SDS-PAGE 凝胶电泳分析显示，经过酸处理后碱法提取的米渣蛋白质主要集中在分子质量为 9.5ku 和 4.1ku 的区域，其中 4.1ku 的蛋白质含量较多，表明在提取过程中，蛋白质发生了部分降解，形成了较小的蛋白片段。这一方法的应用为提高米渣蛋白质的提取率提供了有效途径。

（4）排杂法 米渣的主要成分是蛋白质、碳水化合物、脂类，其中的碳水化合物是高温酶法液化后残留的未被水解的淀粉颗粒、糊精、纤维素、未分离完全的少量低聚糖、麦芽糖、葡萄糖等，碳水化合物总占比为 20%～30%，其次是脂肪，含量为 5%～10%。学者们便逆向考虑，采用除去碳水化合物和脂肪的方法来纯化大米蛋白。

根据米渣中各成分的溶解特性，可先采用温水将可溶性糊精或糖脱除，实现纯化目的。但是，米渣中的蛋白质受到高温处理，存在网状的交联，这种结构将淀粉和糖包裹住，降低了水洗脱除糖的效率。采用 90℃的热水清洗米渣一定程度上可提高蛋白质的纯度（约 75% 左右），但是仍存在 10% 的糖无法被脱除。采用糖酶先水解米渣中的碳水化合物，再水洗，则可使蛋白质的纯度提高至 89.1% 左右，这种方法得到的蛋白质纯度和回收率都显著优于蛋白酶法。排杂法的本质就是去除米渣中的非蛋白质成分，各种处理都是针对非蛋白质成分的，对米渣中的蛋白质不造成破坏，相对更合理。

排杂法首要去除的成分是碳水化合物，因为碳水化合物的含量较高，直接影响米渣蛋白质的纯度，此外，米渣中的脂类物质较易氧化，产生臭味物质，直接影响产品的品质和保质期，最终影响企业的经济效益，因此，对米渣中的碳水化合物和脂类都有必要去除。米渣脱脂的方法主要包括有机溶剂法、酶法、乳化剂法、碱法。采用有机溶剂脱脂的相关工艺较多，主要是利用正己烷、乙醚等溶剂萃取脂肪，该方法脱脂效率高，但是存在溶剂易燃易爆的安全隐患，还有有机溶剂残留的食用安全隐患。酶法脱除脂肪主要用在鱼肉、动物皮毛等领域，主要是基于脂肪酶水解酯键，将脂肪水解成甘油和脂肪酸，甘油能够溶于水中，而脂肪酸可与碱反应生成皂盐，实现脱脂的目的。乳化剂脱脂的原理是基于乳化剂的亲水亲油特性，将脂类乳化并溶于水中，实现脂类的脱除，但是该方法脱脂效率较低，如采用蔗糖酯对米渣进行脱脂，脱脂率只有70%左右，该方法需要大量的沸水进行水洗，具有一定的工艺难度，使经济效益降低。碱法脱除脂肪的原理是 NaOH 与油脂反应生成可溶于水的皂盐，然后采用离心分离便可除去脂类，但是碱液会影响产品的品质，引起干物质损失，还会产生一定的废水，不利于环境保护。

3. 米渣蛋白质的改性

蛋白质具有多种功能性质，在体现其价值的过程中需要满足加工、储藏、消费的需要。蛋白质的功能性质主要有凝胶性、持水性、持油性、起泡性和泡沫稳定性、乳化性和乳化稳定性、溶解性等。这些功能特性与其应用范围或领域密切相关，因此，蛋白质的功能性质对于其应用或加工十分重要。大米蛋白质中的主要蛋白质是谷蛋白，天然谷蛋白由于亚基间游离巯基、二硫键交联、疏水作用，表现出较高的疏水性，不溶于水。此外，米渣蛋白质的低溶解性严重限制了其在食品工业的应用，为了拓展其应用，需要采用改性的方法对其进行改性。蛋白质的改性方法有酶法、化学法、物理法、美拉德反应法。

（1）酶法　蛋白质的酶法改性是采用酶水解蛋白质，将蛋白质水解为肽或氨基酸，则水解产物的结构和功能性质发生较大的变化，如溶解性、乳化性等功能性质都会得到较大的改善。采用中性蛋白酶水解米渣蛋白质，在优化条件（固液比1∶5、酶添加量40U/100g、水解温度50℃、pH 7.0、水解时间2h）下，采用喷雾干燥法对水解产物进行干燥，得到的大米蛋白质粉的溶解率可达65.5%，不仅可作为各种食品的营养强化剂，还可替代大豆蛋白作为高蛋白质食品。采用碱性内切蛋白酶 Alcalase 2.4L FG 对米渣蛋白质进行有限水解，有限水解的米渣蛋白质的乳化功能性质优于大米分离蛋白质和米渣蛋白质，乳化性还优于进口的酪朊酸钠，但乳化稳定性次于酪朊酸钠。米渣蛋白质的溶解度与其水解程度显著相关，水解度高则溶解度大，在米渣蛋白质的水解度为3%时，其乳化特性最高，当水解过大时，米渣蛋白质的乳化特性则显著降低，表明适度水解可提高米渣蛋白质的乳化特性。适度蛋白酶水解可提高米渣蛋白质的乳化性质，但过度水解则会引起多肽分子质量过低，几乎完全亲水而失去乳化特性，而且过度的水解还会导致水解物苦味重，因此，在生产中要严格控制蛋白质的水解程度，以保证产品的品质。

（2）化学法　蛋白质的化学改性是采用化学方法对蛋白质的各种功能基团进行修饰或连接功能基团，从而使蛋白质具有某种功能特性以满足加工需要。本质是改变了蛋白质的结构、净电荷、疏水基团，从而改善蛋白质的功能性质。目前主要采用的化学改性方法有脱酰胺、酸碱水解、乙酰化、磷酸化等。鲁倩采用南瓜多糖对大米蛋白质进行糖基化改性，以接枝度、溶解性为指标，在单因素的基础上，运用 Box-Behnken 试验设计优化改性工艺，试验确定的最适条件为：大米蛋白质-南瓜多糖接枝物的最适工艺参数为 pH 9.6、反应时间35min、温度80℃、糖∶蛋白质＝3∶1，测得实际的溶解性为 44.84%，接枝度为 29.43%，相较预测值 46.0965% 和 31.531%，差异不大，该模型可行；确定的大米蛋白质-葡聚糖接枝物的最适工艺参数为 pH 10.5、反应时间44min，温度82℃，糖∶蛋白质＝3∶1，测得实际的溶解性为 54.32%，接枝度为 42.31%，相较预测值 53.2183% 和 40.5854%，差异不大，该模型可行。且相较于大米蛋白质-葡聚糖接枝物的溶解性，大米蛋白质-南瓜多糖接枝物的溶解性的最高值与其相差 9.48%，而由于葡聚糖的分子质量小一些，还原性碳基多一些，使蛋白质的接枝反应的发生更容易，所以它们接枝度最高值相差 12.88%；大米蛋白质的糖基化接枝物具有清除 DPPH、ABTS$^+$ 自由基以及铁还原能力，并随浓度的升高而呈现显著的上升趋势，且大米蛋白质-南瓜多糖接枝物＞大米蛋白质-葡聚糖接枝物＞大米蛋白质，在最高浓度时，大米蛋白质-南瓜多糖接枝物的 DPPH 自由基清除能力达到公认抗氧化剂 BHT 的89.33%，比大米蛋白质高出 49.83%；ABTS$^+$ 自由基清除能力达到纯品维生素 C 的 65.2%，且其铁还原能力达到 0.917mmol/L 的 $FeSO_4$ 相当，这说明糖基化反应后由于产生了类黑精，而使其抗氧化能力较大米蛋白质都有所提高，而南瓜多糖因其本身就具有较高的抗氧化活性，与大米蛋白质接枝反应后，其抗氧化性能优于葡聚糖接枝物；对于功能性质，相较于大米蛋白质，大米蛋白质-葡聚糖接枝物和大米蛋白质-南瓜多糖接枝物的功能性质改善最大的就是溶解性，它们分别比大米蛋白质高出 41.75% 和 32.27%，而乳化性的提高量有限，分别提高了 9.1% 和 6.2%，此外，两种接枝物的起泡性接近，但都高于大米蛋白质；通过 SDS-PAGE 分析发现，糖基化反应主要发生在低分子质量亚基部分，且反应后大米蛋白质-南瓜多糖接枝物及大米蛋白质-葡聚糖接枝物的亚基分子质量较大米蛋白质有显著的增加，接枝物的平均粒径较大米蛋白质大，接枝后的大米蛋白质分子质量得到了增加；通过扫描电子显微镜观察发现，糖基化的大米蛋白质的结构较为疏松，具有许多蜂窝状小孔，这也能够解释接枝化蛋白质的溶解性增加；傅立叶变换红外吸收光谱分析表明，大米蛋白质的接枝物的红外光谱不仅具有蛋白质的酰胺化合物的吸收带特征峰，还具有糖的特征吸收峰；此外，大米蛋白质接枝物对 H_2O_2 诱导的 HUVEC 损伤模型具有保护效果。对大米蛋白质进行脱酰胺改性，在脱酰胺度 19.6%~64.5% 范围内，随着脱酰胺度的增加，大米蛋白质的溶解度增加，溶解度最大可升高至 96.6%。

（3）物理法　物理法对蛋白质改性是采用物理技术改变蛋白质间的结构和结合状态，从而改善蛋白质的功能性质。物理改性的方法有挤压、冷冻、机械处理等。例如，采用涡流泵处理米渣蛋白质，借助水力空化作用，在不同出口压力和不同时间条件下处理米渣蛋白质，在 0.4MPa 出口压力下对米渣蛋白质处理 60min，则米渣蛋白质的溶解性是处理前的 2.71 倍，表明水力空化能够显著提高米渣蛋白质的溶解性；在 0.1MPa 出口压力下对米渣蛋白质处理60min，则米渣蛋白质的乳化性是处理前的 1.81 倍，而乳化稳定性变化不大，水力空化在处理的初期能够有效提高米渣蛋白质的乳化性；米渣蛋白质的起泡性随着出口压力的增加和处理时间的延长而增加，蛋白质的泡沫稳定性在处理初期不断增强，之后则开始下降。因此，水力空化作用可改善米渣蛋白质的部分功能性质。

（4）美拉德反应法　蛋白质是一种两亲性物质，可作为一种乳化剂，而多糖含有多个亲水基团而具有较好的持水性、凝胶性和增稠性等特性。蛋白质的糖基化改性是指将糖类的醛基以共价键的形式与蛋白质分子上的 α- 或 ε- 氨基相连接而形成糖基化蛋白的化学反应，即美拉德反应。基于美拉德反应，将多糖和蛋白质以共价键结合形成接枝物，引入较多的亲水性羟基基团，蛋白质–多糖接枝物既保留了蛋白质的乳化性，又具有多糖的亲水性，这种糖基化改性可有效提高蛋白质的溶解性。相对于蛋白质，糖基化蛋白对热和 pH 的敏感性降低，即糖基化的蛋白质具有更高的稳定性。

二、碎米蛋白质的开发

大米蛋白质具有多种优点，如低致敏性、易消化、高营养、风味温和、生物价高等，是一种高质量的植物蛋白质，是制造儿童营养米粉的首选主料。由于碎米中的蛋白质和大米中的蛋白质相近，从碎米中提取大米蛋白质制作高蛋白质米粉，可作为一种辅料或添加剂添加到疾病患者、老年人、婴幼儿所需的高蛋白质食品中，还可用于肉制品、焙烤食品、休闲食品、早餐谷物等食品中，还可在蛋白质米粉中添加适量的无机盐和维生素以制成点心、乳液等，作为婴幼儿的辅食。

1. 高蛋白质米粉

高蛋白质米粉中的蛋白质含量高达 28%，可作为老年人、疾病患者、婴幼儿的营养食品，其中不含有乳糖，可避免乳糖不耐受，含有麦芽糖，采用高蛋白质米粉制作的食品，较易被人体消化吸收。以碎米为原料生产高蛋白质米粉的原理是采用 α–淀粉酶水解淀粉，去除其中的淀粉，获得高蛋白质含量的米粉，其生产工艺流程如下：

碎米 → 粉碎 → 调浆 → 淀粉酶水解 → 分离 → 干燥 → 高蛋白质米粉。

淀粉酶水解、分离后得到的上清液中含有葡萄糖、麦芽糖和糊精，可用来制作葡萄糖、高果糖浆、麦芽糊精或饮料等。

2. 生物活性肽

蛋白质经蛋白酶水解成多肽，这些多肽不需进一步水解为氨基酸即可被人体吸收，这些多肽具有组成其氨基酸和产生其蛋白质所不具备的特殊生理功能，这类多肽被称为生物活性肽（biological active peptides，BAP），简称活性肽。以食品蛋白质为原料生产各种生物活性肽已成为研究热点，如免疫调节活性肽、抗菌肽、抗氧化肽、降血压肽等，这些活性肽可制备各种保健食品。

随着大米淀粉糖的发展，其中的副产物——米渣的产量越来越多，米渣的蛋白质含量较高，也被称为大米蛋白渣，在蛋白质资源紧缺的当下，米渣是一种非常好的蛋白质资源，如果以大米渣为原料来生产生物活性肽，可延长大米加工产业链条，提高其附加值。采用大米蛋白质生产的生物活性肽有免疫调节肽、降血压肽、抗氧化肽、风味肽等，这些多肽的生理功能对人体的健康非常重要，适当补充大米多肽可增强体质、提高免疫力、延缓机体衰老等。基于此，学者们开发了如下多种生产生物活性肽的方法：①蛋白酶水解大米蛋白质生产生物活性肽；②从生物细胞中直接提取分离生物活性肽；③化学法合成多肽；④采用碱、酸水解蛋白质生产生物活性肽；⑤通过基因工程技术生产生物活性肽。天然生物细胞中的生物活性肽含量较低，提取难度较大，生产成本高，未实现大规模工业化生产，不能满足市场需求。采用化学法生产生物活性肽的生产成本较高，化学反应中的副产物对人体健康有害，不适合作为食品应用。采用酶水解法生产生物活性肽的生产成本低、比较安全、便于实现工业化生产，可生产多种且大量的生物活性肽，因此，酶水解法是一种有较大发展潜力的生产生物活性肽的绿色方法，且易被消费者认可。

目前，采用酶水解法生产生物活性肽受到国内外学者的广泛关注，采用酶水解法生产的多肽的活性与多种因素有关，如蛋白质原料、原料预处理方式、蛋白酶的种类、酶解时间或蛋白质水解度（degree of hydrolysis，DH）等。在采用米渣制备生物活性肽时，需要先去除米渣中的脂肪、碳水化合物等杂质，在采用碎米或早籼米为原料生产多肽时，需要采用"碱溶解、酸沉淀"的方法来提取米蛋白，在酶水解前，可采用超微粉碎的方式预处理原料以增加酶和底物的接触效率，提高酶解效果。常用的蛋白酶有木瓜蛋白酶、碱性蛋白酶、酸性蛋白酶、中性蛋白酶、风味蛋白酶等，不同种类的酶，水解效果不同，酶作用位点不同，获得的活性肽的活性和功能也差异较大。对于蛋白质的水解度，并不是水解程度越大越好，水解程度不足或者水解过度都会影响多肽的活性，只有适度的水解才能获得最大的多肽活性。

（1）血管紧张素转换酶抑制肽 血管紧张素转换酶（angiotensin converting enzyme，ACE）是血浆和组织中的一种酶，是调节血压的一种重要的酶。血管紧张素转换酶抑制剂（angiotensin converting enzyme inhibitor，ACEI）可竞争性抑制血管紧张素转换酶，抑制组织和血液中血管紧张素Ⅱ（一种收缩血管的物质）的形成。ACE抑制肽是一类能够抑制ACE活性的多肽类物质，抑制机理是竞争性抑制，能够调节机体心血管功能和血压。由于ACE活性升高会破坏血液的降压和升压平衡，使血管紧张素Ⅱ产生过多，前列腺素和扩张血管物质缓激肽的产生减少，引起血压升高。因此，调节ACE的活性对维持血压稳定非常重要。

ACE抑制肽可以直接从天然物质中分离提取，但是含量少，生产成本高。后来学者们发现采用蛋白酶水解蛋白质可获得ACE抑制肽之后，开始关注采用酶水解的方式从植物蛋白质或动物蛋白质中获取ACE抑制肽。目前，对大豆蛋白源的ACE抑制肽研究的较为透彻。此外，对玉米醇溶蛋白水解也可获得ACE抑制肽，还可从猪骨骼肌蛋白、金枪鱼蛋白、磷虾蛋白中获得ACE抑制肽。以碎米或米渣为原料生产ACE抑制肽的生产工艺流程（图4-8）和操作要点如下。

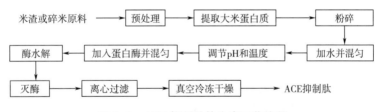

图4-8 ACE抑制肽的生产工艺流程

①原料预处理和蛋白质提取：如果以米渣为原料，先水洗米渣以去除杂质。如果以碎米为原料，则采用"碱溶解、酸沉淀"的方法提取出大米蛋白质。

②粉碎：为提高酶和底物的有效接触，对大米蛋白质进行粉碎处理，可有效提高酶解效率。

③反应体系的制备：每100mL水中加入3~5g大米蛋白粉并搅拌均匀。

④pH和温度调节：根据选择的蛋白酶种类，调节反应体系的pH至最适值，调节温度至最适反应温度。水解一定的时间，水解时间要适宜，不能太短也不能过长，以确保目标肽的产率。

⑤灭酶：水解完成后，将反应体系的温度升高至95℃左右，灭酶10min，彻底灭酶。

⑥过滤：采用成熟的离心过滤方式进行过滤，在转速 3000r/min 条件下离心 10min，得到含有多肽的滤液。

⑦干燥：为了减少能耗，在干燥前先进行低温真空浓缩，除去一部分溶剂，然后在低温条件下进行真空冷冻干燥，获得 ACE 抑制肽。

通过药物治疗或控制血压常对机体带来一定的副作用，会引起机体的肠胃、肾脏等器官不适。而采用大米 ACE 抑制肽却无副作用，而且大米 ACE 抑制肽的降压效果平缓，降压时间长，有较好的应用前景。为进一步提高大米 ACE 抑制肽的产品品质，仍需要优化生产工艺，提高产品的稳定性。

（2）大米抗氧化肽　人体在生长的过程中会产生自由基，引起机体的衰老或病变，因此，人们在日常饮食中摄入一定量的抗氧化剂可以一定程度上减少自由基对人体的危害。目前，在食品工业上应用或使用较多的抗氧化剂是化学合成的抗氧化剂，因化学抗氧化剂有一定的副作用，学者们逐渐将研究重点转移到了天然抗氧化剂。而抗氧化肽就是一种非常好的天然抗氧化剂，但是动植物体中存在的天然抗氧化肽的量较低，且提取比较困难，因此，常采用蛋白酶水解动物蛋白质或植物蛋白质来获得抗氧化肽。抗氧化肽的活性与植物蛋白源和蛋白酶种类有直接关系，大米蛋白源的抗氧化肽已被学者们重点关注。以米渣蛋白质为原料，采用中性蛋白酶来制备大米抗氧化肽的生产工艺流程如图 4-9 所示。

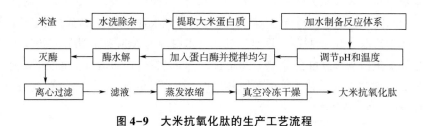

图 4-9　大米抗氧化肽的生产工艺流程

①米渣的除杂：采用水洗的方式去除米渣中的脂肪和碳水化合物，水洗温度以 70~80℃ 为宜，水洗时间以 30~40min 为宜，料液比为（7~9）：1，水洗 2~3 次，水洗可提高米渣中蛋白质的含量。

②反应体系的制备：每 100mL 反应体系中含有 6g 左右的干米渣蛋白质，搅拌均匀，调节 pH 至最适值，调节温度至最适反应温度，然后加入适量的蛋白酶并搅拌均匀。

③酶水解和灭酶：严格控制水解时间，如选择中性蛋白酶则水解 3.5~4h，水解度 10%~14% 为宜。酶解结束后，升温至 90℃ 左右，灭酶 10min。

④干燥：大米活性肽具有热敏性，因此，在干燥前要先对水解液进行离心分离，然后进行低温真空蒸发浓缩，然后采用真空冷冻干燥即可获得大米抗氧化肽。

大米蛋白质水解后，产品的黏度降低，有利于添加到食品体系中，具有较强的清除自由基的能力。目前，基于大米抗氧化肽的低过敏性、高营养性和抗氧化性，已被应用到食品中，不仅可改善食品的感官品质，还能够提供良好的抗氧化性，提高食品品质的稳定性，延长产品的保质期，如大米抗氧化肽添加到奶粉中，可防止奶粉的氧化，提供优质蛋白质，促进营养吸收。大米抗氧化肽还可添加到保健食品中，如大米抗氧化肽添加到卵磷脂中，防止氧化。大米抗氧化肽还可应用到化妆品中，如面膜、护肤霜中，延缓皮肤的老化、色斑等现象。

3. 发泡剂

米渣中的蛋白质含量约是大米中蛋白质含量的 5 倍，是良好的蛋白质来源，通常作为饲料而被低值化利用。可以以米渣为原料来生产蛋白发泡剂，其生产工艺较简单，且生产成本较低。大米蛋白质的发泡剂可用来作为灭火发泡剂，还可作为食品添加剂，如添加到冰淇淋、糖果、点心等食品中以改善食品的疏松结构和感官品质。我国对蛋白发泡剂的需求量约为 4000t/年，国内的产能约为 1000t/年，因此，国内每年进口大量的蛋白发泡剂。由于鸡蛋的蛋白质具有良好的起泡性能，所以鸡蛋蛋清也常被用来制作发泡剂，一般每 15t 鸡蛋可生产出 1t 发泡剂，生产成本较高。也有采用脱脂豆粕、脱脂棉籽粕来生产蛋白发泡剂的，但是生产成本高、工艺复杂，不利于工业化生产和大规模推广应用。

以米渣为原料生产蛋白发泡剂，常采用酶法或碱法将米渣中的蛋白质溶解出来，然后再对溶液进行干燥即可获得蛋白发泡剂，生产工艺流程如下：

米渣 → 打浆 → 碱溶解或者酶水解 → 过滤 → 滤液 → 浓缩 → 干燥 → 蛋白发泡剂。

第四节　碎米生产红曲色素和传统食品

一、碎米生产红曲色素

1. 红曲色素的种类

红曲色素又称红曲红（monascus red），是优质的天然食用色素，成分比较复杂，是一类由红曲霉发酵产生的聚酮类混合物，该类化合物作为食品着色剂已被广泛用于食品加工中。

日常所说的红曲色素主要包括橙色素、黄色素、红色素，是一类混合物，其中的黄色素占比约为 5%，其理化性质比红色素稳定，由于黄色素的含量偏低，所以红曲色素一般呈现红色。目前，从红曲色素中发现的色素种类有 50 余种，已分离鉴定出结构及分子质量的有 16 种，其中对 6 种醇溶性色素（黄色的红曲素、安卡红曲黄素，橙的红曲玉红素、红斑玉红素，红色的红曲玉红胺、红斑红曲胺）研究较为深入。

（1）红曲红色素　红曲红色素是红曲霉发酵色素中含量最多、种类最多的一类色素，理化性质也比较稳定，除了常见的红曲玉红胺、红斑红曲胺外，目前又发现了 20 多种红曲红色素。

（2）红曲橙色素　在橙、黄、红色素中，有关红曲霉产的橙色素的研究相对较少，在橙色素成分中，最主要的是红曲玉红素和红斑玉红素，这两种色素的理化性质不稳定，见光易分解，因此应避光保存。除了上述两种橙色素外，还有 monapilol A、monapilol B、monapilol C、monapilol D。

（3）红曲黄色素　红曲黄色素的含量较低，而其理化性质比较稳定，其中的安卡红曲黄素和红曲素研究的较多。除了上述两种红曲黄色素外，还有 Xanthomonasin A、Xanthomonasin B、Yellow Ⅱ、Monascusones A、Monascusones B、Monascusones C、Monascusones D、Monascusones E、Monascusones F。

2. 红曲色素的性质

红曲色素在有机溶剂中的溶解度由大到小依次为甲醇、丙二醇、乙醇、乙酸乙酯、二氯甲烷、三氯甲烷等，如果采用乙醇提取，则红曲色素在82%的乙醇溶液中溶解度最大。溶剂体系的pH也影响红曲色素的溶解度，红曲色素在碱性和中性条件下的溶解度较好。溶剂的极性、氧气、光照、温度等因素都会影响红曲色素的稳定性，会导致其褪色。红曲色素的稳定性严重影响其在食品中的应用，其中的任何一种色素被氧化，均会影响体系中其他色素的稳定性。红曲色素的稳定性和颜色变化的原因主要是其助色基团、共轭键数被破坏，导致生成物的吸收光的波长发生变化，从而使外观颜色变化。

3. 影响红曲色素稳定性的因素

（1）温度　在食品加工过程中，常伴随着热量的传递或者加热过程，因此，食品添加剂的热稳定性需要关注。红曲色素的热稳定性较好。红曲黄色素的热稳定性优于红曲橙色素，80℃处理120min后红曲黄色素的特征吸收峰不变，而红曲橙色素的吸收峰变化明显，且橙色素残留率40.8%，明显低于黄色素的残留率（87.4%）。

（2）光　可见光、紫外光、日光等光照均会使红曲色素降解，如红曲色素经太阳光照射5h会导致其色素减少50%，因此，最好采用避光条件保存红曲色素。

（3）添加剂　在食品加工过程中，为了实现加工需要或者产品品质的需要，常常加入适量的食品添加剂，如防腐剂、甜味剂、乳化剂、酸度调节剂等，但这些添加剂对其他成分的稳定性有一定的影响，因此，食品添加剂对红曲色素稳定性的影响也被进行了研究，如添加苯甲酸、山梨酸钾可提高红曲色素的稳定性，添加丙酸铵对红曲色素的稳定性无显著影响，而添加丙酸钙则会导致红曲色素色价的降低，加入酸度调节剂会引起红曲色素的保存率下降，添加甜蜜素、阿斯巴甜等甜味剂可提高红曲色素的稳定性，金属离子 Fe^{2+} 和 Cu^{2+} 使红曲色素溶液产生沉淀，而 Ca^{2+}、Mg^{2+}、Na^+、K^+ 等离子的影响小，酒石酸、乳酸、苹果酸、乙酸、柠檬酸等酸度调节剂能使红曲色素溶液产生沉淀并使溶液的色泽变暗。

（4）pH　由于红曲色素是混合物，各组分的理化性质不尽相同，所以pH对其影响相对复杂，在极端pH条件（强酸或强碱）下红曲色素表现出不稳定。研究结果表明，红曲黄色素在pH 2~9范围内稳定，红曲橙色素在pH 2~4范围内稳定，当pH>5时橙色素的特征吸收峰发生明显变化。

4. 红曲色素的生理功能

（1）抗突变和脂肪变性　安卡红曲黄素和红曲素可增强腺苷单磷酸激酶的磷酸化作用，从而抑制与脂肪变性有关的信使核糖核酸（messenger ribonucleic acid，mRNA）的表达和炎性细胞因子的分泌；安卡红曲黄素和红曲素对细胞突变和脂质生成具有很强的抑制作用，还可促进脂类的分解，其具体机理有待进一步解析。

（2）抗阿兹海默症　安卡红曲黄素和红曲素对阿兹海默症具有一定的减轻效果，它们的作用机理可能是安卡红曲黄素和红曲素可以缓解炎症反应的记忆缺失和 β-淀粉质肽引起的氧化应激，从而减轻阿兹海默症。

（3）降血脂和抗动脉粥样硬化　红曲色素能够有效降低血脂，相同浓度的红曲素、安卡红曲黄素和洛伐他汀在降血脂和抗动脉粥样硬化方面，红曲色素提升血清高密度脂蛋白胆固醇水平有着更优的效果，安卡红曲黄素在降低低密度脂蛋白胆固醇水平和减少肝脏堆积胆固醇方面效果更优，安卡红曲黄素和红曲素的降血脂机理主要是以提高高密度脂蛋白胆固醇水平来起到降血脂和预防动脉粥样硬化的作用。

（4）抗疲劳　有关红曲色素抗疲劳活性的研究较少，采用动物试验研究红曲红色素的抗疲劳性能，发现红曲色素的抗疲劳效果优于洛伐他汀的抗疲劳效果。

（5）抗肿瘤　红曲橙色素具有抗肿瘤活性，如安卡红曲黄色素对 A549 癌细胞和 HepG2 癌细胞有细胞毒性，而对正常细胞无毒性，表明该色素具有选择性细胞毒性。红曲色素中的红色素对肿瘤细胞有显著的抑制作用，而红曲色素中的橙色素对肿瘤细胞的抑制作用强于红色素，红曲色素中的黄色素对肿瘤细胞的抑制作用稍弱，值得注意的是，红曲玉红素能够诱导肿瘤细胞的凋亡，对腺癌的治疗效果优于紫杉醇。有关红曲色素的抗肿瘤机理有待进一步研究。

（6）抗氧化　采用 ·OH 体系、O_2^{2-}· 体系、DPPH 体系来研究红曲色素的抗氧化活性，发现红曲色素中的橙色素和红色素具有较强的抗氧化活性，而且红色素的抗氧化活性强于橙色素，橙色素和红色素对 DPPH 的清除能力优于对 ·OH、O_2^{2-}· 的清除能力。相对于相同浓度的维生素 C，红曲色素的抗氧化能力更强。

（7）抗菌　红曲色素具有一定的抗菌活性，对金黄色葡萄球菌、枯草芽孢杆菌具有较强的抑制作用，对霉菌、酵母菌无显著抑制效果，对大肠杆菌、灰色链霉菌的抑制作用较弱，红曲色素对革兰氏阳性菌的抑制能力强于革兰氏阴性菌。

5. 红曲色素的生产

（1）产红曲色素的微生物菌株　生产红曲色素的微生物菌株有 *Monascus pilosus*（丛毛红曲霉）、*M. purpureus*（紫红曲霉）、*M. tuber*（红色红曲霉）、*M. anka*（红曲霉），在我国，7 种 *M. anka* 菌株，如 As. 3.913 和 As. 3.987，已被广泛用于生产红曲色素。

（2）红曲色素的生产方式

生产红曲色素有液态发酵和固态发酵两种方式，生产的产品分别为红曲红（粉末或液体）和红曲米（粉末）。

固态发酵是较传统的生产方法，生产的红曲色素色价比较高，发酵周期长，所以能量消耗偏高，但对设备的要求相对较低，由于水分含量相对偏低而不利于杂菌的生长，也就是不易污染，但是占地面积较大，劳动强度较强，产品的品质稳定性适中，传热效率偏低等。随着发酵工业设备的提升，固态发酵设备的自动化程度提高，也便于大规模工业化生产。相对于固态发酵，液态发酵技术的发酵周期短、发酵自动化程度高、产品的质量相对稳定，但是存在易污染、提取工艺处理量大、成本偏高、产量偏低的问题。根据产品需求，可选择适宜的发酵方式。

固态发酵生产红曲色素是将红曲霉接种到已灭菌的大米培养基上，通过固态发酵产生红曲色素，然后对发酵产物进行色素提取，常采用醇提法。目前，生产红曲色素主要采用的发酵方式是液态发酵法，该方法发酵过程易控制、生产周期短、杂质少、色素产量高等。

在工业化生产上，常采用种子液态发酵、固态发酵扩大培养的方式进行，这种发酵模式生产的红曲米中的色素含量高、能耗低、环境污染小。

6. 红曲色素的提取方法

采用固态发酵或液态发酵生产的红曲色素，都是以混合色素的形式存在于培养基中。如要获得单一的色素，需要采用化学方法或物理方法将其提取出来，目前较常用的分离纯化方法有浸提法、树脂吸附法、高效液相色谱法、柱层析法、萃取法、薄层层析法等。

　　浸提法和萃取法是较早被用来提取红曲色素的方法，采用这两种方法获得的色素大多还是混合物，多用于对红曲色素纯度要求不高的大规模工业化生产中。树脂吸附法主要用来提取大量的红曲色素，但该方法对红曲色素的选择性不高，应用的范围也比较小。高效液相色谱法主要用来生产高纯度的红曲色素，获得的单品纯度较高，生产成本高，也可用来进行成分分析、理化性质分析和结构鉴定。柱层析法主要用于较大量红曲色素的初步分离，首先通过硅胶进行柱层析，得到主要的色素带，然后再通过连续的柱层析，可将同一色素带的两种色素进行分离。

　　在实际的红曲色素分离纯化中，常采用结合几种方法进行复合纯化，以获得纯度高的红曲色素。申明玉以自制的糯米红曲为原料，建立了水提红曲色素的分离纯化方法：先用硅胶柱层析，以色谱级甲醇为洗脱剂进行初步分离，得到 7 种不同颜色的红曲色素，再用薄层层析，以优化后的 13：7（体积比）的乙酸乙酯与甲醇的混合溶液为展开剂，进一步分离纯化，获得 1 种主要的水提红曲色素单体；建立了醇提红曲色素的分离纯化方法，先用硅胶柱层析，以色谱级乙醇为洗脱剂进行初步分离，得到 5 种不同颜色的红曲色素，再用薄层层析技术，以优化后的 4：6（体积比）的乙酸乙酯与乙醇的混合溶液为展开剂，进一步分离纯化，获得 1 种主要的醇提红曲色素单体。奚星平采用分析液相色谱，建立了一种方便快捷、具有可行性的红曲色素分析方法，筛选并识别红曲色素产品中的各种色素；通过乙醇超声提取的方法，获得色素粗提物，以安捷伦 1260 系列的制备高效液相色谱作为色素分离纯化的方法，使用制备柱 Cosmosil Packed column（20mm×250mm，5μm），分别收集每种色素的色谱峰，使用旋转蒸发仪、真空浓缩仪、氮吹仪和冻干机进行浓缩、冻干，获得单一色素固体样品，经过分离纯化，成功获得了 10 种不同的色素，分别命名为 RA、RB、MFA、MFB、Y1、Y2、R1、R2、O1 和 O2，其中，MFA、MFB、Y1、Y2 是红曲黄色素，RA、RB、R1、R2 是红曲红色素，O1 和 O2 是红曲橙色素，经高效液相色谱检测，每一种色素的纯度均达到了 90% 以上；采用高效液相色谱-多级质谱联用仪（LCMS-IT-TOF）获得每一种色素的精确相对分子质量，RA 397.1886、RB 425.2204、MFA 356.1652、MFB 384.1926、Y1 358.1778、Y2 386.2090、R1 353.1623、R2 381.1938、O1 354.1503 和 O2 382.1805；采用 AV 400 核磁波谱仪测定色素的结构信息，经分析判断 R1、R2、Y1、Y2、O1、O2、MFA 和 MFB 分别是红曲玉红胺、红斑红曲胺、红曲黄素、安卡红曲黄素、红曲玉红胺、红斑红曲胺、Monasfluore A 和 Monasfluore B。

　　7. 红曲色素的安全性

　　在我国，红曲色素一直被作为食品着色剂，广泛用于肉制品、饮料、冷食的着色。除了在我国有广大的市场，在俄罗斯、日本、德国等国家均有销售，受到消费者的广泛青睐。由于人工合成色素的食用安全性受到质疑，天然色素的市场需求量逐年增多。红曲色素作为一种天然色素，没有慢性和急性毒性。但是在生产红曲色素的过程中，微生物发酵伴随真菌毒素——橘霉素的产生，各个国家对我国出口的红曲色素中的橘霉素含量有严格的要求。由于橘霉素这一技术瓶颈问题，严重阻碍了我国红曲色素的发展，因此，通过育种、培养条件优化等方式控制橘霉素的产生是亟待解决的关键问题。

二、碎米生产传统食品

　　大米的消费方式不仅有米饭、粥，还有米糕、米粉等，后者产品需要对大米进行粉碎，因此，为了降低生产成本，可采用碎米来生产米糕、米粉等产品。由于米粉具有营养合理、口味丰富、方便快捷等优点，因此其产量逐年增多，国内、国际市场空间逐年扩大。例如，日本将米粉添加到肉制品中以提高肉汁和含水量，改善肉制品的柔软性、色泽和风味，加拿大开发出了软状的大米食品，还用米粉制作通心粉、面条等食品，美国开发出了改性米淀粉，加工成50%延迟消化、100%延迟消化、50%加快消化的改性米淀粉食品。目前，米粉已被添加到面包中制成多种面包制品，还可应用到蛋糕、香肠、米豆腐等制品中，以扩大大米的应用领域和市场空间，提高碎米的附加值，开发大米新产品，满足不同消费者的需求，实现良好的经济效益和社会效益。

通过深入学习碎米的多元应用，可激发我们对实际问题的深刻思考，为产业的可持续发展和社会的进步贡献力量。这不仅符合产业发展的需要，更是为了实现国家现代化建设的整体目标。

🔍 思考题

1. 什么是碎米？碎米的质量指标是什么？
2. 试述碎米的营养成分特点。
3. 基于碎米中的淀粉，可以开发哪些产品？阐述这些产品的生产工艺和工艺要点。
4. 基于碎米中的蛋白质，可以开发哪些产品？阐述这些产品的生产工艺和工艺要点。
5. 试述高温对碎米蛋白质结构和溶解性的影响。
6. 如何制备米渣蛋白质？
7. 碎米可以应用到哪些传统食品中？

麸皮及麦胚的综合利用

学习目标

1. 掌握麸皮的组分及其综合利用。
2. 掌握麦胚的组分和麦胚的稳定化。
3. 掌握麦胚蛋白、小麦胚芽油的提取方法及应用。

学习重点与难点

1. 重点是麸皮的组分、麦胚的组分、麦胚的稳定化、麦胚蛋白和小麦胚芽油的提取方法。
2. 难点是麸皮深加工产品的生产工艺、麦胚蛋白和小麦胚芽油提取原理。

第一节　麸皮的综合利用

我国每年的小麦生产量和进口量巨大，根据我国国家统计局的统计，2022 年我国小麦的产量为 13772.34 万 t，当年进口的小麦量为 996.00 万 t。麦麸是小麦制粉过程中产生的主要副产物，占小麦籽粒质量的 22%~25%，我国小麦麸皮的年产量高达 2000 多万 t。我国是个农业大国，小麦麸皮作为制粉厂的大宗副产物，来源充足，然而，我国小麦加工后的麸皮基本上被直接应用于饲料工业，很少用于深加工和再利用，经济价值不高，未被高值化利用。麦麸含有膳食纤维（包括纤维素和半纤维素）、蛋白质、脂肪、低聚糖、植酸、淀粉酶（如 β-淀粉酶），多酚类物质（如阿魏酸、木酚素、类黄酮），微量元素（钾、磷、钙、镁、铁、锰、锌），麦麸多糖等成分。同时麸皮来源广泛，价格低廉，因此，对小麦麸皮进行综合开发和利用，可使小麦加工副产物的综合利用得到进一步发展，而且还可增加产品的附加值，不仅会给农业生产、食品工业带来可观的经济收益，而且能平衡饮食结构。

一、麸皮的组分

麸皮是小麦加工的副产物，主要由小麦皮层和糊粉层组成。但在实际的制粉工艺中，由于加工条件的影响，将提取胚和胚乳后的残留物统归为麸皮，这部分副产物占小麦籽粒质量的22%~25%。糊粉层位于种皮和胚乳之间，仅占小麦皮层质量的7%，却含有小麦中大部分的微量营养素。糊粉层含有优质的膳食纤维、矿物质、B族维生素、蛋白质、植酸及酚类化合物。小麦60%的矿物质、80%的烟酸和60%的维生素B_6富集于糊粉层中；与胚乳相比，糊粉层蛋白质中含有丰富的赖氨酸，且糊粉层中蛋白质的消化率较高；皮层主要由纤维素、半纤维素组成，含有较多的磷和B族维生素。所以小麦所具有的营养特性主要集中在麦麸中。麸皮中矿物质含量为面粉的20倍之多，其中烟酸含量为1340mg/100g、维生素E为3017mg/100g、镁为320mg/100g。

小麦麸皮的主要成分及含量见表5-1。

表5-1　小麦麸皮的主要成分及含量

组成	粗蛋白质	粗脂肪	粗纤维	淀粉	灰分	膳食纤维	戊聚糖
含量/%	12~18	3~5	5~12	10~15	4~6	35~40	18~20

1. 膳食纤维

1972年Trowell首次引入膳食纤维（dietary fiber，DF）这一新名词，并将它定义为"食物中那些不被人体消化吸收的植物成分"，1976年又补充为"不被人体消化吸收的多糖类碳水化合物及木质素"；1985年FDA和WHO认为"膳食纤维是指能用公认的定量方法测定的，人体消化器官不能水解的动植物组成成分"；2001年美国谷物化学家协会（American Association of Cereal Chemists，AACC）给膳食纤维的最新定义是：膳食纤维是指植物的可食部分或碳水化合物的类似物，在人体小肠内不被消化吸收，在大肠中能被部分或完全发酵。由膳食纤维的定义可知，膳食纤维是由若干物质组成的混合物。其分类方法也有多种，按来源不同可分为：植物类纤维素、动物类纤维素、海藻多糖类纤维素、合成类纤维素等。植物来源的膳食纤维主要有纤维素、半纤维素、阿拉伯胶、果胶、愈疮胶、半乳甘露聚糖等；动物来源的膳食纤维主要有壳聚糖、甲壳质、胶原等；海藻类膳食纤维有卡拉胶、海藻酸钠、琼脂等；微生物来源的膳食纤维有黄原胶等；人工合成来源的膳食纤维有羧甲基纤维素等。其中植物类膳食纤维是主要来源，也是人们研究和应用最为广泛的一类。

膳食纤维按其在水中溶解性可分为可溶性膳食纤维（soluble dietary fiber，SDF）和不可溶性膳食纤维（insoluble dietary fiber，IDF）。可溶性膳食纤维是指植物细胞壁内的贮存物质和分泌物，可以溶于温水或热水，且水溶液能被4倍体积的95%乙醇再沉淀的那部分膳食纤维，主要包括瓜尔胶、果胶、种子胶、树胶、琼脂、羧甲基纤维素等。不可溶性膳食纤维是指细胞壁的组成成分，且不溶于温水或热水的那部分膳食纤维，包括纤维素、半纤维素、木质素和壳聚糖等，特别是谷物中的不溶性戊聚糖和不溶性β-1,3-和β-1,4-葡聚糖，以及蔬菜和水果中的不溶性原果胶和果胶，此外还有不溶性植酸和不溶性鞣质，这些糖类可被微生物降解，并可在大肠中被部分发酵。不可溶性膳食纤维主要作用于肠道，产生机械蠕动作用，而可溶性膳食纤维则更多地发挥代谢功能，因此膳食纤维中可溶性膳食纤维组成比例是影响膳食纤维生理功能的重要因素。从含膳食纤维的麸皮中提取膳食纤维，尤其是可溶性膳食纤维，作为功能性因子添加到食品中，对改善食品的功能性、营养性及风味口感具有重要意义。用不同的方法对膳食纤维进行改性，改变其网状结构，使其具有更强的持水性和膨胀力，更高的可溶性膳食纤维含量，更强的吸附作用等已经成为科学家们研究的热点。

小麦麸皮膳食纤维中的一种主要成分是纤维素，常与木质素、半纤维素结合在一起。纤维素是植物细胞壁的主要成分，在麸皮中含量较高。纤维素是由葡萄糖通过 β-1,4-糖苷键连接而成的高分子支链多糖，属于均一性多糖，不溶于水，键的缔合作用形成多晶的纤维束结构。由于人体不分泌纤维素酶，所以纤维素并不能被人体所利用，也不提供能量，但可用作食品的配料，如添加到面包里以延长保鲜时间和增加持水力。此外，纤维素可应用于食品包装、发酵（酒精）、纺织品、造纸、饲料生产（脂肪和酵母蛋白）等。纤维素链上的羟基可以发生酯化、醚化反应，用于生产常用的微晶纤维素、羧甲基纤维素、甲基纤维素。除了纤维素，麦麸膳食纤维还含有半纤维素，是小麦细胞壁的重要组成成分，其聚合度大多为 $50\sim100$，属于杂多糖，一般含有 $2\sim4$ 种不同的糖基。半纤维素经水解后可产生戊糖、葡萄糖醛酸、脱氧糖等。食品中的半纤维素通常由 $(1\rightarrow4)$-β-D-吡喃木糖基单位组成的木聚糖为骨架。半纤维素可被用于焙烤食品，提高面粉结合水的能力和面包体积，延缓老化。

小麦麸皮中含有的膳食纤维具有十分重要的生理功能，如预防便秘、抗癌、降低血清胆固醇、调节糖尿病患者的血糖水平、预防胆结石、减少憩室病等。膳食纤维可以刺激大肠的蠕动，促进肠内容物排出体外，减少有害物质与肠壁接触时间；能吸附胆汁酸、胆固醇和变异原等物质；能结合钙、铁和锌等阳离子，交换钠和钾离子；膳食纤维不能被消化酶类消化，但在大肠中能被微生物部分分解和发酵，合成维生素 K 和维生素 B 类的肌醇，从而被人体吸收。因而，麦麸膳食纤维作为食品添加剂能防治许多疾病，如在食品中添加 $3\%\sim5\%$ 的麦麸膳食纤维可补充食品中食物纤维的不足；添加 20% 的麦麸膳食纤维可作为高血压、肥胖病人的疗效食品。因此，膳食纤维及其食品的研究和开发越来越受到营养学界和食品科学研究者的高度重视。

传统观念认为，膳食纤维是可有可无的成分，但现代研究表明，膳食纤维具有良好的降血脂功能。高膳食纤维膳食的摄入常常伴有粪中脂肪和中性固醇排泄量的增加，大量的麦麸可降低血浆甘油三酯（triglyceride, TG）和血清总胆固醇（serum total cholesterol, TC）水平，而少量麦麸膳食纤维效果不显著；也有人证明，人们长期食用麦麸可降低血浆 TG 和 TC 水平，而短期效果却不显著。膳食纤维降低血脂的机制在于，一方面各种纤维可吸附胆固醇、脂肪等而使其吸收率下降，从而达到降血脂的作用；另一方面，粪脂排出量增加也可能是膳食纤维降低胆固醇的机制之一。

小麦麸皮膳食纤维主要用在生产高纤维食品中，如面包、饼干、糕点等，还可利用膳食纤维具有的吸水、吸油、保水等性质，添加到豆酱、豆腐和肉制品中，可以保鲜和防止水的渗透。

2. 微量元素

在小麦麸皮中，灰分约占小麦麸皮质量的 5.7%。微量元素磷占灰分质量的 39.8%，磷与细胞内糖、脂肪、蛋白质代谢有密切关系，是形成葡萄糖-6-磷酸、磷酸甘油和核酸等人体营养素必不可少的物质；钙占灰分质量的 6.7%，是构成骨骼和牙齿的重要成分；钾占灰分质量的 15.4%，可防止肌肉无力；镁占灰分质量的 7.2%，可扩张血管、降血压、抑制神经兴奋等；铁占灰分质量的 0.012%，可防止贫血；锰占灰分质量的 0.0162%，可防止神经失调；锌占灰分质量的 0.017%，可预防男子不育症和维持骨骼正常发育。

3. 酚类物质

（1）多酚类物质的结构　酚类是植物的次生代谢产物，在植物的生长过程中主要有抗病、抗虫以及防御等功能，同时也参与植物色素的形成。多酚是指在苯环或聚苯环上经多元羟基取代而产生的一类具有酚羟基结构的化合物，小麦麸皮中含有丰富的多元酚类物质，是小麦体内重要的次级代谢产物，主要通过丙二酸和莽草酸途径合成。根据分子间化学键结合方式和化学组成，可将麦麸中的多酚类物质分为聚黄烷醇类和聚棓酸酯类，其结构、性质有一定的差别。多酚类物质主要存在于小麦的皮、根、叶和果中。

小麦多酚的结构形式极其复杂，有的多酚以简单的衍生物形式存在，有的多酚作为配糖体与糖结合成为糖苷，有的多酚以酯（酚羟基容易形成酯）的形式存在。小麦麸皮含有的多酚类物质主要包括酚酸、类黄酮和木酚素。麦麸酚酸的主要成分为 4-羟基-3-甲基肉桂酸（阿魏酸），也为桂皮酸的衍生物。麦麸中类黄酮以自由态或结合态存在于小麦中，类黄酮是三元化合物，是小麦皮中的一类色素成分。麦麸中的开环异落叶酚松酚二葡糖糖苷又称为木酚素，是小麦体内的雌激素。

麦麸中的酚类物质主要有酚酸、类黄酮、木酚素。

①酚酸：酚酸主要存在于麦麸皮层中，是细胞壁的成分之一，具有抗氧化性和抗癌的功效。酚酸中阿魏酸含量较高，而且阿魏酸也是全谷物中发现的最常见的酚酸类物质。阿魏酸是一种优良的自由基清除剂，在癌症的预防中有着重要的作用。阿魏酸以水溶态、脂溶态和束缚态存在于小麦麸皮中。在麦麸中，阿魏酸主要通过酯键与细胞壁物质木聚糖交联在一起。强碱（如 NaOH）可以将酯键断裂，使得阿魏酸呈游离态释放出来。阿魏酸-低聚糖具有独特的生理活性，它具有抗氧化、抗血栓、降血脂、抗菌消炎、抗突变、防癌等功能特性，广泛应用于化妆品、食品、医药等领域。如果能利用价格低廉的小麦麸皮来进行深加工，生产高附加值的阿魏酸，不仅可以使农民增收，产生良好的社会效应，还会给农业、食品和医药行业带来可观的经济效益。

②类黄酮：类黄酮主要位于麦麸皮层中，是一类具有广泛生物活性的植物雌激素。类黄酮物质可防止低密度脂蛋白的氧化，减少甚至消除一些致癌物的毒性，清除生物体内的自由基，在抗衰老、预防心血管疾病、防癌、抗癌等方面有一定功效。自 20 世纪 80 年代以来，随着对类黄酮物质的深入了解，人们提出类黄酮是极具开发潜力的老年食品的保健基料。

③木酚素：木酚素是谷物细胞中构成细胞壁成分——木质素的原始物质，在小麦麸皮中含量特别高，也属于植物雌激素化合物。谷物食品是人类食物中木酚素的重要来源。谷物中木酚素含量为 2~7mg/kg，比亚麻籽中木酚素含量要低，但比蔬菜中木酚素含量要高得多。木酚素不仅对内源性激素的新陈代谢和生物活性起作用，而且还会影响细胞内的酶、蛋白质的合成以及细胞增生和细胞分化。现已发现在乳腺癌发病率较低的地区，人们食物中的木酚素含量较高。而且流行病学研究表明，木酚素对乳腺癌、子宫黏膜癌以及前列腺癌等与激素有关的癌症具有预防作用。此外，木酚素能阻碍胆固醇-7-氢化酶形成初级胆酸，从而具有预防肠癌的作用。

（2）多酚类物质的化学性质　大多数的多酚类物质能够溶于水。小麦多酚通过氢键、疏水键与蛋白质发生结合反应是其最重要的化学特征。小麦多酚与多糖、生物碱等生物大分子的复合反应也主要是通过氢键、疏水键相互作用。小麦多酚中多个邻位羟基可与金属离子发生络合反应，这是多酚多种应用的化学反应基础。多酚的酚羟基易被氧化，易与氧化性物质反应，表现为良好的抗氧化性。小麦多酚在200~300nm具有较强的紫外吸收能力，黄酮的紫外吸收峰为240~280nm，黄烷醇的紫外吸收峰为280nm，棓酸酯类的紫外吸收峰为240~280nm。多酚和其他具有烯醇式结构（C=C—OH）的化合物类似，能够与$FeCl_3$溶液发生颜色反应。相对于苯酚，多元酚更易被氧化。

（3）多酚的生理功能　在人们的日常饮食中，摄入酚类物质还有助于降低患各种慢性疾病的风险。

①抗氧化、清除自由基：多酚类物质的主要生理功能是抗氧化。人体在生长的过程中会产生氧化性的自由基，这些自由基的存在会造成人体器官的损坏，引起炎症、癌症、动脉血管硬化等疾病，因此，人体摄入补充一定量的多酚，能够清除体内的自由基，清除机理有：多酚直接捕捉自由基，使自由基链断裂成为稳定的产物；多酚抑制产自由基的酶类，实现清除自由基的目的；多酚激活体内的抗氧化物酶系，如谷胱甘肽过氧化物酶、超氧化物歧化酶（superoxide dismutase，SOD）、过氧化氢酶等，这些过氧化物酶来消除氧、过氧化物等；多酚与诱导氧化的金属离子（如铁离子、铜离子、钙离子等）发生螯合反应，降低氧化反应速率，间接实现清除自由基的目的。

②抗菌：多酚可有效抑制细菌和真菌。从苦瓜的根和叶中提取的多酚对金黄色葡萄球菌（*Staphylococcus aureus*）、大肠杆菌（*Escherichia coli*）、鲍曼不动杆菌（*Acinetobacter baumannii*）、肺炎杆菌（*Klebsiella pneumoniae*）、肺炎链球菌（*Streptococcus pneumoniae*）等细菌及镰刀菌（真菌）具有显著的抑制效果。刘丹丹等人从绿茶、茉莉花茶、祁门红茶中提取茶多酚，提取的多酚对金黄色葡萄球菌、大肠杆菌、枯草杆菌等具有显著的抑制效果。多酚可以降低醋酸芽孢梭菌和芽孢杆菌的芽孢的耐热性，也能抵抗禽流感病毒H7N7。多酚类化合物不仅能够抑制有害菌，也能够促进益生菌，改善肠道微生态菌群，增进健康。

③抗动脉粥样硬化：血脂浓度升高、流动性降低是诱发心血管疾病的重要原因。植物多酚能够抑制脂代谢中酶的作用和血小板的凝结，使血管舒张，防止心血管疾病。多酚能够抑制血液中低密度脂蛋白的氧化，起到预防动脉粥样硬化的功效。茶多酚能够提高高密度脂蛋白和红细胞中SOD含量，降低心肌和血清中的过氧化脂质，降低低密度脂蛋白和血清胆固醇的含量。

④抗肿瘤：多酚具有良好的抗氧化特性，清除体内的自由基，从而可以调节免疫、抵抗突变、抑制癌细胞增殖、诱导癌细胞凋亡、抑制癌基因的表达，实现防癌和抗癌的作用。研究表明，沙棘源多酚对多种癌细胞的增殖有抑制作用，尤其是能显著抑制结肠癌细胞HCT116。薏米多酚能有效抑制乳腺癌细胞MDA-MB-231和MCF-7、肝癌细胞HepG2的增殖。植物多酚可激活PI3K/Akt信号通路，调节相应基因或蛋白质的表达，实现抗肿瘤的功效，此外，还可以通过核转录相关因子2（NF-E2-related factor 2，Nrf2）、MAPK等信号通路来实现抗肿瘤功效。

⑤抗辐射：多酚含有多个还原性的羟基，能够清除自由基来保护细胞内的大分子，起到防辐射的效果。多酚对小剂量辐照损伤有良好的保护作用，多酚与葡萄籽原花青素、蓝莓花色苷具有一定的协同作用。茶多酚能够抑制或阻止由香烟和H_2O_2诱导产生的DNA断裂（DNA strand breaks，DNA-SB），茶多酚抑制DNA-SB形成的能力可能有助于其抗肿瘤特性。

茶多酚与其酯化物之间具有协同增效作用。多酚类物质可以通过调节 SOD 和谷胱甘肽还原酶的活性来起到防辐射的功效。

此外，已有研究表明多酚类化合物还具有防晒美白、抗老化、护肝益肾、防中风、抗病毒、解蛇毒、驱虫、保护视网膜、缓解眼睛的氧化压力及抵抗视力下降的功效。

小麦酚类物质，如黄酮类化合物主要有扩张冠状动脉、降血压、降低胆固醇、抗癌、增强肾上腺素、增强维生素 C 的作用等功能。

4. 戊聚糖

（1）戊聚糖的化学结构　戊聚糖是存在于小麦、燕麦、黑麦等谷物细胞壁中的一种非淀粉多糖，也是组成谷物膳食纤维的主要成分之一，它主要是由戊糖、木糖、阿拉伯糖，少量的半乳糖、甘露糖、葡萄糖等所组成的多糖。小麦种皮中的戊聚糖含量丰富，有较高的黏度，其与半纤维素类物质没有严格的区别，有人也将它称为半纤维素。有些戊聚糖是均一性多糖，有些戊聚糖是杂多糖。戊聚糖主要由阿拉伯木聚糖组成，木糖经 β-1,4-糖苷键连接成木聚糖的主链结构，阿拉伯糖作为侧链与主链经糖苷键连接而成，阿拉伯糖通常连接在木糖的 C2 和 C3 位。戊聚糖的结构比较复杂，截至目前还没有固定的、统一的、详细的结构模式，主要是因为不同来源的戊聚糖组成不一样，其结构高度不均一。不同原料中的戊聚糖分子的大小、单糖组成、分支程度方面有所不同，呈现不同的物理、化学和生理功能特性。麸皮中还有一定量的阿魏酸，大部分的阿魏酸通过酯化的方式与戊聚糖相连。

按照戊聚糖在水中的溶解特性，可将戊聚糖分为水溶性戊聚糖和水不溶性戊聚糖。

①水溶性戊聚糖：从小麦中分离水溶性戊聚糖，发现它由 L-阿拉伯糖和 D-木糖组成，β-1,4-糖苷键连接的 D-吡喃木糖（Xyl）组成主链，L-阿拉伯呋喃糖（Ara）连接在木糖醇残基的 O2 或 O3 上。阿拉伯糖分支主要存在于单独的木糖残基或两个连续的木糖残基上，通常很少出现在 3 种相邻的残基，而不出现在 4 种或更多相邻的残基上。木聚糖内切酶降解阿拉伯木聚糖，发现其分支与相同类型的样品有很大偏差，因此推测可能有更多的取代形式。随着检测技术的进步，戊聚糖的结构也逐渐被认识。用乙醇沉淀法从 6 种欧洲小麦面粉中分离的水溶性阿拉伯木聚糖的结构，用气相色谱测得单糖组成可知：阿拉伯糖与木糖的比例为（0.50~0.61）：1，除了一种样品外，其他 5 种面粉中阿拉伯木聚糖的分支程度相近，其中阿拉伯糖与木糖的比例为（0.54~0.63）：1；用硫酸铵沉淀法从 8 种加拿大小麦粉中分离出来的阿拉伯木聚糖，发现阿拉伯糖与木糖的比例为（0.53~0.71）：1，因此，阿拉伯木聚糖的单糖组成、分支程度与小麦品种有关。

②水不溶性戊聚糖：水不溶性戊聚糖又被称为半纤维素，除分子质量较大、分支程度较高之外，结构与水溶性戊聚糖相似。水不溶性戊聚糖的单糖组成为 D-木糖占 53%，L-阿拉伯糖占 41%，D-葡萄糖占 6%，木糖和阿拉伯糖的比例为 0.77：1，每 5 个 D-木糖单位中差不多有 4 个 L-阿拉伯糖，分支程度较高。

（2）戊聚糖的物化特性

①戊聚糖的分子质量：戊聚糖的分子质量不但与谷物的品种有关，而且还与谷物的生长环境、分子质量的测定方法有关。对于水溶性小麦戊聚糖，采用沉降法得到的相对分子质量范围为 65~66ku，而用凝胶过滤色谱测得的相对分子质量为 800~5000ku，远高于用沉降法所测得的分子质量。对于小麦水不溶性戊聚糖，报道的分子量为 850ku，用凝胶过滤色谱法测得黑麦戊聚糖的相对分子质量范围为 218~255ku。此外，通过对小麦戊聚糖凝胶过滤色谱

的研究发现，戊聚糖具有较宽的分子质量分布。

②戊聚糖的酸和酶解性质：戊聚糖在酸温和处理以及酶的作用下可发生水解和降解，使其性质发生变化。研究表明，戊聚糖中的阿拉伯糖的取代情况对戊聚糖的溶解性有很大影响，所以通过酸和酶处理有选择性地移去阿拉伯糖残基可以改变戊聚糖的溶解特性以及其他一些性质，另外，戊聚糖的酸和酶水解对于研究戊聚糖的性质及结构也有着非常重要的意义。用于研究戊聚糖酶解时的酶主要有木聚糖酶、呋喃阿拉伯糖酶、木糖酶和戊聚糖酶等。由于戊聚糖酶系对戊聚糖性质的重要影响，所以现含有戊聚糖酶系的酶制剂广泛用于面包烘焙行业和饲料行业。

③戊聚糖的黏度特性：将戊聚糖分散于水相中，发现由于其自身所具有的伸展的螺旋式棒状结构，可使戊聚糖在水溶液中能形成较高黏度的胶体溶液。通过研究发现，在面粉的水提取物中，其固有黏度的95%是由多糖所引起，而可溶性蛋白质对固有黏度的贡献只有5%左右，并且发现，多糖的黏性成分主要是戊聚糖，其固有黏度是水溶性蛋白质的15~20倍。具有较高固有黏度的戊聚糖聚合物具有较高的 Ara/Xyl 值和较高的阿魏酸含量。戊聚糖在水溶液中的性质主要与其构型、聚合度、阿拉伯糖特定的排列顺序以及阿魏酸的含量和分布有关。

④戊聚糖的氧化胶凝性质：氧化胶凝性质是戊聚糖的一个非常重要的性质，也就是在氧化剂存在下，戊聚糖在水溶液中能形成三维的网状凝胶结构。戊聚糖通过分子链之间的连接形成水和网状凝胶结构的能力涉及共价交联（即经过氧化偶合发生交联）和非共价交联（即经过链与链之间的缠绕发生交联）。研究发现，戊聚糖的氧化胶凝特性主要是由于戊聚糖中的阿魏酸参与氧化交联反应。戊聚糖中的阿魏酸通过氧化交联形成较大的网状结构，这其中还涉及戊聚糖和蛋白质之间的相互作用。研究戊聚糖的氧化交联时常用的氧化剂是过氧化氢和过氧化物酶，另外，其他一些可以产生游离基的氧化剂也可以产生氧化交联反应，如亚氯化铁、高碘酸钠等。

（3）小麦戊聚糖在面粉质构重组中的应用

①戊聚糖与谷物加工品质的关系：戊聚糖本身作为一种细胞壁物质，其含量多少及其与其他物质之间结合的强弱直接影响谷物的加工。以小麦为例，小麦籽粒的软硬主要由基因控制，另外其他一些不太确定的因素对小麦的硬度也有影响。有学者认为，小麦中蛋白质基质和淀粉颗粒之间的结合程度可以很好地解释小麦胚乳质地的差别，并通过研究发现，小麦淀粉颗粒和蛋白质基质之间相互作用的物质可能是戊聚糖，它在蛋白质和淀粉之间起一种黏结剂的作用，不仅影响小麦胚乳的质地结构，同时还影响面粉的品质，另外，小麦戊聚糖对润麦也有影响，在润麦时，水分进入软麦的速度较硬麦快，并发现水分渗入速度较慢的硬麦比渗入较快的软麦具有较高的 Ara/Xyl 值。戊聚糖作为一种细胞壁物质以及一种蛋白质和淀粉之间的粘连物质，可很大程度地影响蛋白质和淀粉的有效分离。研究发现，在小麦淀粉和谷朊粉的生产中，加入戊聚糖酶系可以非常有效地使淀粉和蛋白质分离。并可以提高淀粉和谷朊粉的得率。

②戊聚糖与面粉（焙烤）品质的关系：戊聚糖对面团流变学性质有一定的影响。戊聚糖对面团流变学性质的影响可用粉质仪和拉伸仪测定面团的流变学指标来定量评价。在这方面，国内外作了大量的工作，在4种不同的面粉中添加一定量的戊聚糖进行粉质试验，结果表明，戊聚糖的加入可提高面粉的吸水率，延长面团形成时间和稳定时间，从而改善面粉品

质。将黑麦水溶性戊聚糖加入面粉中进行揉混试验，结果发现，戊聚糖的加入不改变揉混曲线的形状，但增加曲线的峰高和峰下的面积，使面粉的筋力加强。拉伸试验表明，戊聚糖使面团拉伸阻力显著增加，延伸性下降，从而使拉力比的数值大大增加，说明面粉的面筋质强度有较大的提高，这两种影响的结合使较弱面粉的筋力仍获提高，对原来较强的面筋则可能造成粉力的下降。

戊聚糖影响面包的烘焙特性。流变学试验结果表明，戊聚糖能增加面团的吸水率。面包体积在很大程度上决定了加水量和混合时间。将戊聚糖的分析数据与烘烤过程作了定量描述，认为戊聚糖的结构、组成影响面团混合时间和焙烤吸收率；并且焙烤吸收率随戊聚糖含量增加而减少，形成最佳面团的混合时间随戊聚糖含量增加而减少。这与有的研究结论部分矛盾，认为蛋白质含量一定时，水溶性戊聚糖含量与焙烤吸收率呈正相关，与混合时间呈负相关。因此，不同组成、结构的戊聚糖对焙烤品质的影响也可能表现出相互矛盾。有人指出，小麦水溶性戊聚糖有利于增加面包体积，后来许多研究都证实了这一点，而且还发现戊聚糖的加入，可改善面包屑的结构、表面的色泽，以及延长产品保质期。但也有人提出不同的观点，认为戊聚糖与焙烤制品体积无关，甚至使面包体积减小。有学者指出，水不溶性戊聚糖对面包体积没有任何有利作用。以硬质红色冬小麦为原料，发现小麦水溶性戊聚糖使面包体积略有下降。由此看来，戊聚糖对面团品质和焙烤特性的影响表现出双重性，其作用结果与戊聚糖组成、结构、添加量及基本面粉的工艺指标有关。

戊聚糖通过氧化凝胶作用影响面团。水溶性戊聚糖对面粉品质与烘烤特性的影响，目前普遍认为与在面团形成过程中发生氧化胶凝作用有关，水溶性戊聚糖在水中形成黏滞性很强的溶液，并且某些氧化剂可以导致胶凝的形成。发现在面粉水提取液中加入 H_2O_2 可增加提取液的黏度。水溶性戊聚糖是引起黏度增加的原因；而通过实验进一步表明戊聚糖的黏度主要是由阿拉伯木聚糖带来的。许多人对水溶性戊聚糖和氧化凝胶现象做过研究，指出几种凝胶作用机理。他们认为酯化成水溶性戊聚糖的阿魏酸与水溶性戊聚糖的氧化凝胶有关，但阿魏酸似乎有两个能引起交联的活性中心，一个是芳香苯核，另一个是活性双键，于是出现了两种凝胶机理，一种认为是阿魏酸的活性双键发生反应而促进交联，因此，在用 H_2O_2 处理之前，把半胱氨酸加入水溶性组分中，阻止胶凝，这表明氢硫基参与交联。一些学者支持这一观点，他们通过分别加入富马酸和香草酸，富马酸含有活性双键、不含芳香苯核，香草酸含芳香苯核、不含活性双键，结果富马酸阻止胶凝，而香草酸却没有。从而证明参与胶凝反应的是活性双键而不是芳香苯核，于是提出氧化凝胶过程，并指出凝胶机理是：戊聚糖的氧化凝胶包括对阿魏酸的活性双键加入蛋白含硫游离基，阿魏酸被酯化成阿拉伯木聚糖，蛋白质和多糖链的共价黏合可以产生高分子质量的化合物，在水溶液中表现为黏度增加，在面团中，表现为面团流变学性质的改变。

但有些人提出了另一种凝胶作用的机理，他们通过实验发现，阿魏酸、香草酸阻止凝胶，而富马酸和肉桂酸不起作用，这证明引起交联的中心应该是芳香苯核而不是活性双键，同时通过加氢硫基阻碍剂 NEW 不降低凝胶能力，证明蛋白质半胱氨酸残基可能不参与凝胶反应，因此他们认为戊聚糖是氧化凝胶不可缺少的，阿魏酸起决定性的作用，而且以芳香苯核为交联中心，蛋白质是否与氧化凝胶有关还不能证实。戊聚糖氧化胶凝作用的研究还在发展，关于这一作用与面粉品质和肉食制品品质构成的关系，有待于进一步探索和研究。

戊聚糖对气体保持的影响也被研究。发酵面团的另一重要特性是保持气体的能力，混合和发酵过程产生的气体对面团的流变学及最后产品的质地有重要的影响。证实了阿拉伯木聚糖对表面活性蛋白质形成的泡沫受热时的分解有保护作用，添加阿拉伯木聚糖会减小最初的泡沫体积（可能是由于增加系统黏度的缘故），但却阻止 CO_2 气体受热膨胀时对气室的破坏。因此，包含阿拉伯木聚糖的系统，泡沫体积加热时增大，能保持良好的气室结构，多糖能通过阻止气体扩散或作为气泡周围薄膜的空间稳定剂来稳定泡沫，起初形成和膨胀的泡沫被加入的多糖因增加液体介质的黏度所阻碍；气体周围薄膜的黏滞性和弹性对泡沫的稳定很重要，黏度较高的阿拉伯木聚糖对加热过程中泡沫的稳定效果最好，因此，阿拉伯木聚糖与面筋一起在最初的焙烤阶段对减缓 CO_2 扩散率起重要作用，从而影响面包体积和最后的面包屑结构。用不同分离方法或从不同原料中得到的水溶性戊聚糖在分子质量大小、结构、物理化学性质上有很大的差异，要完全阐明它在面包生产和焙烤产品品质方面的功能，就必须更多地研究结构与性质之间的关系，以便更明确地了解戊聚糖在面团形成过程的作用机理，从而开发一种天然、安全的面粉品质的改良剂。

③戊聚糖的营养特性：因戊聚糖也属于膳食纤维，具有在体内不能被消化的特性，因此它也具有膳食纤维的一些重要生理功能，如可以降低血糖、降低血液中的胆固醇含量，另外还具有减肥、通便等一些重要的生理功能，因此可以将其作为一种功能性因子应用于保健食品当中。

5. 植酸

小麦麸皮中的植酸含量为 25～58mg/g，居各谷物之首。植酸于 1872 年由 Pfeffer 首先发现，是自然界中普遍存在的较为重要的天然物质。它作为种子中磷酸盐和肌醇的主要贮存形式，广泛存在于谷类植物中。植酸的基本结构是由肌醇环和 6 个磷酸盐基团组成，它易溶于水、95%乙醇和甘油，溶于乙醇、乙醚的水溶液，微溶于无水乙醇、甲醇，不溶于无水乙醚、苯、氯仿等有机溶剂。它是磷元素最稳定的化合物。虽然各种谷类食品的植酸含量不同，但总体来说，含麸皮的谷类食品中的植酸含量都很高。谷物中的植酸具有螯合作用、抗氧化作用，但同时也是一种抗营养因子。

6. 小麦麸皮蛋白质

小麦麸皮中含有 12%～18%的蛋白质，是一种资源十分丰富的植物蛋白质资源，小麦麸皮中的麦醇溶蛋白和麦谷蛋白含量比面粉中要低，但小麦麸皮蛋白质中的清蛋白、球蛋白、醇溶蛋白和谷蛋白含量较均一，含有人体必需的 9 种氨基酸，甚至可以和大豆蛋白质媲美，因此麸皮蛋白质可以作为食品营养强化剂添加到食品中。小麦麸皮的氨基酸组成见表 5-2。

表 5-2　小麦麸皮的氨基酸组成

名称	质量分数/%	名称	质量分数/%
全蛋白量（N×5.7）	11.8～14.5	亮氨酸	0.80～0.86
丙氨酸	0.70～0.80	赖氨酸	0.56～0.61
精氨酸	1.01～1.12	甲硫氨酸	0.20～0.26
天门冬氨酸	1.05～1.12	苯丙氨酸	0.51～0.62

续表

名称	质量分数/%	名称	质量分数/%
胱氨酸	0.32~0.42	脯氨酸	0.70~1.00
谷氨酸	2.16~3.21	丝氨酸	0.57~0.76
甘氨酸	0.82~0.94	苏氨酸	0.36~0.53
组氨酸	0.39~0.50	色氨酸	0.26
异亮氨酸	0.39~0.50	酪氨酸	0.38~0.47
缬氨酸	0.54~0.79		

关于小麦麸皮蛋白质的分离，常用的方法有以下几种。

（1）化学分离法（碱法）　用水浸泡麸皮，加碱溶液溶解蛋白质，然后过滤或离心分离，上清液或滤液以酸中和再沉淀蛋白液。"碱提酸沉法"在果实、种子等作物的蛋白质提取中应用广泛。相关研究确定了"碱提酸沉法"提取小麦麸皮蛋白质的最佳工艺条件：pH 12，料液比 1∶15，温度 50℃，碱浸提时间 3h，小麦麸皮蛋白质提取率达到 15.85%，pH 3.8 时达到最大沉淀量。

（2）物理分离法（捣碎法）　将麸皮粉碎加水搅拌成奶油状，而后将其捣碎，用清水洗净，再用网筛分离蛋白质小块与淀粉。

（3）胃蛋白酶分离法　将麸皮加水加酸调节 pH 至 1.12~2.12，调节温度至 40℃，然后加入胃蛋白酶，酶水解一定的时间，即可得到蛋白质的水解液。

（4）淀粉酶分解法　将麸皮粉碎，加入 α-淀粉酶，在 45~60℃ 下反应 6h 后，淀粉液化，蛋白质在不变性的情况下被分离出来。

麸皮蛋白质可以用作面包和糕点加工中的发泡剂，并具有防止食品老化的作用；用在肉制品中可以增加弹性和保油性；用来制作乳酪或高蛋白乳酸饮料，可增加食品的风味。提取蛋白后的淀粉，还可作为味精、柠檬酸、酵母、赖氨酸等的发酵原料，或生产葡萄糖或饴糖。

7. 葡聚糖

葡聚糖是指葡萄糖通过糖苷键连接而成的均一多糖。根据糖苷键的不同，葡聚糖可分为 α-葡聚糖和 β-葡聚糖。β-葡聚糖是一种无支链的线性多聚糖，其基本结构单位为 β-吡喃葡萄糖。β-葡聚糖有两种同分异构体，分别为 β-1,3-葡聚糖和 β-1,4-葡聚糖，β-1,3-糖苷键和 β-1,4-糖苷键的排列没有规则，连续多个 β-1,4-糖苷键被单个 β-1,3-糖苷键分割为多个单元。目前还未发现有连续的两个或两个以上的 β-1,3-糖苷键存在于 β-葡聚糖中。来源于同一物种的葡聚糖，其所含的两种糖苷键的比值是恒定的。

二、小麦麸皮的综合利用

1. 提取膳食纤维

基于膳食纤维的分类（不可溶性膳食纤维和可溶性膳食纤维），如下分别阐述它们的提取或制备方法。

（1）不可溶性膳食纤维提取方法　不可溶性膳食纤维的分离制备方法大致可分为三类：粗分离法、化学分离法、化学与酶结合法。

①粗分离法：粗分离法以液体悬浮法和气流分级法为代表，可以改变原料中各成分的相对含量，如可减少植酸、淀粉含量，增加膳食纤维等含量，但这类方法得到的产品不纯净，该法适合于原料的预处理。

②化学分离法：化学分离法采用比较普遍，是将粗产品或原料干燥、磨碎后，采用化学试剂提取而制备膳食纤维的方法。主要分为碱法、酸法、酸碱结合法等。其中以碱法应用较普遍。

碱法制备不可溶性膳食纤维的大致工艺流程是在原料中加入碱液，在不同温度下浸泡一定的时间，反复用清水洗至中性，然后压滤、烘干、粉碎、过筛即得不可溶性膳食纤维。

酸法制备不可溶性膳食纤维的工艺流程是将原料用一定浓度的 HCl 处理，在一定的温度条件下处理一段时间后，用 NaOH 调 pH 至中性，压滤除去大部分水分，然后烘干、粉碎、过筛即可得到不可溶性膳食纤维。

酸碱结合法是在酸和碱的共同作用下制备不可溶性膳食纤维。大致工艺流程是原料经过干燥粉碎后，加酸溶解淀粉等酸溶性物质和果胶、植物胶等可溶性膳食纤维成分，过滤，调 pH，加碱溶解蛋白质等碱溶性物质，再经过滤、干燥、粉碎等处理，即可得到不可溶性膳食纤维。

③化学与酶结合法：采用化学法制备的膳食纤维中还含有一定量的蛋白质和淀粉，要制备极纯净的膳食纤维，必须结合酶处理，利用酶降解膳食纤维中的杂质成分。所用的酶有淀粉酶和蛋白酶。具体方法为先利用化学试剂（如磷酸盐缓冲液）处理原料，再加入 α-淀粉酶，在适宜的 pH 条件下加入蛋白酶、糖化酶等，水解后灭酶并过滤，干燥即得到纯度较高的膳食纤维。用单纯的化学法制备的膳食纤维表观得率较高；而酶与化学结合法所得膳食纤维较纯净，表观得率反而较低。

（2）可溶性膳食纤维提取方法

①水提法：提取可溶性膳食纤维采用直接水提法最为简便，其方法为：称取一定量样品，加入一定量的水，自然 pH，在水浴中进行提取再过滤，滤液以 4 倍体积无水乙醇沉淀，通过已烘干恒重的多孔玻璃漏斗进行过滤，并用乙醇清洗盛滤液的容器，将漏斗及沉淀物 100℃烘干至恒重计算产率。其优点为工艺简单、成本低、无二次污染，乙醇可回收利用。在制得可溶性膳食纤维的同时也可制得不可溶性膳食纤维，从而使麸皮得到更充分的利用。

②化学法：化学法主要是采用酸或碱处理，利用酸解或碱解不可溶性膳食纤维，提高可溶性膳食纤维的产率。

碱法应用较普遍，膳食纤维的碱性降解包括碱性水解反应和剥皮反应两种类型，碱性水解需要在适当的 pH、温度和时间下使糖苷键断裂，聚合度下降。另外，在碱性溶液中，即使是在很温和的条件下，纤维素和半纤维素都发生剥皮反应，即具有还原性末端的糖基逐个掉下来，直到产生末端基转变糖酸基才停止反应。碱法处理豆渣、小麦麸皮、苹果渣，均能高效提取可溶性膳食纤维。

膳食纤维中纤维素、半纤维素的糖苷键对酸的稳定性差，只要在适当的 pH、温度及时间下，它们就能发生水解，说明酸是一种催化剂，它可以降低糖苷键的活化能，加快其水解速度，产生新的还原性末端，使聚合度下降，使膳食纤维中的不可溶性膳食纤维转化为可溶性膳食纤维。

③机械法：

a. 挤压蒸煮法。麸皮通过挤压处理可以提高可溶性膳食纤维含量，其机理是通过挤压蒸煮，使部分纤维素、半纤维素（如阿拉伯木聚糖）及不溶性的果胶类物质在高温、高剪切力、摩擦力等作用下部分糖苷键断裂，转化为低分子质量的可溶性膳食纤维。通过挤压处理麦麸可以显著提高其可溶性膳食纤维含量。例如，在特定的挤压条件下（如挤压温度140℃、螺杆转速150r/min、物料水分20%），麦麸中可溶性膳食纤维含量可提升至16.72%，相比原料麦麸中的可溶性膳食纤维含量提高了70%。此外，挤压处理后的麦麸具有更好的持水性、吸油性和膨胀性，这些性质使其在食品加工中的应用前景更加广阔。挤压蒸煮法已经被广泛应用于膳食纤维的提取和改性。其主要优势在于能够提高产品的质量和加工性能，从而满足现代食品工业对高品质膳食纤维的需求。

b. 超高压均质法。超高压均质处理是利用超高压均质过程中的高速撞击、高速剪切、激波震荡、空穴爆炸、膨化等一系列作用，使较大分子质量的不可溶性膳食纤维如纤维素、半纤维素、木质素等大分子的糖苷键断裂，部分不可溶性膳食纤维转化为可溶性膳食纤维。麸皮膳食纤维通过高压柱塞泵时，在均质机头缝隙处产生强烈剪切作用使之微粒化，然后料液高速流过缝隙时，突然释放造成相当高的高频振动，瞬间引起空穴爆炸作用，使纤维粒子超微粒化，比表面积增大到原来的几十倍。剪切作用和空穴爆炸作用使得植物胶、纤维素、半纤维素、木质素等大分子的糖苷键断裂，部分不可溶性膳食纤维转化为非消化的可溶性膳食纤维，提高可溶性膳食纤维产率。

④酶法：酶法因其快速、高效和无污染的特点在膳食纤维改性中具有重要意义。通过酶解处理，纤维素酶可分解不可溶性膳食纤维中的纤维素和半纤维素，生成小分子质量的可溶性聚合物，从而提高可溶性膳食纤维的产率。这一方法在膳食纤维的研究和产业应用中得到了广泛关注。

相比于其他方法，酶法制备膳食纤维的优势在于其生产条件温和，不需要高温高压条件，且不使用有毒副作用的有机溶剂。酶的催化专一性强、反应条件温和，避免了副反应的发生，使得产品的提纯和工艺步骤的简化成为可能。这不仅提高了生产效率和产品质量，同时也降低了生产成本和能耗。

⑤发酵法：发酵法是利用微生物发酵，消耗原料中的碳源、氮源，以消除原料中的植酸，减少蛋白质、淀粉等成分，通过产酸或酶类物质，作用于膳食纤维，提高可溶性膳食纤维的含量，但是过度的水解也可能对其功能性造成影响。其中，利用乳酸菌发酵产酸制备麦麸可溶性膳食纤维，是使麦麸处在酸性环境下，糖苷键发生断裂，产生新的还原性末端，使不可溶性膳食纤维转化为可溶性膳食纤维。霉菌发酵麦麸是通过菌体分泌纤维素酶、半纤维素酶类等物质，使不可溶性膳食纤维的糖苷键断裂，生成小分子多糖，转化为可溶性膳食纤维，从而改善膳食纤维的生理活性。

研究表明，发酵法结合其他技术（如超声波处理）可以进一步提高可溶性膳食纤维的得率和功能性质。通过优化发酵工艺参数，发酵法已在改善麦麸膳食纤维的溶解性、溶解度、持油力、膨胀力以及葡萄糖和胆固醇的吸附能力等方面取得了显著进展。

⑥高温高压蒸煮法：高温高压蒸煮法主要是在高温高压条件下处理膳食纤维原料，提高可溶性膳食纤维产率。其可溶性膳食纤维增加的原因是膳食纤维在高温高压条件下，大分子

的纤维素和半纤维素降解为低分子质量的可溶性膳食纤维。

麸皮膳食纤维具有吸水、吸油、保水及保香性等特点，可用作食品添加剂。另外，由于膳食纤维所具有的重要生理功能性质，可作为功能性食品基料添加到食品中，也可以制成胶囊、口服液的形式直接食用。而且，从小麦麸皮中提取的膳食纤维也可以用来生产高纤维食品。如麦麸面包、麦麸饼干、麦麸香茶、麦麸花生乳等。

麦麸膳食纤维的感官指标和理化指标见表5-3和表5-4（数据来源于湖北省地方标准DB42/T 1435—2018《麦麸膳食纤维生产技术规程》）。

表5-3 麦麸膳食纤维的感官指标

项目	要求
外观、色泽	白色或淡黄色松散粉末
气味、滋味	具有麦香、无异味
杂质	无肉眼可见外来杂质

表5-4 麦麸膳食纤维的理化指标

项目	要求
总膳食纤维/%	≥ 65.0
白度	≥ 65.0
细度/%（过80目筛）	≥ 90.0
水分/%	≤ 10.0
灰分/%	≤ 8.0

2. 制备低聚糖

低聚糖又称寡糖，是指由2~10个单糖通过糖苷键连接起来形成的低度聚合糖的总称，是介于多糖大分子和单糖之间的碳水化合物。小麦麸皮中富含纤维素和半纤维素，是制备低聚糖的良好资源。

研究发现，小麦麸皮中的低聚糖具有良好的双歧杆菌增殖效果，它在动物肠道内不被有害菌等许多微生物利用，而只被双歧杆菌属的一些有益菌利用，可作为双歧杆菌生长因子应用于食品；具有低热性能，属难消化糖，不被口腔中的产酸类和其他微生物利用，有抗龋齿功能，所以可利用其低热值性能生产低聚糖产品，作为糖尿病、肥胖病、高脂血症等病人理想的糖源；另外，还具有良好的表面活性，能够吸附肠道中的有毒物质，以此提高抗病能力，它还可以用在医药工业和饲料工业。

小麦麸皮低聚糖的生产工艺流程如图5-1所示。

3. 制备戊聚糖

大量研究表明，戊聚糖对面团性质具有明显的作用，并且会影响面包的烘焙品质，小麦中的戊聚糖主要存在于小麦麸皮中，小麦麸皮中约含20%左右的戊聚糖。因此，以小麦麸皮为原料制备戊聚糖，并将其开发为面包添加剂，具有很好的开发前景。

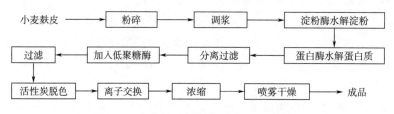

图 5-1　小麦麸皮低聚糖的生产工艺流程

水溶性戊聚糖的生产工艺流程如图 5-2 所示。

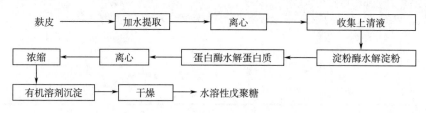

图 5-2　水溶性戊聚糖的生产工艺流程

碱溶性戊聚糖的生产工艺流程如图 5-3 所示。

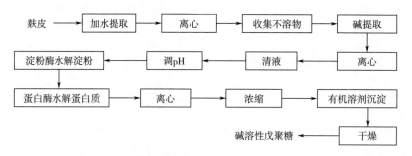

图 5-3　碱溶性戊聚糖的生产工艺流程

4. 制备 β- 淀粉酶

β- 淀粉酶广泛存在于粮食谷物中，包括小麦、大麦、大豆等作物，尤其是在小麦麸皮中。小麦麸皮内部含有大量的淀粉酶系，其中 β- 淀粉酶的含量约 $5 \times 10^4 U/g$（对麸皮）。因此从小麦麸皮中提取 β- 淀粉酶代替麦芽用作啤酒、饮料等生产的糖化剂，可节约粮食，也可实现粮食加工副产物的有效增值。不少饴糖厂就以小麦麸皮作糖化剂，直接加到淀粉液化液中糖化，但由于麸皮中含有较多的蛋白质、灰分等杂质，因而直接影响淀粉质量，此外 β- 淀粉酶的催化效能也未能有效地发挥。因而，将小麦麸皮中的 β- 淀粉酶预先提取，对于改善淀粉糖工艺，提高淀粉糖质量和企业效益具有重要意义。

在实际生产中，可考虑同时提取制备植酸酶和 β- 淀粉酶。提取工艺流程为小麦麸皮原料直接用蒸馏水浸泡，然后用不同浓度的盐析过程分别制备植酸酶和 β- 淀粉酶，各自纯化，制备成液态产品或冷冻干燥制备成粉末状固态产品。

麸皮中 β- 淀粉酶的制备工艺流程如下：

小麦麸皮 → 水浸泡 → 盐析 → 纯化 → β- 淀粉酶制剂。

5. 制备植酸酶

植酸酶是最早发现的能将有机磷转化为无机磷的酶之一，是一种能促进植酸（肌醇六磷酸或植酸盐）水解生成肌醇与磷的一类酶的总称。植酸酶广泛分布于植物和动物组织及一些特殊的微生物中，小麦麸皮是提取植酸酶价廉易得的好原料。

6. 提取抗氧化物

谷物中含有较多的抗氧化物，这些物质主要是一些酚酸类或酚类化合物，它们主要存在于谷物外层，总量可达 500mg/kg，其中最主要的是阿魏酸。小麦麸皮中主要的功能性抗氧化剂为阿魏酸、香草酸、香豆酸。小麦麸皮中游离碱溶阿魏酸含量在 0.5%～0.7%，可以将这部分功能成分富集出来，作为天然的抗氧化剂，与化学合成抗氧化剂比较，具有安全无毒、营养丰富及用量不受限制等特点，可广泛用于日用化工及食品工业。

谷物多酚种类较多，为混合物，有些多酚与多糖、蛋白质或其他化合物经疏水键、氢键相互作用形成复合物。提取谷物多酚的方法有溶剂提取法、超临界流体萃取法、酶水解提取法、加压液相萃取法、超声波辅助提取法、微波辅助提取法等。小麦的品种、气候、土壤等因素均会影响小麦中多酚的种类和含量。样品的前处理方式、提取方法和提取条件对所得到的多酚种类和含量也有一定的影响。

（1）溶剂提取法　溶剂提取小麦多酚是最常用的方法，常用的溶剂有乙醇、甲醇、乙酸乙酯、水、丙酮等。溶剂的种类、溶液的 pH、料液比、提取温度、提取时间、提取次数等因素均影响多酚的提取率。

（2）超临界流体萃取法　超临界流体萃取技术是一种具有很大发展潜力的新型萃取分离技术，它是利用超临界状态下的流体对目标物质具有较好的溶解性、扩散性和低黏度，来对溶质进行萃取分离的技术。该方法具有高效（传质效率高）、清洁、温度低（可有效保护热敏性物质）、无溶剂残留等特点，在食品行业具有较好的发展前景。常采用无毒无害的 CO_2 作为萃取溶剂，非常适合于食品行业。采用超临界流体萃取技术提取的多酚纯度较高。目前，采用超临界流体萃取技术提取麦麸多酚还未见相关报道，这可能是因为采用该方法的成本较高，技术可行性有待完善。

（3）酶水解提取法　酶水解法具有专一性强、反应条件温和等优点，在食品行业具有广阔的应用前景。采用酶水解小麦细胞壁组分，破坏细胞结构，使细胞内的物质释放出来并溶解于提取溶剂中，实现多酚的高效提取。

（4）超声波辅助提取法　超声波辅助提取法主要是借助于超声波的空化效应和机械破碎作用，实现对物料的破碎，增大物料与溶剂的接触面积，增加提取效率。此外，超声波辅助提取过程中，超声波可使物料与溶剂之间的相互运动加快，加速物料的振动，实现多酚类物质等溶质的快速溶出，可缩短提取时间，提高提取率。此方法具有提取效率高、提取速率快、提取完全、提取温度低、对仪器设备要求低，操作简便，适用范围广的特点。该方法的提取效果比传统的溶剂提取法好很多。但该方法也存在一定的局限性，如长时间的超声处理会升温，会导致溶剂的损失或破坏热敏性物质。

近年来，超声波辅助提取法在多酚领域得到广泛应用，如用来提取红豆皮、油茶叶、秦皮、辣木籽、刺五加、糙米、红芸豆、贝母、菜籽粕、玉米须、荠菜、苦荞芽、蚕豆、油麦菜等原料里的多酚。

（5）微波辅助提取法　微波辅助提取多酚是利用微波进行多酚提取的一种新技术，是基于细胞内的极性物质吸收微波的辐射能，使细胞的热量升高、胞内水分快速汽化，产生的细胞内外压力差致使细胞壁和细胞膜破碎，胞内物质得以释放，增大提取溶剂与物料的接触面积，从而提高溶质的溶出效果。

微波辅助提取多酚类化合物已在茶、芒果皮、龙胆、杜仲、木瓜、黑加仑、苹果、燕麦、石榴、绿豆、花生壳、香蕉等原料中得到广泛应用。

麸皮抗氧化物的生产工艺流程如图 5-4 所示。

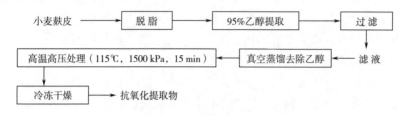

图 5-4　麸皮抗氧化物的生产工艺流程

该提取物具有非常好的抗氧化特性，是一种较好的天然抗氧化剂来源。另外，抗氧化提取物中酚酸协同效应，对人体有益。据报道，含有酚酸的复合物有抗癌活性。

7. 提取麸皮多糖

多糖是单糖通过糖苷键形成的聚合物。多糖是由葡萄糖以侧链或直链方式组合而成，大多数多糖是多于 20 个单糖的聚合物。多糖含有单糖的个数称为聚合度，聚合度小于 100 的多糖较少见，常见多糖的聚合度大多为 200～3000，纤维素的聚合度最大，可达 7000～15000。多糖可分为两类：①由有两种或两种以上的单糖聚合而成的多糖称为非均匀多糖，又称为杂多糖或不均一性多糖；②由同一种单糖聚合而成的多糖称为均匀多糖，又称为均一性多糖。

小麦麸皮中的多糖主要是指细胞壁多糖，有时又称非淀粉多糖，它是小麦细胞壁的主要组成成分，其质量分数在 50% 左右。小麦细胞壁多糖主要集中在麸皮中，它在麸皮中的质量分数为 30% 左右；而胚乳中含量较少，在 1%～3%。整粒小麦中细胞壁多糖的质量分数在 9% 左右，其含量虽然不高，但对小麦的加工、品质和营养等起着非常重要的作用。

按照水溶性特性，麦麸多糖可分为水溶性多糖和水不溶性多糖，其中水溶性多糖在热水中较易溶解。为了保持谷物多糖的理化性质，需要适宜的提取方法，谷物多糖的提取方法有水提法、化学提取法、微波辅助提取法、超声波辅助提取法、酶解法、超临界流体萃取法等。

麸皮多糖具有较高的黏性，并且具有较强的吸水、持水特性，可用作食品添加剂，作为保湿剂、增稠剂、乳化稳定剂等。另外，它还具有较好的成膜性能，可用来制作食用膜等。

8. 花色苷的提取

由于天然食用色素大多具有一定营养价值和药理作用，在食品、医疗、保健等方面显示出巨大的发展潜力，可被用作营养强化剂、天然抗氧化剂、天然防腐剂、天然着色剂或直接进行功能食品开发。所以，天然色素取代合成色素已成必然趋势。

需要注意的是，花色苷的提取主要是针对彩色粒小麦的。彩色粒小麦与普通小麦相比，最直观的区别是粒色较深，许多资料证实彩色粒小麦籽粒中含有大量的天然色素，以花青素类色素为主。用彩色粒小麦麸皮提取色素大大增加了它的附加值，也是对天然资源的合理利用，有利于拓宽彩色粒小麦的利用途径，对促进我国天然色素的开发和彩色粒小麦功能性食品天然化，加快彩色粒小麦深加工业的发展等具有重要作用。

黑粒小麦麸皮中花色苷提取的最佳工艺为：pH 1，40%的乙醇作提取剂，在料液比为1:20（g/mL）、70℃条件下恒温浸提80min，提取效果较好，得率可达14.50%。黑粒小麦麸皮中花色苷可见光范围内的最大吸收波长为525nm，pH对其影响明显，在酸性溶液中稳定，而在碱性溶液中不稳定；花色苷耐氧化性、耐还原性差，而耐光性好，对热有一定的耐受性；Mg^{2+}、K^+、Al^{3+}对其有很好的增色稳定作用，Ca^{2+}和Fe^{2+}对其影响不大，Cu^{2+}、Zn^{2+}、Fe^{3+}对其有明显的褪色作用。NaCl对该花色苷有一定的增色、稳定作用，蔗糖、柠檬酸对其有明显的褪色作用，苯甲酸钠在低质量浓度（<0.1mg/mL）时对其基本无影响，在高质量浓度（>0.2mg/mL）时对其有一定的褪色作用。

9. 提取植酸钙、植酸系列产品

植酸钙在工业上普遍用作肌醇原料，其次在发酵、油脂、食品、医药等工业上均广泛应用。从麸皮中提取植酸钙，原料来源充足，投资少，见效快，而且加工后的麸皮，因去除了对动物有害的肌醇六磷酸酯，作禽畜饲料营养价值更高。麸皮中提取植酸的生产工艺流程如图5-5所示。

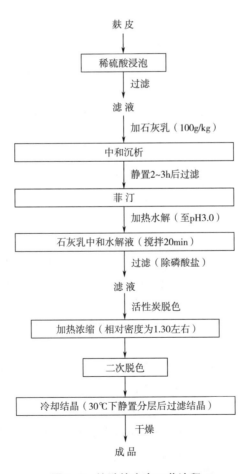

图5-5 植酸的生产工艺流程

10. 生产丙酮、丁醇

用麸皮可以代替玉米作原料生产丙酮、丁醇。试验研究表明，以麸皮作为有机氮源，是玉米所不及的，因为麸皮中含有 8%~15% 的蛋白质，高于玉米，并含有硫胺素、核黄素、尼克酸等微生物生长所必需的生长素；此外，还含有 α-淀粉酶、β-淀粉酶、氧化酶、过氧化酶和过氧化氢酶，这些都是微生物所必需的。用麸皮代替玉米，C/N 比例适宜，发酵不但能顺利进行，而且效果上完全可以达到添加玉米的发酵水平。

11. 提取谷氨酸

麸皮中蛋白质有麦谷蛋白和麦醇溶蛋白两种，其谷氨酸含量高达 46%，是味精的主要成分。将麸皮加水、加工业盐酸，校调至 pH 1，移入密闭水解锅中，蒸汽保压 10~15min，压力 25MPa，并慢速搅拌。然后放料、过滤、收集滤液、减压浓缩至含水量 20% 左右出锅，喷雾干燥得粉状晶体，收率为 4.5%~6.2%。

12. 提取木糖醇

木糖醇是一种新兴的国际型甜味剂，在食品、医药、化工等领域用途颇广。利用麸皮中较多的半纤维素、多聚戊糖，经一系列的生化反应可制成木糖醇。

基本的生产工艺流程为：麸皮加酸水解 → 加碱中和 → 脱色 → 蒸发 → 离子交换 → 二次浓缩 → 干燥，即得木糖醇。收率一般为 51%。

13. 提取维生素 E

麦麸，特别是其中的麦胚含较多的维生素 E，其可用作肉类、果品、蔬菜保鲜。生产工艺流程是：麦麸 → 装袋 → 酒精器皿加热 → 减压浓缩 → 0.73% 的维生素 E 溶液。

14. 制备麸皮面筋

每 100kg 小麦麸皮可生产湿面筋 11kg 和湿粗淀粉 13kg，麸渣还可制作成禽畜饲料。如将湿面筋放入油锅中炸，可制成油面筋。

15. 制作麸质粉

通过改进面粉加工工艺，使面粉含麸量提高到 50%~60%，这并不是简单地向白面中掺入麸皮的麸子面。目前国际上已经有了一定的市场和生产规模，而国内市场仍处于开发和起步阶段，但其潜力不可低估。

麸质粉生产工艺流程如下：

（1）干磨法　一次碾磨 → 风筛去皮 → 二次碾磨 → 过筛 → 装包。

（2）湿磨法　加压湿磨 → 吸附过滤 → 烘干 → 减压干燥 → 过筛 → 装包。

产品适口性稍差于精白粉，但粗纤维、蛋白质、热量优于精白粉，粗脂肪低于精白粉，其粉质地疏松，可消化的蛋白质量优于精白粉蛋白质量。

16. 食用麸皮

小麦麸皮虽含有较丰富的蛋白质、维生素和矿物质，营养价值极高，但由于其食感、口味不佳，所以无法食用，只能用作饲料。通过蒸煮、加酸、加糖、干燥，除掉麸皮本身的气味，使之产生独特的香味，可提高麸皮的食用性。如日本市售的食用麸皮是经过加热精制而成，加工过程中既处理了麸皮中原有的微生物和植酸酶，又提高了二次加工的适应性，不仅风味提高了，也很卫生。

食用麸皮的生产工艺流程如下：

麦麸 → 蒸煮 → 热风干燥 → 粉碎过筛 → 过 40 目/2.54cm 筛 → 添加柠檬酸、酒石酸、

蜂蜜混合水溶液 → 浸渍 → 搅拌 → 烘干 → 成品。

需要注意的是，对加工食用麸皮的原料并无特殊要求，通常使用粒度较小的细麸（小麸或粉麸），这是由于麸皮粒度较小，成品的口味相应就好一些。粒度较大的粗麸，要首先粉碎，使其粒度在 40 目以下，再进行加工。加工食用麸皮，首先要对原料麸皮进行蒸煮，也就是利用水蒸气对麸皮进行处理。酸、糖的添加并不是那么严格，另外，还可以加入其他调料，改善风味。

17. 加工饲料蛋白

开发饲料蛋白具有很高的经济和社会效益。微生物发酵法制取的酵母是一种优良的饲料蛋白，麸皮水解液中，既含有五碳糖，也含有六碳糖，能被酵母菌代谢利用，用此水解液培养酵母可获得优质饲料蛋白。

饲料蛋白的提取工艺如下：麦麸（80%）、糖原（20%）按料水比 1∶7 加水混合，于 pH 1.5~1.8，温度 125~130℃条件下水解 1~1.5h 后，用氨水中和水解液，过滤后制成缓冲液。酵母菌经斜面培养、麦芽汁水解液扩大培养，过滤后与上述制成的缓冲液一起加入发酵罐中，每小时通气 5min，培养 18h 后，离心分离、干燥、称量即得成品。

18. 制作饮料

首先把麸皮适当碾碎，使颗粒粒度小于 40 目，然后加水调匀，使麸皮浓度达 5%~15%，添加 0.1%~1.0% 的镁铝碳酸盐化合物和足够的酸味剂（如磷酸、酒石酸、苹果酸或富马酸），pH 保持在 3.5~5.5，升温 82~98.5℃，连续加热 20~60min，冷却后再加入占麸皮质量 0.1%~1.0% 的表面活性剂（山梨糖醇酐单硬脂酸、聚氧化乙烯山梨糖醇酐、单月桂酸酯或单硬脂肪酸酯）、0.1%~0.6% 的防腐剂、0.01%~0.5% 的着色剂和 15%~40% 的甜味剂，调匀后通过压力为 13.8~41.4MPa 的均质机即为最终产品。

19. 制作高纤维食品

将麸皮磨碎到要求的细度，可添加到以面包为主的多种食品中。在小麦麸皮面包中，麸皮的添加量以 5%~20% 为宜，一般以 10% 为标准添加量。在小麦粉的选择上，以面筋质强的优质面粉为好，加水量随着小麦麸皮添加量增加而增加。

一种典型的麸皮面包的配方见表 5-5。

表 5-5　麸皮面包的配方

组分	强力粉	麸皮	水	红糖	油	奶粉	食盐	酵母	改良剂
添加量/%	90	10	67	5	4	4	2	2.5	0.25

在上述配方中，除红糖外，也可加蜂蜜，风味都比较好，添加量以 5% 最佳。面包的焙烤温度为 210~230℃，时间约 30min。

另外还有一种以麦麸为主要原料的面包，麦麸含量占 50% 以上，小麦粉含量在 50% 以下，食盐占 2%，加水量为混合原料的 1~2 倍，具体配方可根据产品的特别需要而定。为了使面包具有一种特别的风味，可以添加一些增香剂和调味品，这种面包非常松脆。麦麸面包发热量较低，不会导致肥胖，且大量的纤维素对增强肠胃功能具有十分有益的作用。

20. 生产食用味精

小麦麸皮蛋白质中谷氨酸含量为 46% 左右，因此可利用麸皮的水解液，代替玉米浆发酵生产味精。

21. 糖果填充剂

将麸皮粉碎，过100目筛，按适当的比例添加到糖果中，可降低糖的甜度和黏度，口感好，成本低，还具有食疗作用，适于某些低血糖患者食用，也适于健康人群食用。

22. 制作麦麸膳食纤维乳酸饮料

以麸皮为原料制作麦麸膳食纤维乳酸饮料的生产工艺流程如图5-6所示。

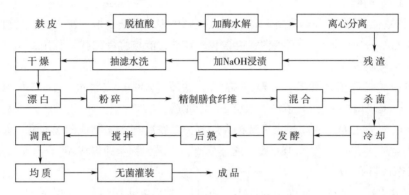

图5-6　麦麸膳食纤维乳酸饮料的生产工艺流程

产品特点：色泽乳白、乳香浓郁、酸甜适口、柔和无涩味、稳定性好。

23. 制作麦麸纤维片

以麦麸膳食纤维为主要原料，添加部分辅料，加工成食用方便、含膳食纤维很高的片状食品。有学者采用单因素实验和正交优化实验，筛选出麦麸膳食纤维片的配方见表5-6。采用50~60℃、10%的植物胶Ⅰ的溶液对制成的麦麸膳食纤维片进行喷涂，所制得的产品品质优良，表面光滑，口感好。

表5-6　麦麸膳食纤维片的配方

组分	添加量/g	组分	添加量/g
麦麸膳食纤维粉	12.0	改性淀粉	2.0
低取代羟丙基纤维素	1.0	天然食用香精	0.2
硬脂酸镁	0.2	天然甜味剂	5.0
非淀粉多糖Ⅰ	2.5	果葡糖浆	0.4
植物胶Ⅱ	2.5		

第二节　麦胚的综合利用

根据小麦粒的植物学结构，其可分为皮层、胚乳和胚。根据胚的植物学结构，胚（em-bryo）可分为胚芽、胚根、胚轴和盾片。在小麦制粉中，产生的副产物不仅有麦麸，还有麦胚。麦胚含有丰富的蛋白质、黄酮类化合物、不饱和脂肪酸、多糖、维生素和矿物质等，是整个麦粒中最有营养价值的部分。胚是雏形的植物体，在适宜的条件下能够萌发出新的植株，如果胚受到损伤便丧失发芽能力。因此，小麦胚芽既是小麦籽粒的生命源泉，又是良好的营养资源宝库。目前，我国麦胚年产量有 3 万~5 万 t，蕴藏量达 200 万~300 万 t，资源丰富。

一、小麦胚芽的组分

麦胚在小麦籽粒中所占比例为 1.4%~3.9%。小麦胚含蛋白质 27.0%~30.5%、脂肪 10.5%~13.0%、可溶性无氮物 40.0%~47.0%、粗纤维 2.0%~2.2%、灰分 4.0%~5.0%、水分 9.5%~11.5%，还含有丰富的维生素、矿物质和一些微量生理活性成分，是整个麦粒营养价值最高的部分，营养丰富均衡。小麦胚的化学组成见表 5-7。

表 5-7　小麦胚的化学组成

组分	水	蛋白质	脂肪	碳水化合物	粗纤维	灰分
含量/%	11.53	29.29	9.73	42.38	2.10	4.97

1. 蛋白质

（1）麦胚蛋白组分　研究发现，小麦胚中蛋白质的含量占 26.0%~31.5%，是面粉蛋白质含量的 3~4 倍，其中麦球蛋白 18.9%、麦谷蛋白 0.30%~0.37%、麦筋蛋白 14%，其蛋白质含量分别是瘦牛肉、瘦猪肉及鸡蛋的 1.5 倍、1.8 倍和 2.1 倍。小麦胚蛋白质属全价蛋白质，氨基酸的平衡性较好，尤其是许多谷物都缺乏的苏氨酸、甲硫氨酸和赖氨酸，是一种较好的天然完全蛋白质，它含有人体必需的 9 种氨基酸，占总氨基酸的 34.7%，特别是面粉中的第一限制氨基酸——赖氨酸的含量十分丰富，含量高达 1.85%，远远高出大米和面粉。小麦蛋白质的氨基酸测定发现，小麦胚芽谷氨酸含量最高达到 3.65%~4.59%，此外丙氨酸、脯氨酸、精氨酸、天门冬氨酸、亮氨酸、甘氨酸的含量也很高，达到 1% 以上。麦胚蛋白质中必需氨基酸的构成比例符合 WHO 和 FAO 颁布的模式值，营养价值可与鸡蛋媲美，明显优于大米、面粉等谷物蛋白质中必需氨基酸的构成比例。麦胚蛋白质是一种优质的植物蛋白质资源，但其并未被充分开发利用。因此，合理深度开发麦胚蛋白质资源，可以丰富保健品市场，提高其附加值，从而提高面粉企业的经济效益。

麦胚蛋白质有如下几种：①清蛋白，含量约为 30.2%，溶于水；②球蛋白，包括 α-球蛋白、γ-球蛋白、σ-球蛋白，其含量约为 18.9%，溶于水；③麦醇溶蛋白，含量约为 14.0%；④麦谷蛋白，含量为 0.3%~0.37%；⑤水不溶性蛋白，含量约为 30.2%。另有非蛋白氮，含量为 11.3%~15.3%。麦胚分离蛋白有 612 个蛋白位点，不含有二硫键。麦胚蛋白质还包含一种水溶性的具有免疫活性的糖蛋白，蛋白质含量为 56.4%，分子质量为 4ku，其中的肽链富含亮氨酸、甘氨酸、缬氨酸、谷氨酸、丙氨酸、天冬氨酸等残基。

麦胚蛋白质与其他食物蛋白质必需氨基酸构成比例的比较见表 5-8。

表 5-8　麦胚蛋白质与其他食物蛋白质必需氨基酸构成比例的比较

氨基酸名称	FAO/WHO	麦胚	大豆	鸡蛋	牛肉	大米	面粉
赖氨酸	5.5	5.6	5.8	5.7	7.2	3.5	2.4

续表

氨基酸名称	FAO/WHO	麦胚	大豆	鸡蛋	牛肉	大米	面粉
苏氨酸	4.0	4.4	4.0	5.1	4.7	3.9	3.1
色氨酸	10	1.3	1.2	1.7	1.1	1.7	1.1
胱氨酸	—	1.0	1.9	2.9	1.0	—	—
苯丙氨酸	6.0	3.4	5.7	5.7	3.5	4.8	4.5
酪氨酸	—	2.9	4.1	—	3.6	—	—
亮氨酸	7.0	6.7	6.6	9.3	7.3	8.4	7.1
异亮氨酸	4.0	3.5	4.7	5.0	3.9	3.5	3.6
缬氨酸	5.0	5.7	4.2	6.9	5.5	5.4	4.2

（2）麦胚蛋白质的性质　蛋白质的功能性质有溶解性、吸水性、乳化性、发泡性、吸油性等，这些性质之间相互关联、相互影响，显著影响食品的物理和化学特性，决定其在食品加工领域中的应用。蛋白质的功能性质受到其自身氨基酸组成、氨基酸排列顺序、氨基酸比例的影响，还受到 pH、温度、盐、有机溶剂等外界因素的影响。

采用碱提法从麦胚中提取的麦胚蛋白质具有良好的乳化性和持水性。pH 对碱提法制备的麦胚蛋白质的溶解性和吸水性有显著影响，在 pH 4 时，麦胚蛋白质的吸水性和溶解性最差，在 pH 4~8 时，随着 pH 的增大，麦胚蛋白质的溶解性和吸水性增加。

（3）麦胚蛋白质的生理功能

①抗氧化性：麦胚的抗氧化活性比麦粒其他部分的抗氧化活性强。麦胚经水解后，产生的分子质量小于 1.5ku 的水解物具有较好的抗氧化活性。此外，麦胚中的肌肽和 GSH 具有较强的抗氧化活性。麦胚的抗氧化活性可延缓机体衰老、增强人体免疫力、减低自由基对机体的损伤等。

采用碱性蛋白酶（Alcalase 2.4L FG）水解麦胚蛋白质，获得麦胚蛋白水解物（wheat germ protein hydrolysates，WGPH），该 WGPH 具有良好的抗氧化活性，能够清除 DPPH、超氧化物和 ·OH 等，对 Fe^{2+} 表现出明显的还原性和很强的螯合活性，是一种较好的抗氧化剂。脱脂麦胚提取物和麦胚蛋白多肽虽然具有良好的抗氧化活性，但其抗氧化机制还有待明确，其在人体内的抗氧化效果也需要进一步研究。

②抗肿瘤：肿瘤已成为危害人类生命健康的严重疾病之一，寻找抗肿瘤组分成为科学家们研究的热点。脱脂麦胚提取物能够显著抑制乳腺癌细胞 MDA-MB231 的增殖，而且水提物的抗肿瘤活性优于 30% 乙醇提取物的抗肿瘤活性，而脱脂麦胚提取物中的哪一种成分在起作用，还有待进一步的研究。目前，有关麦胚蛋白质和麦胚多肽的抗肿瘤活性的研究报道较少，麦胚抗肿瘤蛋白或抗肿瘤肽的作用机制还不清楚，需要深入的研究。

③降血压：血管紧张素转化酶（angiotensin-converting enzyme，ACE）是一种外肽酶，能够催化血管紧张素 I 从 C 端断裂生成血管紧张素 II，血管紧张素 II 能够引起血管收缩，导致血压升高，引起疾病。如果能够破坏或降低 ACE 的活性，可以避免上述情况的发生，从而达到治疗高血压的目的。研究结果表明，麦胚蛋白质的酶解产物具有抑制 ACE 活性的作用，是

制备降血压肽的潜在资源。

2. 脂肪

小麦胚的脂肪含量约为 10%，麦胚油的主要成分为亚油酸、亚麻酸、油酸等不饱和脂肪酸（表 5-9，数据来源于粮食行业标准 LS/T 3251—2017《小麦胚油》），还含有二十八烷醇、维生素 E、卵磷脂、脑磷脂、植物甾醇等，具有较高的营养价值，其中 80% 是不饱和脂肪酸，且 3 种人体必需脂肪酸中的亚油酸的含量超过 50%。亚油酸是人体 3 种必需脂肪酸中最重要的一种，它能维持人体水电解质平衡及保持机体内环境稳定，还能够与人体血管中的胆固醇发生酯化反应，防止人体的动脉粥样硬化、预防心血管疾病、降低血清胆固醇、防患高血压、调节人体代谢、增强机体活力，防止由机体代谢紊乱引起的皮肤病和生殖机能疾病。亚麻酸和油酸的含量也比较高，分别达到 8.3% 和 16.8%，亚麻酸对正常的代谢和营养起着不可忽略的作用，是人体和动物的必需脂肪酸，缺乏就会导致大脑 DHA 水平降低，影响智力和视觉敏锐度。麦胚油中的二十八烷醇是降血钙素的形成促进剂，能够治疗由血钙过多引起的骨质疏松、降低收缩血压和必需氧量、刺激性激素、改变新陈代谢、消除肌肉疼痛、增强心脏机能、提高肌力、增强耐力等。麦胚油中维生素 E 的含量为 338mg/100g，其中 α-维生素 E 占比为 60%，β-维生素 E 占比为 35%，被一种强抗氧化剂，可与甾醇协同作用，防止高血压、动脉粥样硬化、心脏病、癌症、延缓机体衰老等，对粉刺和雀斑也有一定效果。麦胚油中的甾醇在人体内可以转化为胆汁酸和性激素，参与机体代谢；甾醇还可抑制胆固醇在机体内的吸收，促进胆固醇排泄，降低血清胆固醇，预防心血管疾病。麦胚油中的卵磷脂能够软化血管、增强血管的弹性、防止血栓形成、增强脑力、安定神经、平衡内分泌、提高免疫力和再生力、延缓衰老等。

表 5-9　小麦胚油基本组成和主要物理参数

项目	特征指标
折光指数（n^{40}）	1.473~1.488
相对密度（d_{20}^{20}）	0.915~0.934
碘值（以 I 计）/（g/100g）	118~141
脂肪酸组成/%	
亚麻酸（$C_{18:3}$）	1.20~8.50
亚油酸（$C_{18:2}$）	50.0~69.0
油酸（$C_{18:1}$）	13.0~27.5
棕榈酸（$C_{16:0}$）	12.0~18.6
硬脂酸（$C_{18:0}$）	0.1~1.7

3. 维生素

小麦胚芽中的维生素种类很多，含量丰富，主要有维生素 E 和 B 族维生素。小麦胚芽中的维生素 E 远比其他植物丰富，高达 300mg/100g，被称为植物油之冠。而且含有全价的维生素 E，是其他食品所无法比拟的。值得提及的是，合成的维生素 E 由于缩聚过程分子立体的不可选择性，成品均为外消旋构型，而存在于小麦胚芽中的天然维生素 E 中，高活性的 α 体和 β 体所占比例大，分别占 60% 和 35% 左右，这是合成制剂无法比拟的。天然维生素 E 不仅具有抗氧化作用、抗癌作用、抗不育功能，还能促进肝内和其他器官内泛醌的形成，在呼吸和能量代谢中起着重要作用。

小麦胚芽中 B 族维生素含量丰富，其中，维生素 B_1 的含量分别约是富强粉、大米和黄豆的 8.8 倍、11 倍和 2.7 倍，分别是牛肉、鸡蛋的 30 倍和 13 倍；维生素 B_2 的含量分别约是富强粉的 8.6 倍、大米的 10 倍、黄豆的 2.4 倍、牛肉的 4 倍以及鸡蛋的 2 倍；维生素 B_6 的含量也大大高于上述几种食物中的含量。小麦胚芽中的维生素 B_1、维生素 B_2、维生素 B_6 相互作用，可大大提高其营养价值，人体倘若缺乏这些成分，就可能诱发麻疹类皮肤病等。小麦胚芽中丰富的 B 族维生素可成为保健与疗效食品的天然 B 族维生素强化剂。另外，小麦胚中胆碱的含量高达 2650~4100mg/kg，可在体内生成乙酰胆碱，具有加深大脑皮层记忆力的作用。

4. 矿物质

小麦胚中含有钙、镁、铁、锌、钾、磷、铜、锰、硒等多种矿物质。特别是铁元素的含量较为丰富，每 100g 小麦胚中含铁约为 9.4mg。微量元素硒的含量也比较高，这些矿物质对维持人体健康，特别是促进儿童发育有重要作用，是一种很好的天然矿物质元素供应源。

5. 麦胚凝集素

麦胚凝集素是来源于谷物的高度保守性的甲壳素结合凝集素科的一种，能与专一性糖结合，促进细胞凝集的单一蛋白质。麦胚凝集素以三种变异体（同工凝集素）的形式存在，三者都是 36ku 的二聚体，由两个相同的具有 171 个残基的多肽链缩合而成。每条多肽链包含 4 个重复的 42~43 个残基的橡胶蛋白型结构域，这些结构域以相似的方式折叠而成，并由相对位置相同的 4 个二硫键稳定其结构。这些结构域依次排列，以"头对尾"的方式形成二聚体，形成广泛的单体/单体界面。

在医药领域，麦胚凝集素是一种很好的抗诱变剂，具有抗癌、抗菌、凝血等多种生物效应，它还可以与脂肪细胞反应，有类似胰岛素的作用，能激活葡萄糖氧化酶，降低血糖含量，能诱导巨噬细胞溶解肿瘤细胞，是一种天然抗癌药。然而，在食品中，麦胚中的凝集素是一种抗营养物质，并且有可能是人体某些免疫性疾病的诱因之一。凝集素能够增强肠道的通透性及损害人们的免疫系统。例如，麦胚凝集素可以结合到肠道细胞、胰腺、肌肉、骨骼、肾脏、皮肤、神经、生殖细胞、血小板和血浆蛋白质，损害肠黏膜，影响消化和吸收，改变肠道菌群，以及危害人们的肠道和普通免疫系统，因而需要对食品中的凝集素进行灭活。相关研究发现，0.24MPa、≥20min 加压蒸汽处理可以使麦胚凝集素活性完全丧失，而且基本上保持小麦胚功能特性的完整而不被破坏，同时也改善了小麦胚的贮藏特性；采用 80℃、≥10min 湿热处理也可以完全灭活麦胚凝集素，而且对于小麦胚营养成分的破坏程度较小。总之，麦胚凝集素在生命科学、食品、医学和农业方面均有较好的研究价值和应用前景。

麦胚凝集素的提取方法有水提取法、缓冲液提取法和酸法提取法。纯化方法有硫酸铵盐析、甲壳素亲和层析、亲和絮凝法和超滤法。麦胚凝集素提取纯化制备的一般流程为：麦胚 → 粉碎 → 脱脂 → 浸提 → 透析 → 沉淀、洗涤、离心 → 凝胶过滤 → 凝集素。而研究表明，鸡卵黏蛋白亲和色谱法是一种经济适用的纯化麦胚凝集素的好方法。

6. 谷胱甘肽

谷胱甘肽是一种由谷氨酸、半胱氨酸和甘氨酸等氨基酸经肽键缩合而成的含硫活性三肽，有文献报道，其在小麦胚芽中含量高达 $98 \sim 107mg/100g$。谷胱甘肽是一种低分子清除剂，它可清除 O_2^-、H_2O_2、ROO^-，是组织中主要的非蛋白质的巯基化合物，可以抑制脂质过氧化，保护细胞膜，恢复细胞功能，保护细胞内含巯基酶的活性，能够防止因巯基氧化而导致的蛋白质变性，减少自由基对 DNA 的攻击，从而减少 DNA 损伤和基因突变。谷胱甘肽可以在硒元素的参与下生成一种酶，催化有机过氧化物还原，使体内化学致癌物质失去毒性，且还有保护大脑、促进婴幼儿生长发育等功能。另外，谷胱甘肽可以作为保护酶和其他蛋白质巯基的抗氧化剂，在生物氧化、氨基酸转运、保护血红蛋白等过程中起一定作用。由于膳食结构、年龄、应激状态等因素的影响，人体内谷胱甘肽水平降低，易引起早衰和诱发疾病。因此，从外部获得谷胱甘肽是十分必要的。

7. 二十八烷醇

二十八烷醇是含有一个羟基的天然存在的高级醇，主要存在于蔗蜡、糠蜡、小麦胚油及蜂蜡等天然产物中。分子式为 $C_{28}H_{58}O$，相对分子质量为 410。外观为白色粉末或鳞片状晶体，熔点为 $81 \sim 83℃$。可溶于热乙醇、乙醚、苯、甲苯、氯仿、二氯甲烷、石油醚等有机溶剂，不溶于水。对酸、碱、还原剂稳定，对光、热稳定，不吸潮。在小麦胚芽油中，二十八烷醇主要与脂肪酸结合，以酯的形式存在。二十八烷醇在人体代谢过程中仅具有阶段性效果，需与其他生理活性物质配合以强化其生理活性。小麦胚芽油中，二十八烷醇的含量较高，一般为 $100mg/kg$ 左右。

二十八烷醇能从以下几方面提高人体的运动机能：①增强耐力、精力和体力；②提高肌肉力量（肌肉机能），改善肌肉疼痛，减少肌肉摩擦；③缩短肌神经反应时间，提高反应敏锐性；④强化心脏机能；⑤提高基础代谢率；⑥增强对高山反应的抵抗性；⑦降低收缩期血压；⑧提高氧的输送能，减少需氧量。

研究表明，二十八烷醇还是一种长寿因子，具有很强的抗肿瘤作用，它是降血钙素形成促进剂，可用于治疗血钙过多的骨质疏松；治疗高胆固醇和高脂蛋白血症；刺激动物及人类的性行为，促进皮肤血液的循环和活化细胞，有消炎、防治皮肤病（如脚气、湿疹、瘙痒、粉刺）等功效。二十八烷醇的安全性极高，经小白鼠口服试验确认，二十八烷醇的 LD_{50} 为 $18000mg/kg$ 以上。

8. 黄酮类化合物

天然黄酮类化合物多以苷类形式存在，并且由于糖的种类、数量、连接位置及连接方式不同，可以组成各种各样的黄酮苷类物质。组成黄酮苷的糖类主要有 D-葡萄糖、D-半乳糖、D-木糖、L-鼠李糖、L-阿拉伯糖及 D-葡萄糖醛酸等。

在小麦胚中的黄酮类化合物主要是指黄酮和花色素。小麦胚黄酮是一种水溶性色素，生理活性大于类胡萝卜素。提取麦胚黄酮化合物的方法主要有醇提法、碱提法和水提法。

黄酮类化合物作为一种非营养成分，具有多种生物治性，如抗肿瘤、抗氧化、抑菌和降血脂等。

9. 谷胱甘肽过氧化物酶

谷胱甘肽过氧化物酶含有微量元素硒，是一种效果极好的天然抗氧化剂，其抗氧化能力比维生素 E 强 500 倍，是一种延缓衰老、防癌的有效的功能因子。

10. 麦胚多糖

（1）多糖的分离提取　麦胚多糖的研究报道较少，最早是由日本学者 Soma Gen' Lehiro 发现了麦胚多糖，他们对小麦脂多糖的提取纯化及生理功能做了很多研究。有关多糖的提取方法有水提取法、化学提取法、微波辅助提取法、超声波辅助提取法、酶解法和超临界流体萃取法。

（2）多糖的生理功能　多糖具有抗氧化、免疫调节、抗疲劳、抗肿瘤、抗炎、调节肠道菌群等多种生理功能。由于麦胚多糖的研究较晚且报道较少，所以有关麦胚多糖的生理功能研究也较少。

谷胱甘肽、小麦胚活性蛋白等生理活性成分早已经成为功能性食品的研究热点。这些生理活性成分在人体的新陈代谢过程中起着极其重要的作用，是天然的保健品。

二、麦胚的稳定化

麦胚是小麦的再生组织器官，成分复杂，含有不饱和脂肪酸等各种营养组分和多种酶类，其中脂肪酶可以将脂肪分解，发生氧化而引起酸败，散发出难闻的刺激性味道。小麦胚芽性质不稳定，未经处理的小麦胚芽放置几天就会变质。因此，要开发利用小麦胚芽，首先要解决稳定化处理问题。在稳定化处理中，要求在使小麦胚芽中营养损失较少的前提下尽量延长小麦胚芽的储藏期。

小麦胚芽稳定化方法有化学稳定法和物理稳定法两大类。

1. 化学稳定法

化学稳定法是采用不同的化学试剂来达到钝化酶和杀灭微生物为目的的方法。研究的化学试剂有醋酸、氯化氢、乙醇、甲醇、SO_2 等。在所有应用的试剂中，SO_2 钝化酶的能力最强。化学稳定法操作简便、抑酶活性高、稳定性好，但费用较高，并且有不同程度的污染作用，因此该法使用受到一定限制。目前该方法倾向于添加茶多酚、维生素 E、植酸等无污染、无副作用的天然抗氧抑菌剂。

2. 物理稳定法

物理稳定法可分为以下五种。

（1）干热法　干热法在工业上可采用热风循环炉、远红外辐照、隧道式烘房、烘箱等设备来进行，目的是通过加热来抑制酶的活力，同时降低胚芽的水分，保证小麦胚芽品质的稳定。不同设备其灭酶参数不同。①电热恒温干燥箱：在 110～115℃下，干燥料层厚 1cm 的小麦胚芽，干燥 20～30min；②热风循环炉：150℃下，烘烤厚 2.5cm 的小麦胚芽，干燥 20min；③远红外辐照：在 105℃下，烘烤 15min。干燥后的小麦胚芽水分含量<5%。烘干不仅能使小麦胚芽中的酶钝化灭活，而且可以改善小麦胚芽的风味，除去草腥味等刺激性味道。

（2）蒸汽法　蒸汽压力为 0.155MPa，时间为 20min，处理后的小麦胚芽储藏期可延长至 8 个月。相关研究表明，新鲜小麦胚芽经压力为 0.223～0.263MPa，温度为 123～128℃的高压蒸汽进行稳定化处理后，在 1 个月的加速储藏期内，酸值和过氧化值上升变得缓慢，能有效稳定新鲜胚芽，并且对小麦胚芽油和维生素 E 的提取没有不良影响。

（3）微波法　一般用频率为 2450MHz 的微波对小麦胚芽进行稳定化处理，堆置厚度为 1.5～3.0cm 的胚芽，温度保持在 70～135℃，时间 70～90s 可达到良好的效果。微波加热具有加热均匀，灭酶时间短，能很好地保持原料的营养和风味等优点，是一项值得在食品工业中大力推广的先进技术。而且经微波加热处理的小麦胚中的维生素 E 和其他热敏性营养成分的破坏程度较小，小麦胚芽蛋白质不变性。

（4）焙炒法　焙炒不但能使食物表面发生焦糖化反应和美拉德反应，而且有利于一些风味物质的释放，经焙炒的小麦胚芽脂肪酸含量几乎没有发生变化，而维生素 E 的含量却有所增加。

（5）挤压膨化法　挤压膨化也可较好地应用于麦胚稳定化。高温、高压、高剪切的组合加工过程使麦胚在蒸煮挤压过程中发生淀粉糊化、蛋白质变性等一系列生化反应，能够有效地钝化脂肪酶的活性。挤压还促使游离脂肪与蛋白质、脂肪与淀粉相结合，结合态的脂肪较稳定、不易氧化，从而实现麦胚的稳定化。

三、麦胚蛋白质的综合利用

小麦胚是小麦籽粒中生理活性最强的部分，也是小麦生命活动的中心，其水分和脂肪含量高，特别是脂肪水解酶和脂肪氧化酶活性很强，给小麦胚的储藏与应用带来一系列问题。生产加工中，往往根据需要及时作相应的处理，如烘烤、烧煮、远红外加热等。

小麦胚蛋白质的提取研究较多，目前主要有碱溶酸沉法、酶解法、碱溶酸沉与酶解的复合方法、超声波法，反胶束法和薄膜超滤法等，其中薄膜超滤法受到广泛关注。薄膜超滤是以压力为推动力的膜分离技术之一，它通过膜表面的微孔筛选截留一定分子质量的物质而达到提取特定多肽的目的。该法具有不改变提取物的形态，无需加热，设备简单，占地面积小，能耗低及操作压力低等诸多优点，其应用于蛋白多肽溶液的分离浓缩，既可以实现不同分子质量多肽的分离，也有利于保持多肽的生理活性功能。

1. 小麦胚蛋白质的分离提取

提取蛋白质的方法较多，不同原料中蛋白质的提取方法差别也很大，没有一种固定且通用的蛋白质提取方法，但大多提取方法中的基本手段是相通的，大多数蛋白质能够溶于碱溶液、酸溶液、水溶液、盐溶液中，少量的脂蛋白能够溶于丙酮、乙醇等有机溶剂中，因此根据原料中蛋白质的性质，选取适宜的提取溶剂。蛋白质的溶解性取决于其自身的亲水基团和疏水基团的比例，还受到盐种类、盐浓度、pH、温度等外界条件的影响。麦胚蛋白的提取方法主要有碱溶酸沉法、超声波提取法、酶法、反胶束萃取法和亚临界水萃取法等。

（1）超声波提取法　超声波具有加速质点运动和空化作用，能够在低温下破碎麦胚，增加溶剂与麦胚的接触面积，增加提取效率。此外，超声波具有无污染、安全可靠、缩短提取时间和节约成本等优点，已被用于提取麦胚蛋白质。袁道强等人采用超声波法提取麦胚蛋白质，通过单因素和正交试验优化，获得了最佳提取条件：液固比 25∶1、pH 9.0、超声波功率 200W、超声波处理时间 20min，在此优化条件下，麦胚蛋白质的提取率达 98.68%，与普通的碱溶液提取法相比，麦胚蛋白质的提取率提高了 29.66%，超声波处理对麦胚蛋白质的分子质量没有影响。顾婕等采用碱溶酸沉-逆流脉冲超声复合法从脱脂麦胚中提取麦胚蛋白质，经响应面优化确定了最适提取工艺参数：液固比 12∶1、超声波处理时间 20min、提取温度 50℃，在此条件下，麦胚蛋白质的提取率为 86.59%，与碱溶酸沉法相比，麦胚蛋白质的提取率提高了 49.06%。孙艳平等人研究了超声波预处理对麦胚蛋白质性质的影响，结果表明，超声波处理对麦胚蛋白质提取率有一定的影响，当超声波功率为 80W 时，麦胚蛋白质的提取率最高（75.885），当超声波功率为 140W 时，麦胚蛋白质的纯度最高（94.12%），此时麦胚蛋白质的表面疏水性最强；此外，超声波处理提高了蛋白质的泡沫稳定性，但降低了起泡性，随着超声波功率的增大，乳化稳定性呈抛物线趋势，但乳化液的稳定性呈下降趋势。超声波预处理会改变麦胚蛋白质的二级结构，从而影响其酶解产物的活性。

（2）酶法　酶法提取麦胚蛋白质的条件温和，副产物少，提取率高，部分蛋白质被水解为多肽或氨基酸，产品口感好。朱志方首先将麦胚进行机械破碎，然后采用酸性纤维素酶和蛋白酶来水解破碎后的麦胚，酸性纤维素酶能够水解细胞壁中的纤维素，使胞内蛋白质和油脂释放出来，而蛋白酶可消除油脂和蛋白质间的束缚，提高脂肪和蛋白质的分离效果，降低麦胚蛋白质中的残油率；通过对不同纤维素酶和蛋白酶的筛选，选定酸性纤维素酶和 Alca-lase 蛋白酶进行麦胚蛋白质的提取，而 Alcalase 蛋白酶的效果优于酸性纤维素酶，Alcalase 蛋白酶提取麦胚蛋白质的最适提取条件为：液料比 5∶1、Alcalase 蛋白酶添加量 3%、水解时间 120min，此条件下的麦胚蛋白质提取率为 85.0%。栾金刚采用 α-淀粉酶来提取麦胚中的蛋白质，经优化获得最适提取条件为：α-淀粉酶浓度 0.35%、酶解液 pH 3.9、酶解温度 66.7℃，在此条件下，麦胚蛋白质的提取率为 99.17%。

此外，还有反胶束萃取法和亚临界水萃取法被用于提取小麦胚蛋白质。

2. 小麦胚蛋白质在面制品中的应用

小麦胚蛋白质可应用于面包、饼干、巧克力中作营养强化剂。加工工艺过程一般是先将小麦胚脱脂，然后采用烘烤法或远红外线加热灭酶处理。烘烤法加工小麦胚可直接制作麦胚片，脱脂麦胚粉可代替面包粉用于制作脱脂面包等产品。选择脱脂麦胚粉、面粉的比例以及添加剂的种类和数量，可使面包等产品的皮色、风味和营养价值得到改善和提高。

将小麦胚蛋白质添加到面包中，可以提高蛋白质的含量，尤其是显著提高赖氨酸的含量，补充小麦粉中赖氨酸的不足，而且可以改善面包的外观、口感和风味。对于面条制品，在意大利面条中添加 15% 的经微波处理过的小麦胚，发现其能提高面条的筋度，消化性良好。关于脱脂小麦胚在营养面条中的应用，相关研究表明，脱脂小麦胚在小麦粉中的最佳添加比例为 15%。其营养成分，如氨基酸、矿物质等，以及其质量特性如伸展性都非常好。

3. 小麦胚蛋白质在碎肉制品中的应用

在香肠中加入小麦胚蛋白粉，香肠的持水性增加，稳定性有所提高，蒸煮损失降低，同时可以改善香肠的组织和感官特性，其对碎肉制品的影响与大豆粉、玉米胚芽蛋白粉相似。将小麦胚蛋白粉应用于火腿肠中，可降低火腿肠的脂肪含量，使其营养结构更趋合理；且提高火腿肠中蛋白质的乳化能力，改变脂肪球的大小和分布模式，从而使火腿肠的内部结构更加稳定。

另有研究发现，添加了小麦胚蛋白粉的牛肉馅饼在煎制过程中持水性减小，pH 升高。随着小麦胚蛋白粉添加量的增加，产率增加，蒸煮损失率降低。添加小麦胚蛋白粉的产品比未添加的收缩率低。添加小麦胚蛋白粉并没有使产品的氨基酸含量变化，而脂肪含量降低，含水量增加。麦香风味、多汁性以及嫩度随着蛋白粉的加入而增加，红色度减小而黄色度增加。

4. 小麦胚活性肽的制备及应用

小麦胚蛋白质的价值不仅体现在蛋白质和氨基酸的价值上，而且麦胚蛋白质中很可能蕴涵着许多具有生物活性的氨基酸序列。用特异的蛋白酶水解就可能释放出一些有活性的肽段，这就是酶解制备麦胚生物活性肽。而小麦胚制备活性肽技术的产业化是最新的研究成果。目前，已经有小麦胚蛋白源活性肽粉产品上市，质量稳定，颇受消费者的欢迎。小麦胚多肽具有独特的功能特性。

（1）降血压　小麦胚多肽是麦胚蛋白质在酶的作用下，多肽链被打断，释放出肽链相对较短的肽类化合物，所生成的肽被证明具有一定的生理活性。而国内外对脱脂小麦胚芽蛋白酶水解后所产生肽生理活性进行的研究，主要集中在降血压肽上。日本九州大学采用 5 种蛋白酶直接酶解小麦胚芽粉，对分离得到的三肽进行体内降血压实验，结果表明，Ile-Val-Tyr 能随剂量增加有效降低自发性高血压大鼠（SHR）的平均动脉血压，在 5mg/kg 剂量标准时，SHR 平均动脉血压会降 19.2mmHg。相关研究也采用酶解小麦胚芽蛋白方法生产降血压肽，经核酸蛋白纯化、RP-HPLC 分离，得到了对血管紧张素转换酶（ACE）有强烈抑制作用的组分 X，经测定组分 X 的氨基酸序列为 Ala-Met-Tyr，其半抑制率（IC_{50}）为 5.46μmol/L。这些值与其他蛋白酶酶解所得降血压肽的 IC_{50} 相比十分低，这表明采用酶解脱脂小麦胚芽蛋白生产降血压肽具有很好开发和应用前景。

（2）免疫活性 小麦胚活性肽能够刺激机体淋巴细胞的增殖，增强巨噬细胞的吞噬功能，提高机体抵御外界病原体感染的能力，降低机体发病率，其谷氨酸（Glu）和谷氨酰胺（Gln）含量丰富，亮氨酸（Leu）和酪氨酸（Tyr）含量也较多，其中 Gln 是快速分裂增殖细胞的主要能量来源，可促进淋巴细胞增殖，具有免疫调节作用。研究表明，小麦活性肽对机体抗氧化系统的作用与对免疫功能的调节作用之间具有相辅相成的关系。

（3）麦胚谷胱甘肽 研究表明，小麦胚芽蛋白酶解物抗氧化活性与其分子质量大小密切相关，可能是短肽含有某些能与自由基反应的特殊结构，如麦胚谷胱甘肽。谷胱甘肽的主要生物学功能是保护生物体内蛋白质的疏基，进而维护蛋白质的正常生物活性，同时它又是多种酶的辅酶和辅基。其清除自由基的机制可能是酶解物中供氢体使自由基还原，从而终止自由基连锁反应，起到清除自由基的目的，也可能是通过肽类对过渡金属离子螯合来实现。

谷胱甘肽作为食品添加剂可提高食品的营养价值，改善或加强食品风味及防止变质，可制成治疗和保健的药品用于人体保健。在面制品中加入谷胱甘肽或与蛋白水解酶合用，可减少和面时水的用量，改善面团的流变特性，控制面团黏度，降低面团强度而使得混合及挤压成型变得容易，并可缩短产品的干燥时间；在面条加工中，加入谷胱甘肽作为酪氨酸酶的抑制剂，可以防止色泽变化；在谷类和豆类混合制粉时，加入谷胱甘肽作还原剂能保持原有和所需的色泽；在富含蛋白质的大麦粉、豆粉中加入谷胱甘肽可有效地防止酶促和非酶褐变。

提取麦胚谷胱甘肽可采取溶剂法或酶法，通过添加适当溶剂或结合淀粉酶、蛋白酶水解，再经膜分离、精制而成。

（4）营养小肽 除了功能性肽以外，麦胚蛋白质经适度水解获得的营养小肽，也具有较高的营养意义。现代营养学认为，在动物消化道内，蛋白质有很大一部分是通过小肽的形式吸收的，这类小肽一般是二肽或三肽。而优质蛋白质往往易获得更多的小肽。小肽转运系统具有速度快、无竞争、耗能低、不易饱和、可避免氨基酸之间竞争的特点。在肠道中形成的小肽，其大多数氨基酸残基比单个氨基酸吸收更迅速、更有效。另外，小肽在一定条件下可以和一些微量元素（如锌、铁等）螯合，从而促进这些微量元素的吸收和利用。

（5）小麦胚芽脂肪酶的应用 小麦胚芽脂肪酶近年来的应用主要是在手性拆分和油脂工业方面。因为小麦胚芽脂肪酶对谷物中的脂肪具有较高的水解活力，所以在食品行业通常为灭活对象，几乎没有应用。但小麦胚芽脂肪酶在手性拆分方面有较多的应用，尤其是在拆分氨基酸时，水解消旋氨基酸酯，从而达到将两个对映体分开的目的。同时，也可以利用小麦胚芽中某些脂肪酶的催化功能，用来生产生物柴油。若将小麦胚芽中的脂肪酶提取出来加以合理利用，可使酶法制备生物柴油的催化剂成本显著降低。

小麦胚制备功能性食品配料和活性肽粉的工艺流程为：脱脂小麦胚 → 粉碎 → 酶水

解 → 高效离心分离 → 真空浓缩 → 喷雾干燥 → 包装 → 辐射灭菌 → 产品。

该工艺解决的主要问题包括：①寻找最适酶解条件，使小麦胚提取物的得率达到 70% 以上；②利用碱性蛋白酶和中性蛋白酶的互补作用，一方面提高酶解效率，另一方面防止酶解到氨基酸水平，得到的产品的主要组分是分子质量低于 3.5ku 的小肽；③通过酶解条件的控制，改善产品的风味；④采用卧式高效离心分离机解决固-液分离的问题。小麦胚蛋白肽粉的口感比其他肽粉好，经适当调制，可作为多元素营养粉的配料。小麦胚蛋白肽粉的品质指标见表 5-10、表 5-11。

表 5-10　小麦胚蛋白肽粉的感官指标

项目	要求
细度	100% 通过孔径为 0.25mm 的筛
颜色	白色、淡黄色、黄色
滋味与气味	具有特有的滋味和气味，无其他异味
杂质	无肉眼可见的外来物质

表 5-11　小麦胚蛋白粉理化指标

项目	要求	
	一级	二级
粗蛋白质（以干基计，N×6.25）/%	≥40	≥35
肽含量（以干基计）/%	≥35	≥20
80%肽段的相对分子质量	≤2000	≤3500
灰分（以干基计）/%	≤6.5	≤8.0
水分/%	≤7.0	≤7.0

总之，麦胚生物活性肽的研究发展很快，已受到各国科学家和政府的高度重视。目前，已有多种生物活性肽产品被开发出来，日本在生物活性蛋白肽的研究方面较为突出，其研制出多种功能性食品，如抑制血压升高的食品、抗应变性婴幼儿食品、老人食品、醒酒食品、各种抵抗抗原食品、促钙等微量元素吸收食品等。随着基因工程技术的发展，利用 DNA 重组等技术，将表达活性肽的基因整合到某些微生物或动物体内，通过生物体直接表达出所需的肽类，可大大增加其产量和纯度。例如，日本有公司已成功分离得到小麦活性肽，这些产品不仅容易吸收，而且具有多种生理活性，可作为功能性食品和肽类药物进行开发。

我国是世界上小麦的生产大国，每年可用于开发的小麦胚芽量达 280 万 t，但资源有效利用率不高，小麦食品加工过程产生的富含蛋白质的下脚料及废弃物通常被当作肥料或直接排放掉，不仅造成了资源的浪费，也造成了环境的污染。若采用生物化学技术对小麦胚蛋白质进行深加工而获得活性肽，开发生产出美味可口的健康食品，既能丰富市场，满足消费者日益增长的健康投资需求，又能使企业获得可观的经济效益和一定的社会效益。

四、小麦胚芽油的综合利用

小麦胚中脂肪酸约占 10%，其中 80% 是不饱和脂肪酸，亚油酸含量约 50% 以上。此外，维生素 E、二十八烷醇含量也很高，是一种珍贵的高级营养保健油品。亚油酸对调节人体内电解质平衡、调节血压、降低胆固醇、预防心脑血管疾病有重要作用。欧美等国还将小麦胚油作为抗氧化剂添加到油脂食品中以及作为化妆品和医药品的稳定稀释剂、饲料添加剂以及特殊食品等。

以小麦胚芽为原料制取的胚芽油，集中了小麦的营养精华，富含维生素 E、亚油酸、二十八碳酸及一些尚未解明的微量生理活性成分，具有很高的营养价值。

1. 小麦胚芽油的提取

小麦胚芽油的提取技术也是近年来研究的热点。目前，小麦胚提取油脂主要采用以下几种方法：机械压榨法、溶剂浸出法，超临界 CO_2 流体萃取法和水酶法。

（1）机械压榨法　压榨法是借助机械外力的作用，将油脂从油料中挤压出来的提取方法，是目前国内植物油脂提取的主要方法之一。在压榨制油过程中，主要发生物理变化，如物料变形、油脂分离、摩擦生热、水分蒸发等。在压榨过程中，由于温度、水分、微生物等影响，同时也会产生某些生物化学方面的变化，如蛋白质变性、酶的破坏和抑制等。压榨法适应性强，工艺操作简单，生产设备维修方便，生产规模大小灵活，适合各种植物油的提取。但压榨法也存在着出油率低，营养成分破坏程度大，劳动强度大，生产效率效低的缺点，资源浪费严重。

（2）溶剂浸出法　浸出法是一种较先进的制油方法，它是应用固-液萃取的原理，就是利用能溶解油脂的有机溶剂，通过润湿、渗透、分子扩散的作用，将料胚中的油脂提取出来，然后再把浸出的混合油分离而取得毛油的过程。浸出法具有出油率高、粕中残油率低（<1%）、劳动强度低、生产效率高、浸提温度低（可避免或减少蛋白质的变性和油脂的氧化）、质量较好、容易实现大规模生产和生产自动化等优点。其缺点为浸提出来的毛油含非油物质较多、色泽较深、质量较差，且浸出所用溶剂易燃易爆，而且具有一定毒性，生产的安全性差，还会造成油脂中溶剂的残留。与压榨法比较，浸出法提油是一种更先进的提油方法，浸提法提取的麦胚油酸值低、碘值高。相关研究用二氯甲烷溶剂浸出小麦胚油的最佳工艺条件是：麦胚∶溶剂 = 1∶3、浸出时间 80min、浸出温度 35℃，在此条件下粕中残油率<1%。毛油经过精炼，即可获得品质优良的小麦胚芽油。

（3）超临界 CO_2 流体萃取法　超临界流体萃取方法是利用超临界流体具有的优良溶解性及这种溶解性随温度和压力变化而变化的原理，通过调整气体密度来提取不同物质。超临界 CO_2 流体萃取植物油脂的主要优点有：在浸出过程中，油脂溶解、分离及回收均可采用减压和升温的方式，使工艺简化，节约能源；在整个过程中，温度保持在 50℃左右，不会使热敏性的油料蛋白质变性和一些具有生物活性的物质受到破坏，有利于油料蛋白质的开发利用和一些特殊功能性油脂的提取和利用；CO_2 作为萃取溶剂，资源丰富、价格低、无毒、不燃不爆、不污染环境。超临界 CO_2 萃取的麦胚油具有较高的碘值、较低的皂化值、酸值、过氧化值。超临界 CO_2 流体萃取的麦胚油的质量优于溶剂浸出法提取的麦胚油。所以将超临界 CO_2 流体萃取法应用于小麦胚芽油开发是符合食品健康、绿色、天然的发展趋势。

超临界 CO_2 流体萃取法具有选择性高、操作温度低、工艺简单、无污染和节能等方面的优势，适合于产品纯度要求高、不耐高温、易挥发的物质的萃取，作为一种新兴的分离技术，具有广阔的应用前景。若以乙醇作挟带剂，则乙醇加入量与萃取率提高成正比；但随着乙醇加入量增大，萃取率提高幅度减小。

超临界 CO_2 流体萃取具有出油率高、工艺简单、无溶剂残留、不需精炼可一步完成等特点，但在工业上未大规模推广，主要还存在一些问题：①相平衡及传递研究不充分，目前关于超临界流体萃取的物性数据仍然很少，同时也缺乏能正确推算临界流体萃取过程的基本热力学模型；②高压设备和泵工业生产中，高压操作是不可避免的，因在相当高的压力下，压缩设备的投资比较大，设备和管道的材质要求更高，加工费用更大，超临界流体萃取在连续化上还存在工艺设备方面的困难，而间歇生产不如连续生产经济，仪器价格昂贵，萃取设备复杂，要求条件高，难以普及。

（4）水酶法　水酶法提取植物油在国外多用于可可、玉米胚、菜籽、大豆和向日葵等，并取得了良好的效果。我国科研工作者也将此技术应用于玉米胚芽、大豆、花生、芝麻、米糠等油料作物中。水酶法提取麦胚油是利用可降解植物细胞壁的酶类——纤维素酶、果胶酶等破坏油料作物的细胞壁，使其内部的油脂等内含物在温和的反应条件下释放出来，同时采用蛋白酶分解麦胚中的蛋白质，从而提高细胞内含物质提取率的一种新的提油工艺。与传统提油工艺相比，由于酶法制备植物油脂在温和条件下得以释放，所得的麦胚油质量较好，质量优于压榨法和溶剂浸提法所得的麦胚油，所得的产品不存在溶剂残留、色泽深、出油率低等问题。目前关于水酶法提取麦胚油的研究报道较少，基于水酶法在提取其他油脂方面的优点，可以推测水酶法提取麦胚油也会有十分广阔的前景。

2. 小麦胚芽油的应用

小麦胚芽油由于其丰富的营养价值，具有良好的抗氧化作用和较好的保湿作用，广泛应用于食品、医药、化妆品等行业。

从经济角度考虑，小麦胚芽油可制成油丸或保健品、化妆品。日本发明一种以小麦胚芽油为主的食品，将小麦胚芽油（85%～95%）、蛋黄卵磷脂（3%～8%）混合均匀成液状，封入明胶胶囊。小麦胚营养调和油胶丸属于高级保健食品，具有抗疲劳、抗衰老等多种功能。其加工制作的主要原料是月见草油和小麦胚芽油，同时配合多种维生素。此外，小麦胚芽油还可用作糖果、面包、糕点、饼干等食品的添加剂，无毒、无害、安全。

鸡蛋黄卵磷脂有防止小麦胚芽油中不饱和脂肪酸氧化、抑制成品风味劣变的作用，并以特有芳香掩盖小麦胚芽油不愉快气味，卵磷脂的高乳化性可提高人体对小麦胚芽油的吸收利用率。另外，相关研究以大豆分离蛋白和麦芽糊精为壁材，蔗糖酯和甘油一酯为乳化剂，采用乳化-喷雾干燥法对小麦胚芽油进行微胶囊化制备研究，并对其产品品质进行了检测与分析。微胶囊化技术可以保护其内部包裹的小麦胚芽油，减少外界因素的影响，阻止油脂与空气接触，防止油脂氧化而造成营养品质下降，延长了小麦胚芽油的储藏期。目前国内外已有众多企业生产和销售小麦胚芽油胶囊。尽管微胶囊研究成果已有很多，但存在一些问题，比如包埋率低、产率低、形态不佳等，品质还不是很高。因此，小麦胚芽油微胶囊产品需要进一步研究开发。

小麦胚芽油也可与其他物质共同食用，起到营养保健的作用。如动植物油脂、鱼油、玫瑰精油等；材料粉末，如珍珠粉；特种提取物，如银杏、蛋黄等。各种材料按一定比例混合后制成保健品，多为软胶囊，产品种类繁多。

在医药方面，小麦胚芽油本身特有的性质，使其在医药中应用越来越多，小麦胚芽油可以做成口服胶囊直接食用，预防因维生素缺乏引起的各种疾病；还可以预防心血管疾病和糖尿病等慢性病的发生；小麦胚芽油通过添加一些速溶的淀粉或蛋白粉制成冲剂来饮用，同样可以起到医疗和保健作用。

在化妆品方面，目前应用于化妆品行业的维生素 E 原料大多为合成品，受时尚潮流的影响，化妆品厂商纷纷以小麦胚芽油和其他天然维生素 E 为原料配制化妆品。如日本现在有 1/5~1/4 的小麦胚芽油用作化妆品原料。小麦胚芽油因富含天然多不饱和脂肪酸，具有吸湿、防皮肤干燥的功能，且比石油脂肪酸制品光滑，皮肤触感更柔和。因此，作为原料，小麦胚芽油应用于绝大多数化妆品，如口红、唇膏、眼膏、胭脂、防晒霜、面霜、护肤乳液、浴液、香波、护发膏、指甲油等，起到保养皮肤与头发的功效。

另外，小麦胚芽油精油含丰富的维生素 E，是天然抗氧化剂，平皱保湿效果明显；能稳定精油，与其他植物油混合使用，可防止混合油变质，延长调和油的保质期，使效果更加持久；蛋白质含量丰富（含人体必需的 9 种氨基酸），能保持皮肤弹性和光泽，改善肌肤，可单独按摩使用（直接涂抹肌肤）或调和单方精油使用。

在饲料方面，饲料小麦胚芽油因富含生育酚、亚油酸，常作配合饲料成分，是优良的饲料添加剂，特别适用于奶牛、幼畜及宠物。生育酚原是抗不孕物质，有助于牲畜繁殖、生长发育，配合饲料加小麦胚芽油不仅可防止饲料氧化变质，还可增强牲畜的免疫力和繁殖力。

五、天然维生素 E 的综合利用

小麦胚中的维生素 E 含量约为 22mg/100g，小麦胚芽油中维生素 E 含量约为 0.5%，高于大豆油、玉米油、棉籽油、米糠油，且其中生物活性最高的 D-α-生育酚占维生素 E 总量的 50% 左右，还含有一定量的生育三烯酚。小麦胚芽油是国际上公认的最理想的天然维生素宝库。

维生素 E，即生育酚，具有保持青春、护肤美容、补充精力等功效。维生素 E 可预防一系列老年性疾病，具有抗癌的功能，并且可以提高血中氧的利用率，提高肌肉的持久力，有抗不育的能力。天然维生素 E 的提取与精制主要有两种方法：使用有机溶剂直接提取浓缩维生素 E；用分子蒸馏或短程蒸馏技术提取、浓缩维生素 E。

有机溶剂直接提取、浓缩维生素 E，即主要利用天然维生素 E 与原料中其他组分在某种特定溶剂中的溶解度的不同，选择合适的有机溶剂，使天然维生素 E 与其他组分分离。

分子蒸馏法浓缩天然维生素 E 具有工艺路线短、维生素 E 损失少、收率高、产品色泽好、味纯正等优点。分子蒸馏法收集的馏分溶于丙酮，用低温结晶法脱去甾醇、碱液皂化、乙醚萃取出不皂化物。真空蒸发脱除溶剂后，再次利用分子蒸馏精制，可获得维生素 E 精制馏分。短程蒸馏使加热面上的物料分子飞行较短行程即可到达冷凝面蒸馏，对真空度的要求比分子蒸馏法低，但原理上与分子蒸馏类似。

目前市售的均为化学合成的维生素 E，价格虽低，但活性也低，不易被人体吸收，加工过程中有化学成分残留，对人体有一定的副作用，而小麦胚芽中的维生素 E，含量高，容易吸收，对人体无任何毒副作用。我国以小麦胚芽为材料，已建立了麦胚中生育酚异体的简便、快速、准确的 HPLC 检测方法，利用超临界流体萃取技术和分子蒸馏两项现代高新食品加工技术，就能从小麦胚芽中提取、浓缩获得天然维生素 E。

六、低温脱脂麦胚的综合利用

小麦胚芽经低温浸出油后得到非变性脱脂麦胚粕，颜色为白色，蛋白质几乎不变性，粗蛋白质含量约 33%，糖类约 60%，氨基酸组成基本平衡，并含有大量天然维生素。脱脂麦胚具有一定的功能特性。研究结果表明脱脂麦胚蛋白质，pH 4 时，其持水力最弱，溶解度也最低；pH 8 时持水力最强，而 pH 6 时，溶解度最强。此外，麦胚蛋白质还具有良好的乳化特性，可以作为乳化食品的添加剂。

因此，可利用小麦胚自身固有的各种营养，开发出粉末状或粉状食品，主要有：①麦胚调味品与麦胚饮料。用单酶或双酶法在适当条件下分解脱脂麦胚，经过滤或浓缩或喷雾干燥制得麦胚调味品和麦胚液体或固体饮料。②麦胚面包。低温脱脂麦胚粕经灭酶粉碎后变为脱脂麦胚粉。采用 5% 的谷朊粉和 0.5% 的复合乳化剂，麦胚粉添加量为 8% 时，生产出的面包体积和纹理结构较好，面包的风味、皮色和营养价值得到改善。③麦胚馒头。经过处理的脱脂麦胚粉还能用于馒头的生产，适宜的添加量为 8%，同时可添加 3% 的谷朊粉、0.5% 的复合剂，以增大馒头的体积和改善馒头的感官质量。麦胚粉添加量为 8% 时，馒头中的蛋白质含量可提高 3.5% 左右。④麦胚饼干和糕点。在焙烤制品中添加适量麦胚粉，不仅能改善焙烤制品的外观和口感，而且能提高其营养价值。一般饼干中添加 13% 麦胚粉，糕点中添加 15% 麦胚粉。

七、小麦胚芽食品

1. 麦胚焙烤食品

麦胚可直接以片状或精制成粉末状、粒状添加入面粉内制成各种麦胚焙烤食品，以增强其食品营养价值，平衡各种氨基酸，补充小麦赖氨酸不足。小麦胚芽不仅可以改善焙烤食品的外观、口感和风味，而且能提高产品的营养价值。

2. 麦胚饮料

在以大豆为原料的豆奶内添加一定量的小麦胚芽浸提汁或超微粉碎成的小麦胚芽粉末，混合后用蒸煮锅煮沸、过滤，再加入各种风味剂等辅料，经过均质、杀菌，可生产出口感好、清甜醇厚，具有清新植物香味的麦胚豆奶。小麦胚芽豆奶含有丰富的植物蛋白质、植物脂肪、碳水化合物、钙、磷、铁、钠、钾及各种维生素等多种人体所必需的营养要素和不饱和脂肪酸，人体消化吸收率可高达 95%。

此外，利用小麦胚芽，结合蛋白饮料的制作机理，采用萃取浸提技术提取蛋白液，经磨浆、均质、沉降分离等工艺可制成一种口感清爽、香甜，且富有营养、易消化吸收的纯天然小麦胚芽蛋白饮料。

一般在饮料内添加一定量小麦胚芽或麦胚浸提汁，并再添加维生素 C、β-胡萝卜素等及可溶性膳食纤维，制成之后称为"美容健康饮料"，常以女性消费者为主要对象。

3. 麦胚休闲小食品

可用膨化技术和挤压技术把小麦胚芽加工成各式各样的麦胚片食品，作为儿童及老年人的食品，也可将小麦胚芽制粉后，添加到儿童、老年人食品中，使麦胚中所含多种维生素、微量元素及矿物质得到充分利用。

4. 高维生素 E 小麦胚芽油涂抹食品

由于小麦胚芽油的风味和口感不易被人们接受，一般将其制成胶丸服用。以水果、可可粉等原料和小麦胚芽油制成一种新型保健涂抹食品，低糖、低脂且具有保健作用，尤其适合老年人食用。高维生素 E 小麦胚芽油涂抹食品的制作流程为：果汁、凝胶和白砂糖混合液、小麦胚芽油和可可粉的乳化液 → 微细化 → 均质 → 脱气 → 灌装 → 灭菌 → 冷却 → 成品。

5. 其他

可以将小麦胚粉添加到油炸方便面中，不仅强化了方便面中的高价蛋白质、各种矿物质及维生素，还可改善方便面复水后的黏弹性。也可以向黄豆粉内添加小麦胚芽粉，依照传统工艺发酵制作酱油，即可得营养丰富的小麦胚芽酱油。

八、小麦胚芽深加工技术与产业化前景展望

目前，我国已开始重视小麦胚芽资源的开发利用，但大部分都集中在麦胚初级产品的制造。如果能够充分开发小麦胚芽资源，同时考虑小麦胚芽蛋白质、小麦胚芽油和众多生理活性成分包括维生素 E、谷胱甘肽等的提取工艺和高附加值产品的开发，大力发展小麦胚芽深加工技术和产业化，将具有非常重要的经济效益和社会意义。开发小麦胚芽资源，不仅要考虑科技创新，还需要考虑人们的需求及产品对人们生活质量和健康的改善。

另外，还需注意以下几个方面：①首先要选准目标。应根据国内外市场的培育情况，选择合理的开发路线，充分利用不断涌现的新技术和新装备，从小麦胚的天然性、营养性及功能性方面进行开发，实现产业化；②小麦胚油的产业化还需要推动。营养、保健功能并不仅仅体现在食用方面，可以在扩大小麦胚油的应用领域方面多下功夫；③小麦胚芽蛋白质的产业化还在起步阶段，虽然有了很好的开端，但还需要结合各方面的力量，对小麦胚芽活性肽进行推广、宣传，让消费者了解小麦胚芽活性肽的作用，促进小麦胚芽活性肽的应用；④在小麦胚芽的稳定化方面还有不少工作要做。小麦粉加工企业对小麦胚芽进行稳定化处理是进行小麦胚芽深加工技术产业化的基础。在小麦胚芽资源开发过程中，要加强创新驱动，提升我国在这一领域的国际竞争力。同时，也要加强可持续发展，保障资源的合理利用，促进粮食加工的现代化，实现经济效益和社会效益的双丰收。

🔍 **思考题**

1. 小麦麸皮主要包括哪些成分？
2. 试述膳食纤维的定义和分类。
3. 什么是可溶性膳食纤维和不可溶性膳食纤维？它们有什么不同？
4. 小麦麸皮中的酚类物质主要包括哪些？试述小麦麸皮多酚的化学性质和生理功能。
5. 小麦麸皮蛋白质的提取方法有哪些？
6. 小麦麸皮中可溶性膳食纤维和不可溶性膳食纤维的提取方法有哪些？
7. 以小麦麸皮为原料，可以开发哪些产品？
8. 小麦胚芽包括哪些成分？
9. 麦胚为什么需要稳定化？稳定化方法有哪些？
10. 试述麦胚蛋白质的提取方法及相应的原理。
11. 采用麦胚蛋白质可以开发哪些活性肽？
12. 试述小麦胚芽油的提取方法及相应的原理。

玉米加工副产物的综合利用

玉米籽粒是由约 81.9% 胚乳、11.9% 胚芽（包括幼芽、幼根、胚根和角质鳞片）和 6.2% 种皮组成，各部位化学组成见表 6-1。

表 6-1 玉米籽粒的化学组成　　　　　　　　单位:%

籽粒部位	比例	纤维素	淀粉	蛋白质	脂肪	其他
胚乳	81.9	77.7	5.3	9.1	3.8	4.1
胚芽	11.9	14.4	8.0	18.4	33.2	26.4
种皮	6.2	83.4	7.4	3.8	0.1	5.3

第一节　玉米加工副产物资源现状

玉米加工是指采用物理、化学或生物工程等工艺技术对玉米原料进行处理，生产产品的过程。经过多年发展，玉米已经成为我国粮食加工中链条最长、产品最多的加工品种，产品已达 200 余种。依据加工产业链和价值链的延伸程度，玉米加工产品分为多个层级（表 6-2）。近年，我国淀粉类产品（含淀粉糖）产量占玉米深加工产品产量的 50% 以上，酒精类产品产量约占 30%，赖氨酸、柠檬酸、味精等其他产品产量约占 15%。据公开资料统计，2022 年，我国玉米深加工消费量为 7478 万 t，主要加工产品分为淀粉、酒精和食品添加剂类产品等。其中，用于加工淀粉的玉米约为 4790 万 t，占玉米深加工消耗量的 64.05%，用于酒精加工的玉米消耗量占比约为 22.2%。

表 6-2　玉米加工产品分类

产品级别	初级产品	中级产品	高级产品	更高级产品
产　品	淀粉 玉米主食 麸质饲料 蛋白饲料 玉米油等	酒精 干玉米酒糟 赖氨酸 柠檬酸 醋酸乙酯 乳酸、聚乳酸 甜味剂等	甘油 乙烯及衍生物 糖化酶等	聚赖氨酸 结冷胶等
增值比例	1~2 倍	3~10 倍	10~20 倍	20 倍以上

在众多加工产品中，淀粉类（含淀粉糖）和酒精类产品仍然是玉米深加工业的主要产品，味精、柠檬酸等其他产品企业开工率和产量均无法与玉米淀粉生产相提并论，且多数以玉米淀粉为原料继续进行加工，总体产量处于相对稳定状态。因此，玉米加工副产物资源情况与玉米淀粉加工产量规模具有一致性。

山东省是国内玉米深加工发展最快的地区之一，也是我国玉米淀粉、淀粉糖、变性淀粉、酒精、味精、赖氨酸和柠檬酸生产大省，其中玉米淀粉、淀粉糖、玉米味精及赖氨酸的生产量在全国排名第一。山东省内玉米深加工企业具有规模大、数量多等特点，其中玉米淀粉约占规模以上企业总产能的 50%，淀粉糖产能达全国的一半以上，玉米味精产能占全国的46%，变性淀粉的规模企业产能约占全国的 35%。此外，山东还是我国赖氨酸产能最大和柠檬酸产能第二的省份。赖氨酸产能约占全国总产能的 35%，柠檬酸产能占全国的 23% 左右。

吉林省是我国玉米生产第一大省，原料优势为玉米深加工业的长足发展提供了良好的条件。吉林的玉米深加工企业较多、规模较大，累计加工产能仅次于山东。其中，吉林的淀粉、淀粉糖和赖氨酸产能位居全国第二，变性淀粉生产能力全国第一。黑龙江省也是我国玉米主要生产大省，近年来玉米深加工业发展迅速，加工产能已占全国的 10% 左右。黑龙江省玉米深加工企业产品主要以酒精为主，其他产品所占份额不大。

河北省是我国淀粉、淀粉糖、变性淀粉、玉米味精及柠檬酸产品的主要生产省份之一。淀粉加工能力约占全国的 15%，淀粉糖产能约占全国的 13%，变性淀粉产能约占 7%，玉米味精生产能力全国排名第二。

河南省深加工企业规模普遍不大，主要进行玉米酒精的生产。辽宁省的玉米深加工企业发展较晚，上规模的不多，主要产品有酒精和淀粉。

总体来看，我国的玉米深加工企业主要分布在玉米主产区，即东北三省和华北黄淮等地区。从各省的玉米实际加工量来看，山东和吉林所占比例最高，合计占全国的45%左右，但加工产能和平均开工率在各个年度也有变化。以2019年为例，黑龙江、辽宁、山东及河南地区作为新增产能区域，深加工玉米消费整体增加明显。其中，以黑龙江地区玉米消费增加最为集中，2019年共消费玉米1320.57万t，较2018年增加247.81万t；其次是辽宁地区消费玉米244.57万t，较2018年增加130.40万t；河北、山东、河南地区分别增加70.33万t、60.18万t、62.65万t。然而，内蒙古、宁夏、安徽及吉林地区由于氨基酸行业停工减产现象普遍，均有不同程度下滑，分别为-57.50万t、-31.83万t、-29.18万t、-5.53万t。据统计，2019年玉米淀粉行业平均开工率为71.62%，同比2018年开机率下降4.65%；2019年玉米酒精行业平均开工率为76.12%，同比2018年开机率上升6.95%；2019年氨基酸行业平均开工率为50.72%，同比2018年开机率下降16.54%。

近年来，我国玉米淀粉产能仍然保持稳步增长的趋势，部分前期未落实的加工产能开工生产。但企业主要是转向下游深加工产品的生产，以消耗更多的淀粉乳为主，减少了商品淀粉的供给量，2020年商品玉米淀粉的产量呈现继续减少的趋势。目前中国整体经济发展速度放缓，部分传统的下游需求逐渐减少甚至消失，在新兴需求的初期发展阶段，下游消费将转入滞涨回调周期。未来中国玉米淀粉市场供应及需求均呈现稳中微降的局面，但产能过剩的影响始终存在。

玉米深加工生产各种主产品的同时会产出多种多样的加工副产物，按照玉米加工利用途径比例而言，主要的玉米加工副产物来源于玉米淀粉和玉米工业酒精的生产。玉米淀粉生产工艺流程一般为湿法加工（图6-1），主要副产物有玉米浆、玉米胚芽、玉米皮和玉米蛋白粉等。玉米酒精发酵分为玉米籽粒全粉碎直接发酵和玉米淀粉酒精发酵，主要副产物有酒糟蛋白饲料。依据玉米加工副产物的种类、化学组成及相关特性，不同副产物的综合利用途径差异明显，本章将主要围绕玉米淀粉和酒精生产中的副产物综合利用进行叙述。

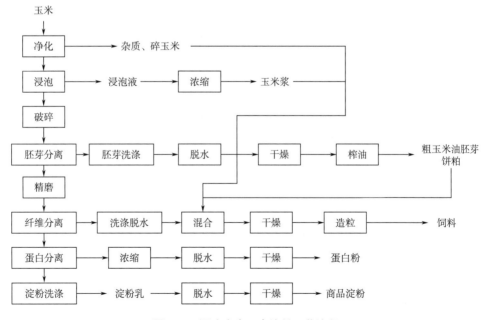

图6-1 湿法生产玉米淀粉工艺流程

第二节 玉米浆的综合利用

玉米浆是玉米淀粉加工的主要副产物之一。生产玉米淀粉过程中，需要先把玉米进行净化，再用水浸泡，然后脱水，再经 0.20%~0.25% 的亚硫酸溶液浸泡 60~70h，浸泡过程中玉米的结构和组织会遭到严重的破坏，细胞浆、细胞液和细胞结构都会进入浸泡液中，产生了玉米浸泡液（干物质含量为 7%~9%），经浓缩后得到玉米浆。因此，玉米浆中含有较多的亚硫酸盐，也含有丰富的营养物质。

一般情况，玉米浆以液态的形式储存和处理，但存在运输困难、难以较长时间储存等问题，动物养殖企业采购量很少。玉米加工企业将玉米浆喷洒到玉米皮上，制作成喷浆玉米皮，但是会损失玉米浆的部分营养价值，同时降低了玉米皮本身的饲喂价值。此外，不同的玉米品种、批次、生产工艺、浓缩方法和环境因素都会影响玉米浆的营养成分，导致玉米浆的营养价值稳定性较差，在畜禽生产应用中，常常需要根据玉米浆批次和环境进行多次评价。这些均成为玉米浆综合利用的主要限制因素。

传统玉米加工中，由于玉米浆存在利用途径较少、生产产品附加值较低且市场相对饱和等问题，多数玉米加工企业仍将玉米浸泡液当成废水进行处理排放，不仅造成严重的资源浪费，而且容易造成环境污染。近年来，随着环保意识增强、粮价上涨和饲料业的发展，玉米加工企业逐渐认识到提高加工副产物的综合利用、低附加值产品向高附加值产品转变是提高企业生产经济效益的有效途径，其中对玉米浆或未浓缩的玉米浸泡液的综合利用方法创新也非常重视，也受到一批科研工作者的持续关注和研究。

一、制取植酸钙

植酸钙是一种有机化合物，化学式为 $C_6H_6Ca_6O_{24}P_6$，为白色无定形粉末，在医药、食品、纺织、印刷等工业中均有广泛应用。其中，在医药领域，常作为各种药物用于胃炎、十二指肠溃疡等疾病的治疗，也可用于治疗神经系统等多种疾病。在食品领域，不仅具有防止食品变黑变质、防腐保鲜等功能，还有促进新陈代谢、增进食欲等营养保健作用。

玉米浆中含有丰富的植酸，通过加入碳酸钙进行中和沉淀、过滤、干燥等步骤可以制得植酸钙，如图 6-2 所示。

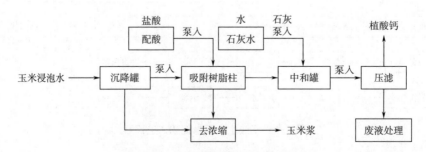

图 6-2 离子交换法生产植酸钙

二、在微生物发酵中的应用

玉米浆的营养成分结构很适合乳酸菌的生长繁殖。以玉米浆为基础的发酵培养基和发酵条件优化后可以大幅度提高菌株的L-乳酸产量。L-乳酸的聚合物（聚L-乳酸）为无毒、可降解的、具有生物相容性的高分子材料，广泛应用于制造生物可降解塑料、绿色包装材料和药用修复材料。利用玉米浸泡液高效生产聚L-乳酸应用前景非常广阔。

玉米浸泡液可以提供微生物发酵所需的氮源、碳源和无机盐等多种营养物质。从自然界经稀释涂布分离得到的菌种，由于生产能力较低，不能满足工业化的大规模生产。利用玉米浸泡液进行产酸性蛋白酶菌株的诱变育种，经过紫外线等交替诱变处理筛选出一株高产蛋白酶的突变株，其酶活力大大高于原始菌株，而且该菌株传代5次后的产量仍然保持稳定。

用于医药领域的各种抗生素发酵生产均可以使用玉米浸泡液作为营养物质，但抗生素长期使用带来的副作用，严重威胁人类的健康。益生素作为新的抗生素替代品，引起世界各国的广泛重视和研究。选用布拉酵母菌、植物乳杆菌和地衣芽孢杆菌为益生菌株，利用玉米浸泡液提供碳源、氮源和无机盐，成功制备了含活菌数较高的复合益生素，不仅给淀粉加工企业带来效益，使资源得到充分利用，减轻了环境负担，而且还大大降低了益生素的生产成本。

在饲料工业中，可以利用玉米浸泡液做氮源发酵生产红酵母增色功能饲料。红酵母富含抗氧化剂类胡萝卜素，提高传统酵母类饲料营养价值的同时，增加了抗氧化和消除自由基能力，能够增强宿主的免疫功能。同时，包含类胡萝卜素的红酵母用在饲料中还具有使鸡蛋、鸭蛋着色的功能。利用玉米浸泡液发酵生产含类胡萝卜素功能饲料有利于丰富市场上增色饲料添加剂的种类，提高禽蛋品质及风味，同时也为玉米浸泡液的利用找到新的突破口。

在调味制品中，玉米浸泡液可为谷氨酸发酵生产提供有机氮源，促进菌体生长。以玉米浸泡液为原料，利用谷氨酸生产菌发酵合成谷氨酸，经过中和、提取后可以制得味精。在玉米浸泡过程中添加一定量的嗜热乳酸菌后，明显缩短了玉米浸泡周期，提高了玉米浸泡液的质量，进一步作为原料发酵谷氨酸过程中，保证了稳定性高的谷氨酸生产水平和转化率，为后续的味精生产提供保障。

在杀虫剂生产中，以玉米浸泡液作为原料培养基制备苏云金杆菌生物杀虫剂，为玉米浸泡液的资源化利用提供了新途径，同时降低了杀虫剂的生产成本。

三、在清洁能源中的应用

化石燃料消费的增加造成了严重的能源危机和环境问题，寻求替代能源非常必要。将玉米浸泡液作为氮源，利用筛选的两株高效产氢菌 Bacillus. sp. 和 Brevumdimouas. sp.，通过混合培养发酵产氢气，降低了发酵底物成本，实现了处理废水和获得清洁能源的双重功效。以玉米浸泡液作为接种液和基质研制了微生物燃料电池，成功地利用玉米浸泡液获得电能，为其再利用提供了一条崭新的途径。

总的来看，实验室已经研究开发的玉米浆或玉米浸泡液的综合利用途径有多种方法，主要有分离提取植酸钙，作为原料发酵生产乳酸、蛋白酶、单细胞功能饲料蛋白、氨基酸、杀虫剂等各种产品（图6-3）。

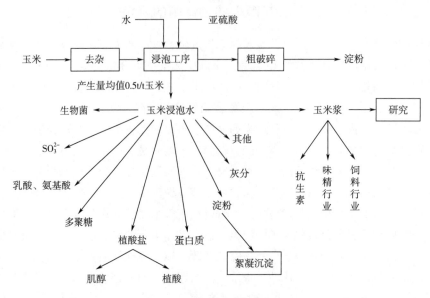

图 6-3　玉米浆的综合利用途径

第三节　玉米胚的综合利用

　　谷物中的胚被公认是一种优质蛋白质资源。所有谷物中，玉米胚所占籽粒的比例最大，富含多种人体必需营养素。玉米胚是很好的油料来源，可用于制取玉米胚芽油。国际上把玉米胚芽油称为保健油，其价格略高于其他食用油脂。近 20 多年来，玉米胚芽油的产量较快增长，已成为世界上主要食用植物油品种之一。我国玉米产量虽居世界第二位，但玉米胚芽油产量却很少，主要是我国以玉米为原料的加工企业，对分离胚的研究开发重视不够，造成大量玉米胚随下脚料排出厂外，未能得到合理利用。我国淀粉糖、淀粉、乙醇、酿酒工业，每年处理几百万吨玉米，但可以收回玉米胚芽油的不多。目前在部分农村，仍以玉米为主粮，有些地方将玉米一次粉碎成玉米粉，出粉率可达 96%，尽管原料得到了充分利用，但却没有脱去玉米胚。同时，未脱胚的玉米粉中含有较多脂肪酶和脂肪，容易出现脂肪酸败现象，导致食用品质劣变。总的来看，玉米加工企业分离玉米胚，对提高产品质量、合理利用资源、提高经济效益，均具有重要意义。

一、玉米胚的成分

　　玉米胚位于玉米籽粒一侧的下部，质量占籽粒的 10%~15%，是籽粒中营养成分最好的部分，也是籽粒生长发育的起点。玉米胚集中了籽粒中 84% 的脂肪、83% 的无机盐、65% 的糖和 22% 的蛋白质，玉米胚的成分与品种关系密切，且差异较大。玉米胚的主要成分组成见表 6-3。

表6-3　玉米胚的主要成分组成

成分	粗蛋白质	脂肪	淀粉	灰分	纤维素
含量/%	17~28	35~56	1.5~5.5	7~16	2.4~5.2

从玉米胚的成分可知，含量最高的是脂肪。整个玉米籽粒脂肪的80%以上在玉米胚中，其含油量高达40%~50%。玉米脂肪含有72.3%的油和27.7%的固体脂肪，所以是半干性油，其中有软脂酸、花生酸、硬脂酸、油酸、亚麻二烯酸等。在脂肪酸中亚油酸和油酸占80%以上，都是不饱和脂肪酸，人体吸收率达97%以上，具有降低胆囊中胆固醇的作用，长期食用能够防止血管粥样硬化症，并对高血压和心脏病有显著疗效。玉米脂肪的皂化值一般为189~192，碘值为111~130。

除脂肪外，玉米胚中含量较多的是蛋白质和灰分。玉米胚的蛋白质大部分是白蛋白和球蛋白，所含的赖氨酸和色氨酸比胚乳高很多，而且赖氨酸含量高达58%，富含人体所必需的氨基酸。玉米胚蛋白质的生物学价值可达64%~72%，而胚乳蛋白质只有44%~59%，因此玉米胚是一种优质的植物蛋白质资源。此外，玉米胚中还含有磷脂、谷甾醇、肌醇磷酸苷、蛋白质水解产物、糖类等。

二、玉米胚的提取方法

玉米胚的提取方法一般分为3种：湿法提胚、干法提胚、半湿法提胚。湿法的提胚率一般在7%左右，提出的胚中含油30%~50%，干法和半湿法的提胚率在9%左右，胚中含油21%~25%。

1. 湿法提胚工艺

湿法提胚工艺将玉米用大量含亚硫酸的水浸泡后进行研磨脱胚，用旋流分离器分离可以得到较完整的胚芽。该法普遍被淀粉行业及葡萄糖行业采用，并用来生产99%以上纯度的高纯度淀粉。玉米湿法提胚工艺流程如图6-4所示。

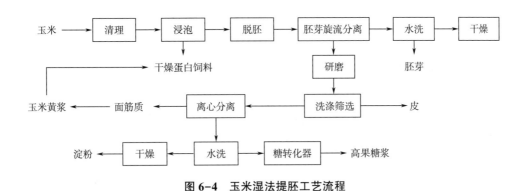

图6-4　玉米湿法提胚工艺流程

湿法提胚工艺最常用于玉米淀粉厂，特点是提胚率较低，一般为6%~8%，所得胚芽纯度高，一般在70%以上，胚的干基含油也较高。但是，所得湿胚芽必须经干燥才能进入制油工序，导致能量消耗较大，生产成本提高。此外，含水量大、转运时间长的湿法提胚工艺容易引起胚芽中的油脂酸败和不饱和脂肪酸氧化，导致制取的玉米胚芽油酸值高，油品品质差，油脂精炼损耗增大等，是该工艺的主要缺点。

2. 干法提胚工艺

干法提胚工艺即指玉米在安全水分14.5%以内，直接脱胚破渣，再经一次或多次压胚后提取玉米胚，目前玉米干法提胚工艺流程如图6-5和图6-6所示。干法提胚工艺广泛用于制粉工业，具有工艺简单、设备利用少、生产成本低、提胚效果较好等工艺特点。

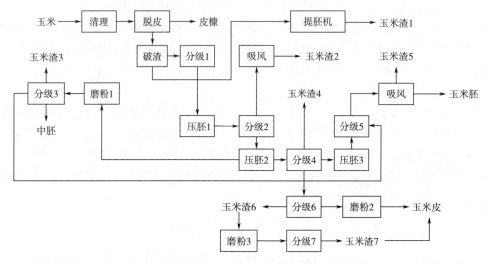

图6-5　玉米联产提胚工艺流程

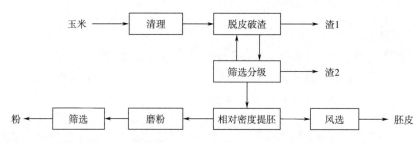

图6-6　玉米干法提胚工艺流程

3. 半湿法提胚工艺

半湿法提胚工艺主要应用于发酵、食品和饲料工业中，首先是对玉米进行润水至含水量为16%~20%，然后粉碎玉米粒，进一步以筛分和空气分级，利用玉米的胚芽和胚乳的吸水差异性、吸水后的弹性韧性及破碎强度的不同来分出胚芽，从而达到分离胚的目的。如整粒黄白马齿玉米浸泡后（含水量16%~18%），其胚乳及胚芽的破碎强度不同：胚乳为10~30kg/cm²，胚为20~50kg/cm²。将玉米破碎、脱皮、脱胚后，再利用胚、胚乳和皮的粒度、密度及悬浮速度的不同，分出纯净的胚乳（含胚≤1.2%）和胚、胚乳混合物，将混合物用空气重力分级，再把胚压扁，经筛理分离出胚，可提得纯胚乳，该工艺在美国称为"Quick-Germ"法。但半湿法提胚工艺的效果并不如湿法，对各组分之间的结合处理不足，各组分不能完整地分离，而且胚芽分离出时已经有部分损伤。因此含油较低，为28%~35%，含水量在4%~6%。

三、玉米胚的综合利用

1. 玉米胚芽油

玉米胚中脂肪含量丰富，可通过机械压榨法、浸出法直接提取玉米胚芽粗油，再用"三脱""五脱"工艺方法可制得玉米胚芽精油，供药用或食用。玉米胚芽油是一种营养丰富的谷物油脂，组分中不饱和脂肪酸含量占80%以上，消化吸收率高，其中所含亚油酸含量在60%以上。因此，玉米胚芽油有良好的煎炸特性和抗氧化特性。

此外，玉米胚芽油中还含一定量的谷甾醇，具有抑胆固醇增加的作用，因而对冠心病、动脉硬化等病症有一定的疗效。玉米胚芽油中富含维生素E，在很多含油食品中加入维生素E起到抗氧化作用。经常食用可降低人体内血清胆固醇含量，防止动脉硬化，促进微血管循环，预防结肠癌，尤其对肥胖、高血压、心脏病、动脉硬化和糖尿病人群更有益处；少儿长期食用玉米胚芽油可促进发育与智力的发展。

玉米胚芽油不仅可作为食用油，而且也是一种公认的保健油，以玉米胚芽油为原料制油胶丸可作保健药品，也可作添加剂加到乳制品、糖果中，起乳化作用，加到面霜、护发液等化妆品中起护肤、护发作用。氢化后的玉米胚芽油可用于生产人造奶油、混合奶油、起酥油等油脂产品。

玉米胚芽油的制取方法有压榨法、浸出法（预炸浸出法）、超声波辅助提取法、超临界 CO_2 流体萃取、水酶法等。

压榨法的优点是设备简单，操作比较容易，但是与浸出法相比，压榨法的出油率较低。

浸出法制油是近代先进的制油法，出油率高，饼粕利用效果也很好，但要求原料供应量大。

超声波辅助提取法是浸出法中常采用的强化辅助手段，即利用超声波产生的高频强烈震动和空化效应缩短提取时间，提高油脂萃取率，改善油品的品质，有时还能获得优良的色泽。

超临界 CO_2 流体萃取技术作为一种独特、高效、清洁的新兴分离技术，在天然产物组分的分离中得到良好的应用。由于超临界 CO_2 流体化学性质非常稳定，无毒，无刺激性、腐蚀性，并且临界温度低，能够提供一个低温、无氧的惰性环境，可以避免一些氧化反应发生，并且无残留，特别适用于一些脂溶性、高沸点、热敏性功能组分的提取和分离。研究表明，超临界 CO_2 流体提取的玉米胚芽油理化性质明显优于溶剂提取产品特性。

水酶法是近年来开始研究和利用的一种新工艺，具有工艺简单、条件温和、所需能量少，提取的油品质较好，且利于物料的综合利用等多种优点，受到广泛关注。酶法提取过程中油料作物的细胞壁经过酶制剂的分解而使有效成分充分释放出来。水酶法的提取工艺一般是先将胚芽粉碎后，加入适量的柠檬酸钠缓冲液常压蒸汽处理，再加入酶制剂，如纤维素酶、果胶酶、淀粉酶、蛋白酶等作用于油料，进而获得油脂。酶解之后，进行灭酶和离心处理，取上层清液，即得玉米胚芽油。离心的下层可用于提取玉米胚芽蛋白。然而，水酶法也存在酶制剂用量偏大、酶解时间较长等缺点，限制了该方法的推广应用。

由于玉米胚一般是在淀粉厂或其他玉米加工厂分离出来，每万吨玉米最多提出700t玉米胚。当这些胚芽制油时，只可以生产300多吨的产品，因此相对来说是一个规模较小的油料加工，所以玉米胚大部分采用压榨法制油。只有集中一定规模的玉米胚芽，才适于建立浸出法玉米胚芽油厂。

与其他油料一样，玉米胚制油需要经过清理、轧胚、蒸胚、压榨等过程，工艺流程为：玉米胚 → 预处理 → 轧胚 → 蒸炒 → 压榨 → 毛油 → 水化脱胶 → 碱炼 → 水洗（二次）→ 脱水脱色 → 过滤 → 脱臭 → 精炼玉米胚芽油。

（1）预处理　用于榨油的玉米胚芽应有一定的新鲜度，其新鲜程度对制油效果有很大影响。玉米胚芽存放的时间越短、越新鲜，越有利于提高出油率和保证油品质量。相反，存放时间过长，会降低出油率，影响油品的品质，甚至产生霉变，制取的玉米胚芽油也可能会对人体产生危害。因此，玉米胚芽的存放时间不应该太长，最好是能够新胚入榨加工。如果不是新胚入榨，可以将玉米胚芽晒干或炒熟存放，防止其变质。

进入制油车间的玉米胚芽有干法分离和湿法分离之分。干法提胚获得的玉米胚虽然能达到玉米质量的 4%~8%，但是干法分离效果差，含的杂质较多，夹带着很多淀粉和玉米皮。有时因分离不善，干法玉米胚甚至无法用于制油。湿法分离的玉米胚芽纯度较高，出油率也较高。影响出油率的最大杂质因素是淀粉。分离胚芽过程中如果淀粉分离不干净，不仅会减少商品淀粉的回收率，也会影响胚芽的出油率。此外，淀粉在玉米胚芽蒸炒过程中会糊化，会减少压榨过程中油脂流出的流油面积，堵塞油路。同时，淀粉本身由于自身特性也会吸收一部分油脂，从而影响玉米胚芽的出油率。因此，在榨油前应用筛分法尽可能地将淀粉等杂质去除。在玉米胚芽进入榨油机之前，还应该选用马蹄形磁铁或永磁筒进行磁选处理，以除去磁性金属碎屑，保护榨油设备。

（2）轧胚　玉米在破碎提胚前，一般都经过水分调整，水分高的要降低其水分，因此轧胚前必须先进行烘烤，调节玉米胚的温度和水分，降低其韧性。干燥后的玉米胚水分达到 10% 以下，才能进行轧胚。轧胚是为了使胚芽破碎，使胚芽的部分细胞膜受到破坏，并使蛋白质变性，以利于胚芽内部油的流出。胚芽压扁后，增加了表面积，缩短了油路，有利于蒸炒时调节水分和吸收热量以及浸出时溶剂的渗透，而且有利于细胞中胶体结构的最大破坏以及油滴的聚集、流出。

（3）蒸炒　也称热处理，是玉米胚芽榨油预处理阶段最重要的一个环节，其效果好坏直接影响油品的质量和榨油效果。蒸炒是为了破坏胚芽的细胞壁，使蛋白质充分变性和凝固，降低油的黏度，同时使油滴进一步聚集，以有利于油脂从细胞中流出。蒸炒的效果受水分、温度、加热时间和速度等诸多因素的影响，其中最主要的影响因素是水分和温度。经蒸炒后，压榨以前，油料温度最好达到 100℃。

（4）压榨　压榨机有间歇和连续的两种，现在均采用连续螺旋压榨机，依靠压力挤压出油。常用设备为 95 型螺旋压榨机和 200 型螺旋压榨机。压榨后得到毛油和胚芽饼，毛油经过沉淀，可作原料油出厂，一般不适用于食用，需经过精炼，才能成为食用油。

（5）水化脱胶　玉米胚芽油中含有游离脂肪酸、磷脂结合的蛋白质、黏液质等非甘油酯杂质，其以胶体形式存在于玉米胚芽油中。这些胶体物质在加热过程中会产生气泡，在碱炼过程中会使油脂和碱液乳化，影响玉米胚芽油的精炼。因此玉米胚芽油在碱炼之前，要先进行水化脱胶处理。水化的原理是通过加水、加热使油中的磷脂、蛋白质和黏液等杂质分离出来。因为磷脂吸水后会膨胀，体积增大，与蛋白质、黏液和其他杂质结合在一起形成胶体，密度增大而下沉析出。水化是在玉米胚芽油加热到 80℃ 的情况下，加入毛油质量 5%~10% 的食盐水，盐水的浓度为 5%，加水的同时，必须进行搅拌。在水化过程中，胶体膨胀并溶入水中，然后将含有胶体的水和油分离，达到脱胶的目的。

（6）碱炼 玉米胚芽油（毛油）往往含有大量的游离脂肪酸，酸值一般在 6mg/g 左右，有的高达 10mg/g。碱炼的作用是将碱液作用于玉米胚芽油，用来中和玉米胚芽油中的游离脂肪酸，产生絮状皂化物，并吸附油脂中的杂质，使油脂进一步净化，对玉米胚芽油下一步的脱色或氢化有重要影响。碱炼一般采用烧碱，脱酸效果好，同时能改善油脂的色泽，但缺点是会产生少量的皂化。如采用碳酸钠碱炼，能防止中性油脂的皂化，但所得油脂色泽较差。碱炼设备小型厂采用开口式反应罐，碱液以喷淋的方式加入油脂中，经过碱炼，游离脂肪酸能降至 1% 以下。碱炼过程中产生的皂脚，沉降于碱炼罐的底部，很容易分离。

（7）脱色 碱炼以后的玉米胚芽油，用白土进行脱色，脱色过程不仅能吸附色素，也能将油脂中的少量皂脚等胶体物质除去。脱色工艺一般要求油温升至 70~80℃ 时加入白土，然后升温到 110~120℃，脱色 10~20min，白土用量一般为油重的 3%~5%。脱色过程也是微量水的脱除过程，在真空下进行。脱色过程中温度适当提高，能提高脱色的效果，但过高的温度，会使油脂酸值上升。所以应按照实际情况，选择合适的操作温度和脱色时间，以取得最好的脱色效果。

（8）冬化 玉米胚芽油中含有少量的蜡，会影响油的透明度，为此在脱色以后，有时还需进行冬化。首先将脱色的玉米胚芽油冷却，使蜡结晶析出，然后将其滤除，称为冬化处理。但不是所有的玉米胚芽油均必须进行冬化处理。

（9）脱臭 玉米胚芽油经过脱胶、碱炼、脱色以后，游离脂肪酸、磷脂、蛋白质、黏液质、色素等大部分均除去，外观黄色透明，但是还保留有一种玉米胚芽油特有的异味，主要是一些帖烯类、醛酮类等可挥发物质。因而玉米胚芽油不经过脱臭处理，风味较差，即使有较好的营养价值，也不受消费者的青睐。为此，玉米胚芽油需要进行真空脱臭处理，使产品符合良好风味的要求。

为了有效地脱除玉米胚芽油中的异味，可采用高温、高真空、蒸汽汽提的办法。脱臭的操作步骤为：将油注入脱臭锅中，进油量为锅容积的 2/3 左右。将油用蒸汽管加热，锅内通入直接蒸汽，用来翻动油层和脱除空气，当油温升至 150℃ 时，开始进入脱臭过程。此后，直接蒸汽开大，翻动增大，温度升至 180℃，真空度为 0.093MPa，之后脱臭全面开始。整个脱臭过程一般为 7~8h。然后冷却，直接关小蒸汽，待油温降至 80℃ 时全部关闭。油温降至 70℃ 时即可进行过滤，经过滤后即为成品。

玉米胚芽油经过水化、碱炼、脱色、脱臭、精炼等过程，获得成品玉米油，损耗在 10% 左右。成品玉米油的标准见表 6-4。

表 6-4 成品玉米油的标准

项目	质量指标标准		
	一级	二级	三级
色泽	淡黄色至黄色	淡黄色至橙黄色	淡黄色至棕红色
透明度（20℃）	澄清、透明	澄清	允许微油
气味、滋味	无异味，口感好	无异味，口感良好	具有玉米油固有气味和滋味，无异味

续表

项目	质量指标标准		
	一级	二级	三级
水分及挥发物含量/%≤	0.10	0.15	0.20
不溶物杂质含量/%≤	0.05	0.05	0.05
酸值（以 KOH 计）/（mg/g）≤	0.50	2.0	按照 GB 2716 执行
含皂量/%≤	—	0.02	0.03
烟点/℃≥	190	—	—

注：划有"—"者不做检测。

玉米胚芽油是从玉米胚芽中提取的一种植物胚芽油，其富含不饱和脂肪酸、天然维生素 E、植物甾醇和玉米黄质等活性物质，是天然维生素 E、植物甾醇和类胡萝卜素等营养物质的理想来源。

除了作为食用油以外，玉米胚芽油的功能性应用研究也十分引人注目。玉米胚芽油的微胶囊化研究利用，不仅可以保持油脂的固有特性和功能，还能赋予许多新的优良特性。如增加稳定性、分散性和具有缓释作用等。工业上利用玉米胚芽油不饱和脂肪酸含量高，对其进行环氧化，制备环氧化增塑剂。或者通过酶催化制备氢过氧化玉米胚芽油，其是工业中非常重要的中间体，可用来制备环氧化合物、羟基化合物及多官能团物质。氢过氧化玉米胚芽油在某些金属清洗剂中可作为油相组分替代矿物油，以制备环保型金属清洗剂。

此外，玉米胚芽油含有油酸、亚油酸的甘油酯和多种维生素。临床试验表明，涂在皮肤表面有很强的抗菌能力。玉米胚芽油的化妆品对慢性湿疹、黑斑和皮肤老化等有显著疗效。胚芽油中所含的 γ-谷维素能增强皮肤内分泌系统，调节皮肤分泌，促进血液循环。因此玉米胚芽油可作为添加剂配入化妆品中，制成乳液、护肤霜、营养美容霜、头发梳理剂、化妆水等。

总之，玉米胚芽油是具有高营养价值的功能性油脂，玉米胚芽油的深加工利用，对玉米产业的增值，丰富我国营养保健食品的种类，提高人民的膳食营养和健康水平都有十分重大的意义。

2. 玉米胚芽蛋白

玉米胚芽榨油后获得的残渣即为胚芽饼，胚芽饼中含粗蛋白质 23%~25%、脂肪 3%~9.8%、粗纤维 7%~9%、无氮浸出物 42%~53%、灰分 1.4%~2.6%，是一种以蛋白质为主的营养物质，是较好的营养强化剂，但由于玉米胚芽饼中往往混有玉米纤维，特别是胚芽饼有一种异味，所以一般均作为饲料处理，且容易被动物吸收，是高营养的饲料，可使鱼类和动物抗病，增强食欲，从而提高肉蛋的品质。

胚芽饼中蛋白质主要组成为：79.9% 的碱溶蛋白、7.3% 的水溶蛋白、4.6% 的盐溶蛋白、1% 的醇溶蛋白。从生物学价值角度来评价玉米胚芽饼蛋白质，总蛋白质主要是碱溶蛋白，含量不低于鸡蛋蛋白和酪蛋白。按氨基酸构成评价其生物学价值，近似于人乳和鸡蛋的生物学价值。另外，胚芽蛋白的碱溶蛋白部分具有很高的乳化性和乳化稳定性。

碱溶、酸沉提取的玉米胚芽蛋白粉具有特殊的生物学价值，氨基酸构成符合国际卫生组织全价蛋白的规定值，其中碱溶蛋白接近于鸡蛋白和人乳蛋白的组成，具有吸油、持水、黏结、延展、乳化、凝胶等性质。因此，玉米胚芽蛋白粉可以作为一种新型配料蛋白替代常用的大豆分离蛋白粉，广泛应用于肉食制品、蛋白饮料以及焙烤食品生产工业中。

（1）玉米胚芽蛋白的水解　玉米胚芽经酶解后，更有利于人体的吸收，可以作为消化系统功能不健全的特定人群的膳食蛋白来源。据资料报道，面筋蛋白、大豆蛋白以及大米蛋白经食物蛋白酶作用后产生的酶解肽均能增强巨噬细胞的吞噬能力。

有研究发现，碱性蛋白酶能够对脱脂玉米胚芽进行有效水解，较佳工艺条件为：反应温度 40℃，pH 9.0，酶加入量 900U/g，底物浓度 5%。在此条件下水解 4h，可得到较高蛋白提取率和没有苦味、水解度适宜的酶解液。另有研究表明，胰蛋白酶对玉米胚芽蛋白的最佳水解条件为：酶与底物比 2%、温度 40℃、pH 8.0、底物浓度 8%。在此条件下水解 4h，水解度可达到 10.4%。用高效凝胶过滤色谱（HPSEC）分析可得，酶解产物的分子质量主要集中在 0.2~4ku。

（2）玉米胚芽分离蛋白的提取　以湿法脱胚的玉米胚芽为原料，采用碱溶、酸沉淀法可制备玉米胚芽分离蛋白。研究表明，玉米胚芽分离蛋白在碱性条件下溶解度较好，55℃时溶解度最大；即在低于 55℃的条件下，随着温度的升高溶解度增加，温度超过 55℃时，溶解度随温度升高而降低。在离子强度为 1 的浓度范围内，各种盐均能提高蛋白质的溶解度，其中阴离子对蛋白质的溶解度影响较大。玉米胚芽分离蛋白在 pH 7.0~8.5 的乳化活性明显增加；提高蛋白质浓度可以增加其乳化活性；适当提高温度可以增加蛋白质的乳化活性；低浓度 NaCl 溶液（<0.5mol/L）提高乳化活性，高浓度 NaCl 溶液（>0.5mol/L）降低乳化活性。玉米胚芽分离蛋白的乳化稳定性与乳化活性变化趋势基本相同，与溶解度密切相关。

（3）玉米胚芽蛋白粉的应用　玉米胚芽蛋白粉是优质的营养强化剂和良好乳化剂。目前，国内外利用玉米胚芽蛋白作为蛋白质添加剂，广泛应用于焙烤、肉制品中，在膨化小食品生产方面也有所运用，并对脱脂玉米胚芽蛋白粉的功能性质进行了初步研究。在饼干中添加胚芽粉，能提高饼干的松脆度；在面包中添加 20% 的胚芽粉时，可使面包的蛋白质含量大大提高，但外观、膨松度、口感等均与未添加胚芽粉时无明显差异。

很多食品加工，如肉食、面食、饮料等，均采用添加优质植物蛋白质，以改善所加工食品的营养结构和口感。由于大豆蛋白的氨基酸组成和牛奶蛋白质较接近，所以目前食品工业添加的蛋白粉主要是大豆蛋白。但大豆蛋白有不同档次，优质的大豆分离蛋白粉，其蛋白质含量达 90%，可价格十分昂贵。玉米胚芽蛋白主要由白蛋白和球蛋白组成，含量达 60% 以上，也含有相近于国际卫生标准规定的 8 种氨基酸百分比构成，所以玉米胚芽蛋白是一种可替代大豆分离蛋白的优质植物蛋白质。

研究发现，除必需氨基酸齐全、食品加工相容性好以外，同动物性蛋白质脱脂奶粉、酪蛋白浓缩物、酪蛋白酸钠（肉食乳化剂）等优质蛋白源比较，玉米胚芽蛋白粉的水保持力和对脂肪黏结力更优。玉米胚芽蛋白应用于食品加工中，在吸油、持水、黏结、延展、乳化、凝胶等方面具有优势。因此，玉米胚芽蛋白粉可能是今后食品加工中比较理想的植物蛋白添加辅料。

①在肉类食品中的应用：目前肉类食品中常用的蛋白质主要是大豆粉和大豆分离蛋白。大豆粉价格较低，纯度低，功能性质较差，使用范围和使用量都受到限制。大豆分离蛋白具

有较强的功能性和感官特性，但缺点是价格较贵，且目前大部分大豆分离蛋白均从国外进口。玉米胚芽蛋白粉以良好的特性和成本优势，将成为大豆分离蛋白的良好替代品。

添加植物蛋白质的产品有：以碎肉制作的肉饼、丸子、饺子、包子及烧卖等制品；块类肉制品（如火腿类）；乳化类制品，如肉糜香肠、蒸煮肠。总之，从营养学角度看，玉米胚芽蛋白粉添加到肉制品中，可起到互补作用，成为理想的蛋白质。

②在配方奶粉及植物蛋白饮料中的应用：大多优质蛋白饮料都以大豆分离蛋白作为配料，其水溶性、稳定性比较好，但必须添加乳化剂。玉米胚芽蛋白粉的乳化液，是由含7%脱脂玉米胚芽蛋白和40%的脂肪组成，有70.39%的水分被乳化液留下了，用玉米胚芽蛋白做饮料，稳定性更好。

近年，食品企业投产了巧克力、香草、水果香型等植物蛋白饮料。除直接饮用外，还可加入其他产品（如咖啡、汤、早餐谷物等）中，而不会对食品风味产生负面影响。植物蛋白质近年来的一个主要用途是做牛奶替代品，尤其是针对牛奶蛋白过敏和乳糖不耐受症的婴儿，植物蛋白配方是较好的选择。玉米胚芽蛋白粉不含有饱和脂肪酸，作为营养食品，其蛋白质构成能够完全代替动物蛋白质，而且能够溶于水，用玉米胚芽蛋白粉做蛋白饮料，其品质优于其他途径所做的蛋白饮料。现在国际、国内多倾向于少摄入动物食品，而多摄入高蛋白植物食品，减少三高现象的产生，所以植物蛋白食品具有广阔的市场前景。

③在焙烤食品中的应用：在焙烤食品中添加植物蛋白质，主要有三个作用。a. 提高营养价值。玉米胚芽分离蛋白粉赖氨酸含量高，把它们添加到谷物食品中，不仅能提高产品的蛋白质含量，而且能补充面粉中不足的必需氨基酸，提高焙烤食品的营养价值。b. 改善食品品质。玉米胚芽分离蛋白用于糕点，既增加蛋白质含量，又改进烘焙颜色，延长存放时间，并且还可使奶油形成胶体状，增进可溶性。在生产饼干的面粉中添加15%~30%的玉米胚芽蛋白粉，能够增加饼干的韧性、酥性。c. 改善加工性能。有研究发现，面粉中谷朊粉影响面团发酵特性，而玉米胚芽分离蛋白粉可以将谷朊粉稀释，有利于面粉中酵母的发酵。玉米胚芽蛋白粉中还含有还原糖，在焙烤时可发生美拉德反应，促使面包表面变成期望的金黄色。另外由于玉米胚芽蛋白粉具有较高的吸水性（2.5~3倍），使面包不宜老化，延长了保质期。植物蛋白粉可以增加面粉制品的口感和弹性，由于胚芽蛋白粉的持水性和黏结性比较高，可以改善面食的筋力，促进面团混合，降低产品的老化速度，改良产品的持水性，使产品质地柔软及组织结构良好，促进产品色泽的形成，提高产品的新鲜度及延长储存时间。

综上所述，玉米胚芽蛋白在多种食品加工中应用，可作为新型蛋白粉配料，而且其成本要低于大豆分离蛋白，所以玉米胚芽蛋白可作为一种优质蛋白质进入食品市场，有广阔的发展前景。

3. 制备植物蛋白饮料

玉米胚的营养是比较丰富的，其中蛋白质17%~28%，赖氨酸与色氨酸含量较多，必需氨基酸组成比例比较平衡，其蛋白质价值与鸡蛋相近。另外，玉米胚中还含有丰富的维生素E和谷胱甘肽等活性物质，可抑制癌细胞的生长，将玉米胚通过浸泡、打浆、细磨，加入糖液、稳定剂（黄原胶）、乳化剂（聚甘油酯）和柠檬酸，再经均质与高温灭菌处理，即可得到玉米胚饮料。该饮料作为一种天然营养保健饮料，保持了几乎玉米胚芽的全部营养，具有很好的保健功能。

玉米胚蛋白饮料是中性饮料，营养比较丰富，但生产过程中一定要控制好关键技术与生产卫生条件。玉米胚经清洗、冻干、微波烘烤、粉碎、调配、去油脂等先进生产技术与工艺可生产玉米蛋白饮料，目前国内已有玉米胚蛋白饮料的商品上市，不仅植物蛋白质含量很高，维生素 E 含量达 2.20mg/100g，此外还含有植物甾醇和氨基丁酸等生物活性成分，深受消费者欢迎。

一般而言，制作植物蛋白饮料需要选无霉变、无虫蛀、饱满的胚过筛后去除杂质，用 70℃ 热水浸泡 2h。软化后的玉米胚加入 10 倍的水用打浆机打浆，筛孔直径为 0.5mm，然后再用胶体磨进一步细化。调配：玉米胚 7%、白砂糖 10%，柠檬酸 0.08%~0.10%，抗坏血酸 0.01%，黄原胶 0.2%，乙基麦芽酚 0.01%，复合乳化剂 0.25%。均质：将混合液预热至 70℃，用高压均质机均质 2 次。第 1 次压力为 25~30MPa；第 2 次压力为 15~20MPa。脱气：均质后的浆液于真空脱气机中脱气，真空度为 0.06~0.09MPa，温度为 60~70℃。然后用灌装压盖机组定量灌装并封口，送入杀菌锅中进行加热杀菌，检验合格后即为成品。

相关研究表明，玉米胚植物蛋白饮料最佳生产工艺条件为：均质粒度 20μm，调配后二次均质压力分别是 20MPa、30MPa，均质温度为 70℃，加 0.1% 蔗糖酯、0.1% 黄原胶复合稳定剂。在玉米胚芽蛋白饮料基料制备工艺中，碱性蛋白酶能显著地提高玉米胚蛋白质及其水解物的提取率。经过二次浸提，蛋白质及其水解物提取率可达 65.38%。

总之，通过上述对玉米胚芽的综合利用现状分析，从玉米深加工的角度来说，对玉米胚蛋白进行综合利用是一项很有发展前途的行业。它不但可以满足人们对营养的需求，还可以带动一系列食品加工行业，并且对环境保护也起到了积极的作用。

第四节　玉米皮的综合利用

玉米皮是玉米淀粉加工的副产物，是玉米籽粒的表皮部分，占玉米总质量的 7%~10%。每年我国的玉米加工副产物——玉米皮都在 2000 万 t 以上。其中淀粉的含量在 20% 以上，纤维素和半纤维素的含量较为丰富，分别在 37% 和 11% 左右，蛋白质的含量在 12% 左右，灰分占 1.3%，剩余的是其他微量成分。与米糠、麸皮相比，玉米皮膳食纤维含量高，其中半纤维素含量也较高。玉米皮中含有的玉米膳食纤维（corn dietary fiber，CDF），是一种理想的食用纤维源。长期以来，玉米皮主要用于生产饲料，没有被充分利用，造成较大的资源浪费，若能进行深加工，将会提高玉米的经济效益和社会效益。

一、提取可溶性膳食纤维

可溶性膳食纤维是膳食纤维中不被人体消化吸收的多糖类碳水化合物（非淀粉类）与木质素的总称。可溶性膳食纤维包括果胶等亲水胶体物质和部分半纤维素，如树胶、果胶、藻胶、豆胶、琼脂、羧甲基纤维素等。可溶性膳食纤维在防治心血管疾病、糖尿病、肥胖等方面，都优于不可溶性膳食纤维，被誉为膳食纤维中的"极品"。它可以减缓消化速度并且可以快速排泄胆固醇，能够将血液中的血糖和胆固醇控制在理想的水平。

食物膳食纤维的共同特点是保水吸水，在体内能生成溶胶和凝胶，延迟食物成分在消化器官内的扩散，促使延缓糖分的吸收，对无机质及有机质有吸附功能。

关于食物膳食纤维的作用机制简要说明如下。

①在胃肠吸收水分膨胀,体积增加,饱腹感强,可溶性纤维形成胶态,延缓葡萄糖和脂肪的吸收,逐渐使血糖、血脂水平下降。

②缩短食物在肠道内的滞留时间,一般低膳食纤维食品需28h从肠道排空,而高膳食纤维食品只需14~16h,减少了人体对有毒有害物质的吸收。

③能吸附和稀释致癌物及有毒物,使之排出。

④膳食纤维在肠内酵解,导致肠内pH下降,影响厌氧菌群代谢活动,成为抗肿瘤发生因子的来源。

⑤能促进胆固醇转化成胆酸和服盐,增加胆盐的排出,与胆酸结合,减少胆酸通过肝再循环,从而降低胆固醇,抑制血清胆固醇上升。

食物膳食纤维的来源十分广泛,而玉米淀粉厂的玉米皮是已经从谷物中分出来的纤维物质,但玉米皮在未经生物、化学、物理的方法加工之前,难以显示其纤维成分的生理活性,国内外的很多研究已经证实了这一事实。通过一定的分离手段,可以除去玉米皮中的淀粉、蛋白质、脂肪等,获得较纯的玉米质纤维,才能得到食用膳食纤维,用作高膳食纤维食品的添加剂。如果不经过分离提纯的工序,玉米皮缺乏生理活性,且会使食品的口感变差。许多研究表明,玉米膳食纤维的活性成分,主要是半纤维素,特别是其可溶部分。将这一部分作为食品添加剂,其口感要比不溶性部分好。

超声波法的工艺流程如下:玉米皮 → 粉碎筛分 → 脱脂 → 去除淀粉 → 烘干 → 称重 → 碱处理 → 离心分离 → 烘干 → 称重 → 产品。

随着营养学和食品加工技术的发展,人们对各种营养元素的生理机能有了更深入的了解。在选择食品饮料时,消费者已经不再仅仅满足于人体最基本的营养需求,还希望这些食品能够提供一些额外的健康益处,可以帮助他们预防某些疾病,提高身体免疫力,从而达到提高生活质量的目的。正因为这些原因,功能食品变得越来越流行。牛奶是营养丰富、各种成分分配比较合理、生理功能较全面的理想食品。乳制品是除母乳外营养最为均衡的全价食品,同时又是一个功能性营养元素的良好载体。研究资料表明,许多功能性营养元素添加到牛奶中后,它们的生物活性和可吸收率都有了很大的提高。但牛奶缺乏膳食纤维,在乳制品中加入可溶性膳食纤维能同时满足人们对蛋白质、维生素A、脂肪等动物性营养成分和膳食纤维等植物性营养成分的需求,进一步提高乳制品的营养价值和应用范围。长期饮用能疏通肠道,防治便秘,并可降低胆固醇,调节血脂、血糖,有助于减肥,特别适合中老年人、糖尿病人和肥胖者饮用。

工艺流程:酸味剂溶解 → 加白糖和稳定剂溶解,冷却(<20℃下操作) → 原辅料 → 溶解 → 冷却(<20℃) → 混合(酸化) → 预热 → 均质 → 冷却 → 灌装 → 杀菌 → 检验 → 包装 → 成品。

但需要注意以下操作要点。①原辅料调配:原辅料要充分溶解,其中稳定剂先与蔗糖干粉混匀,用70~80℃热水溶解,无结团,再与其他配料混匀,定量准确。②均质:将调配好的物料用高压均质机在20MPa、60~65℃下乳化均质。物料在高压下产生空穴效应、剪切效应和碰撞效应,物料的细度在1~2μm。③冷却、灌装:采用冰水热交换法使物料温度快速下降到4~6℃灌装。④杀菌:灌装密封后及时杀菌,90℃,30min,杀菌后冷却至常温。⑤检验、包装:置于25℃保温7d,即可检验、包装。

玉米皮膳食纤维乳饮料的研制可为特定消费人群提供健康营养的乳制品，在日常饮食中起到保健功能。这种产品的开发大量利用玉米加工业的副产物——玉米皮，这对农产品资源的综合利用具有积极意义。

二、黄色素的功能与生产

色素赋予食品诱人的色泽，给消费者带来良好的感官感受和强烈的购买欲，鲜艳、健康的色泽是食品工艺的重要指标之一。近年来，随着人们对绿色生活的倡导，各种无毒无害并有药理作用的天然色素逐渐引起研究人员的关注，也已成为天然产物深加工领域的研究热点之一。黄色素是天然食用色素的主要添加剂之一，与其他色素相比，其色调柔和诱人，兼具良好的营养保健功效，具有广阔的市场前景。

玉米黄色素是一种可以从玉米皮中提取并且具有较高利用价值的天然食品着色剂，它既是一种天然色素，又是生产保健食品的添加剂，已被许多国家批准为食用色素，在玉米籽粒中含有 $0.01 \sim 0.9 mg/100g$。由于对人工合成色素和有关添加剂潜在影响的不确定性，在崇尚自然的今天，这类天然的食品添加剂受到广泛欢迎。

玉米黄色素属异戊二烯类色素，其主要成分为玉米黄素、隐黄素和叶黄素等，此外还包括少量的 α-胡萝卜素、β-胡萝卜素。研究发现，玉米黄素具有抗氧化、清除自由基、预防白内障和老年黄斑变性、抗癌以及预防心血管疾病等生理保健功能。目前玉米黄色素主要从玉米蛋白粉中提取获得。

近年来，有关玉米黄色素功能的研究越来越引起人们的兴趣，主要集中在有关玉米黄色素与眼部疾病、心脏疾病和癌症的关系上，同时它们的抗氧化性质也是大家所感兴趣的。流行病学研究显示，摄入富含类胡萝卜素（包括玉米黄色素）的蔬菜与癌症的发生呈现负相关关系，摄入富含类胡萝卜素的食物可以增进健康，降低患癌症、心血管和眼部疾病等的风险。

维生素 A 对眼睛的重要性是人所共知的，最近又发现其他的维生素、类胡萝卜素和微量元素对眼部营养也十分重要，如玉米黄质和叶黄素对眼睛也有保护作用。研究显示，摄入较多的玉米黄质、叶黄素和维生素 E 的人患眼部黄斑退化的可能性降低。人们研究了玉米黄质和叶黄素对视网膜的保护作用，研究了它们作为光过滤器的作用和抗氧化活性，以及在饮食中增加玉米黄质和叶黄素的摄入后眼部黄斑色素的增加。

一般常见的具抗氧化功效的类胡萝卜素有番茄红素、α-胡萝卜素、β-胡萝卜素、β-隐黄质、叶黄素、玉米黄质，玉米黄质还被认为是抗氧化维生素中的一种。眼球晶状体中蛋白质的氧化在白内障的形成过程中扮演重要的角色，食物中的抗氧化剂可以起到一定的防护作用，饮食中的抗氧化剂，包括类胡萝卜素，通过防止眼球晶状体中蛋白质和脂类的氧化，可以降低患老年性白内障的风险。

玉米黄色素还可以作为自由基清除剂和食品中的光保护剂，研究发现，含羰基玉米黄色素的稳定性要好于不含羰基的，越稳定的玉米黄色素作为食品中的天然抗氧化剂也越有吸引力。此外，随着浓度的增高和氧分压的降低，玉米黄色素抗氧化作用更加明显，玉米黄质可以保护酯类不被氧化。

玉米黄色素主要存在于黄色玉米表皮中，可用于生产玉米黄色素的玉米加工副产物有玉米黄粉、干玉米酒糟和玉米皮渣等，提取制备技术包括有机溶剂萃取法、超声波提取法、微波辅助提取法、表面活性剂法、酶法、超临界流体萃取法以及膜辅助分离提取技术等。

1. 有机溶剂萃取法

待处理原料与石油醚、乙醇、丙酮等单一溶剂或混合有机溶剂混合，在室温下缓慢搅拌萃取数小时，分离混合油和浸出物料，混合油经过回收溶剂后得到含有玉米黄质、隐黄素及叶黄素等的类胡萝卜素混合物。有机溶剂分离提取法的主要特点是提取工序比较简单，提取率较高，工艺中过滤得到的滤渣可以二次浸提，蒸馏后得到的溶剂可以回收再循环抽提利用，目前对于玉米蛋白粉中玉米黄素的提取已经比较成熟，主要是将玉米蛋白粉烘干，粉碎，加入95%乙醇，反复浸泡提取数次，将蛋白粉黄色提取到无色为止，收集浸泡液进行真空浓缩，即得深红色液体色素产品，用结晶化方法分离得到玉米黄素（以上操作均应在避光条件下进行）。此方法要注意对提取时间的把握，时间过短提取就不充分，提取时间过长，容易沉积其他的杂质，影响纯度。黄新辉等通过正交试验，得到提取的最佳条件为：混合液提取剂95%乙醇：丙酮=3：2，温度60℃，料液比1：10，pH 3，回流提取1.5h。

2. 超声波提取法

在有机溶剂萃取法的基础上，用超声波为辅助手段，提高玉米黄色素的得率。超声提取技术的原理是利用超声波的空化作用加速植物有效成分的溶出，另外超声波的次级效应，如机械振动、乳化、扩散、击碎、化学效应等也能加速预提取成分的扩散释放，并充分与溶剂混合，利于提取。该技术具有提取时间短、产率高、无需加热、低温提取，有利于有效成分的保护等优点。超声波提取玉米黄色素在保持相对较高的提取率的同时，缩短了提取时间，操作简单，但需要对产物进一步纯化分离，从而得到玉米黄色素。

3. 微波辅助提取法

微波辅助提取技术是近年来以传统溶剂浸提原理为基础发展的新型萃取技术，把微波用于浸提，能强化浸提过程，降低生产时间、能源、溶剂的消耗以及废物的产生，可提高产率，既降低操作费用，又合乎环境保护的要求，是具有良好发展前景的新工艺。利用微波辅助萃取玉米黄色素，具有时间短，提取率高，溶剂用量少，有利于回收，节约能源，减轻环境污染等优点。

4. 表面活性剂法

表面活性剂提取玉米黄素，也是在有机溶剂萃取法的基础上，与微波辅助萃取技术相结合的一种方法。借助表面活性剂法减少了有机溶剂对色素产品的污染，具有速度快，提取率高等优点，为玉米黄色素的开发和利用提供了基础。

5. 酶法

植物体中类胡萝卜素与蛋白质一般以结合状态存在，采用传统的直接浸提法，浓缩后得到玉米黄色素粗制品，其中含有一定的醇溶蛋白，不利于最后玉米黄素的纯化。采用酶法提取玉米黄色素，就是利用蛋白酶使部分蛋白质水解，打破蛋白质的网络结构，不仅可以提高玉米黄色素的提取速率，而且可得到较高纯度的玉米黄色素。卢艳杰等首次采用了水解玉米蛋白粉的方法提取玉米黄色素。经过酶水解后，玉米黄色素的提取率可以提高近70%，并且确定了最佳的水解工艺：底物浓度5%，酶浓度1.2%，温度35℃，pH 7.4~8.0，水解时间6h。

6. 超临界流体萃取法

提取玉米黄素常用有机溶剂法，产品不可避免地存在溶剂残留，影响了质量且生产周期长。超临界流体萃取技术具有传质速率高、萃取速度快、溶解度大、选择性好等特点，使有效成分能够有选择性地萃取出来，且杂质少、产品品质高。采用超临界 CO_2 流体萃取玉米黄素等类胡萝卜素色素，在较高的萃取体积、萃取压力和使用助溶剂（如乙醇）的条件下，可获得较高色素收率。在较低压力下，所获得的色素主要是 β-胡萝卜素，而在较高压力下，则主要是玉米黄质等类胡萝卜素。以玉米蛋白粉为原料，在压力>7.39MPa，温度>31.1℃的超临界状态下，CO_2 密度增加，接近于液体，对玉米黄素有较大的溶解能力和渗透性；通过控制萃取器内 CO_2 压力、温度、流量、萃取时间和一、二级分离器内的压力、温度及添加夹带剂等，可以有选择地分离获得高纯度的玉米黄素。另外，张民等采用了压力 10.0MPa，温度 96.8℃，提取剂丙烷萃取玉米黄色素，经过试验得到了最佳萃取条件，压力 8.5~10.0MPa，温度 96.8℃，萃取时间 4h，丙烷纯度>99.5%，流量 35g/min，可以得到较高纯度的玉米黄色素。

然而，超临界流体萃取法对设备的要求较高，并且产品出率较低，还不能形成大规模的工业化生产。

三、生产饲料酵母

随着养殖业的发展，我国配合饲料工业迅速增加，2023 年，全国配合饲料产量达 29888.5 万 t。目前配合饲料原料中，较为紧缺的是饲料蛋白，特别是动物性蛋白质。世界上比较普遍采用的动物性蛋白质是鱼粉。但我国渔业资源有限，鱼粉产量远远满足不了饲料工业发展的需要。为了扩大动物性蛋白质饲料的来源，除了开发禽畜加工、皮革加工的下脚料制取饲料蛋白外，还应开发单细胞蛋白（主要是饲料酵母），以部分代替鱼粉。近年来，我国利用食品工业废水制取饲料酵母有所发展，如味精废液和酒精废液制饲料酵母均先后投入生产。如果采用玉米皮水解液作饲料酵母，玉米皮水解液中含糖可达 5% 以上，实现流加法，有利于提高溶液中饲料酵母的得率，从而降低成本。

玉米皮所含的糖类品种较多，既有六碳糖，又有五碳糖。有些淀粉厂将粉渣制酒精，只能利用其六碳搏，其他糖类无法利用，所以在对各种糖类分离之前，要充分利用所有的糖类，必须找到一个既能利用六碳糖又能利用五碳糖的办法，就是生产饲料酵母。因为饲料酵母如热带假丝酵母菌，对六碳糖和五碳糖均能代谢。将玉米皮的水解液培养饲料酵母，就能将水解所获得的糖类，转化成饲料酵母，饲料酵母转化率（对糖）约45%，即每吨玉米皮产糖率50%，最终产饲料酵母可达 22.5%。此外，玉米皮从淀粉厂生产车间筛分出来时，水分含量80%~90%，可以采取加入稀酸调节固液比的办法，投入水解反应器，进行水解，以获得水解液，作为培养饲料酵母的原料，这种处理方法简单易行，原料处理费用显著降低。

1. 生产饲料酵母的工艺

用玉米皮经水解制取饲料酵母的工艺流程如图 6-7 所示。

（1）玉米皮的水解　将玉米皮装入水解反应器，然后按固液比 1∶10 的比例，加入清水，使水分（包括玉米皮自身含有的水分在内）达到 10 倍于玉米皮的绝干物质。用硫酸作水解催化剂，用量是使水解物料中硫酸浓度达到 0.7%~0.8% 为宜。一般是先把硫酸加入需补入玉米皮的清水中，配成稀酸溶液，在玉米皮装料完毕时，随即加入稀酸。然后电水解反应器底部通入蒸汽，使物料翻动均匀，逐渐升温到 125~127℃，水解 2h，使水解完全。

（2）水解液的中和　水解液含有硫酸，可用氨水中和。中和是在水解液冷却以后进行。

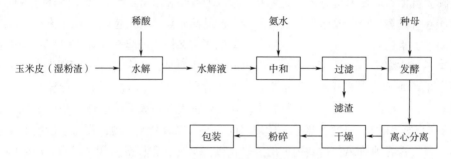

图 6-7 玉米皮生产饲料酵母的工艺流程

加入氨水中和后，使硫酸生成硫酸铵，硫酸铵溶解在中和液中，可以作为下一步发酵的氮源利用。中和剂如没有氨水，也可以用碳酸铵代替，但要注意中和过程产生较多泡沫，防止溢罐。中和终点控制在 pH 5.5 左右。中和完毕，过滤，滤出的残渣，仍可作为饲料使用。

（3）酵母的繁殖　利用玉米皮水解液培养酵母，需要相应的温度、酸度、培养基浓度等条件，才能顺利繁殖。

饲料酵母生长繁殖的最适宜温度随菌种不同也有所不同，一般在 28~30℃ 较合适。在较高的温度时，繁殖速度加快，但是所得酵母，易于在保存期中自行分解。超过 36℃，酵母繁殖速度反而减慢。酵母繁殖过程，随着糖类的降解，放出热量，大约每 1kg 糖，要放出 5024kJ 热量，因此在酵母繁殖过程中，虽有搅拌和通气，能带走一些热量，但还需在反应罐中配合冷却系统，以保证酵母在最适的温度下繁殖。

玉米皮水解液经中和，pH 在 5.5 左右，这是大多数酵母菌的适宜 pH。除了一些特殊的菌株适合在低 pH 繁殖以外，一般的，在 pH 3 时，酵母生长缓慢，细胞蛋白质发生分解，影响酵母质量。当 pH>6 时，能促使胶体沉淀，有利于酵母生长，但高 pH 会使酵母色泽变深，繁殖过程泡沫增加。现在已有适合于 pH 3 繁殖的菌种。

酵母繁殖是好氧代谢过程，不断消耗培养基液体中的溶解氧，并合成新的酵母细胞。只有培养基中有充分的溶解氧，才能加快酵母的繁殖速度。培养基浓度越高，所含的酵母细胞量大，则所需的氧也越多。

玉米皮水解液中所含的糖，一般能达 5%~7%，这并不是酵母繁殖的最适浓度。根据试验，糖浓度和酵母的转化率成反比，所以一般饲料酵母生产时培养基浓度不超过 2%，这时转化率能达 45%~50%。也就是每 100g 糖能转化成 45%~50% 酵母。如果其他条件如溶解氧、营养盐、生物反应器的结构等有所改善，糖浓度可达 3%~4%，这样将大大提高饲料酵母的生产强度，从而提高饲料酵母的经济效益。作为玉米淀粉厂，玉米皮水解可在较小的液比下进行，以节约能源，而饲料酵母培养时，必须对水解液稀释，如加入黄浆水的上清液，使水解液的糖浓度适合饲料酵母的生长，并在繁殖过程及时补入较高浓度的水解液。

饲料酵母是在一个发酵罐中进行繁殖，也称生物反应器，有间歇和连续两种方式。间歇式生物反应器是在一个容器中，开始先加入部分玉米皮水解中和液（已经预先调整了浓度），接种后，通风发酵，进入旺盛阶段，出现大量泡沫，此时可持续地向生物反应器中补加玉米皮水解中和液，称为流加，直到达到一定高度为止。再保持一段时间，总时间在 12~20h。连续法是几个生物反应器串联在一起，在繁殖过程中，不断地往第一个加入玉米皮水解中和液，又从最末一个不断地排出成熟醪，整个繁殖过程，液面有一层泡沫，约占生物反应器体积的 1/3。所以要加入消泡剂，常用磺化蓖麻油，也有采用非离子多元醇类表面活性剂。

（4）酵母的离心和干燥　发酵完毕的成熟醪，含有 0.2%～0.3% 的残糖和 10g/L 的酵母菌体（以干物质计），通过第一级酵母离心机，使酵母浓度浓缩到 7%～9%，分去醪液。得到的酵母浓缩液，20%～30% 回到生产过程，作生物反应器的种母用，而 70%～80% 的酵母浓缩液，用水稀释 2～3 倍，进入第二级酵母离心机，进行洗涤和分去洗涤水，提高酵母浓度到 10% 以上。然后可直接通过压滤机，滤去水分，得到压榨酵母，含水分 75% 左右，可作为商品，就近作配合饲料用。如需将酵母送往远处，则应将第二级分离的酵母液，进行干燥。干燥的方法，小型厂采用滚筒蒸汽干燥法，使水分干燥到 10% 以下即可。滚筒干燥机表面温度在 140℃，酵母液在表面只停留几秒钟。干燥后的酵母从滚筒上刮下，再经粉碎，即可包装出厂。

2. 生产饲料酵母的主要设备

（1）水解罐　常用 12～18m³ 体积，为防止稀酸腐蚀，可用钢板衬耐酸砖制作。工作压力 0.2MPa。水解罐呈圆柱形锥底，底部配有快开阀。当水解完毕时，能一次性喷放。

（2）中和罐　开口式，也用耐酸砖衬里。配有搅拌器和冷却系统。为防止中和沉淀物堵塞排料管路，出料口安于侧位，底部中心安有排污阀。

（3）压滤机　板框式，有定型生产，常用 10m² 过滤面积。过滤压力 0.3MPa。材质可选用聚丙烯，工作温度不超过 120℃。

（4）酵母繁殖罐（发酵罐）　常用酵母繁殖罐是圆筒形，底部配有空气分配器，以提供繁殖过程的溶解氧。有管式、涡轮配气式、桨式旋转分配器等形式，目的在于用最小的功耗，获得最大的溶解氧。近年经研究，已在工业上采用低功耗的自吸式和气升式酵母繁殖罐。一般传统繁殖罐每生产 1t 饲料酵母商品，在发酵过程中要耗电 1500kW·h；而自吸式繁殖罐或气升式繁殖罐，每吨饲料酵母发酵过程耗电在 700kW·h 左右。

（5）酵母离心机　成熟醪中的酵母浓度低，不能用过滤机过滤。必须用高速离心机利用重力离心作用，使酵母提浓。离心机为蝶式圆盘组合，醪液由中心孔进入圆盘间隙，酵母由圆盘下侧表面下流，醪液则因较轻，上升到转筒中央而由上部排出。

（6）酵母干燥机　常用水平双滚筒干燥机，滚筒中通入蒸汽，浓缩的酵母液，在双滚筒接触上方的水平带孔管流下，滚筒旋转时，浓缩酵母液呈液膜状黏附在滚筒表面，表面温度达到 140℃，滚筒旋转 2/3 转，浓缩酵母液即被蒸发干燥至残留水分 10% 以下。

3. 生产饲料酵母的主要原材料

（1）玉米皮（以绝干计）　玉米皮水解产糖按 55%～60% 计，经中和损失 3%～5%，发酵过程酵母转化率 45%，离心分离和干燥损失按 10%，最终商品饲料酵母收率 22.3%，即每吨饲料酵母耗玉米皮 4.45t。

（2）硫酸　按玉米皮水解过程液比 10，硫酸系统浓度 0.7% 计，投入硫酸为 311kg。即每吨酵母耗硫酸 311kg。

（3）氨水　采用含氨浓度为 25% 的工业氨水为中和剂，使含硫酸 0.6%～0.7% 的水解液中和到 pH 5.5，每吨饲料酵母耗氨水 0.5t 左右。

除上述原材料以外，其他材料和通常生产饲料时基本一致，在蒸汽的消耗上，会略高于糖蜜原料。

4. 饲料酵母的营养价值

根据饲料酵母的来源不同可分为啤酒酵母、酒糟酵母、糖蜜酵母等。其蛋白质含量高且维生素丰富，可消化率高，作为蛋白质饲料添加到配合饲料中，具有和国产鱼粉相同的功效，但比秘鲁鱼粉稍差。饲料酵母蛋白质中含有 20 多种氨基酸，其中包括 9 种生命活动所必需的氨基酸。但其营养成分受生产工艺及原料的影响而有所不同。

饲料酵母中粗蛋白质含量较高，液态发酵的纯酵母粉中粗蛋白质含量可达到 40% ~ 60%，而固态发酵制得的酵母饲料或酵母混合物，粗蛋白质含量在 30% ~ 45%。饲料酵母富含畜禽生长所需的多种营养物质，如蛋白质、脂肪、碳水化合物、矿物质、维生素和激素等。蛋白质中赖氨酸、色氨酸、苏氨酸、异亮氨酸等几种重要的必需氨基酸含量较高，而精氨酸含量较低，甲硫氨酸、胱氨酸含量也相对较低。B 族维生素如烟酸、胆碱、核黄素、泛酸、叶酸含量高。矿物质中钙少，但磷和钾含量高。此外尚含有未知生长因子。饲料酵母适口性好，在畜禽饲料中适当添加酵母，可以提高动物对饲料的消化，改善食欲，增加饲料的进食量和提高饲料转化效率。有报道，在猪饲料中添加酵母可以提高日增重 15% ~ 20%，同时减少饲料消耗 10%。在肉牛和奶牛日粮中添加酵母可以提高纤维消化率，提高日增重、产奶量和乳脂率。

饲料酵母在提高畜禽生产性能、改善胃肠道功能、提高免疫力、抵抗疾病等方面具有显著的作用，代替鱼粉、豆粕等蛋白质饲料的效果明显，并且可降低饲料成本，在畜禽养殖业得到广泛应用。然而，饲料酵母代替鱼粉、豆粕等蛋白质饲料的比例还需根据动物的种类以及动物的产品性能来确定，以确保获得最大的经济效益。

将玉米淀粉加工副产物作为原料生产饲料酵母，既减少了资源浪费，又提高了其营养价值。在饲料酵母种类的开发及原料选择方面进行探究，筛选出营养价值较高、对畜禽应用效果明显、可利用原料丰富的饲料酵母是今后研究的重点。

四、多糖的利用

玉米皮含有丰富的纤维素和半纤维素，是一种非常好的可再生木质纤维原料。通过生物转化得到高附加值的纤维寡糖和低聚木糖，不仅可以促进玉米皮的综合利用，提高经济效益，而且还可以充分利用可再生资源，减少环境污染和改善生态环境，促进经济的可持续发展，具有广泛的社会效益。以玉米皮为原料，利用纤维素酶和木聚糖酶的水解作用生产纤维寡糖和低聚木糖的研究不仅具有重要的学术价值，而且具有重要的经济和社会价值。

1. 低聚糖

低聚糖又称寡糖，由 2 ~ 10 个单糖通过糖苷键聚合而成，通常与蛋白质或脂类共价结合，以糖蛋白或糖脂的形式存在，主要包括功能性低聚糖和普通低聚糖。低聚糖的共同特点是：难以被胃肠消化吸收，甜度低，热量低，基本不增加血糖和血脂。最常见的低聚糖是二糖，又称双糖，是两个单糖通过糖苷键结合而成的，其中共价键类型主要有两类：①N-糖苷键型：寡糖链与多肽上的天冬酰胺（Asn）的氨基相连，有三种主要类型：高甘露糖型，杂合型和复杂型。②O-糖苷键型：寡糖链与多肽链上丝氨酸（Ser）或苏氨酸（Thr）的羟基相连，或与膜脂的羟基相连。

低聚糖可以从天然食物萃取出来，在大蒜、洋葱、牛蒡、芦笋、豆类、蜂蜜等食物中均有存在，也可以利用生化技术及酶解反应转化淀粉、双糖（如蔗糖）等进行生产。低聚糖并不能被人体的胃酸破坏，也无法被消化酶分解，但可以被肠中的细菌发酵利用，转换成短链脂肪酸以及乳酸。因此，利用低聚糖主要关注点在于其生理活性。

具有独特生理功能的低聚糖已经成为一种重要的功能性食品基料，也引起了全世界的广泛关注。全球低聚糖市场规模呈现稳步扩张的态势，目前，以日本为代表的亚太区相关研究、开发与应用位居前列，已形成工业化生产规模的低聚糖品种达数十种，亚太区在 2023 年占有约 61.56% 的全球市场份额，其次是欧洲市场，占比约为 19.37%。在日本，功能性低聚糖替代或部分替代蔗糖被广泛应用在饮料、糖果、糕点、冰淇淋、乳制品及调味料等数百种食品中。

常见的低聚糖有低聚异麦芽糖、低聚果糖、低聚半乳糖、低聚乳果糖、偶合糖、低聚壳聚糖、低聚龙胆糖、棉子糖、大豆低聚糖、乳酮糖、异麦芽酮糖等。已经确认功能性低聚糖的主要生理功能包括以下四个方面。

（1）很难或不被人体消化吸收，所提供的能量值很低或根本没有。可在低能量食品中发挥作用，最大限度地满足了喜爱甜品又担心发胖消费人群的需求，也可以供糖尿病、肥胖病和低血糖等病人食用。

（2）活化肠道内双歧杆菌并促进其生长繁殖。双歧杆菌是人体肠道内的益生菌，菌体数量会随年龄增大而逐渐减少，直至老年人临死前完全消失。因此，肠道内双歧杆菌数量成为衡量人体健康的重要指标之一。随着医药科学的发展，广谱和强力的抗生素广泛应用于治疗各种疾病，使人体肠道内正常的菌群平衡受到不同程度的破坏，有目的的增加肠道中益生菌数量显得十分必要。摄取功能性低聚糖来促使肠道内双歧杆菌的自然增殖显得更为切实可行。

（3）不会引起牙齿龋变，有利于保持口腔卫生。龋齿是由于口腔微生物特别是突变链球菌侵蚀而引起的，而功能性低聚糖不能作为上述口腔微生物的合适底物，因此不会引起牙齿龋变。

（4）具有膳食纤维所具有的降低血清胆固醇和预防结肠癌等的生理功能。功能性低聚糖属于可溶性膳食纤维，但与常见的高分子膳食纤维不同，它属于小分子物质，添加后基本不会改变食品原有的组织结构及理化性质。

2. 木聚糖酶

木聚糖是一种非淀粉多糖，主要存在于植物细胞的次生壁上，处于木质素和其他多聚糖之间，起着连接作用。木聚糖是小麦、黑麦和黑小麦等麦类饲料原料中的主要抗营养因子。常用的玉米、豆粕等饲料原料中含有大量的木聚糖，也成为主要的抗营养因子，主要负面作用有：增加肠道食糜黏度，影响动物消化吸收；影响消化道内源酶活性，刺激消化器官代偿性增大；影响脂肪的消化吸收；促使肠道有害微生物的增殖，影响动物健康；物理屏障作用，影响养分的消化。研究发现，玉米皮中半纤维素的含量较高，可以作为原料进行黑曲霉生产木聚糖酶的开发利用。

木聚糖酶的作用主要有以下几点。①降解木聚糖，降低肠道食糜黏度，破坏植物细胞壁结构，消除其抗营养作用，改善动物生产性能。提高饲料代谢能，促进养分吸收利用，增强饲料和养殖企业赢利能力。②消除木聚糖对内源酶的抑制，防止消化器官代偿性肥大。③大量生成木二糖、木三糖等功能性寡糖，改善肠道微生物区系，有利于动物健康。④拓宽饲料原料使用范围，加大麸皮、次粉、米糠等非常规饲料的用量，降低饲料配方成本。⑤增加营养物质的吸收利用，减少粪便排放，保护环境，同时减少粪便有机物质分解产生的有害气体对畜禽的刺激，减少呼吸道疾病的发生。

当前，木聚糖酶的生产主要通过微生物发酵获得。根据发酵工艺的不同，可分为液态发酵和固态发酵两种。

液态发酵的优点在于易控制生产规模、易于机械化操作、产品易于提取精制，但对设备的要求较高，成本高，技术要求也较严格。研究发现，液态发酵所产生的木聚糖酶酶活力较低，因此在生产木聚糖酶时，液态发酵应用受到局限。

固态发酵是传统的发酵方式，有多种优点。首先，固态发酵所用培养基一般都是一些农副产物，成本较低；其次，固态发酵对设备要求不高，操作简单，容易控制。对于生产木聚糖酶而言，将半纤维素含量高的玉米芯、米糠、麸皮、玉米皮等副产物用于固体培养基中，不仅可以为菌体生长提供碳源，而且对木聚糖酶的合成产生诱导作用。

木聚糖酶具有多种功能特性，在不同种类食品生产中开发出多种应用。

（1）在焙烤食品中的应用 面粉中的非淀粉多糖主要是戊聚糖，化学结构上属于阿拉伯木聚糖，占小麦粉干基的 1.5%～3%，对面团的流变学特性及制品品质等均有显著影响。木聚糖酶改良面包的作用机理仍不清楚，大多数研究认为是木聚糖酶降解阿拉伯木聚糖，尤其是其中的水不溶性木聚糖，不仅能提高面团的机械加工性能，而且可以增加面包体积，改善面包心质地以及延缓产品老化等。

（2）在酿酒行业中的应用 在我国，酿酒行业对国民经济的发展有着不可忽视的作用。酿酒的原料中含有较多的木聚糖、β-葡聚糖，从而造成麦汁过滤困难、啤酒浑浊等问题。在啤酒酿造过程中添加木聚糖酶，可使啤酒澄清，降低生产成本。在烧酒、清酒的酿造中应用木聚糖酶有助于提高发酵效率，增加酒精产量。木聚糖酶在酿酒工业中的要求首先是要能够耐酸性，以适应实际的生产条件；其次应该有较好的底物水解特异性，能够快速、有效地分解谷物细胞壁中的木聚糖，从而加快其他淀粉酶的作用；再次就是木聚糖酶的产率要高，这样才能够有经济上的可行性来将耐酸性木聚糖酶应用于酿酒行业中。基于成本原因，当前尚未见到有工业化木聚糖酶应用于酒类的酿造过程中，但是在葡萄酒和日本大麦烧酒的生产中，已经有了木聚糖酶的应用研究，并且取得了较好的效果。

（3）在制备功能性低聚糖中的应用 目前，酶解法是工业制备低聚木糖最常用的方法，即利用微生物产生的内切型木聚糖酶分解木聚糖，经分离提纯制得低聚木糖。需要注意的是，制备低聚木糖的木聚糖酶具有特殊要求。首先，对木聚糖酶底物水解的特异性要求，产生木二糖、木三糖的比例要高；其次，需要不含有木糖苷酶活性。目前，关于木聚糖酶水解底物的特异性及作用模式仍是研究热点，也是制备低聚木糖的关键技术。

（4）在制浆造纸行业中的应用 木聚糖酶在纸浆造纸工业中的应用主要是对纸浆的溶解和漂白。木聚糖酶对硫酸盐纸浆进行预漂白是未来制浆和造纸工业的一个重要发展方向。山牛皮纸浆或硫酸盐纸浆经过精制和纯化得到的高纯度纤维素浆，通过衍生反应可以形成多种可溶性衍生物，进一步可用于生产各种人造丝、纤维酯或塑胶。据报道，用少量的木聚糖酶处理草浆可显著改进草浆的滤水性、脆性等性能，提高纸浆白度和强度，使草浆有可能替代部分木浆生产高质量的纸制品。经木聚糖酶处理后的纸浆漂白可以降低 20%～40% 漂白剂用量。

（5）在饲料行业中的应用 饲料中通常含有较多的非淀粉多糖，主要包括阿拉伯木聚糖、β-葡聚糖、半乳糖苷、果胶、纤维素等，其中阿拉伯木聚糖和β-葡聚糖占非淀粉多糖的30%。然而，非淀粉多糖不能被单胃动物所分解，且能结合大量的水，使动物消化道中的食糜体积增大，黏度增加，并形成凝胶，造成消化酶的功能不能正常进行，影响肠胃的吸收，造成食糜在小肠中滞留，从而引起微生物异常繁殖，造成动物生长受阻、饲料转化率降低，成了一种抗营养因子。研究表明，饲料中添加木聚糖酶，可显著降低阿拉伯木聚糖分子大小，并将其分解成较小聚合度的低聚木糖，从而改善饲料性能，消除或降低因黏度增加而引起的抗营养作用。通常该酶与α-淀粉酶、蛋白酶等组成复合酶制剂，特别适合添加于采用小麦和大麦为基础的家禽日粮。因此，木聚糖酶在饲料资源的开发和利用率的提高方面具有广阔的应用前景。

第五节　玉米蛋白粉的综合利用

玉米蛋白质主要存在于胚芽和胚乳中，是湿法加工中的主要副产物之一。玉米蛋白粉一般是生产玉米淀粉及其衍生物时，大量玉米胚乳蛋白进入淀粉废水，通过沉淀、浓缩、干燥等步骤制备所得，又称玉米谷朊粉。

玉米蛋白粉含有多种营养物质，各物质的比例约为：蛋白质65%、淀粉15%、脂肪7%、水分10%、粗纤维2%、灰分1%。单独分析玉米谷朊粉的蛋白质组成，包括约68%的玉米醇溶蛋白、22%的谷蛋白、少量的球蛋白和清蛋白。其中，玉米醇溶蛋白又可以分为α-醇溶蛋白和β-醇溶蛋白，α-醇溶蛋白易溶于95%乙醇，β-醇溶蛋白易溶于60%乙醇，而不易溶于95%乙醇，其平均分子质量为25~50ku。

从蛋白质营养价值和食用品质来看，玉米蛋白粉中缺乏必需氨基酸中的赖氨酸和色氨酸等，且口感粗糙、水溶性较差、有特殊的色泽和气味，因此在食品工业中的应用受到限制，常常与其他原辅料配合用于动物饲料生产中。目前，玉米蛋白粉的主要利用途径有：作为饲料配方或食品配料、制备玉米朊、提取黄色素等。

一、作为饲料配方或食品配料

除含有大量的蛋白质外，玉米蛋白粉还含有约3.2%的亚油酸，是除玉米油外亚油酸含量最多的副产物，而胚芽粕含亚油酸仅0.5%。研究数据表明，家禽利用玉米蛋白粉的可代谢能为15616kJ/kg，是其他各种副产物所不能比的。因此，玉米蛋白粉是饲料的优良蛋白质配方，特别适合用于鸡、鸭等家禽的喂养，且喂养的鸡脚为黄色、鸡蛋蛋黄多，深受我国南方消费者的喜爱。

玉米蛋白粉不仅可以提高食品的蛋白质含量，而且利用本身鲜艳的黄色可以改善食品色泽。然而，玉米蛋白粉的风味较差，食品工业中应用之前一般需要进行脱臭处理。一种有效的脱臭工艺为：乙酸乙酯与水按9:1（体积比）混合，与玉米蛋白粉的液料比为8:1，在70~72℃条件下萃取0.5~1h，进一步用约10倍质量的热水对物料进行洗涤，再进行真空低温干燥，得到安全、脱除异味且能用于食品配料的玉米蛋白粉。

二、制备玉米朊

玉米朊的平均相对分子质量约为38000，天然玉米朊溶液不稳定，蛋白质易变性，但在90%以上的乙醇溶液中稳定性高。加工生产的湿玉米朊为热敏性物质，在高温条件下易变性。浓玉米朊醇溶液在室温下久置会变性，而干燥后较稳定。干玉米朊稳定性好，在室温下可长期保存不变，100℃处理不变性，150℃处理2h后在乙醇中溶解度下降近一半，200℃处理2h后变焦且不溶于乙醇。

玉米朊具有海绵状结构，呈疏松状。在常见酸碱盐溶液中，玉米朊不溶于稀酸，在浓盐酸、硝酸中微溶，不溶于浓硫酸，溶于pH>11.5的稀碱，在一定浓度的氢氧化钠溶液中溶解，在钠盐及钾盐中均不溶解，不溶于水。变性玉米朊为胶黏状可塑物质，在常用溶剂中不溶解。

制备玉米朊所用玉米蛋白粉中的蛋白质含量越高越好，同时处理为15~30目颗粒状，否则萃取时吸附溶剂量大，消耗增加。此外，原料玉米蛋白粉水分不得高于5%，且越低越好，以免萃取时增加溶剂中的水分，引起变性。根据提取所用溶剂不同，玉米蛋白粉制备玉米朊主要分为异丙醇和乙醇萃取两种工艺（图6-8、图6-9）。

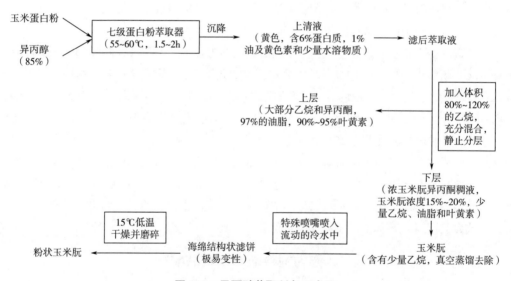

图6-8 异丙醇萃取制备玉米朊

玉米朊含有90%左右的植物蛋白质，具有黏结、光亮、疏水、阻氧和易成膜等功效，广泛应用于医药、食品等行业。玉米朊具有高度抗击微生物侵袭的性能，可在各种药品、糖果等要求有光泽且保持水分的食品涂层料中使用。薄膜、涂料制造中添加玉米朊能够有效改善材料表面性能，具有质地结实、有光泽、抗磨损、抗油脂的作用。此外，玉米朊具有可食性，用于食品特别是油类及冷冻食品等的包装纸表面涂层中，具有无污染、环保、绿色、安全等优点。有研究表明，在大米维生素强化时，外层用含有玉米朊的溶液喷洒，可以有效减少米粒表面维生素在水洗时的流失。

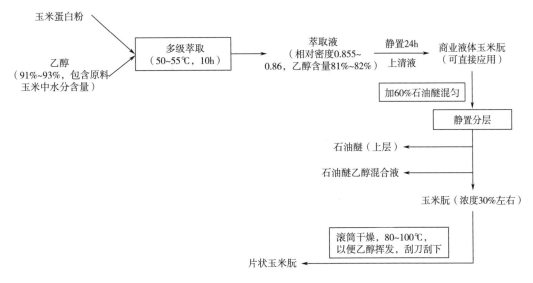

图6-9　乙醇萃取制备玉米朊

三、提取黄色素

玉米蛋白粉中含有丰富的玉米黄色素，常用于分离制备玉米黄色素产品。玉米黄色素是脂溶性色素，当前常用的制备方法是溶剂提取法，所用溶剂有正己烷、乙酸乙酯、乙醇等，主要步骤包括溶剂提取、提取液收集、蒸馏脱除溶剂和蒸发浓缩等（图6-10），玉米黄色素产品得率约为玉米蛋白粉的6%。

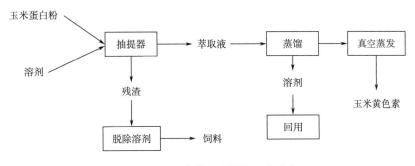

图6-10　玉米黄色素提取工艺流程

在玉米黄色素提取中，有以下几点需要注意：①玉米蛋白粉水分不能高于10%，过高的水分容易影响萃取效果。②提取可以在室温或60~70℃进行，温度高时提取效果好，但考虑到提取设备的气密性和溶剂易挥发等安全性，一般在在低温下操作，提取时间在1h左右。

第六节　玉米酒糟的综合利用

干玉米酒糟（distillers dried grains with solubles，DDGS）是以玉米为主要原料发酵制取乙醇过程中，对糟液进行加工处理后获得的玉米酒精糟及残液干燥物。一般把玉米酒糟分为两部分：①干酒精糟（DDG），是指玉米发酵提出乙醇后残留的谷物碎片，经处理得到的副产物，其中浓缩了玉米中的蛋白质、脂肪、维生素等多种非糖类营养成分。②可溶性浓缩物（DDS），是指发酵提取乙醇后酒精糟的可溶物，经干燥处理得到的副产物，其中包含了玉米发酵所产生的未知生长因子、糖化物、酵母等可溶性营养物质。

与国外相比，国内 DDGS 产业始于 20 世纪 80 年代，在生产技术、设备制造、生产实践积累上晚了近 30 年。经过多年的学习改进，国内乙醇企业和相关设备制造业已经达到与国外企业相当的水平，而 DDGS 产量也伴随乙醇生产能力的扩大而不断增大。特别是进入 21 世纪以后，为消化大量库存陈化粮和寻求生物能源替代，我国政府宣布推广使用车用乙醇汽油，并为此批准了首批 4 家陈化粮生产燃料乙醇的试点企业，除 1 家企业以玉米、小麦、木薯为混合原材料外，其他 3 家企业均以玉米为原料生产燃料乙醇。近年来，国内乙醇行业集中度有所提升，开始向玉米主产区转移，并逐步向大规模化方向发展，当前大中型乙醇生产企业在市场中占据主导地位。经过多年发展，除首批批准的燃料乙醇生产企业外，还有数家大中型乙醇生产企业 DDGS 的产能基本上都在 20 万 t 以上，分布在黑龙江、吉林、山东、河南、安徽等玉米主产区。

当前，玉米酒糟的加工生产方法有两种：干法加工和湿法加工。对比而言，干法加工比较方便、投资较小，而湿法加工较复杂、投资较大，但经济效益好。干法加工玉米酒糟主要包括清理、粉碎蒸煮、酶解发酵、分离等步骤，具体工艺流程如图 6-11 所示。湿法加工玉米酒糟主要包括清理、胚芽和外皮分离、发酵等步骤，具体工艺流程如图 6-12 所示。目前，我国大部分玉米酒糟生产厂家采取干法加工。

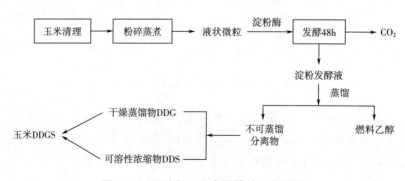

图 6-11　干法加工玉米酒糟的工艺流程

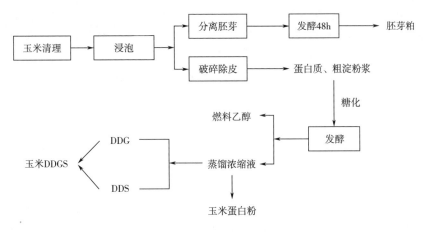

图6-12 湿法加工玉米酒糟的工艺流程

一、玉米酒糟的营养价值

DDGS包含发酵过程中新合成的酵母营养成分和多种活性物质，不仅含有丰富的蛋白质、氨基酸、维生素、脂肪、发酵蒸馏过程中生成的生长因子等（表6-5），还富含有利于动物生长的多种矿物质，并且不含抗营养因子，常作为一种营养丰富的蛋白质饲料进行利用。与玉米营养物质含量相比，DDGS粗蛋白质含量是玉米的3倍，赖氨酸是玉米的2倍，有效磷含量是玉米的4倍，B族维生素，尤其是烟酸、维生素B_2、维生素E含量也远高于玉米中的含量。与豆粕营养物质含量相比，玉米DDGS粗蛋白质含量是豆粕的60%，赖氨酸含量是豆粕的25%，有效磷和维生素含量明显高于豆粕中的含量。

表6-5 玉米酒糟的营养成分分析表

营养物质	DDG	DDS	DDGS	营养物质	DDG	DDS	DDGS
干物质/%	94.0	93.0	90.0	精氨酸/%	0.96	1.05	0.98
粗蛋白质/%	30.6	28.5	28.3	缬氨酸/%	1.66	1.39	1.30
粗脂肪/%	14.6	9.0	13.7	组氨酸/%	0.72	0.70	0.59
粗纤维/%	11.5	4.0	7.1	酪氨酸/%	1.30	0.95	1.37
无氮浸出物/%	33.7	43.5	36.8	苯丙氨酸/%	1.76	1.30	1.93
粗灰分/%	3.6	8.0	4.1	色氨酸/%	—	0.30	0.19
钙/%	0.41	0.35	0.20	铁/（mg/kg）	300	560	280
磷/%	0.66	1.27	0.74	铜/（mg/kg）	25.0	83.0	57.0
赖氨酸/%	0.51	0.90	0.59	锰/（mg/kg）	22.0	74.0	24.0
甲硫氨酸/%	0.80	0.50	0.59	锌/（mg/kg）	55.0	85.0	80.0
胱氨酸/%	0.48	0.40	0.39	硒/（mg/kg）	0.45	0.33	0.39

续表

营养物质	DDG	DDS	DDGS	营养物质	DDG	DDS	DDGS
苏氨酸/%	1.17	1.00	0.92	消化能（猪，MJ/kg）	13.10	16.23	14.35
异亮氨酸/%	1.31	1.25	0.98	消化能（牛，MJ/kg）	—	—	14.06
亮氨酸/%	4.44	2.11	2.63	消化能（鸡，MJ/kg）	8.69	12.95	9.20

资料来源：贾连平，吕中旺，祁腾飞.干玉米酒糟在国内外的生产和应用现状［J］.中国畜牧兽医，2012，39（3）：6.

1. 蛋白质

DDGS 中蛋白质含量较高，一般在 23%~37%。有研究人员分析 118 个玉米酒糟样品的 8 种必需氨基酸，与中国饲料数据库中的豆粕氨基酸组成相比，除赖氨酸含量仅为豆粕的 31% 外，其他必需氨基酸含量均为豆粕氨基酸含量的 50%~56%，且氨基酸组成平衡。

2. 脂肪

DDGS 中含有较高的粗脂肪含量，平均可以达到干物质的 8% 以上。美国研究人员对美国国内 DDGS 中提取的油脂脂肪酸成分进行分析，发现主要成分均为油酸和亚油酸。此外，DDGS 中也含有丰富的生育酚、植物甾醇、玉米黄色素等玉米原料自身富含的多种功能性物质。国外研究人员测定玉米酒糟中提取的油脂甾醇、生育酚含量分别高达 2% 和 1.5%。目前，国内对于玉米酒糟中的脂肪相关成分研究较少。

3. 粗纤维

玉米中的纤维素在酒精发酵过程中被细菌部分分解，纤维素和木质素之间的紧密结构也被破坏，使得 DDGS 的纤维成分利用率大幅度提高，生物效价也显著升高。研究表明，DDGS 中粗纤维含量一般为 5.4%~10.4%，这些纤维不仅可以为奶牛生长和泌乳提供较多的能量，而且较慢的发酵速度不会引起类似淀粉发酵快导致的酸中毒。

4. 磷

除了浓度的影响外，磷的生物利用效率是饲料中的一个关键因素。磷的生物利用效率是由化学结构决定的。植酸磷不能被单胃动物利用，且植酸会与钙、锌等矿物质作用，影响其在动物体内的吸收。实验室研究发现，在经过发酵工艺后得到的 DDGS 中植酸磷含量是玉米的 1.8 倍，非植酸磷含量是玉米的 10.8 倍，证明了 DDGS 中磷的生物利用效率明显高于玉米。在生长仔猪饲料中以 3 个不同添加水平比较研究 DDGS 中磷和磷酸氢钙中磷的有效性，发现 DDGS 中磷与磷酸氢钙的有效利用率接近。

5. 其他矿物元素

除磷之外，DDGS 还含有 Ca、K、Mg、S 等多种矿物元素，以及 Zn、Mn、Cu、Fe、Se 等微量元素。研究人员测定分析多种 DDGS 的矿物元素含量，发现 S、Ca、Na 等元素含量变化较大，主要是酒精生产过程中加入了不同量的其他培养基组分导致的。

二、影响玉米酒糟质量的因素

1. 原料

玉米在全球多个地区均有种植，不同地区的玉米生长土壤组成、气候条件、收获季节存在差异，导致原料玉米中的营养成分也存在较大变化。当玉米发酵生成 DDGS 后，除淀粉外其他的营养成分都被高度浓缩，玉米原料中的营养成分差异在 DDGS 中进一步放大。

2. 加工工艺

DDG 中的粗脂肪、粗蛋白质、甲硫氨酸含量高，而 DDS 中赖氨酸、粗灰分、磷等微量元素含量较高，最为重要的是发酵过程中新出现的未知生长因子、糖化曲、酵母等营养成分都在 DDS 中，造成产品质量差异较大。因此，在 DDGS 加工中，由于 DDS 与 DDG 复配比例的变化不同，造成 DDGS 质量差异较大。另外，DDGS 生产的干燥过程对其自身质量影响也很大，主中要表现为干燥过程的温度过高、时间过长都会导致 DDGS 出现深褐色，并且使发酵产生的有益气味降低。

3. 脂肪含量

猪饲料中油脂含量一般不超过 5%，而 DDGS 含有 8%~12% 的油脂，且含有较多的不饱和脂肪酸，超出了部分动物饲料生产的实际需要。因此，DDGS 作为猪饲料利用会导致猪肉胴体变软，脂肪酸硬度降低，影响猪肉的后续加工过程。作为奶牛的饲料时，DDGS 会降低牛奶中的乳脂含量。同时，在加工、运输和贮藏过程中脂肪易氧化酸败，造成 DDGS 品质下降和不稳定，产生的氧化物质具有哈喇味而影响风味，降低了 DDGS 的动物适口性，并且会导致一些营养成分的破坏，影响脂溶性维生素的吸收。更严重的是，DDGS 中油脂氧化过程产生的有毒有害物质，氧化产物可与氨基酸反应，不仅降低了玉米酒糟的营养价值，甚至危害摄食动物的健康。因此，DDGS 油脂含量以及油脂氧化酸败造成的不良影响成为其在动物饲料中进一步应用的限制因素。

4. 色泽

基于 LAB 色彩模型，国外研究人员针对 DDGS 的色泽与动物利用消化率之间的关系进行了研究，发现 DDGS 的亮度 L 和黄色度 B 与家禽赖氨酸消化率有关，相关系数分别为 0.71 和 0.74。同时，研究人员认为 DDGS 的颜色金黄色最好，且不能含有黑色小粒，应该富有发酵的气味。此外，DDGS 中黄色素含量较高，是玉米中的脂肪伴随物，饲用 DDGS 添加量大时会使一些畜禽肉色发黄，出现"黄膘肉"。如果在猪屠宰时出现"黄膘肉"，则会影响猪肉在市场上的销售。因此，DDGS 在三黄鸡养殖等需要色素的饲料当中用量可以适当增大，而在其他动物饲料中需要控制用量。

整体而言，DDGS 颜色与其营养成分密切相关，深颜色的 DDGS 营养价值低于浅颜色，且深颜色的 DDGS 通常伴有焦煳味或者烟熏味，可能是由于干燥过程中加热过度引起的美拉德反应，降低了赖氨酸等营养物质的利用率。

三、玉米酒糟的应用

DDGS 富含多种营养物质和功能成分，且来源广泛、价格低廉，是一种可供开发利用的理想原料，在动物生产、发酵产单细胞蛋白、黄色素和醇溶蛋白等高附加值产品的分离提取方面具有较好的应用。

1. 在动物生产中的应用

经过酒精发酵过程的玉米纤维素利用率及生物效价较高，磷的利用率进一步提高。此外，酒精发酵中加入的糖化曲及其他营养成分和活性因子均使 DDGS 的营养价值进一步提高。相比豆粕、菜粕等其他饲料原料，DDGS 具有价格上的优势。这些优势均使得 DDGS 在饲料中具有良好的应用价值。

在家禽饲养中，甲硫氨酸是第一限制性氨基酸，而 DDGS 含有丰富的甲硫氨酸，是甲硫氨酸天然良好的来源。然而，DDGS 中粗纤维含量较高，不利于家禽的消化、利用，因此家禽饲料中 DDGS 的添加量有一定限制。在实际生产中，蛋鸡饲料中 DDGS 的添加量不宜超过15%，肉鸡饲料中 DDGS 的添加量不宜超过8%。肉鸭饲料中 DDGS 的添加量在6%左右最好，此时饲料成本降到最低，且肉鸭的生产性能不会受到影响。

DDGS 有较高的能量效应，是较好的过瘤胃蛋白饲料。酒精发酵中产生的香气能促进牛、羊等反刍动物的食欲，有很好的适口性。DDGS 的纤维素较高且在发酵过程中得到有效分解，在饲喂中能产生有效的能量。国内外在反刍动物饲料中添加 DDGS 最高使用量可以达 20%～30%。然而，由于热变性蛋白的存在，DDGS 中的蛋白质在小肠的消化率受到较大影响，而且 DDGS 所含蛋白质氨基酸不平衡，最为缺乏赖氨酸，因此应该注意过瘤胃赖氨酸的补充。

猪饲养过程中，可溶性非淀粉多糖含量低的日粮可以有效减少胃肠道内致病组织的增殖。DDGS 中含有大约 10% 左右的粗纤维，其中不溶性纤维占 42.2%，可溶性纤维仅占0.7%。实验室研究发现，在猪的饲料中添加 10%DDGS 可以减少胞内劳森菌感染的发病期、发病率和肠道损害的严重程度，效果与四氯化碳治疗剂类似。同时，DDGS 添加到猪饲料中可以替代一部分豆粕有效降低饲料的成本。另有研究发现，猪饲料中氨基酸不平衡或非必需氨基酸的升高会降低生长育肥猪的日采食量，且 DDGS 中富含植物油，导致碘值升高，腹部坚硬度线性降低。因此，猪饲料中 DDGS 的应用需要注意添加量的控制和其他营养成分的补充。总的来看，建议 DDGS 在断奶仔猪中添加量以 5% 为宜，在生长猪中的用量以 10% 为宜，在育肥猪中的用量以不超过 20% 为宜。

2. 发酵产单细胞蛋白

单细胞蛋白也称微生物蛋白，是指酵母菌、霉菌、非致病性细菌等单细胞微生物通过发酵方法利用工农业废料培养得到的微生物菌体蛋白。单细胞蛋白中蛋白质含量较高，一般为菌体干重的 40%～80%，还含有脂肪、碳水化合物、核酸、维生素和无机盐，以及动物所必需的各种氨基酸，特别是植物饲料中缺乏的赖氨酸、甲硫氨酸和色氨酸含量较高，其营养价值优于鱼粉和豆粕。在单细胞蛋白生产中选择合适的菌种至关重要，要求菌种无毒且非致病菌，具备生长繁殖迅速、对培养条件要求简单、菌体易于收集等特性。目前，生产单细胞蛋白的微生物主要有非致病和非产毒的细菌、酵母和藻类。发酵生产单细胞蛋白具有原料成本低、生产周期短、效率高等优点，应用前景广阔。

3. 高附加值产品的分离提取

DDGS 中含有黄色素、醇溶蛋白等高附加值成分，通过分离提取其中的黄色素和醇溶蛋白也是 DDGS 利用的一种有效方式。

（1）玉米黄色素　除含有丰富蛋白质与纤维素外，DDGS 也保留了玉米所含的大部分类胡萝卜素，主要以玉米黄素、叶黄素和隐黄素的形式存在，结构分别如图 6-13、图 6-14 和图 6-15 所示。据测定，每克 DDGS 中含有 15.9～20.8μg 的类胡萝卜素，以平均年产 4000万 t 的玉米酒糟计算，其中可供提取的类胡萝卜素达到 800t。

玉米黄色素是一种利用价值较高的天然食用色素，具有抗氧化、清除自由基、抗癌、降低心血管疾病发病率和视觉保护等多种生理功能，尤其是在预防老年性白内障和老年黄斑变性方面的作用，备受研究人员的关注。

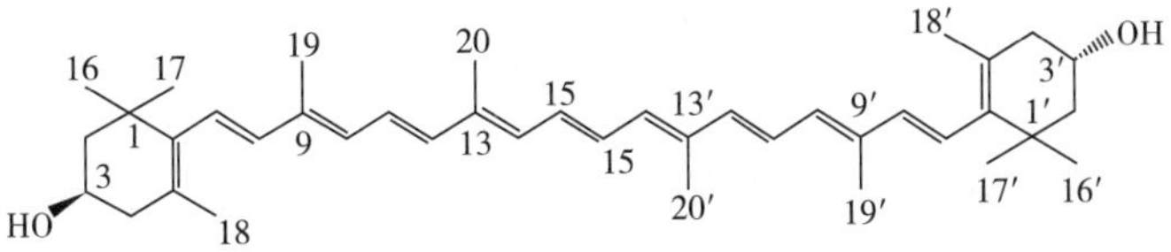

图 6-13　玉米黄素的化学结构

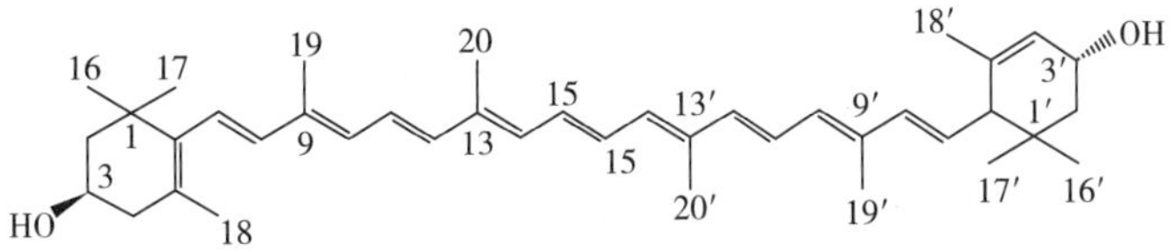

图 6-14　叶黄素的化学结构

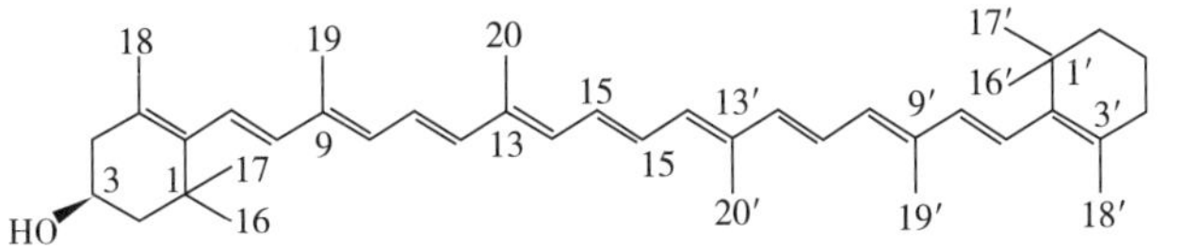

图 6-15　隐黄素的化学结构

玉米黄色素是油溶性色素，一般利用油脂性溶剂进行萃取或抽提，并经过蒸发和浓缩而获得黄色素产品。目前，对玉米黄色素的提取技术进行了大量研究，但主要停留在实验室研发阶段，已经研究出来的提取方法还不尽完善，仍需继续进行技术更新。随着研究的不断延伸，溶剂萃取法是 DDGS 中玉米黄色素提取最为常用的方法，根据提取工艺特点，主要分为一级萃取法、多级萃取法、索氏提取器法和 CO_2 超临界萃取法（表 6-6）。微波、超声波和膜技术的发展，使其越来越多地作为辅助手段用于溶剂法提取黄色素工艺中，能够有效提高黄色素的提取率。

表 6-6　不同溶剂萃取法的优缺点

方法	一级萃取法	多级萃取法	索氏提取器法	CO_2 超临界萃取法
优点	操作简单	萃取效率高	提取率高、节省溶剂	得率、纯度高
缺点	提取效率及溶剂回收率低	有机溶剂消耗多，溶剂成本高	产量低	设备费用大、产量低

综合来看，DDGS 是叶黄素类色素提取的天然资源，这些色素的产出不需要额外占用耕地，也不需要消耗水、农药和化肥等资源，具有对环境造成污染少、提高资源利用率、碳排放低等优势。

（2）醇溶蛋白　在不同种类蛋白质中，玉米醇溶蛋白含量最高，占玉米蛋白质中的 60% 以上。玉米醇溶蛋白具有独特的成膜特性及较强的保油性、保水性、耐热性、抗氧化性，有覆膜形成性、黏结性、凝胶化性等外观特征，可用于防潮隔氧、抗紫外线、保鲜等，还有一定的抑菌作用，可作为多功能食品材料与添加剂，在生产中应用越来越广泛。玉米酒糟中的醇溶蛋白为疏水性蛋白质，结构以 α-螺旋为主，空间结构较致密，呈纺锤状。

玉米醇溶蛋白的提取工艺因为原材料、萃取溶剂、纯化方法和溶剂回收方法的不同而存在差异，大多数处理方法单一，提取条件复杂，设备投资较大，产量不高，得到的产物纯度低，相关技术仍需要长期研究和进一步突破。

4. 其他利用途径

除上述几种利用方式外，实验室研究发现，玉米酒糟还具有以下多种潜在利用途径。①将酒糟液代替部分原料生产糖化酶，在产酶量相同的前提下，可大幅减少原材料的消耗，降低生产成本。②酒糟液作为培养基，用于微生物杀虫剂苏云金芽孢杆菌的生产，具有较强的应用价值。③以酒糟为原料生产甘油是甘油来源的一条重要途径，但仍未进行工业化生产，主要是因为生产所得甘油的品质和纯度达不到标准，不具有市场竞争力。④玉米酒糟为原料发酵生产木糖醇，大幅度降低生产成本，有效提高酒糟资源的利用率，是酒糟利用的新途径。

🔍 思考题

1. 玉米加工副产物主要有哪些？分别具有哪些营养成分和特点？
2. 简述不同玉米加工副产物的综合利用途径。

小宗谷物加工副产物的综合利用

学习目标

1. 掌握燕麦的籽粒结构特点和加工副产物的综合利用情况。
2. 了解高粱的籽粒结构特点和加工副产物的综合利用情况。
3. 掌握粟的籽粒结构特点和加工副产物的综合利用情况。
4. 了解黑米的籽粒结构特点和加工副产物的综合利用情况。
5. 掌握荞麦的籽粒结构特点和加工副产物的综合利用情况。
6. 掌握大麦的籽粒结构特点和加工副产物的综合利用情况。

学习重点与难点

1. 重点是各种小宗谷物加工副产物综合利用情况。
2. 难点是各种小宗谷物加工副产物综合利用的原理和工艺流程。

小宗谷物包括燕麦、高粱、粟、黑米、荞麦和大麦等，在加工过程中会产生谷壳、麸皮、小米糠、碎米等副产物，充分利用这些副产物可大大提高粮食加工的附加值。

第一节　燕麦加工副产物的综合利用

燕麦是适于高寒地区种植的作物。世界燕麦的播种面积和总产量仅次于小麦、玉米、水稻、大麦、高粱，居第六位。在全世界燕麦种植中，欧洲约占 1/3，其余为美国、加拿大、中国和澳大利亚等国家地区。我国的燕麦种植主要集中在内蒙古的阴山南北，河北的坝上、燕山地区，山西的太行、吕梁山区，云南、贵州、四川的大、小凉山地带也有种植，其中内蒙古地区的种植面积最大，占全国燕麦种植总面积的 35% 左右。

一、燕麦的分类及籽粒结构

（一）燕麦的分类及质量标准

1. 分类

燕麦可分为有颖燕麦和裸燕麦两类。我国种植的燕麦以裸燕麦为主，裸燕麦又称莜麦。

2. 质量标准

按 DB22/T 1099—2018《燕麦》规定：燕麦按容重分等，其质量指标见表 7-1。

表 7-1　燕麦质量指标

等级	容重（g/L）	粗蛋白质含量（干基）/%	水分/%
等级 1	≥700		
等级 2	≥670	≥12	≤13.0
等级 3	≥630		
等级外	<630		

（二）燕麦籽粒的形态特征

燕麦籽粒的形态如图 7-1 所示。有颖燕麦籽粒的颖包括内颖、外颖、芒和基刺。内、外颖各一片，外颖外凸，内颖内凹，外颖背部有芒，内、外颖沿边缘向内折弯成钩状，内颖钩边较长，相互钩合，钩合处接触面积较大，除裸燕麦外，颖果被紧包在内、外颖之中。

颖果细长呈纺锤状，内颖包裹的部位有腹沟，外颖包裹的部位有胚，颖果表面生有茸毛。

燕麦色淡且皮薄，因此在研制燕麦粉或碾磨燕麦米时往往将皮层保留。

（三）燕麦籽粒的结构

有颖燕麦籽粒由颖壳和颖果两部分组成，如图 7-2 所示。

有颖燕麦

裸燕麦

图 7-1　燕麦籽粒的形态

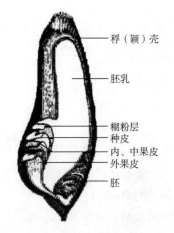

稃（颖）壳

胚乳

糊粉层
种皮
内、中果皮
外果皮
胚

图 7-2　有颖燕麦籽粒的结构

颖果主要由果皮、种皮、胚乳和胚组成。果皮是 2~3 层列细胞的薄层，外果皮是薄壁细胞，内果皮为不明显的管状细胞。种皮由两层珠被产生。果皮和种皮紧密相连，包着胚乳和胚。

二、燕麦加工副产物的综合利用

我国燕麦资源丰富且品质较好，但目前为止，对于燕麦产品的开发还只是初始阶段，在燕麦加工方面的创新还不够，燕麦产品的平均增值幅度还处在较低的状态。虽然近年来燕麦市场规模也逐渐壮大起来，但是产品还是比较单一，主要以各式各样的燕麦片为主，加工企业的规模不大，新产品少，缺乏创新意识，欠缺高端产品，燕麦提取物的转化率太低，导致目前燕麦产品的发展迟缓。燕麦是优质饲料和食品原料，进一步加工可得到很多种不同用途、价值较高的加工制品。近年来，国际燕麦加工产品出口呈上升趋势，给生产国对外出口带来了较大的收益。因此，当前燕麦加工的开发更为各国所瞩目，发展速度快，前景乐观。

燕麦加工副产物主要有燕麦麸皮和碎米。

（一）燕麦麸皮的综合利用

1. 燕麦麸皮的化学组成与营养价值

麸皮是燕麦制粉中的主要副产物。AACC 对加工得到的燕麦麸皮定义：燕麦麸所含有的总膳食纤维至少 16%，可溶性膳食纤维至少占总膳食纤维的 1/3，总 β-葡聚糖至少 5.5%。燕麦麸皮已作为一种商品用于各种食品（尤其是面包或中餐中）的添加成分。

燕麦麸皮和小麦麸皮的化学组成见表 7-2。燕麦麸皮蛋白质的氨基酸组成见表 7-3。燕麦麸皮 β-葡聚糖含量见表 7-4。

表 7-2　燕麦麸皮和小麦麸皮的化学组成

名称	水分/%	粗蛋白质/%	粗脂肪/%	淀粉/%	膳食纤维/%	灰分/%
燕麦麸皮	10	19	9.7	38.5	39.4	3.5
小麦麸皮	12	15.8	2.6	41.5	18	8

表 7-3　燕麦麸皮蛋白质的氨基酸组成

名称	质量分数/%	名称	质量分数/%
天冬酰胺	1.826	半胱氨酸	0.831
苏氨酸	0.780	缬氨酸	1.323
丝氨酸	1.161	甲硫氨酸	0.761
谷氨酸	4.502	异亮氨酸	0.880
甘氨酸	1.103	亮氨酸	1.744
丙氨酸	1.037	色氨酸	0.835
苯丙氨酸	1.037	赖氨酸	0.942

续表

名称	质量分数/%	名称	质量分数/%
组氨酸	0.452	精氨酸	1.370
脯氨酸	1.179	—	—

表7-4　燕麦麸皮 β-葡聚糖含量　　　　　单位:%

名称	总 β-葡聚糖	水溶性 β-葡聚糖	水不溶性 β-葡聚糖
燕麦麸皮	9.36	5.27	3.09

由表7-2、表7-3和表7-4可以看出，燕麦麸皮比小麦麸皮含有更高的粗蛋白质、粗脂肪和膳食纤维。并且燕麦麸皮氨基酸组成全面，其中必需氨基酸含量可以满足人体需要，赖氨酸含量（0.942%）高于小麦粉（0.4%）和小麦麸（0.56%）的赖氨酸含量。

作为加工副产物的燕麦麸皮，是从带皮的全燕麦外层经碾碎而得，其中含有丰富的蛋白质、膳食纤维、脂肪、硫胺素、核黄素、钙、铁、维生素 B_6 等营养成分。

摄入燕麦可溶性膳食纤维，可以有效降低餐后血糖浓度和胰岛素水平。可溶性燕麦纤维对降低胆固醇和预防心血管疾病效果明显。美国的一项研究表明，每天摄入含可溶性燕麦纤维的食品，可使血液中胆固醇含量降低3%，使冠心病死亡率减少3%，有效减轻糖尿病的症状。研究还表明，燕麦纤维食品与非谷物纤维食品相比，更容易被人体吸收。并且因含热量很低，既有利于减肥，又更能适合心脏病、高血压和糖尿病患者选择食疗的需要。燕麦 β-葡聚糖有降血脂、调节血糖、促进肠道益生菌增殖及预防结肠癌、免疫调节等功能。

2. 加工食用麸皮

燕麦麸皮含有丰富的蛋白质、维生素和矿物质，营养价值极高，但由于其口感、口味不佳，所以无法直接食用，大部分只能用作饲料。为提高麸皮的食用性，可通过蒸煮、加酸、加糖、干燥等除掉麸皮本身的气味，使之产生香味，口感变好。市场上销售的食用麸皮都是经过加热精制后的产品，既处理了原来麸皮中的微生物和植酸酶，又提高了加工的适应性，使生产出的食品既提高了风味，同时保证健康卫生，食用麸皮的成分见表7-5。

表7-5　食用麸皮成分

项目	水分/%	蛋白质/%	脂肪/%	粗纤维/%	灰分/%	碳水化合物/%	热量/(kJ/100g)	木质素/%	纤维素/%	半纤维素/%
含量	13.6	15.9	4.0	10.0	5.6	50.8	863	4.81	8.69	32.9

加工食用麸皮的原料，并无特殊要求，通常使用粒度较小的细麸（通常称作小麸或粉麸）。这是由于麸皮粒度较小，成品的口味相应就好一些。粒度较大的粗麸，要首先粉碎，使其粒度在40目以下，再进行加工。加工食用麸皮，首先要对原料麸皮进行蒸煮，即利用水蒸气对麸皮进行处理。蒸煮可采用蒸笼、高压锅或专用的蒸煮机。蒸煮的时间与所用器具

有关，采用蒸笼蒸煮时，可把时间控制在 10～20min，然后对麸皮进行搅拌，此时加入酸、糖。添加的酸以柠檬酸、酒石酸、乳酸等有机酸为最好，也可使用这些酸中的一种或两种以上的混合物，酸的添加量占麸皮质量的 0.2%～5%。糖可以使用蔗糖、葡萄糖、麦芽糖、果糖等其中一种或两种以上的混合物，也可用蜂蜜、饴糖等以糖为主要成分的物质，糖的添加量占麸皮质量的 30%～80%。除了添加酸和糖外，还可以加入各种调料，如着色料、香料，也可以将糊精、淀粉、蛋白质、乳制品、油脂等适量混合。酸和糖都要以水溶液的形式添加，然后通过剧烈的搅拌，使麸皮均匀吸收水溶液，然后把吸收了溶液的麸皮摊开，再放入 110℃ 的烘箱内加热干燥 30min 即可得到产品。

3. 从燕麦麸皮中提取燕麦多肽

燕麦蛋白质主要由谷蛋白、醇溶蛋白、球蛋白和清蛋白组成，氨基酸含量高，且配比合理，被认为是谷类中最佳平衡蛋白质，营养保健价值很高。燕麦麸皮含 16%～30% 蛋白质，是一种良好的蛋白质资源。以此为原料提取蛋白质，廉价易得，但目前燕麦麸皮仅用作饲料，对其深入开发的研究不多。

燕麦多肽（oat peptide）是利用现代生物技术酶工程，把燕麦麸皮中的蛋白质解离成小分子肽，与表皮细胞生长因子非常相似，易于皮肤吸收，可加快细胞增殖，促进皮肤新陈代谢，活化肌肤，减少皮肤粗糙度。相对其他蛋白质水解产物，燕麦多肽纯净、气味清香。燕麦多肽能抑制皮肤胶原蛋白分解酶的活性，并能提升皮肤胶原蛋白含量，可以广泛应用于食品、化妆品等领域。

目前，燕麦多肽的提取方法主要是碱法和酶法。碱法提取不仅可以获取大部分多肽，而且工艺简单、成本低。但是碱法不仅存在产品淀粉含量高的问题，且强碱会使多肽变性，理化性质发生改变。酶法提取则具有反应条件温和、对环境友好、燕麦多肽得率较高等优点。

①碱法提取裸燕麦中燕麦多肽的工艺流程：

燕麦麸皮 → 过筛（200 目）→ 石油醚脱脂 → 碱液浸提 → 离心分离 → 上清液 → 等电点沉降 → 离心 → 干燥 → 燕麦多肽干品。

②酶法提取燕麦麸皮中燕麦多肽的工艺流程：

燕麦麸皮 → 加水反应 → 蛋白酶酶解 → 离心 → 等电点沉淀 → 离心分离 → 膜过滤纯化 → 干燥 → 燕麦多肽干品。

酶法提取可在很大程度上避免碱法存在的加速设备损耗、降低多肽活性以及废液污染环境等问题，在工业生产中具备一定的优势。

4. 从燕麦麸皮中提取 β-葡聚糖

β-葡聚糖是一种水溶性非淀粉多糖，主要存在于燕麦籽粒的糊粉层和亚糊粉层中。麸皮中 β-葡聚糖的干基含量一般为 2.1%～3.9%。燕麦胶是燕麦 β-葡聚糖提取后的存在形式，其中还含有少量淀粉与蛋白质。由于 β-葡聚糖是燕麦胚乳细胞壁的重要成分，故常从燕麦麸中提取。

燕麦麸 β-葡聚糖提取和纯化的具体方法如下。

①裸燕麦麸（过筛后）→ 水提 → 离心分离 → 减压浓缩 → 酶法去淀粉 → 等电点沉淀去蛋白质 → 脱色及溶剂沉淀 → 离心分离 → 干燥 → 燕麦 β-葡聚糖粗提物（燕麦胶）。

②燕麦胶复溶 → 加 200g/L 硫酸铵沉淀 → 离心分离 → 透析 → 初步纯化燕麦 β-葡聚糖。

③ 1%β-葡聚糖溶液 → DEAE-52 纤维素柱色谱 → Sepharose CL → 4B 凝胶柱色谱 → β-葡聚糖纯品。

燕麦 β-葡聚糖是由 β-1,3-糖苷键和 β-1,4-糖苷键连接 β-D-吡喃葡萄糖单位而形成的一种高分子无分支线性黏多糖，其中约含有 70% 的 β-1,4-糖苷键和 30% 的 β-1,3-糖苷键。无论营养还是加工，β-葡聚糖溶液都具有独特的性质，可利用这些特性加工成增稠剂、稳定剂等。β-葡聚糖能够降低血糖和胆固醇、防止便秘、降低直肠癌的发病率，发酵生产短链脂肪酸，促进肠道有益细菌的繁殖，并且还具有减少心血管疾病、预防糖尿病等生理功能。β-葡聚糖相对分子质量较大，溶于水后能形成高黏度的溶液。因此，加强燕麦 β-葡聚糖的研究，不仅能够促进我国燕麦资源的充分利用，使农副产品增值，而且可以生产出具有良好功能性的食品，满足不同人群的健康需要。

5. 从燕麦麸皮中提取膳食纤维

膳食纤维是指人体小肠内不被消化吸收，而在大肠能部分或全部发酵的可食用植物性碳水化合物及其类似物质的总称。膳食纤维被世界卫生组织称为人体必需的"第七大营养素"。燕麦中含有大量的膳食纤维，营养学家和科学家的研究表明，燕麦膳食纤维能够预防便秘和直肠癌，降低血清胆固醇，调节血糖水平，预防胆结石，吸附钠离子降血压，减肥以及抗癌等。

燕麦膳食纤维主要来自燕麦麸皮，其包含可溶性膳食纤维和不可溶性膳食纤维，因而又被誉为天然膳食纤维家族中的"贵族"。燕麦总膳食纤维含量为 17%~21%，其中可溶性膳食纤维（主要由 β-葡聚糖组成）约占总膳食纤维的 1/3。

传统的燕麦膳食纤维提取法有碱法、酶法和酶-碱结合法三种工艺。酶-碱结合工艺为最佳提取工艺，其优点是，使用的 α-淀粉酶可分解淀粉类物质，加碱则分解了原料中的蛋白质和脂肪，这是单独采用碱法或酶法不能做到的。酶-碱结合工艺所得到的膳食纤维含量一般低于酶法和碱法，但品质最优，尤其是蛋白质、脂肪、淀粉去除较为彻底。

酶-碱结合法提取燕麦膳食纤维的工艺流程如下。

燕麦麸 → 筛选、清洗 → 热水煮沸 → 淀粉酶水解 → 碱水解 → 水洗 → 漂白 → 水洗 → 干燥 → 粉碎 → 膳食纤维。

工艺要点如下。

①燕麦麸的清洗处理：将燕麦麸过筛，除杂，称量备用。

②酶水解处理：将燕麦麸加入预先煮沸的清水中，按料液比 1∶8（质量体积比），煮 10~20min，然后加入适量的冷水冷却至 55℃，再加入 0.5% 的淀粉酶和糖化酶混合制剂，保温条件下搅拌水解 100min，使存留在麸皮中的淀粉水解变成可溶性的糊精等，以利于水洗除去。

③碱处理：将酶水解后的燕麦麸加入 50g/L 的 NaOH 溶液，于 60℃下水解 100min，使燕麦麸充分软化。

④洗涤：将软化后的燕麦麸用自来水洗涤至呈中性为止。

⑤漂白：将冲洗好的燕麦麸按料液比 20∶1（质量体积比）的比例加入 5% 的 H_2O_2 的水溶液中，在 50℃ 的条件下浸泡 120min，然后用清水将燕麦麸冲洗干净。

⑥脱水干燥：将洗好的燕麦膳食纤维装入纱布袋中，置入离心式甩干机中，以 3000r/min 的转速脱水 10min，取出后均匀置于烘盘，放入鼓风干燥箱中，在 80℃ 的条件下干燥至

干透为止。

6. 生产味精

燕麦麸皮中含有 16 种氨基酸，其中谷氨酸高达 46%，可用作提取味精的原料，利用燕麦麸皮的水解液替代玉米浆发酵生产谷氨酸。工艺过程是：在燕麦麸皮中加水和盐酸，将 pH 调为 1，水解条件为 $1.25kg/cm^2$ 蒸气负压，水解 $10\sim15min$，用滤布过滤，滤液即可用于提取谷氨酸。谷氨酸的产率可达 4.5%~6.2%。

7. 制作饮料

首先把燕麦麸皮适当碾碎，使颗粒小于 40 目，然后加水调匀，使燕麦麸皮浓度达 5%~15%，添加 0.1%~1.0% 的镁铝碳酸盐化合物和足够的酸味剂（如磷酸、酒石酸、己二酸、苹果酸或富马酸），保持 pH 在 3.5~5.5，升温 82~98.5℃，连续加热 20~60min，冷却后再加入占麸皮质量 0.1%~1.0% 的表面活性剂（山梨糖醇酐单硬脂酸、聚氧化乙烯山梨糖醇酐、单月桂酸或单硬脂肪酸酯等）、0.1%~0.6% 的防腐剂、0.01%~0.5% 的着色剂和 15%~40% 的甜味剂，调匀后通过压力为 13.8~41.4MPa 的均质机，即为最终产品。

8. 其他利用

近年来，活性氧和自由基成为现代生命科学的研究热点，评价和筛选具有强抗氧化活性的天然资源已成为生物学、医学和食品科学研究的新趋势。燕麦麸皮中含有种类丰富的多酚类、维生素 E、甾醇、ω-羟基脂肪酸等具有抗氧化作用的物质，可以作为天然抗氧化剂的来源。

对于燕麦加工副产物的燕麦麸皮，利用 CO_2 超临界流体萃取设备，在一定温度、压力条件下萃取一定时间，制得燕麦麸油。同时再利用燕麦麸油制得混合脂肪酸。研究表明，在猪油氧化体系中，麸油和混合脂肪酸均具有较强的抗氧化性，麸油对猪油的抗氧化能力要好于脂肪酸。因此，麸油是开发抗氧化剂的一种良好原料。

从裸燕麦麸皮中脂肪油的非皂化物中可以分离提取出 β-谷甾醇。植物甾醇是一类具有生理价值的物质，可用于合成调节水、蛋白质、糖和盐代谢的甾醇激素。植物甾醇作为治疗心血管疾病、抗哮喘、治疗顽固性溃疡的药物已被应用于临床试验。此外，植物甾醇还可应用于化妆品行业等。

（二）燕麦碎米的综合利用

1. 生产蛋白质粉

燕麦蛋白是一种优质谷物蛋白，在燕麦中所占比例高达 20%，远远高于其他粮食作物。其氨基酸配比合理，接近于 FAO/WHO 推荐的营养模式；人体利用率高，蛋白质功效比（PER）超过 2.0。由于燕麦碎米中的蛋白质、淀粉等营养物质与燕麦米相近，将碎米中蛋白质含量提高后制得高蛋白质粉，可作为添加剂，生产婴幼儿、老年人、病人所需的高蛋白食品。利用燕麦碎米生产蛋白质粉的工艺流程如图 7-3 所示。

2. 生产燕麦淀粉

燕麦碎米的淀粉含量为 30.9%~32.3%，直链淀粉占总淀粉量 10.6%~24.5%。燕麦淀粉颗粒表面光滑，无明显裂缝，呈多角形或不规则形状，颗粒较小，直径范围 $3.8\sim10.5\mu m$，平均直径 $7.0\sim7.8\mu m$。燕麦淀粉粒度与大米淀粉相近，可形成稳定又富有延伸性的凝胶体。燕麦淀粉能使食品呈致密、滑润和奶油状结构。燕麦淀粉的生产原料一般为燕麦粉，用燕麦碎米生产燕麦淀粉，既提高了燕麦碎米的利用价值，又在一定程度上节省了粉碎燕麦米的人

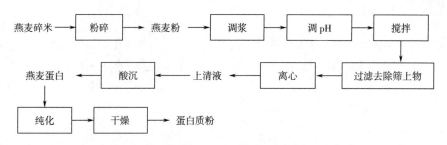

图 7-3　燕麦碎米生产蛋白质粉的工艺流程

力和物力。燕麦淀粉的提取目前主要有酶法、碱法、酶辅助碱提取法等，其中酶辅助碱提取法的得率最高且时间最短。酶辅助碱提取法的工艺流程如图 7-4 所示。

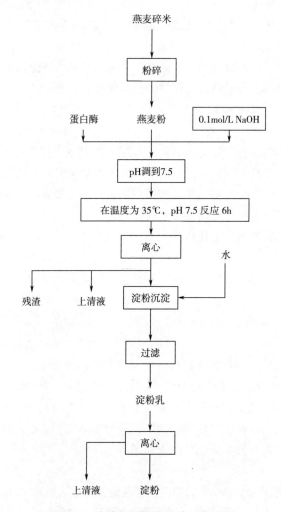

图 7-4　酶辅助碱提取法的工艺流程

　　燕麦淀粉脂肪含量较高，为 0.85%~1.31%，淀粉溶胀能力较差，燕麦淀粉比其他淀粉更易糊化，糊化温度 56.0~74.0℃；与玉米淀粉和小麦淀粉相比，燕麦淀粉更不易老化。燕麦淀粉与大米淀粉一样都能赋予食品光滑、奶油般质构优点，燕麦淀粉可用于食用膜开发。

3. 制作燕麦乳饮料

将燕麦碎米加工成燕麦乳饮料，是一种口感好、营养丰富的牛奶替代品。燕麦乳饮料的工艺流程如图7-5所示。

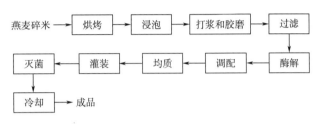

图7-5　燕麦乳饮料的工艺流程

①烘烤：将燕麦碎米清理干净后，在烤箱中烤脆或在锅中炒香，注意及时翻动，以免烤焦。

②浸泡：将烘烤过的燕麦碎米放在清水中浸泡10~12h，然后将泡软的燕麦碎米用10g/L的NaOH溶液浸泡5~10min，搓洗去燕麦细皮，并用清水冲洗干净。

③打浆：按温水（50℃）与燕麦碎米为1:1的比例混合后，加入打浆机中打成浆液。

④胶磨：用胶体磨将燕麦浆液进行循环胶磨，细度达到约3μm。

⑤过滤：使用200目左右的滤网将燕麦浆液中的纤维、渣、皮等滤出。

⑥酶解：加入0.05%α-淀粉酶，在80℃酶解50min，在酶解过程中，需要不断搅拌，防止底部结成胶状物，通过碘液显色试验来检测淀粉是否水解完全。

⑦调配：添加质量分数为0.12%的黄原胶、6%的白糖、0.02%维生素C、0.01%的食盐、0.01%三聚磷酸钠进行调配。

⑧均质：为了改善燕麦乳的口感和稳定性，需对其进行高压均质，采用70℃、30MPa的条件均质。

⑨灌装：先将混合料预热至80℃，以保证产品形成一定的真空度或避免高温灭菌时胀罐。然后根据需要采用250mL饮料盒自动灌装机进行灌装，要求封罐严实，每罐净重误差在3%左右，并保留一定的顶隙。

⑩灭菌：为了保证产品质量和较长的保质期，需采用高温高压灭菌，选用121℃、200kPa、15~20min灭菌。

制得的燕麦乳饮料香味协调，口感饱满。将燕麦碎米制成乳饮料，保持了其原有的营养成分和特殊功效，口感香甜、食用方便，既满足了人们对燕麦碎米的食用需求，也扩大了消费者对软饮料品种的选择范围。燕麦乳饮料质量指标见表7-6。

表7-6　燕麦乳饮料质量指标

指标	项目	要求
感官指标	色泽	乳白色，色泽均匀一致
	味道	香味纯正，口感饱满，具有燕麦特征性风味
	组织形态	均匀稳定

续表

指标	项目	要求
理化指标	总固形物含量/%	8.0 ±0.2
	pH	6.6 ±0.2
	离心沉淀率/%	1.5 ±0.2
	黏度/MPa·s	430
	蛋白质含量/%	0.62
	碳水化合物含量/%	4.55
	脂肪含量/%	0.43
微生物指标	菌落总数/（CFU/mL）	≤100
	大肠菌群/（MPN/100mL）	≤10
	致病菌	未检出

第二节　高粱加工副产物的综合利用

　　高粱是世界上重要的禾谷类作物之一，主要分布在非洲、亚洲、美洲的热带干旱和半干旱地区，温带和寒带地区也有种植。从世界范围看，它仅次于小麦、水稻、玉米、大麦，种植面积和产量居第五位。高粱是我国北方的主要粮食作物之一，由于它具有抗旱、耐涝、耐盐碱、适应性强、光和效能高及生产潜力大等特点，所以，又是春旱秋涝和盐碱地区的高产稳产作物。至今，在非洲大陆的很多国家，高粱仍然是维系人类生命的重要粮食作物。目前，我国高粱生产仍处于较高水平，在高粱生产国中，单产水平仅次于美国。高粱加工副产物主要有高粱壳，以及糠麸、酒渣、醋渣、高粱茎叶和秸秆等。

一、高粱的分类及籽粒结构

（一）高粱的分类及质量标准

　　1. 分类

　　高粱的种类、品种很多，其分类方法也有多种，通常采用以下几种分类方法。

　　（1）按壳的颜色分类　一般可分为红壳高粱、白壳高粱、黄壳高粱和黑壳高粱四种。

　　红壳高粱的谷壳及谷皮呈红褐色，角质少，硬度与容重都较小，品质较黄壳高粱差，呈扁圆形。可作酿酒原料和饲料。

　　白壳高粱的籽粒呈白色或灰白色，含单宁极微，容重大，角质多，硬度大，品质好，出米率高。既适合制米，也适合制面粉和淀粉。

　　黄壳高粱的谷壳及谷皮呈黄褐色，籽粒大且重，品质优良，壳包粒少，一般呈圆形或椭圆形。为良好的酿酒原料。

黑壳高粱的谷壳呈黑色，谷皮红褐色，籽粒带黑褐色斑点，籽粒较小，容重小，皮厚，出米率低。

（2）按粒质分类　一般可分为粳性和糯性两种。

粳性外围呈角质，内部为粉质，也有完全为粉质、粉状的；糯性断面则呈暗玻璃状，无角质与粉质的区别。

（3）按用途分类　可分为食用高粱和其他高粱两种。

食用高粱具有籽粒较大而裸露、硬质粒多等特点，适用于碾米、制粉食用；其他高粱是指除食用高粱以外的高粱。

（4）按外种皮色泽分类　按国家标准 GB/T 8231—2007《高粱》规定，根据高粱的外种皮色泽分为三类。

①红高粱：种皮色泽为红色的颗粒。

②白高粱：种皮色泽为白色的颗粒。

③其他高粱：上述两类以外的高粱。

2. 质量标准

按国家标准 GB/T 8231—2007《高粱》规定，各类高粱按容重定等，其质量指标见表 7-7。

表 7-7　高粱质量指标

等级	容重/（g/L）	不完善粒/%	单宁/%	水分/%	杂质/%	带壳粒/%	色泽气味
1	≥740	≤3.0	≤0.5	≤14.0	≤1.0	≤5.0	正常
2	≥720	≤3.0	≤0.5	≤14.0	≤1.0	≤5.0	正常
3	≥700	≤3.0	≤0.5	≤14.0	≤1.0	≤5.0	正常

（二）高粱籽粒的形态特征

高粱籽粒的形态如图 7-6 所示，是带颖的颖果。颖包括两片护颖和内、外颖，高粱的护颖与其他谷物不同，其比内、外颖大。硬壳高粱的护颖呈卵圆形，厚而有光泽，上生茸毛，一般较难脱粒；软壳高粱的护颖为长椭圆形，无光泽，上面有 6~8 条明显的条纹，无茸毛或短毛，一般脱粒较易。外颖比较宽阔，呈薄膜状，有毛，顶端两裂，在分裂片背面生有芒，芒从齿裂间伸出，有的芒短，仅现刚毛。内颖是很小的薄膜，有时完全消失。护颖因品种的不同有红、黄、褐、黑、白等颜色。

花柱迹

种仁

护颖

图 7-6　高粱籽粒的形态

颖果有一部分露在护颖的外面。颖果的形状一般为椭圆形、卵圆形、梨形和长圆形，因品种而异。颖果呈粉红、淡黄、暗褐和白色，有时在黄、白色籽粒上带有红、紫色斑点，这些颜色是由于种皮中含有花青素及单宁所致。

（三）高粱籽粒的结构

高粱籽粒由颖壳和颖果两部分组成，如图7-7所示。

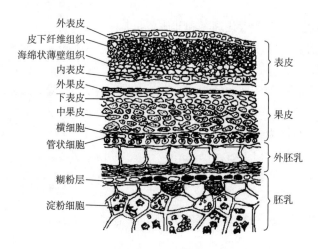

图7-7 高粱籽粒的结构（剖切面）

1. 颖壳

高粱籽粒的颖壳是由外表皮、皮下纤维组织、海绵状薄壁组织和内表皮组成。

（1）外表皮 外表皮为硅质化的细胞，厚且坚硬。

（2）皮下纤维组织 皮下纤维组织由几层纵向排列的长条形的具有孔纹的厚壁细胞组成。皮下纤维组织干燥时较脆，吸水后则很坚韧，所以颖壳不易破损。由于纤维组织大都呈纵列，因此颖壳稍易纵裂。在纤维组织下有被维管束鞘包裹着的维管束，通过颖的基部与小穗轴的维管束相连接。

（3）海绵状薄壁组织 海绵状薄壁组织由几层排列比较整齐的长方形薄壁细胞组成，具有圆形、肾形或不规则的细胞间隙。细胞内容物已完全消失，整个是海绵状组织，从正面可以看到孔纹，在横断面上还能看到构成脉纹的维管束。

（4）内表皮 内表皮由薄壁细胞组成。细胞形状与海绵状薄壁细胞的形状相似，但有的地方细胞外壁与内壁贴合在一起，内表皮细胞表面稀疏地着生有一些极短的茸毛，有些地方还有气孔。

2. 颖果

颖果由皮层、胚乳和胚三部分组成。皮层包括果皮、种皮和外胚乳，胚乳则包括糊粉层和淀粉细胞。

（1）果皮 果皮由外果皮、下表皮、中果皮、横细胞及管状细胞等层次构成。

外果皮为一层引长的细胞，具有较厚的蜡质细胞壁和比较明显的孔纹，外有厚度不均匀的角质层。

下表皮由2~3层狭长细胞组成，很像外果皮，但细胞壁较薄。

中果皮由几层纵向排列的薄壁细胞组成，通常含有许多小而圆或近似多面体的淀粉粒，当籽粒达到成熟时，淀粉粒即自行消失。

籽粒成熟之前由于有叶绿素存在，多呈绿色，成熟时叶绿素逐渐消失。

横细胞为单层狭长细胞，与上述细胞层排列成垂直状。

管状细胞为一层纵向排列的长管细胞，细胞壁较薄，横断面呈环状。各细胞之间有空隙，间距为 5~200μm，其引长方向与横细胞垂直。

（2）种皮　种皮在籽粒成熟之前由 3~4 层细胞组成，成熟之后仅有一薄层残留，与果皮不易分离。

（3）外胚乳　高粱的外胚乳层比所有其他禾谷籽粒的外胚乳层都明显，其外壁厚，内壁膨胀，在横断面上表现得很明显。细胞壁具有念珠状孔纹，是珠心的残余，故又称珠心层。

（4）胚乳　胚乳由糊粉层和淀粉细胞组成，占高粱籽粒的最大部分。

糊粉层为一层排列整齐的近乎方形的厚壁细胞组成。细胞壁内充满糊粉粒，富含蛋白质、脂肪、维生素和有机磷酸盐等。

淀粉细胞由近乎横向排列的长形薄壁细胞组成。外层为角质胚乳，中央部分为粉质胚乳。淀粉粒为多角形，有一明显的粒心及放射状的裂纹，胚乳外层的淀粉粒少而小，常为蛋白质网络所包围，越到胚乳内部淀粉粒越大，数量也越多。我国的高粱其胚乳多为蜡质。

（5）胚　胚位于颖果腹部下端，由胚芽、胚轴、胚根及盾片组成。胚轴与盾片、胚芽和胚根相互连接，发育成主茎，胚芽外有胚芽鞘保护，胚根外有胚根鞘保护。胚一般呈青白色，但因品种及收割后贮藏的关系而呈淡黄色或淡绿色，实践中常用胚部的颜色来判断高粱的新陈度。

二、高粱加工副产物的综合利用

近年来，高粱深加工研究发展很快，除传统的制作主食、酿制白酒、生产陈醋、加工饲料以外，还对高粱加工副产物应用进行了有益探索。通常得到的高粱加工副产物主要有高粱壳，以及糠麸、酒渣、醋渣、高粱茎叶和秸秆等。

高粱加工副产物可以应用于能源、饲料、酿酒、板材和色素等工业。

（一）高粱壳的综合利用

高粱壳一般是作为农业废料和饲料使用，高粱壳富含膳食纤维和色素，从高粱壳中提取膳食纤维和色素可以使高粱壳得到更充分的利用。

1. 生产膳食纤维

膳食纤维可以调节胃肠道功能，促进肠道蠕动，有效防止便秘；降血脂及预防心血管病，有效地减少机体吸收胆固醇的量，降低体内胆固醇水平，从而达到预防动脉粥样硬化和冠心病的目的；通过改善末梢神经对胰岛素的感受性，降低血糖及预防糖尿病；膳食纤维的持水能力和充盈作用可增加胃部饱腹感，减少食物摄入量和降低能量营养素的利用，有利于控制体重，防止肥胖；降低胆结石、乳腺癌的发病率等。

以高粱壳为原料生产膳食纤维的工艺流程如图 7-8 所示。

①脱色：取一定量高粱壳粉置于三角瓶中，加入 20 倍样品量的 H_2O_2（体积分数为 8%）溶液，在 80℃超声，脱色 60min。

②水洗：用蒸馏水洗至滤液无色。

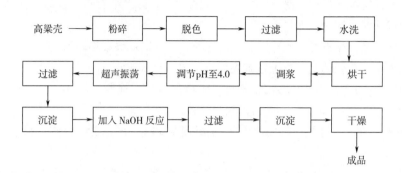

图 7-8 高粱壳生产膳食纤维的工艺流程

③烘干：将脱色后的高粱壳粉末残渣置于烘箱中于70℃烘干，研磨后装入干燥的广口试剂瓶，放入干燥器备用。

④调浆：称取高粱壳粉末15g放入250mL烧杯中，加入150mL水调成质量比1∶10的浆状液。

⑤调节pH：用1mol/L盐酸溶液调节pH到4.0。

⑥超声振荡：在超声波清洗器中振荡2.5h。

⑦过滤：去除反应液。

⑧NaOH反应：加入一定量NaOH溶液反应1.5h，过滤去除水解液。

⑨干燥：干燥至恒重，即得成品。

用高粱壳得到的膳食纤维的持水性、膨胀性分别为560%和350%。其持水性和膨胀性随着温度的提高都有所增大，弱酸或弱碱条件能促进其持水性和膨胀性的增加，但在强酸或强碱条件下，其持水性和膨胀性都有所下降。

2. 生产色素

从高粱壳中提取色素，提取的色素可以应用于食品、化妆品和药品等行业，可以提高高粱壳的利用价值。高粱壳红色素是一种天然植物色素，属于类黄酮系化合物。从高粱壳中提取红色素的工艺流程如图7-9所示。

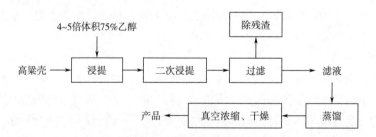

图 7-9 高粱壳中提取红色素的工艺流程

用这种方法提取的色素为几种色素的混合物，其中红色素所占比例最大。高粱壳红色素成品为棕红色固体粉末，具金属光泽，属于醇溶性色素。色素本身显微酸性，与碱反应生成盐类，其盐可溶于水，并在不同pH范围内呈现黄、红、紫、深紫、黑紫等颜色。高粱壳红色素遇热不稳定，耐光性比较稳定。在食品行业，高粱壳红色素可用于熟肉制品、果冻、饮料、糕点、畜产品、水产品及植物蛋白着色。在化妆品行业，高粱壳红色素醇溶产品和水溶产品分别在口红、洗发水、洗发膏中用作着色剂。在医药行业，高粱壳红色素代替化学合成色素生产有色糖衣药片。

（1）高粱色素在食品中的应用　色素作为食品添加的着色剂越来越受到人们的关注。随着人们生活水平的提高和对健康的追求，越来越要求高品质的食品，尤其是无公害食品，甚至绿色食品。化学色素用于食品着色剂以来，虽然促进了食品花色品种的改善，但化学色素对人体的毒副作用越来越显现出来，因此用天然色素作食品添加剂的需求日益增多，高粱色素作为天然色素，可以安全应用于食品中。

（2）高粱色素在化妆品中的应用　化妆品使用的着色剂，既要美观，又要无毒害、安全。高粱红色素可以在化妆品上得到应用。采用高粱红色素醇溶产品和水溶产品，分别在口红、洗发水、洗发膏中用作着色剂获得成功应用。其产品色彩鲜艳、柔和，高粱红色素在化妆品上可以取代化学合成色素酸性大红。

（3）高粱色素在药品中的应用　研究报道，高粱红色素可代替化学合成色素，生产有色糖衣药片。高粱红色素可作药片膜的着色剂，用其生产的红色糖衣药片外观光亮，色泽柔和，或呈粉红色，或呈深红色。经卫生检验部门分析，高粱红色素制成的药片，其砷、铜含量远低于国家规定的标准，服用这种药片是安全的。

（二）高粱加工其他副产物的综合利用

1. 高粱加工其他副产物在饲料工业中的综合利用

高粱的籽粒及其加工副产物，如糠麸、酒渣、醋渣和秸秆、茎叶、颖壳等，有较高的饲用价值。加工副产物中主要营养成分有蛋白质、无氮浸出物、粗脂肪、纤维素等。

高粱糠麸中的蛋白质含量约10.9%，鲜高粱酒渣约9.3%，鲜高粱醋渣约8.5%。蛋白质是含氮化合物的总称，是由蛋白质和非蛋白氮化合物组成。后者是指蛋白质合成和分解过程中的中间产物和无机含氮物质，其含量通常随蛋白质含量的多少而增减。无氮浸出物包括淀粉和糖类，是饲用高粱的主要成分，也是畜禽的主要能量来源。无氮浸出物在消化道中转化为单糖被吸收，并以葡萄糖的形式经血液运输到各器官组织，以维持畜禽的体温和供给器官活动的热量。葡萄糖也能转变为糖蛋白和脂肪贮存于畜禽体中。

籽粒中的脂肪含量约3.6%。而籽粒加工的副产物含量较高，如风干高粱糠的脂肪含量为9.5%，鲜高粱糠为8.6%，酒渣中为4.2%，醋渣中为3.5%。饲料中适量的脂肪能改善适口性，促进消化和对脂溶性维生素的吸收，增强畜禽的生长和皮毛的润泽。

粗纤维包括纤维素、半纤维素和木质素等，是较难消化的物质。但是，反刍动物的瘤胃和马属动物盲肠中的微生物能酵解粗纤维，产生可吸收的低级脂肪酸和不可吸收的甲烷和氢气。纤维素能增加草食畜禽的饱腹感，刺激肠黏膜，促进胃肠蠕动和粪便的排泄。

甜高粱是优良的饲料作物，茎秆鲜嫩，富含糖分，叶片柔软，适口性好。甜高粱茎秆含有丰富的糖分，作青饲料用时其大部分糖分可被吸收，但作青贮饲料时，这些糖分不一定都被吸收。将甜高粱茎秆压汁制成糖浆，其秆渣再制作成青贮饲料，其经济效益要高得多。

2. 高粱加工其他副产物在能源业的综合利用

甜高粱作为新兴的能源作物，越来越受到人们的关注，越来越引起各国政府和国际组织的重视。光合作用是地球上植物利用太阳能最重要的生化过程，每同化44g CO_2，可获得相当于469kg的能量，以化学能的形式贮存于光合产物中。绿色植物每天所贮存的光能为目前世界每天能量消耗量的 17 倍。地球上每年由光合作用生产的生物质为 1400 亿 ~ 1800 亿 t，因而许多国家积极开展生物质能源的研究和利用。甜高粱茎秆中的糖通过发酵可转化为乙醇，乙醇可作为发动机的燃料，并具有不污染空气、发动机无需或稍加改装即可使用燃料乙醇等优点。因此，许多国家都把甜高粱乙醇产业纳入能源计划的一部分。

甜高粱是 C_4 作物，光合效率高，而且有两个光合产物贮藏库，一个是以贮藏糖分为主的茎秆，一个是以贮藏淀粉为主的穗部籽粒，因此甜高粱生物产量高。

甜高粱茎秆汁液含糖量高，一般 18% 以上。我国北方，甜高粱一年生产一季；南方一年可生产两季，而甘蔗一年只有一季。而且甜高粱还生产籽粒。因此，甜高粱总的生物质转化为乙醇的量要高于甘蔗。此外，糖浆型甜高粱主要含有果糖和葡萄糖，属单糖，易于转化成乙醇，转化率高达 45% ~ 48%；转化工艺简便，节省成本。

甜高粱茎秆加工转化乙醇后，其废渣可用于造纸，制纤维板，或作饲料，实现滚动增值。利用废渣可以生产文化纸、草板纸或包装纸；用废渣加工的纤维板，质地良好，硬度和光滑度均符合要求。每公顷甜高粱生产乙醇后的废渣可加工成 1cm 厚的纤维板 100 ~ 150m²。此外，还可利用废渣生产活性炭丸或生物肥料，这样的综合加工利用可以大大提高甜高粱能源产业的经济效益。

利用甜高粱转化乙醇，不论采取液体（汁液）发酵还是固体（茎秆）发酵，其基本原理都是将茎秆中的糖转化为乙醇，因此提高乙醇转化率、开发甜高粱高效发酵技术是甜高粱能源业发展的关键。

甜高粱发酵乙醇，可采用批次（间歇）发酵技术，发酵周期约 70h；单浓度连续发酵技术，发酵周期约 24h。相关研究开发的固定化酵母流化床发酵技术，使乙醇发酵时间缩短为 4 ~ 5h，从而大大提高乙醇转化率和生产率。

固定化酵母流化床发酵是高科技生物技术，其固定化酵母生物反应器发酵甜高粱汁液转化乙醇，工艺先进，尤其是锥形三段流化床生物反应器具有流化性能好，传质效率高，发酵时间短，易于排出 CO_2 等优点。该技术与批次发酵及单浓度连续发酵技术比较，具有速度快，发酵周期短，产量高，工艺设备少，易于实现连续化和自动化等特点，其生产乙醇的能力是批次发酵的 10 ~ 20 倍；糖的转化率为理论转化率的 92%，乙醇产率 22g/（L·h）。

3. 高粱加工其他副产物在造纸、板材工业的综合利用

高粱造纸业、板材业均是利用高粱生产的副产物茎秆、叶片等作原料发展起来的高粱产业。由于原料来源丰富、生产成本低，因此其产业发展潜力大、效益高。而且这些产业的原料都是天然的，其产品具有天然、绿色、无公害的特点，对保证人们的健康意义重大。

（1）高粱造纸业 高粱茎叶中含有 14% ~ 18% 的纤维素，是造纸的好原料。由纤维素组成的细胞壁，中间空、两头尖、细胞呈纺锤形或梭形，称为纤维细胞。纤维细胞越细越长并富有挠曲性和柔韧性，越适合作造纸原料。高粱的纤维细胞长度与宽度之比优于芦苇、甘蔗渣，相当于稻、麦。因此，高粱茎叶造纸的利用价值是较高的。通常茎秆表皮的纤维是最优造纸原料，叶片次之，节部硅质化程度高，髓部纤维较短，造纸价值较低。高粱茎叶与其他禾草类相比，其碱抽取物较少，抗腐蚀能力较强。高粱茎秆表皮和叶片铜价较低，是造纸的较好部位，而节部和髓部的铜价较高，其利用价值就低。

造纸分制浆和造纸两步。制浆是用化学药剂溶出木质素，离解纤维素，保持纤维素的聚合度；造纸是将离解的纸浆纤维经打浆切短和分丝并加入副料，在造纸机中抄造纤维交织的

湿纸页，再脱水干燥制成纸张。工艺流程如下：

备料 → 蒸煮 → 洗涤 → 筛选 → 漂白 → 打浆 → 抄纸。

用切草机将高粱茎叶切成 30~50mm 的草片，经除尘器和分离器除去杂物和髓部，使草片规格一致。备好的原料加入化学药品，在高温高压下蒸煮，溶出木质素，离解纤维素，蒸煮常用间歇式设备，也有连续式的。

以高粱作原料，主要采用化学制浆法、碱法和亚硫酸盐法。一般碱法应用较多，又分为硫酸盐法、烧碱法和石灰法，即利用碱性化学品溶解原料中的木质素，把纤维分离出来。高粱茎叶纤维组织较疏松，木质素含量低，在缓和蒸煮条件下易制成纸浆。为使草片和药液混合均匀，利于浸透，在间歇蒸煮时把草片和药液同时置入蒸煮设备。

为除去杂质和残留的化学药液，蒸煮后的纸浆需要洗涤。一般使用的设备是洗浆机，更先进的设备是真空洗浆机。混入纸浆中的木质素、色素等影响纸浆色泽，为使有色物质变为无色物质，常用漂白粉进行漂白。洗涤和漂白后的纸浆，须经打浆才能使纤维润胀、柔软。

抄纸是造纸的最后一道工序，是把分散在水中的纸浆均匀交织在造纸机网上，形成湿纸页，再经过脱水、干燥即为成品纸。

用甜高粱残渣造纸的工艺与用茎叶的相同，但备料需先将残留的糖分或醇类物质清除干净，以减少化学药品的消耗。此外，在残渣废丝中常混有较多的髓部细胞，会降低造纸得率，应采用水洗或 12 目网筛筛选，将大部分髓部杂质剔除。

（2）高粱板材业　高粱茎秆有各种色泽、花纹，用高粱茎秆加工压制的板材，表现自然、古朴、美观。用高粱板材设计、制作的各种家具或装饰住房，深受人们的喜爱。高粱茎秆是高粱生产的副产物，资源非常丰富。以辽宁省为例，每年生产的高粱茎秆，足以加工成长×宽×厚为 1800mm×900mm×12mm 的高粱秆板材 7600 万张，数量相当可观，其生产潜力相当大。

用高粱茎秆制作板材可节省大量木材，能有效地保护森林资源。高粱板材质地轻，强度高，与常用的木质板材相比较，隔热性能好，用途广泛。

高粱板材加工工艺如下。

①茎秆截断与压缩：先将选择出的合格高粱茎秆去掉叶片和叶鞘，按生产板材的尺寸标准截断。然后采用滚轧压缩法压榨高粱茎秆，如有必要，在挤压前对表皮进行细口切割，这样可以防止高粱秆因压榨而部分断折，又可使酚醛树脂容易浸进茎秆内。

②树脂浸泡和干燥：用酚醛树脂的初期缩合物对高粱茎秆进行浸泡，以增强其强度，防止霉变和腐烂。具体工艺是按规定的浓度用水把酚醛树脂的初期缩合物稀释成水溶液，然后将滚轧压缩过的高粱秆压入盛溶液的槽子里浸泡。对树脂浸泡后的高粱秆进行风干，或用干燥机干燥，这时的干燥程度对黏接工艺中热压时间有影响，因此与木材黏接一样，必须进行充分干燥。

③茎秆横向并接：将高粱秆一颠一倒对齐摆放，并用丝绒固定，制成帘状秆席。这样的帘席在高粱板材制造工艺中，与单板制造同样重要。两张帘片以上的干席涂敷胶黏后进行重叠，这样层层叠积便成了高粱板材。

④胶黏剂的涂敷与热压：帘状的秆席表面上和制原木板材同样的方法，要涂敷胶黏剂。涂敷胶黏剂的秆席，根据生产板材的厚度和相对密度要求，确定要重合的帘片张数。由于要得到高粱板材应具备的物理性能，帘片之间的高粱秆或者平行，或者垂直或重叠。当高粱板

材厚度达到 10~20mm 时，通常使用加热板间隔大的多段式热压机进行热压。厚度在 20mm 以上的高粱板材，使用蒸气喷射热压机进行热压更好。

第三节 粟加工副产物的综合利用

粟又称谷子，属禾本科黍族狗尾草属，是一种温热带植物，具有较强的耐旱能力，种植地域很广，亚洲、非洲、美洲、欧洲等都有种植。谷子原产于我国，是广泛栽培的古老的传统谷类粮食作物之一。目前谷子在世界上分布范围很广，主要在亚洲东南部，非洲北部和小亚细亚等地，以中国、印度、巴基斯坦、埃及栽培较多。我国各地均有栽培，种植范围很广，北起黑龙江畔，南到五指山区，从东海之滨到西藏高原，主要产区为淮海以北至黑龙江省，是我国北方的主要粮食作物之一。谷子是粮、草兼优的传统作物，在旱作农业生产中占有重要地位。籽粒去皮壳后是小米，为人类食用米类中营养较高的米种。

粟米营养丰富，可做主食，也可酿酒。粟米加工的副产物主要是小米壳、小米糠和碎米。

一、粟的分类及籽粒结构

（一）粟的分类及质量标准

1. 分类

粟的种类和品种很多，其分类方法也很多，一般可按其籽粒颜色分为白色粟、黄色粟、赤褐粟和黑色粟，还可按其黏性分为粳粟和糯粟，粮食加工企业有时也按其外壳与籽粒的结合松紧程度分为松皮粟和紧皮粟。

按国家标准 GB/T 8232—2008《粟》规定：根据粟的粒质分为两类。

（1）粳粟 种皮多为黄色（深浅不一）及白色，有光泽，粳性米质的籽粒不低于95%的粟。

（2）糯粟 种皮多为红色（深浅不一），微有光泽，糯性米质的籽粒不低于95%的粟。

2. 质量标准

按国家标准 GB/T 8232—2008《粟》规定：粟以容重为定等指标，2 等为中等，质量要求见表7-8。

表 7-8 粟质量要求

| 等级 | 容重/（g/L） | 不完善粒/% | 杂质/% | | 水分/% | 色泽、气味 |
			总量	其中：矿物质		
1	≥670	≤1.5	≤2.0	≤0.5	≤13.5	正常
2	≥650	≤1.5	≤2.0	≤0.5	≤13.5	正常
3	≥630	≤1.5	≤2.0	≤0.5	≤13.5	正常
等外	< 630	—	≤2.0	≤0.5	≤13.5	正常

（二）粟籽粒的形态特征

粟籽粒的形态如图 7-10 所示，是带颖的颖果。颖包括内颖、外颖和护颖，有光泽。外颖较大，位于背中央而边缘包向腹面，中央有三条脉纹。内颖较小，位于腹面，无脉纹。内、外颖的颜色有黄、乳白、红、土褐等，具有光泽。在内、外颖的外部有两片很大的护颖，和高粱相似。粟的护颖很容易被脱除，因此，一般所见的粟多是不带护颖的粟。

颖果（即糙小米）的形状大多为卵圆形，也有的为球形或椭圆形。背面隆起，有沟，胚位于背面的沟内，长度为颖果的1/2~2/3。腹面扁平，基部有褐色凹点，即为脐，如图7-11所示。

颖果的颜色有黄色、浅黄色、蜡色或白色，一般没有光泽。

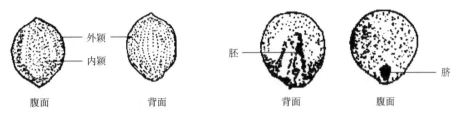

图7-10　粟籽粒的形态　　　　图7-11　粟颖果的形态

（三）粟籽粒的结构

粟籽粒由颖壳和颖果两部分组成。

1. 颖壳

有颖谷物籽粒颖的结构大致相同，都是由外表皮、皮下纤维组织、海绵状薄壁组织和内表皮组成，粟也不例外。

2. 颖果

颖果由皮层、胚乳和胚三部分组成。皮层的组成基本与高粱皮层相似，包括果皮、种皮和外胚乳，其组织结构如图7-12所示。胚乳则包括糊粉层和淀粉细胞。

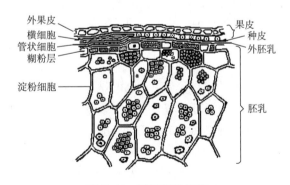

图7-12　粟颖果的结构

粟的果皮很薄，其横细胞与管状细胞很相似；种皮为一单层大细胞组成，有串珠状的细胞壁；糊粉层为单层排列整齐的近乎方形的厚壁细胞组成；胚乳内充满多角形淀粉粒，淀粉粒有明显的核，淀粉粒近籽粒边缘者小，内部的较大。

二、粟加工副产物的综合利用

小米在 20 世纪中期之前一直都是我国西北一些地区人们的主要食粮。随着农业生产的进步，水稻、小麦的种植面积不断扩大，产量不断提高，粟等杂粮的种植面积不断缩小，小米的生产和需求也随之减少，人们不再以粟米、面为主粮，使得小米的加工业不断萎缩，工艺及设备都没有和大米加工业一样得到重视、研究和发展。粟的种植只分布在一些水资源缺乏、干旱少雨的地区。这些地区的经济发展相对比较落后，粟加工多停留在以农户个体加工为主的粗加工状态，没有完善的加工工艺，也无先进的加工设备，加工出的产品质量较差，成品中含糠、含谷和含石都较多。然而，随着人们生活水平的不断提高，已经开始从单食大米、白面脱离出来，向粗细搭配、全面膳食方向发展，使饮食更科学，营养更丰富，摄取更全面，从而不断提高人们的健康水平。众所周知，小米营养丰富，含有人体必需的氨基酸、多种维生素及微量元素。粟米的维生素 B_1、维生素 B_2、铁、铜、锌、镁和硒的含量都高于大米和小麦粉，有利于提高人体的抗病能力，也易被人体消化吸收，人们越来越喜欢以小米为原料的食品，这为粟米加工提供了广阔的市场前景。

粟米加工的副产物主要是小米壳、小米糠和碎米，其中小米壳主要是作为饲料。

（一）小米糠的综合利用

小米糠是小米加工生产的主要副产物，富含多种营养素，但长期以来一直作为廉价饲料，没进行深加工，不仅造成营养素的浪费，而且影响到农副产物的加工增值。小米糠中含有丰富的膳食纤维、油脂等，将其各组分分开利用，将提高小米糠的经济效益。

小米糠占小米质量的 6%~8%，按照我国小米年产量 500 万 t 计算，每年加工小米将产生小米谷糠 40 万 t 左右，因此小米糠是一种产量较大的可再生资源。目前，部分小米糠主要作为动物饲料，有的则被直接废弃，造成了资源的浪费。

1. 制取小米糠油

小米细糠是谷子脱壳后加工成精小米时的副产物，富含多种营养素，小米细糠中含油量高达 15%~20%，可用于提取小米糠油。小米糠油是一种健康油品，所含脂肪酸的比例比一般常见的食用油更符合营养学要求，其中不饱和脂肪酸的含量占 70% 以上，特别是人体主要的必需脂肪酸亚油酸含量较高。小米糠油中含有亚油酸、维生素 E、谷维素、角鲨烯等天然植物营养成分，成为众多植物油中的佼佼者。亚油酸作为人体必需脂肪酸，可降低血浆中胆固醇含量，减少胆固醇在血管壁的沉积；谷维素是三萜烯醇和植物甾醇构成的阿魏酸酯的混合物，具有降低血液中胆固醇含量和抗衰老的功能；维生素 E 能有效降低血清胆固醇，并且具有抗氧化性能，是目前最有效的脂溶性自由基连锁中断抗氧化剂。小米糠油中还含有 1%~2% 的植物甾醇以及维生素 E 等活性物质。可见，小米糠油是一种高营养价值、高附加值的植物油。小米糠油的开发不仅能够有效利用农业废弃资源，而且能提高小米加工企业的附加值，还可获得健康营养的高档食用油，缓解食用油供需矛盾。

小米糠油的提取主要有压榨法、有机溶剂浸提法以及超临界萃取等方法。

（1）压榨法　压榨法制取小米糠油就是通过人力的捶打，或者通过挤压机、螺旋压榨油机等产生的压力压榨小米糠，制取小米糠油。压榨法生产工艺流程简单，生产设备和技术要求较低，因而成本低，但因小米糠中混有少量的碎米，蒸炒时淀粉糊化，影响出油率。压榨法生产小米糠油的工艺流程如图 7-13 所示。

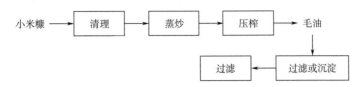

图 7-13　压榨法生产小米糠油的工艺流程

①清理：通过圆筒筛、振动筛处理小米糠，除去灰土等。

②蒸炒：油料的蒸炒是保证油、饼质量和提高出油率的重要环节。蒸炒起软化小米糠的作用。蒸炒后，小米糠不应焦化。

（2）有机溶剂浸提法　有机溶剂浸提法是利用有机溶剂将小米糠中的油脂浸出，溶剂可以反复回收，循环利用，出油率高，但是设备复杂，技术要求高。将小米细糠置于浸提器中，用正己烷回流提取 12h，蒸馏回收溶剂，得到小米细糠油。溶剂浸提法的工艺流程如图 7-14 所示。

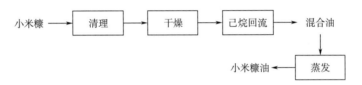

图 7-14　溶剂浸提法的工艺流程

小米糠粒度很细，如果直接用溶剂浸提，溶剂渗透料层很困难，浸出效果不好。为防止这种现象，将小米糠加热润水，使淀粉糊化，再粒化处理，最后进行干燥，使其水分达到浸提要求，干燥的小米糠用己烷浸提出其中的油分。

直接制取的小米糠毛油含有谷维素、糠蜡、谷甾醇、磷脂、色素和较多的游离脂肪酸及多种功能性成分。一般而言，要经脱胶、脱酸、脱色、脱臭、脱蜡、分提等加工工序，最后得到精糠油，同时还能提取出多种功能性成分和化工原料。

（3）超临界萃取　超临界萃取的工艺流程如下。

流程 I：原料 → 干燥 → 粉碎 → 称重 → 超临界萃取 → 小米糠粗油。

流程 II：小米糠粗油 → 称重 → 装料密封 → 超临界精馏 → 小米糠精油。

2. 制取小米糠蜡

糠蜡是由高级脂肪酸和高级一元醇组成的酯类混合物，精制糠蜡是白色或淡黄色的固体，与合成蜡及动物蜡相比，具有无毒的优点。用途较为广泛，可用于电器的绝缘涂料、皮革、木材、纸张的浸润剂、水果喷洒保鲜剂、产品表面包覆剂、上光蜡、胶膜剂、纤维用乳剂及胶母糖等。制取的小米糠油中含有 10% 左右的糠蜡，常温时析出，呈絮状悬浮在油中，温度升高时逐渐溶于油中。糠蜡在人体内不能被消化吸收，无食用价值，因此，糠蜡要从米糠油中分离出来，以免影响米糠油的质量。一般用冷冻法从米糠油中将其分离。分离的副产物称为蜡糊（蜡油），蜡糊的主要成分随操作条件的不同，有较大幅度的变化，一般含油 36.18%～84.71%，蜡糊的直接工业用途不大，而经精制提纯的糠蜡却有较为广泛的工业用途。另外，糠蜡还是制取植物生长促进剂三十烷醇的重要植物蜡源。提取小米糠蜡的方法主要有袋滤法、溶剂萃取法和压榨皂化法。溶剂萃取法的工艺流程如图 7-15 所示。

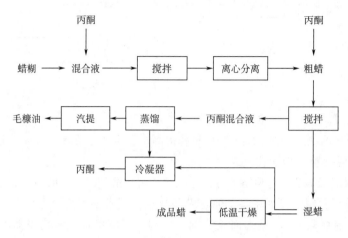

图 7-15 溶剂萃取法的工艺流程

萃取脱油：蜡糊在高速搅拌下与丙酮高效混合，直至蜡糊在丙酮中完全分散为止。

固液分离：分散的蜡糊混合液经离心机分离，分离出丙酮混合油和含溶固体糠蜡。

丙酮混合油入蒸发器蒸发、冷凝后，溶剂回溶剂罐循环使用。当丙酮含水量>5%，经精馏塔蒸馏至 0.5% 以下再使用。回收的毛油作为工业油处理。

分离出的含溶固体糠蜡入干燥器进行干燥，干燥后称重包装。

3. 谷维素的提取

谷维素是存在于谷糠毛油和油脚中的一种很好的功能性成分。谷糠中的谷维素含量为 0.3%~0.5%，它的主要保健功能为降血脂，同时对精神失调、妇女更年期综合征等疾病有明显的疗效。目前，采用的谷维素提取方法有弱酸取代法、非极性溶剂萃取法、吸附法等，其中采用较多的是弱酸取代法。

4. 谷甾醇的提取

谷糠油是一种重要的甾体源，谷甾醇是一种治疗心血管病的药物，同时对支气管哮喘、慢性支气管炎都有很好疗效。谷糠油中所含的谷甾醇含量最高，毛谷糠油中含甾醇 3% 左右，经精炼后 50% 的甾醇进入下脚料，可以采取精炼皂脚、脂肪酸蒸馏等方法制得。

5. 小米糠中其他成分的综合利用

（1）小米糠膳食纤维的功能性利用　在豆类、谷类、水果、蔬菜四大类食物膳食纤维中，无论是数量还是功效，谷物的膳食纤维都占有明显的优势，因此说谷糠是一类优良的食物膳食纤维来源。小米糠中的水溶性多糖类和半纤维素等能降低胆固醇，从脱脂谷糠中分离出的半纤维素具有很好的抑制血清胆固醇功能。小米糠中的膳食纤维对人体消化道致癌物有很好的吸附作用，进而随大便排出体外，因此对消化道癌变和其他消化道疾病具有很好预防作用。

（2）小米谷糠多糖的提取　谷糠中存在多种类型的多糖，主要有阿拉伯木聚糖、脂多糖和葡聚糖等。现代研究表明，谷糠多糖在增强免疫力、抗细菌感染、抗肿瘤及降血糖等方面具有显著的功效。谷糠活性多糖被认为具有与人参、当归等保健性中草药多糖相类似的功效。谷糠提取可以采用挤压膨化处理、水提配合微波、超声等辅助处理方法，有效地提高了多糖的得率。

（二）小米碎米的利用

小米加工过程中产生的碎米，通常用作饲料。把这些碎米磨成米粉，制成高蛋白米粉，进而加工成各种米制品，碎米的经济价值就可大大提高。

1. 生产饮料

碎米的水提取物营养丰富，用它加工制得的饮料，能使皮肤光滑细腻，同时对特异性皮肤炎症也有一定的作用。碎米饮料是一种具有良好前景的美容饮料。碎米饮料的制备工艺流程如图 7-16 所示。

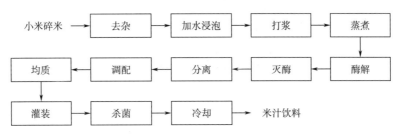

图 7-16　碎米饮料的制备工艺流程

①蒸煮：蒸煮目的是使米淀粉充分糊化，破坏淀粉颗粒，舒展淀粉分子，有利于酶促反应，加快液化速度。

②酶解：利用 α-淀粉酶降解淀粉类物质，使可溶性物质增多，提高提取率，此过程对产品品质也有很大影响。酶促反应后需加热灭菌，使 α-淀粉酶失活。

③分离：用过滤分离或离心分离将米汁与米渣分离。米汁制得后，可经煮沸后直接销售。

米汁产品具有天然米清香，口感微甜、怡人。另外，还可根据不同的口味要求加以配料调味，或根据营养需要添加营养强化剂，经灌装灭菌制得有较长保质期的米汁饮料。小米碎米饮料的质量要求见表 7-9。

表 7-9　小米碎米饮料的质量要求

指标	项目	质量要求
感官指标	色泽	乳白，略带浅黄
	口味及气味	特有的清淡小米香味；滋润柔和，酸甜可口，无异味
	组织状态	汁液较清淡，呈半透明状
理化指标	砷	0.5mg/L
	铅	＜1.0mg/L
	铜	＜1.0mg/L
微生物指标	细菌总数	＜100 个/mL
	大肠菌群	＜3 个/100mL
	致病菌	不得检出

2. 生产高蛋白质米粉

小米含有丰富的营养成分，特别是小米中的氨基酸种类齐全，含有人体必需的 9 种氨基酸，这 9 种必需氨基酸与大米相比，除赖氨酸稍逊色外，其他都超过了大米，如甲硫氨酸含量是大米的 3.2 倍，色氨酸含量是大米的 1.6 倍。小米蛋白质中谷氨酸平均含量最高为 3.10%，占小米蛋白质组成中含量的 23.98%，是亮氨酸、丙氨酸和天冬氨酸等 4 种氨基酸之和，占蛋白质平均值的 51.82%，这些比例较大的氨基酸不属于人体的必需氨基酸。人体的必需氨基酸（除色氨酸外）占蛋白质的 42.03%，必需氨基酸指数为 76.22，高于其他粮食；多数必需氨基酸的化学评分值均大于 100，能满足人体的需求。

将小米碎米加工成高蛋白质米粉，用高蛋白质米粉制成的食品，更容易被婴儿吸收利用，也符合世界卫生组织的要求。小米碎米蛋白质粉的工艺流程如图 7-17 所示。

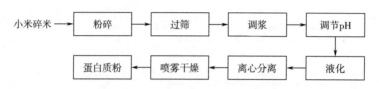

图 7-17 小米碎米蛋白质粉的工艺流程

高蛋白质米粉的蛋白质含量为 27.2%~24.4%，淀粉含量为 33.8%~35.7%，糖含量为 23.8%~24.4%。而且高蛋白质米粉中，必需氨基酸的含量大部分都是超过 FAO 暂行规定的氨基酸含量标准。小米蛋白质无过敏原物质发现，具有提高血浆中高密度脂蛋白胆固醇水平的效果，对预防动脉粥样硬化有益及具有调节胆固醇新陈代谢的功能，醇溶蛋白和谷蛋白占小米总蛋白质组分的 75%，小米的赖氨酸和色氨酸在其清蛋白中含量最高，在其球蛋白中含量最低，小米蛋白质的氨基酸得分为 25，生物价为 63.8，其赖氨酸和苏氨酸含量都偏低。由此可见，小米蛋白质产品的开发利用具有重要的科学价值。

3. 制麦芽糖醇

麦芽糖醇是麦芽糖经氢化还原而制得的一种双糖醇，它的甜味与蔗糖几乎完全一样，甜味纯正。国外 20 世纪 70 年代已生产和销售麦芽糖醇，我国对其的大规模生产起步相对较晚。碎米制麦芽糖醇的工艺流程如图 7-18 所示。

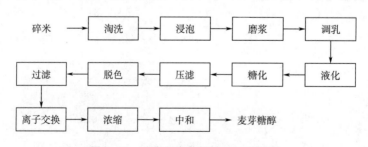

图 7-18 碎米制麦芽糖醇的工艺流程

①浸泡：称取 1000kg 碎米分装在吊篮中，加水浸泡、淘洗，用空压机通气翻动，冲洗数分钟。淘洗完毕后，浸米 2~3h，使手感酥软、易碎，除去悬浮物和水溶性杂质，开始磨浆。

②磨浆、调乳：磨浆关键要掌握好细度和浓度，过细不利于浓度的提高，过粗则液化困

难，一般以通过 60 目为宜。将 0.5kg 氯化钙溶解后倒入调浆罐内，搅拌，用纯碱水调 pH，加入耐高压 α-淀粉酶。

③液化：液化是酶法制取麦芽糖醇工艺的关键工序，淀粉是以颗粒状态形式存在，具有结晶性结构，必须加热使之吸水膨胀、糊化，破坏其结晶结构。主浆经喷射液化后保温一定时间，使之充分液化，液化后的料液外观要求水渣分离，即取样滴下时液清、透明、黏度小。然后升温至 100℃ 灭酶，液化的目的是将米淀粉初步水解为糊精，降低黏度，又促使部分蛋白质凝固。

④糖化：将液化浆冷却至 60℃ 左右，加入淀粉酶和普鲁蓝酶，搅拌，保温数十小时，在糖化 24h 后，应不断检测其葡萄糖值，至几乎不变时，糖化结束。然后升温、灭酶。

⑤压滤：将糖化液利用位差实行自流（液差高度适宜），然后去除蛋白质。

⑥脱色、过滤：先将糖化液加热至 60℃，加入米重 1% 的活性炭，搅拌升温，保温数十分钟后，静置过滤。

⑦离子交换：用离子交换树脂除去一切形式的离子，成品装桶。

随着人们保健意识的提高及肥胖病、糖尿病等问题的日益突出，对安全性高、口感好、不龋齿、不影响血糖值的各种糖醇的需求量将会越来越大，麦芽糖醇的研究发展和开发应用日益受到重视，市场前景十分广阔。制备的麦芽糖醇可以用作糖尿病人、肥胖病人的食品原料，也可以用于糖果、巧克力生产。由于麦芽糖醇的风味口感好，具有良好的保湿性和非结晶性，可用来制造各种糖果，包括发泡的棉花糖、硬糖、透明软糖等，也可以在果汁饮料中应用。麦芽糖醇有一定的黏稠度，且具难发酵性，所以在制造悬浮性果汁饮料或乳酸饮料时，添加麦芽糖醇代替一部分砂糖，能使饮料口感丰满润滑。另外，还可以在冷冻食品中应用。冰淇淋中使用麦芽糖醇，能使产品细腻稠和，甜味可口，并延长保质期。

麦芽糖醇作为食品添加剂，被允许在冷饮、糕点、果汁、饼干、面包、酱菜、糖果中使用，可按生产需要确定用量。

第四节　黑米加工副产物的综合利用

黑米在我国有 1500 多年的栽培历史，主要分布在云贵高原一带，以云南、贵州、广东、广西较为集中。在漫长的岁月里，黑米种植范围扩展到我国苏、浙、赣、川、晋、陕、湘、鄂等省，垂直分布在海拔 200~1000m 地带。目前，世界上已经收集黑米资源共 397 个品种，其中 90% 以上在我国，其余分布在东亚、西亚各国。黑米现有品种多属农家品种，育成品种为数不多。比较著名的品种有云南紫米、贵州惠水黑糯、江苏常熟鸭血糯、广西东兰墨米、福建云霄紫米、广东韶关黑糯、陕西洋县黑糯、广东黑优粘 30 等。由于黑米长期生长在不同类型的地区，对比较恶劣的环境形成了各自的适应性，具有耐寒、耐荫、耐酸、耐瘠、耐干旱等特性，但经济性状差，亩产只有 100~200kg。黑米是脱去谷壳的黑色糙米，颜色是由于色素（花青素）在种皮和谷壳上沉积而成。黑米具有特殊的药用成分及很高的营养价值，有补血米、长寿米、药米、神仙米的美称。黑米是重要的优异稻种资源，因其糙米带有黑色或紫色而得名。据报道，黑米中的蛋白质、赖氨酸、粗脂肪、维生素 B_1、维生素 B_2、磷、钙、铁、锌及纤维素等含量高出普通白米 30%～50%，其中铁、锌及钙甚至高出 1～3 倍，且不同品种、不同产地之间含量差异较为显著。据《神农本草经》和《本草纲目》记载，黑米有益肝补肾，活血养颜，治虚弱，延缓衰老等作用。现代研究证明，黑米中花色素具有防治缺铁性贫血，提高耐缺氧能力和保护白细胞、抗应激反应和免疫调节的功能作用。因此，开发利用黑米具有广阔的市场前景。

黑米加工过程中的主要副产物是稻壳和碎糙米。

一、黑米的分类及籽粒结构

（一）黑米的分类

黑米是名贵珍奇的特殊稻种，可以分为籼、粳两个亚种。根据颜色可分为黑色、紫色、红黑双色等品系。

（二）黑米籽粒的形态特征

黑米是一种传统的水稻品种，稻谷籽粒的形态如图 7-19 所示，为带颖的颖果。

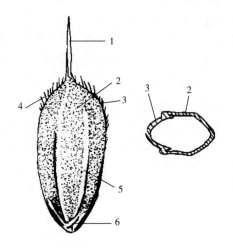

1—芒；2—外颖；3—内颖；4—茸毛；5—脉；6—护颖

图 7-19　稻谷籽粒的形态

颖包括内颖、外颖、护颖和颖尖四部分。内、外颖各一瓣，外颖较内颖略长而大。内、外颖沿边缘卷起成钩状，互相钩合包裹着颖果，起保护颖果的作用。内、外颖表面粗糙，或多或少地生有长短不同的针状茸毛。内、外颖基部的外侧各生有护颖一枚，托住稻谷籽粒，起保护内、外颖的作用。护颖长度为外颖的 1/5～1/4。

内、外颖都具有纵向脉纹，外颖有五条，内颖有三条。外颖顶端尖锐，称为颖尖，伸长则为芒。芒的有无及长短随品种不同而异。目前，通过品种培育有芒品种已逐渐被淘汰。

稻谷脱去内、外颖便是颖果（即糙米）。胚乳为颖果的主要组成部分，在胚与胚乳的外面紧密地包裹着皮层。颖果在未成熟时呈绿色，成熟后的颜色随种不同而异，一般有淡黄色、灰白色、红色、紫色等。新鲜的稻谷具有独特的香味。颖果表面平滑而有光泽，并有纵向沟纹五条。两扁平面上各有两条，其中较明显的一条是内、外颖钩合部位形成的痕迹，另一条与外颖上最明显的一条脉纹相对应。背上有一条称背沟。沟纹的深浅随稻谷品种不同而异，对出米率有一定的影响。稻谷籽粒的形状大致可分为卵圆形、椭圆形、长椭圆形和细长形几种，因品种及生长条件不同而异。

（三）黑米籽粒的结构

黑米籽粒由颖和颖果两大部分组成，稻谷籽粒的结构如图7-20所示。

1. 颖

颖由外表皮、皮下纤维组织、海绵状薄壁组织和内表皮组成。

稻谷的外表皮由一层纵向排列近乎方形的细胞组成，为硅质化的细胞，厚且坚硬。由于这些细胞突出表面而形成纵横两向的皱纹，纵向皱纹比横向皱纹更为突出，因而稻壳表面有粗糙感，表面上还有一些突起的细胞伸长成为直立的茸毛。

皮下纤维组织由几层纵向排列的长条形的具有孔纹的厚壁细胞组成。皮下纤维组织干燥时较脆，吸水后则很坚韧，所以颖壳不易破损。由于纤维组织大都呈纵列，因此颖壳稍易纵裂。

海绵状薄壁组织由几层排列比较整齐的长方形薄壁细胞组成，具有圆形、肾形或不规则的细胞间隙。细胞内容物已完全消失，整个是海绵状组织，从正面可以看到孔纹，在横断面上还能看到构成脉纹的维管束。

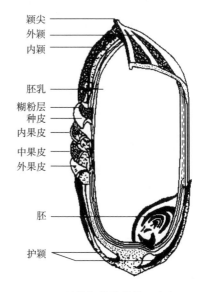

图7-20　稻谷籽粒的结构（剖切面）

内表皮由薄壁细胞组成。细胞形状与海绵状薄壁细胞的形状相似，但有的地方细胞外壁与内壁贴合在一起，内表皮细胞表面稀疏地着生有一些极短的茸毛，有些地方还有气孔。

颖一般占整个谷粒质量的18%~20%。

2. 颖果

颖果由皮层、胚乳和胚三部分组成。皮层包括果皮、种皮和外胚乳。胚乳则包括糊粉层和淀粉细胞。

（1）果皮　果皮由外果皮、中果皮、横细胞及管状细胞等层次构成。

外果皮由长形或长方形细胞组成，细胞横向排列，细胞壁比较厚，外壁角质化。

中果皮由几层横向排列的细胞组成。靠近外果皮的细胞壁较厚，内几层细胞为薄壁细胞。

横细胞为海绵状薄壁组织，由1~2层横向排列的细长细胞组成，此层细胞中含有叶绿素，故又称叶绿层。

管状细胞即内果皮，由一层纵向排列的细长细胞组成。细胞壁较薄，横断面呈环状。管状细胞是吸收水分的天然通道。

果皮一般占整个谷粒质量的1.2%~1.5%。

（2）种皮　种皮由1~2层长形薄壁细胞组成，结构不很明显，为内珠被内层细胞的残余。种皮极薄，常含有色素，故又称色素层。种皮很薄，只有2μm左右。

（3）外胚乳　外胚乳由一层不明显的细胞组成，其细胞的内外壁挤贴在一起形成一薄膜状，极薄，为 $1\sim2\mu m$。外胚乳与种皮和糊粉层紧密结合不易分开，此层也称珠心层。

（4）胚乳　胚乳包括糊粉层和淀粉细胞，占籽粒的最大部分。

糊粉层由排列整齐的近乎方形的厚壁细胞组成。细胞壁内充满糊粉粒，其中主要含有蛋白质、脂肪、维生素和有机磷酸盐等。糊粉层一般占整个籽粒质量的 $4\%\sim6\%$。

淀粉细胞由近乎横向排列的长形薄壁细胞组成。细胞横切面呈多边形，细胞中充满着多角形粒径为 $2\sim10\mu m$ 的淀粉粒。

根据胚乳内淀粉细胞间填充的蛋白质基质的多少，胚乳分为角质胚乳和粉质胚乳两种。

（5）胚　胚位于颖果腹面的基部。胚由胚芽、胚轴、胚根及盾片组成。胚占整粒稻谷重的 $2\%\sim3.5\%$。

二、黑米加工副产物的综合利用

（一）黑米稻壳的综合利用

见第二章第二节稻壳的综合利用部分，此处不再赘述。

（二）黑米碎糙米的综合利用

据研究，黑米不但含有丰富蛋白质，维生素 B_1、维生素 B_2 等，而且氨基酸组成相当齐全，同时富含 Fe、Zn、Cu 等微量元素。因此，黑米在食品、医药加工和化妆品行业都具有重要意义。碎糙米作为黑米加工的副产物，其营养组成与黑米相似。黑米食品的开发形式多种多样，较多的是传统的加工工艺。如制成黑米米粉、黑米粉丝、黑米八宝粥、黑米面包等。随着研究的深入，新工艺、新产品不断出现，如黑米香酥片、黑米双歧酸奶、黑米芝麻营养糊、黑米冰棋淋、黑米果茶等。这些产品风味独特，更具营养价值。

1. 黑米药用成分的开发

黑米具有特殊的药效作用，因此人们以黑米为原料之一，制出许多各具特色的保健食品，如五黑营养液、蜂乳黑米酒、黑米奶茶等。黑米中氨基酸、黄酮、Fe、Zn 含量很高，使它能够发挥滋阴补肾、健脾暖肝、明目活血、降压强心等作用。

2. 黑米制作食品添加成分

黑米可制成食品添加成分，如甜味剂、天然色素、营养强化液等。这些产品是针对黑米的成分特性进行提取加工，使黑米可在食品加工中应用更加广泛，商品价值得到提高。黑米发酵乳饮料的工艺流程：

鲜牛奶
　　↓
黑米 → 清洗 → 浸泡 → 磨浆 → 配料 → 灭菌 → 接种 → 发酵 → 冷却 → 包装 → 成品
　　↑
白砂糖（热溶 → 过滤 → 糖液）

3. 制作黑米营养饼干

采用黑米水磨制粉生产设备（主要包括浸泡罐、砂轮磨、离心机、粉碎机等）将黑米磨成粉后，与面粉、奶粉、鸡蛋等原辅料进行科学搭配，再经过系列加工，可制成具有香、酥、脆特点的黑米营养饼干。

原料配比：黑米精粉（细度要求过 80 目筛）30kg、面粉 32kg、饴糖 20kg、猪油 6.5kg、白糖粉 5kg、鸡蛋 3kg、奶粉 3kg、菜籽油 1.8kg、小苏打 500g、精盐 250g、磷酸氢铵 1.75g。

工艺流程：黑米 → 制粉 → 黑米粉+面粉+其他原辅料 → 混合搅拌 → 轧辊 → 成型 → 烘烤 → 喷油 → 冷却 → 包装 → 成品 → 入库。

4. 制作黑米软糖

将黑米直接挤压、膨化，粉碎成100目左右的黑米粉。为使黑米膨化粉凝胶强度不致损坏，配方如下：①蜂蜜10%、棕榈油10%、卵磷脂0.5%、砂糖30%、盐0.5%、水30%、黑米膨化粉18.2%、明胶0.8%；②蔗糖40%、黑米膨化粉15%、红枣10%、核桃仁15%、蜂蜜8%、水12%。

明胶与水（质量比1∶10）浸泡6h后慢火煮熔。配方①中除黑米膨化粉和明胶外，其他物料放入混合器中以中速搅拌5~10min，加入明胶液，搅拌5min。再加入黑米膨化粉，慢速搅拌10min，把混合料放入蒸汽夹层锅中煮至118℃，然后冷却到87~94℃。配方②中红枣去核、剥皮用绞肉机绞碎；水、蔗糖、蜂蜜煮沸至110℃，核桃仁烘干。上述物料混合后放入蒸汽夹层锅煮至100℃。取配方①混合料2份，加配方②混合料1份，均匀混合后，倒在案板上压平、冷却、切块、包装（先用糯米纸，再用外包装）即为成品。成品黑米软糖具有较韧、紧密而黏糯类似固体的特征。

5. 生产黑米波纹米粉

选用无瘪粒、皮黑色发亮、留皮、胚90%以上的黑糙米，其水分含量<14.5%。采用下述生产工艺，就可制成韧、滑、脆，色、香、味俱佳的黑米波纹米粉。生产工艺如下：

黑米 → 洗米 → 浸泡 → 粉碎 → 蒸料 → 压条 → 成型 → 复蒸 → 冷却 → 切割 → 烘干 → 分拣 → 计量 → 包装成品。

6. 制作黑米系列食品

由于黑米营养价值高，药用成分多，在食品行业中已广泛应用于高营养保健型食品之中。根据有关黑米食品的配方、生产工艺和食品形态，现有的主要黑米系列食品分为下面4大类型。

（1）黑米保健粥 黑米保健粥是加工方法古老、应用广泛、食用方便的保健食品之一，黑米保健粥根据其配方和疗效，又可分为美发粥、解烦粥、补湿粥、清热粥、催乳粥和清肺粥6种。

（2）黑米面包 在面包中添加黑米，不仅营养更加丰富平衡、香味浓郁，而且能延缓面包老化速度，保质期与纯面粉面包相比，可延长6~10d。在生产黑米面包之前，要对黑米进行膨化、糖化、灭菌、搅拌等特殊处理，这是生产工艺的关键。

（3）黑米粉丝 将黑米淘洗、浸泡、粉碎、搅拌等工艺后，制成的米粉不仅色彩紫红，气味清香，而且口感爽滑，可与精粉丝相媲美，在喜食米线的南方具有广泛的市场潜力。

（4）黑米酒 饮料药酒的生产在我国具有悠久的历史，近年来开发出黑米酒和黑米乳酸饮料。据报道，用黑米糠经发酵制成的饮料液与发酵前相比，赖氨酸、维生素 B_1 增加了1~4倍，维生素C提高7%；蛋白质、矿物元素经过分解后，更易于吸收利用，有抗病毒、病菌和癌细胞的作用。现在，黑米可乐饮料、黑米粉冲剂等新饮料品种不断面世。

第五节 荞麦加工副产物的综合利用

荞麦具有生长期短、耐冷冻瘠薄的特性，是粮食作物中比较理想的填闲补种作物。荞麦起源于中国和亚洲北部，世界上荞麦主要生产国是中国、日本、波兰、法国、加拿大、美国等。我国主要产区在东北、华北、西北、西南一带干燥、高寒地区。荞麦由于其独特的营养价值和药用价值，被认为是世界性新兴作物。荞麦加工的副产物有荞麦壳、荞麦麸皮、荞麦碎米和荞麦胚芽。

一、荞麦的分类及籽粒结构

（一）荞麦的分类及质量标准

1. 分类

栽培荞麦分为甜荞麦、苦荞麦、翅荞麦三种。甜荞麦又称普通荞麦，是我国栽培较多的一种，果实大、品质好；苦荞麦又称鞑靼荞麦，果实较小，皮壳厚，果实略苦；翅荞麦果实有伸展呈翼状的棱，品质差。

按国家标准 GB/T 10458—2008《荞麦》规定，荞麦分为甜荞麦和苦荞麦两类。甜荞麦分为大粒甜荞麦和小粒甜荞麦。大粒甜荞麦又称大棱荞麦，留存在 4.5mm 圆孔筛的筛上部分不小于 70% 的甜荞麦。小粒甜荞麦又称小棱荞麦，留存在 4.5mm 圆孔筛的筛上部分小于70% 的甜荞麦。

2. 质量标准

按国家标准 GB/T 10458—2008《荞麦》规定，各类荞麦按容重定等，质量要求见表7-10。

表7-10 荞麦质量要求

等级	容重/（g/L）			不完善粒/%	互混/%	杂质/%		水分/%	色泽气味
	甜荞麦		苦荞麦			总量	矿物质		
	大粒	小粒							
1	≥640	≥680	≥690	≤3.0	≤2.0	≤1.5	≤0.2	≤14.5	正常
2	≥610	≥650	≥660	≤3.0	≤2.0	≤1.5	≤0.2	≤14.5	正常
3	≥580	≥620	≥630	≤3.0	≤2.0	≤1.5	≤0.2	≤14.5	正常
等外	<580	<620	<630	—	≤2.0	≤1.5	≤0.2	≤14.5	正常

注："—"为不要求。

（二）荞麦籽粒的形态特征

荞麦又称三角麦，其形态如图 7-21 所示。图中（1）为甜荞麦，是我国栽培较多的一种，果实较大，三棱形，表面与边缘光滑，品质好。图中（2）为苦荞麦，我国西南地区栽培较多，果实较小，棱不明显，有的呈波浪形，两棱中间有深凹线，皮壳厚，果实略苦。翅荞果实有棱，伸展呈翼状，品质差，我国北方和西南地区有少量栽培。

（1）甜荞果实外形　甜荞横切面简图　　　（2）苦荞果实外形　苦荞横切面简图

图 7-21　荞麦籽粒的形态

荞麦的籽粒为瘦果，呈三棱形。荞麦的壳实为木质化后的果皮，厚且较硬，表面光滑，有三条棱，棱边光平。果皮的颜色有棕褐色、棕黑色、绿褐色、红褐色、黑色、深灰色和杂色多种。果皮尖端有花柱迹，呈三叉状，基部有花柄迹，并附有五裂缩萼。果皮每面中央都有一条不太明显的沟纹。甜荞麦果实为三角状卵形，棱角较锐，果皮光滑，常呈棕褐色或棕黑色。苦荞麦果实呈锥形卵状，果上有三棱三沟，棱构相同，棱圆钝，仅在果实的上部较锐利，棱上有波状突起，果皮较粗糙，常呈绿褐色和黑色。

种仁包于果皮之内，也呈三棱形，种仁的颜色有黄绿色、淡黄绿色、红褐色、淡褐色等。

（三）荞麦籽粒的结构

荞麦籽粒由皮壳和种仁两部分组成，其结构如图 7-22 所示。

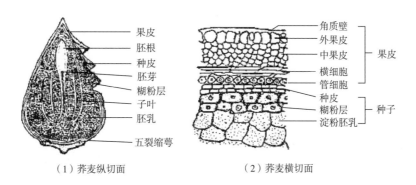

（1）荞麦纵切面　　　　　　　　（2）荞麦横切面

图 7-22　荞麦籽粒的结构

外果皮：是果实的最外一层，细胞壁厚，排列较整齐，其长度方向与果实长度方向相垂直。外壁角化成为角质壁。

中果皮：为纵向延伸的厚壁组织，壁厚，由几层细胞组成。

果实在完全成熟后，整个果皮的细胞壁都加厚，且发生木质化以加强果皮的硬度，成为荞麦的"壳"，为了区别于一般谷物的壳，称为皮壳。

种皮：可分为内、外两层。外层外面的细胞为角质化细胞，表面有较厚的角质层；内层紧贴于糊粉层上，果实成熟后变得很薄，形成一层完整或不完整的细胞壁。种皮中具有色素，这使种皮的色泽呈黄绿色、淡黄绿色、红褐色、淡褐色等。

种子：包于果皮之内，由种皮、胚乳和胚组成。

荞麦加工时，荞麦壳和皮层部分均需要除去，因此，荞麦加工的副产物有荞麦壳、荞麦麸皮、荞麦碎米和荞麦胚芽。

二、荞麦加工副产物的综合利用

（一）荞麦壳的综合利用

荞麦壳大约占荞麦总重的1/3，目前，荞麦壳并没有得到充分利用，一部分制成荞麦枕头，剩余的进行积肥或者焚烧。随着科研的深入，荞麦壳具有很大的利用价值，可以进一步生产附加值更高的产品。荞麦壳中含有黄酮类化合物、纤维素、棕色素、多糖等多种成分。荞麦壳的化学组成见表7-11。

表7-11　荞麦壳的化学组成

成分	含量/%	成分	含量/%
水分	11.3	黄酮类化合物	1.6~1.7
蛋白质	4.3	不可溶性膳食纤维	30
灰分	2.0	可溶性膳食纤维	10
木质素	8.7	单糖	5.5
脂肪	2.6		

1. 荞麦壳制备膳食纤维

荞麦壳中膳食纤维含量高达40%，从荞麦壳中提取膳食纤维可用作食品添加剂，作为功能性成分添加到面包、馒头、面条等食品中。从荞麦壳中提取膳食纤维的工艺流程如图7-23所示。

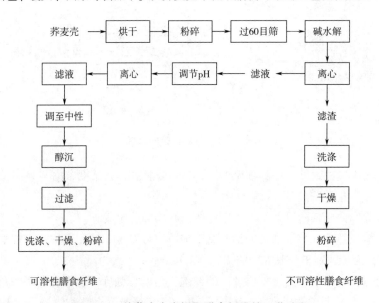

图7-23　从荞麦壳中提取膳食纤维的工艺流程

从荞麦壳中提取的不可溶性膳食纤维色泽为焦黄色，可用作食品添加剂。

2. 制备荞麦壳羧甲基纤维素

荞麦壳膳食纤维主要成分之一是纤维素，纤维素本身不溶于水，但其性质因改性而改变。由于纤维素分子中含有脱水葡萄糖结构单元，在碱性条件下通过与氯乙酸作用，在纤维素分子上引入羧甲基，可以制得羧甲基纤维素（CMC）。羧甲基纤维素具有良好的亲水性、黏性、成膜性、稳定性和保护胶体性等特点，在食品工业中被广泛用作增稠剂、稳定剂、组织改进剂、胶凝剂、泡沫稳定剂即成膜剂等。荞麦壳羧甲基纤维素制备的工艺流程如图7-24所示。

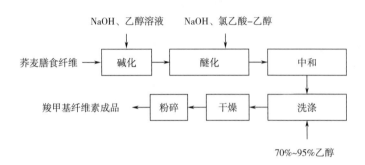

图7-24　荞麦壳羧甲基纤维素制备的工艺流程

CMC制备的具体步骤：CMC的制备采用2次加碱法合成工艺，即将一定量的纤维素加于乙醇溶液中搅拌，使其充分溶胀，用50%的乙醇溶液配制50g/L的NaOH溶液40mL，将其分成2份，先加入1份NaOH，碱化一定时间后，再将另1份NaOH和氯乙酸-乙醇溶液同时加入反应器中，在一定的温度下醚化一定时间，反应全程振荡。反应结束后待液体冷却至室温，用HCl中和、过滤，用70%～95%乙醇逐渐洗涤，干燥粉碎，研磨过140目筛，制成CMC。

3. 生产色素

荞麦壳是荞麦加工过程中的废弃物，将这些废弃物加以利用，生产出食用天然色素，对增加荞麦附加值将具有积极的意义。荞麦色素的提取主要有溶剂提取法（图7-25）和超声提取法（图7-26）。

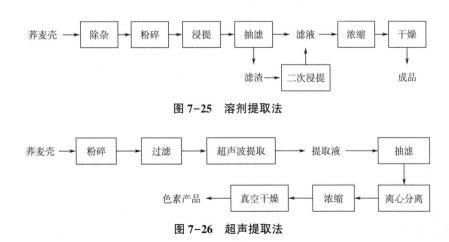

图7-25　溶剂提取法

图7-26　超声提取法

提取的荞麦壳色素对食品添加剂、还原剂以及 Zn^{2+}、Ca^{2+}、Mg^{2+}、Na^{+} 等离子稳定，其性质与色素的化学成分的结构有着密切关系。苦荞麦壳色素颜色鲜艳自然，可用于中性、碱性饮料及食品的着色剂，也可用于保健品、化妆品的着色剂，是一种用途广泛、易于大量提取的天然色素。

（二）荞麦麸皮的综合利用

荞麦麸皮是荞麦制粉的副产物，荞麦麸皮营养丰富，可以进一步开发利用。

1. 提取黄酮类化合物

荞麦麸皮中含有比荞麦粉更高的黄酮类化合物。黄酮类化合物具有增强心血管功能、抗肿瘤、增强免疫力、延缓衰老以及治疗慢性前列腺炎等作用。因此，从荞麦麸皮中提取黄酮类物质，可以提高荞麦麸皮的经济价值。从荞麦麸皮中提取黄酮类化合物的工艺流程如图7-27所示。

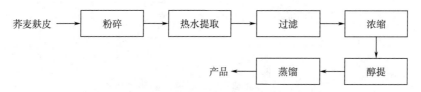

图7-27　从荞麦麸皮中提取黄酮类化合物的工艺流程

乙醇浸提法提取黄酮类化合物的得率为7.9%。提取的黄酮类化合物在食品和医药工业上有广泛的应用。

2. 生产蛋白质粉

荞麦蛋白质的氨基酸组成比较均衡，富含人体限制性氨基酸——赖氨酸，并且具有较高的生物价，相当于脱脂奶粉生物价的92.3%、全鸡蛋粉生物价的81.5%。荞麦蛋白质具有独特的生理功能，对于人体一些慢性疾病具有辅助治疗作用。荞麦麸皮中含有10%左右的蛋白质，可以以荞麦麸皮为原料生产蛋白质。生产蛋白质粉的工艺流程如图7-28所示。

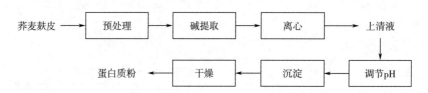

图7-28　以荞麦麸皮为原料生产蛋白质粉的工艺流程

①预处理：取一定量荞麦麸皮，控制麸皮含水量，用挤压膨化设备处理，使物料呈蓬松多孔的颗粒状。

②碱提取：膨化后的物料用 NaOH 水溶液提取。

③调节 pH：调节 pH 至蛋白质等电点，析出荞麦蛋白质，弃去滤液，干燥粉碎即可。

该方法蛋白质得率高，提取时间短，产品纯度高。荞麦蛋白质营养价值高，并且具有诸多生理活性功能，因此作为功能性蛋白配料应用于食品工业，对提高我国人民的膳食营养与健康水平具有十分重要的意义。

3. 制取 D-手性肌醇

D-手性肌醇是胰岛素作用机理中重要介体，具有促进糖原合酶和丙酮酸脱氢酶去磷酸化作用，这两种酶是葡萄糖氧化和非氧化限速酶，D-手性肌醇可提高机体组织对胰岛素的敏感性，消除胰岛素抵抗，从根本上调节机体的生理机能和代谢平衡，从而降低糖尿病的发生率。荞麦麸皮中含有 20%D-手性肌醇，以荞麦麸皮为原料制取 D-手性肌醇的工艺流程如图 7-29 所示。

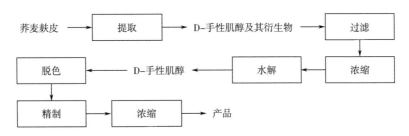

图 7-29　以荞麦麸皮为原料制取 D-手性肌醇的工艺流程

①提取：用水或≤60%的乙醇溶液为提取剂提取其衍生物。

②水解：将其中的 D-手性肌醇衍生物转化为 D-手性肌醇。

③脱色：活性炭脱色。

④精制：离子交换树脂分离。

⑤浓缩：制成 D-手性肌醇提取物产品

利用加工荞麦粉的副产物麸皮提取 D-手性肌醇，提取后的加工废弃物少，资源利用率高，提取物中的 D-手性肌醇含量可以达到 40%以上。

4. 制作荞麦面包

荞麦麸皮营养丰富，可以利用其加工成荞麦麸皮面包。荞麦麸皮面包的制作工艺流程如图 7-30 所示。

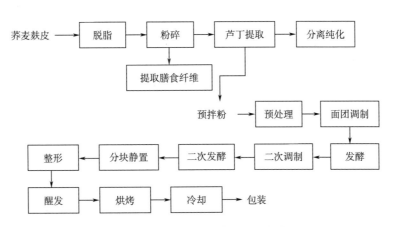

图 7-30　荞麦麸皮面包的制作工艺流程

预拌粉添加了荞麦有效营养成分的提取物，用其制成的面包食用安全，且具有荞麦膳食纤维和芦丁，食用荞麦麸皮面包可提高人体的免疫力，增强人体健康。

（三）荞麦碎米的综合利用

荞麦碎米是在加工荞麦米的过程中产生的碎粒。荞麦碎米和荞麦一样，具有很高的营养价值，可以进一步利用。

1. 生产淀粉

荞麦淀粉和大米淀粉相似，但单粒淀粉直径比普通淀粉小 5~11 倍，多属软质淀粉，使荞麦具有易熟、易消化吸收的优点。用副产物荞麦碎米制备荞麦淀粉的工艺流程如图 7-31 所示。

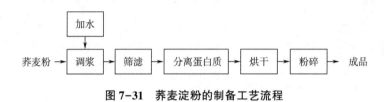

图 7-31　荞麦淀粉的制备工艺流程

①调浆：称取原料 300g，置于 1000mL 烧杯，加入 750mL 浸泡液，室温下浸泡 30min。

②筛滤：先后用筛孔为 0.149mm 分样筛和筛孔为 0.088mm 分样筛进行筛滤，把麸皮、细纤维等物质分离出来，再用蒸馏水冲洗干净。

③分离蛋白质：细浆乳用 100g/L 的 NaOH 或 10% 的 HCl 溶液调整 pH 后，再用离心机在转速 5000r/min 下离心 10min，去除上层的杂质，将下层物料加入蒸馏水搅匀后反复离心 3~4 次，分离出蛋白质和淀粉。

④烘干、粉碎：将分离出的淀粉在 39~40℃ 的鼓风干燥箱内干燥 8~10h，再将其粉碎，通过筛孔为 0.149mm 筛网，即得到成品。

荞麦淀粉的抗性淀粉含量很高，葡萄糖分子释放缓慢，制成的食品对糖尿病病人、心血管病人、高血压患者等有很好的营养保健作用及预防作用。荞麦含有丰富的蛋白质及铁、钙、磷等人体必需的营养素，还有维生素 B_1、维生素 B_2、烟酸及多种氨基酸，这些物质在人体的生理代谢中起重要的作用，食品工业可用其制成集营养、保健、方便于一体的各类食品。荞麦淀粉的结晶度高达 50%，所以其黏性特别高，加入食品后，可改变食品的品质，因而被广泛应用于食品、制药等行业。

2. 生产荞麦茶饮料

随着近年人们开始注重健康与养生，荞麦茶以其独特的保健养生功效开始受到人们的重视和青睐。将加工荞麦过程中产生的碎米加工成荞麦茶，能提高荞麦的经济价值。荞麦茶的制备工艺流程如图 7-32 所示。

①清洗：将苦荞碎米进行多次水洗，除去附着其中的砂土、杂物等。

②蒸煮：按荞麦碎米：水 =1：（112~115）（质量比）的比例，浸泡 12h，100℃蒸煮 30min，使荞麦淀粉充分糊化。

③烘干：将蒸煮后的荞麦在 60~70℃ 条件下，热风干燥约 8min，至含水量 18% 左右。

④焙烤：180℃ 焙烤 5~10min，至荞麦表面（脱皮后）出现焦黄色。

⑤破碎：将焙烤后的苦荞麦破碎，破碎粒度以 18~40 目为宜。

⑥浸提：采用 60~70℃ 温水，按荞麦：水 =1：（10~15）（质量比）的比例，浸提 30~60min。

⑦过滤：将浸提液粗滤后，再进行精滤或超滤。

⑧调配：用低热值甜味剂阿斯巴甜调甜度，使其甜度相当于蔗糖含量8%~10%，加柠檬酸0.1%~0.2%，调pH 4.0。

⑨杀菌：加热至80℃，趁热灌装于瓶中，于85~90℃热水中保温20~30min。

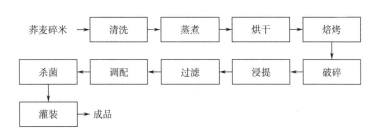

图7-32 荞麦茶的制备工艺流程

制得的荞麦茶茶色清雅、麦香扑鼻、香气浓郁，麦香口味入口清爽丝滑，炭烧口味入口浓香顺滑。荞麦茶饮料的质量要求见表7-12。

表7-12 荞麦茶饮料的质量要求

指标	项目	质量要求
感官指标	色泽	金黄色
	口味及气味	具有苦荞麦经烘焙后特有的焦香味，酸甜适口，无异味
	组织状态	清澈透明，无沉淀，无异物
理化指标	砷	< 0.5mg/L
	铅	< 1.0mg/L
	铜	< 1.0mg/L
微生物指标	细菌总数	< 100 个/mL
	大肠菌群	< 3 个/100mL
	致病菌	不得检出

（四）荞麦胚芽的综合利用

荞麦胚芽中含有丰富的脂肪和芦丁，可以从荞麦胚芽中提取胚芽油或者将荞麦胚芽制成荞麦粉，以提高其附加价值。

（1）提取胚芽油　油脂的提取方法分为压榨法、有机溶剂浸出法和超临界CO_2流体萃取法。压榨法的缺点是出油率低，有机溶剂浸出法的缺点是产品中有有机溶剂的残留物，超临界CO_2流体萃取法具有高分离效果、无污染等特点。采用CO_2做抽提剂，具有价廉、无色、无味、无臭等特点。超临界CO_2流体萃取法提取荞麦胚芽油的工艺流程如图7-33所示。

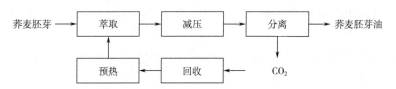

图7-33　超临界 CO_2 流体萃取法提取荞麦胚芽油的工艺流程

荞麦胚芽油中含有丰富的不饱和脂肪酸,还含有少量的饱和脂肪酸。其中的亚麻酸和亚油酸两种不饱和脂肪酸含量高达40.8%。从脂肪酸组成来看,荞麦胚芽油具有很高的营养价值,因为亚麻酸和亚油酸作为必需脂肪酸,对保持人体各种组织的机能和正常活动是不可缺少的。

(2) 制备荞麦胚芽粉　荞麦胚芽虽只占谷物籽粒很小一部分,但却含有丰富的蛋白质、脂肪、矿物质和维生素,营养价值很高。荞麦胚芽资源研究开发、生产系列胚芽食品,对丰富我国营养和保健食品种类,提高我国人民膳食营养及健康水平具有重要意义。同时,还可为谷物加工企业增加经济效益。通过酶解、乳化和喷雾干燥方法,最大程度提取荞麦胚芽中营养成分,经过调配制成一种方便食品——速溶荞麦胚芽粉。荞麦胚芽粉的制作工艺流程如图7-34所示。

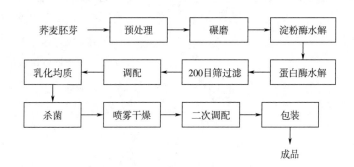

图7-34　荞麦胚芽粉的制作工艺流程

①预处理:加入适量水,常压蒸煮10min,软化细胞结构,同时使胚芽中的各种酶(过氧化物酶、脂肪酶等)失活。

②碾磨:用打浆机将胚芽浆进一步细化。

③淀粉酶水解:调节温度55℃,pH 6.0~6.5,加入0.5% α-淀粉酶,恒温水解60min,降低喷雾干燥液体进料时黏度,灭酶。

④蛋白酶水解:调节温度60℃,pH 7.0,加入木瓜蛋白酶,恒温水解45~60min,灭酶,提高可溶性蛋白质含量。

⑤过滤:用200目筛过滤,除去粗纤维等不溶物。

⑥调配:胚芽酶解液100%,复合乳化剂0.25%,麦芽糊精0.5%。

⑦乳化均质:50℃胶体磨处理3min,使胚芽油脂乳化。再用高压均质机均质两次,第一次压力25~30MPa,第二次压力15~20MPa。

⑧杀菌：高压灭菌锅 121℃处理 10~15min。

⑨喷雾干燥：进风温度 190℃，出风温度 80℃。

⑩二次调配：将喷雾干燥所得胚芽粉与干燥、过 80 目筛砂糖粉、阿拉伯胶、乳粉、炼奶香精等其他配料混合均匀。

⑪包装：室温 20~24℃，空气相对湿度 75%以下，用塑料袋抽真空包装。

制得的荞麦胚芽粉为乳白色、组织颗粒均匀一致的粉末，细腻、不黏、无粉块，具有特殊胚芽奶香味，无异味，用温水冲调后成乳状液，无杂质沉淀。荞麦胚芽粉经开水冲调即可食用，是一种口味良好、冲调方便的保健食品。

第六节　大麦加工副产物的综合利用

一、大麦的分类及籽粒结构

大麦能耐受各种气候和环境条件，从北极圈到热带地区都有种植，甚至在喜马拉雅山脉海拔 4500m 的地方也能种植。在经常遭受寒冷霜冻、干旱或碱性土壤的地区，大麦是最可靠的粮食作物之一。世界各类粮食作物中，大麦种植的总面积和总产量仅次于小麦、稻谷、玉米，居第四位。由于大麦的生长期短、适应性强，在我国的分布也很广，种植面积和产量在水稻、小麦、玉米和高粱之后，居第五位。我国冬大麦的主要产区在长江流域一带，集中于江苏、湖北、四川、河南、安徽、山东、浙江等省，春大麦分布于北部寒冷地区或农牧区，包括东北各省、内蒙古、新疆、西藏及山西、河北、陕西、甘肃的北部。

世界上大部分大麦用于生产啤酒工业及酒精工业的关键原材料麦芽，或作为动物饲料，只有少量大麦直接用于人类食品。大麦加工副产物主要有大麦壳、麸皮和胚芽等。

（一）大麦的分类及质量标准

1. 分类

栽培大麦根据其麦穗的形状可分为六棱大麦、四棱大麦和二棱大麦三种，根据其播种季节分为冬大麦和春大麦两种，根据其脱粒后的籽粒有无颖又可分为皮大麦和裸大麦两种。裸大麦在不同地区有元麦、青稞、米大麦的俗称。国家粮食行业标准 LS/T 3112—2017《中国好粮油　杂粮》按大麦的用途将其分为啤酒大麦和食用大麦；按品种分为皮大麦和裸大麦。

2. 质量标准

按国家标准（GB/T 11760—2021《青稞》）规定，裸大麦以容重为定等指标，3 等为中等，质量要求见表 7-13。

表 7-13　裸大麦质量要求

| 等级 | 容重/（g/L） | 不完善粒/% | 杂质/% | | 水分/% | 色泽、气味 |
			总量	其中：矿物质		
1	≥790	≤6.0	≤1.0	≤0.5	≤13.0	正常

续表

等级	容重/（g/L）	不完善粒/%	杂质/%		水分/%	色泽、气味
			总量	其中：矿物质		
2	≥770	≤6.0	≤1.0	≤0.5	≤13.0	正常
3	≥750	≤6.0	≤1.0	≤0.5	≤13.0	正常
4	≥730	≤8.0	≤1.0	≤0.5	≤13.0	正常
5	≥710	≤10.0	≤1.0	≤0.5	≤13.0	正常
等外	< 710	—	≤1.0	≤0.5	≤13.0	正常

注："—"为不做要求。

（二）大麦籽粒的形态特征

大麦有带壳大麦（又称皮大麦）和裸大麦之分，农业生产上所称的大麦为带壳大麦，其形态如图 7-35 所示。带壳大麦的颖有内、外颖各一片，因皮层成熟时分泌出一种黏性物质，将内、外颖紧密地黏在颖果上，以致脱粒时不能使它们分离。外颖比内颖宽大，从背面包向腹面两侧，包裹大半粒颖果，外颖表面有五条纵脊，外颖顶端有芒，芒是外颖尖端的延伸物，带三个维管束，横断面略呈三角形，脱壳时常被折断。外颖边缘较薄，与薄薄的内颖边缘相互重叠。内颖位于腹面，表面有两条脊脉，使颖果上留有痕迹。内颖基部有一基刺，是一个略带茸毛的小穗轴。内、外颖的外基部有两片护颖，形细窄，向内弯曲，脱粒时有的随穗轴一起脱去，有的仍留在籽粒上。

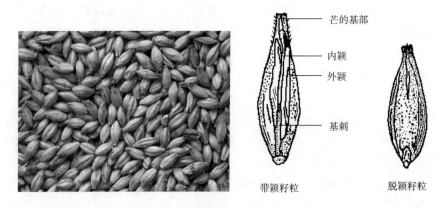

带颖籽粒　　　　　脱颖籽粒

图 7-35　大麦籽粒的形态

脱去颖壳后的大麦籽粒呈纺锤形，两端尖，中间宽，背面隆起，基部生有胚，腹面像小麦一样也有一条腹沟，但腹沟宽而浅。裸大麦顶端生有茸毛。

大麦籽粒的颜色差异较大，有白、紫、蓝、蓝灰、紫红、棕红、黑等颜色。这些颜色主要有两种色素：花青色素和黑色素。

（三）大麦籽粒的结构

有颖大麦籽粒的结构如图 7-36 所示，由颖壳和颖果两部分组成。

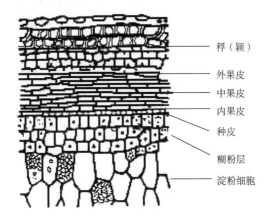

图 7-36　有颖大麦籽粒的结构（剖切面）

1. 颖壳

大麦籽粒的颖壳是由外表皮、皮下纤维组织、海绵状薄壁组织和内表皮组成。

（1）外表皮为硅质化的细胞，有三种形状，一是引长的细胞，有波纹状的厚侧壁；二是细小圆形的细胞，突出于表面，成为圆屋顶形的毛；三是新月形或圆形的细胞，常成对而生。

（2）皮下纤维组织由具有孔纹的厚壁细胞组成。

（3）海绵状薄壁组织为几层长方形薄壁细胞，具有圆形、肾形或不规则的细胞间隙。

（4）内表皮为薄壁多边形细胞，近顶部有气孔。

2. 颖果

颖果由皮层、胚乳和胚三部分组成。皮层包括果皮、种皮和外胚乳，胚乳则包括糊粉层和淀粉细胞。

（1）皮层

①果皮：由外果皮、下表皮、横细胞及管状细胞等结构层次构成。

外果皮为长方形细胞，纵向排列，细胞壁的厚度中等，无孔纹，顶端有短而壁厚的芒状毛。下表皮又称中果皮，由 2~3 层狭长细胞组成，很像外果皮，但细胞壁较薄。横细胞为双层长方形细胞，横向排列。管状细胞为一层纵向排列的长管细胞，细胞壁较薄，横断面呈环状。

②种皮：包括外种皮和内种皮，外种皮有两层细胞，纵向排列，均为角质层，外层明显比内层厚，可以从颖果皮层上剥离下来；外层在腹沟侧面和颖果顶部较厚，但向其边上和背部边缘逐渐变薄，它薄薄地覆盖着整个胚，到珠孔部位逐渐减退或完全消失。内种皮是一层受压挤的透明的细胞层，是珠心表皮遗留物。

③外胚乳：由一层不明显的细胞组成。

（2）胚乳　胚乳由糊粉层和淀粉细胞组成，占大麦籽粒的最大部分。

①糊粉层：由 2~4 层立方形细胞组成，并被厚的细胞壁分开，再由细胞间连丝横贯相通。细胞中充满浓厚的细胞质，细胞质含有明显的、含多种含脂类的圆珠体的细胞核和复杂球形的糊粉粒，但无淀粉存在。

②淀粉细胞：有两种淀粉粒，小粒 2~7μm，大粒 40μm。胚乳也有两种结构，角质胚乳和粉质胚乳。粉质胚乳含淀粉多，含蛋白质少，宜于作啤酒原料，角质胚乳含蛋白质较多，宜于食用或作饲料。

（3）胚　大麦的胚与小麦相似，位于颖果背部下端，由胚芽、胚轴、胚根及盾片组成。胚轴与盾片、胚芽和胚根相互连接，发育成主茎，胚芽外有胚芽鞘保护，胚根外有胚根鞘保护。盾片是一个扁平伸展的器官，外侧隐埋入胚轴，内侧紧靠淀粉胚乳。盾片主要由薄壁的组织构成，但与胚乳相交处覆盖着一层单细胞的栅栏型柱状的上皮。胚通过上皮细胞和胚乳联结起来，胚内淀粉粒很少或没有。

大麦加工副产物主要有大麦壳、大麦麸皮和大麦胚芽等。

二、大麦加工副产物的综合利用

（一）大麦胚芽的综合利用

大麦胚芽具有良好的药用效果，《中国秘方全书》中把大麦胚芽的效用归纳为"消食、和中、下气，主治消化不良、食欲不振、呕吐、下痢"。大麦胚芽富含维生素 E 和蛋白质，有助于头发生长，是防衰老的食物之一；大麦胚芽有保护和增强消化道黏膜，改善通便和防治腹泻等生理功效；另外大麦胚芽富含淀粉酶、麦芽糖、葡萄糖、蛋白分解酶等，可用于治疗食积不消、胸腹胀满、食欲不振、呕吐泄泻、乳涨不消。可以利用大麦胚芽制备大麦胚芽浸提酶液，浸提酶液制备工艺流程如图 7-37 所示。

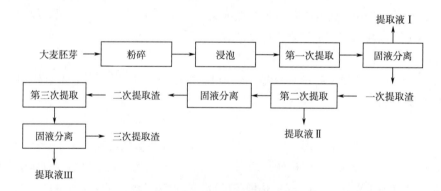

图 7-37　浸提酶液制备工艺流程

①粉碎：大麦胚芽的粉碎是为了增大物料的比表面积，增加物料中贮藏物质和水的接触面积，加速物料的溶解。

②提取过程温度控制：提取时的温度对提取液中酶的提取效果有明显影响。一般来说，适当提高温度，可以提高酶的溶解度，也可以增大酶分子的扩散速度，但是温度过高，则容易引起酶的变性失活，所以提取时温度不易过高。温度控制在 50℃。

③提取液 pH 的控制：溶液 pH 对酶的溶解度和稳定性有显著的影响。在等电点的条件下，酶分子的溶解性最小，不同的酶分子有各自不同的等电点。为了提高酶的溶解度，提取时应避开酶的等电点，以提高酶的溶解度。但是溶液 pH 不宜过高或者过低，以免引起酶的失活变性。pH 在 5.4~5.88 范围内。

④提取液体积的控制：增加提取液的用量，可以提高酶的提取率。但是过量的提取液，

会使酶的浓度降低，对进一步的分离纯化不利。所以提取液的总量一般为原料体积的 3~5 倍，最好分几次提取。

此外，在酶的提取过程中，含酶原料的颗粒体积越小，则扩散面积越大，有利于提高扩散速度。适当的搅拌可以使提取液中的酶分子迅速离开原料颗粒表面，从而增大两相界面的浓度差，有利于提高扩散速率。适当延长提取时间，可以使更多的酶溶解出来，直至达到平衡。

大麦胚芽浸提液含酶丰富，尤其是淀粉酶含量比较高，常用于啤酒的酿造工业。随着现代工业的迅猛发展，麦芽汁也被广泛地应用于馒头、饼干、甜点、冰淇林、酱汁、软饮料、浓缩固体汤料等的生产。

大麦胚芽中维生素 B_1 的含量比小麦更多。对幼儿、老人、维生素 B_1 的缺乏者有很好的功效，可以提神醒脑、消除大脑疲劳。大麦胚芽营养丰富，将其制成大麦胚芽原麦片，营养价值高，食用方便，符合现代人的饮食习惯。大麦胚芽原麦片的工艺流程如图 7-38 所示。

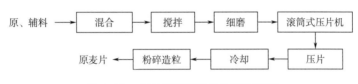

图 7-38　大麦胚芽原麦片的工艺流程

①原、辅料混合：将大麦胚芽用粉碎机磨成粉状，过 80 目筛，备用。将面粉、大麦胚芽粉按 4∶1 的配比准确称量，然后混合均匀。

②搅拌：加入原料质量的 30% 的水，放入搅拌锅中搅拌 20min，直至搅至无团块，搅拌好的浆料应具有一定的黏稠性和较好的流动性。

③细磨：将搅拌好的物料泵入胶体磨中进行磨浆。

④压片：将蒸汽缓缓通入滚筒式压片机，待压辊表面的温度升高至预定的温度时，即可上浆，要求涂布均匀，成片厚度在 1~2mm 之间。

⑤粉碎造粒：从压片机上下来的原片冷却后进入造粒机中造粒，粒度以 5~6mm 为宜，然后用筛子筛除粉尘。

制得的大麦胚芽原麦片为金黄色，有大麦特有的香气。我国的大麦资源丰富、价格便宜，开发大麦胚芽产品，可以丰富我国人民的饮食生活。

（二）大麦麸皮的综合利用

大麦麸皮是大麦加工过程中的副产物，大多数麸皮被用作饲料，其利用价值低。大麦麸皮中含有丰富的多酸类等物质，具有抗氧化、抗衰老的作用，具有潜在的开发利用价值。大麦麸皮中还有丰富的生理活性成分，其主要成分包括多酚类、葡聚糖、生育三烯酚等。

目前，关于大麦麸皮的研究有：制作麸质粉、加工饲料蛋白、加工食用色素、分离提取大麦麸皮蛋白、提取膳食纤维、分离麸皮多糖、生产丙酮和丁醇、提取谷氨酸、制取木糖醇、制取维生素等。

大麦素是一种以花青素为母体核心，周边接有糖、多肽等基团的高分子化合物，具有类似花青素的性质，并且对食品有着色效果，在食品中的应用具有广阔的发展前景。大麦素是一种在酸性环境和较高温度下，比天然色素更加稳定的物质。

大麦麸皮加酵母和去离子水，摇匀成悬浊液，用 HCl 调整 pH，在 30℃下发酵，也可在调节 pH 之前加入糖化酶，促进发酵。大麦素的生成分为两个过程：第一个过程是大麦麸皮发酵液的制备；第二个过程是大麦素的生成。

主要流程为：

大麦麸皮 → 发酵离心（5000r/min）→ 过滤 → 取上清液 → 调节 pH → 调节生成温度 → 大麦素生成 → 离心（5000r/min）→ 取沉淀 → 冷冻干燥 → 粗大麦素。

🔍 **思考题**

1. 燕麦籽粒中 β-葡聚糖分布特点是什么？
2. 高粱根据用途是如何分类的？
3. 粟米糠中营养成分有哪些？主要应用有哪些？
4. 黑米皮层中的活性成分有哪些？
5. 荞麦壳中的活性成分有哪些？
6. 大麦的籽粒结构与小麦的籽粒结构有何不同？

第八章

CHAPTER

8

薯类加工副产物的综合利用

1. 了解薯类加工副产物资源现状。
2. 掌握薯类加工副产物的组分特点及主要利用途径。
3. 熟悉薯类生物活性物质的开发利用。

1. 重点是薯类加工副产物的组分特点及主要利用途径。
2. 难点是薯类加工副产物综合利用中的工艺路线。

薯类（甘薯、马铃薯和木薯）资源丰富，全球公认其营养价值高。目前，甘薯和马铃薯广泛分布于东亚、南亚、欧洲及美洲地区，主要用于加工淀粉、粉丝、粉条、全粉等，而木薯主要分布于非洲和南亚地区。据 FAO 统计，我国甘薯和马铃薯种植面积 700 多万公顷，产量约 1.45 亿 t，居世界首位。如图 8-1 所示，我国薯类产值第一大省为四川省。薯类富含淀粉、蛋白质、膳食纤维、维生素、矿物元素等多种营养与功能成分，为改善居民膳食营养结构、提高全民健康素质等做出了重要贡献。薯类加工业的发展在促进我国农业持续增效、农民持续增收和现代农业的可持续发展中具有不可替代的作用。

薯类加工副产物的综合利用主要包括在生产淀粉过程中的几种副产物，如薯皮、薯渣、蛋白质、果胶等，是薯类深加工产业中很重要的一部分资源。目前这些副产物大部分被直接丢弃，综合利用率和产品附加值较低。本章主要阐述薯类加工副产物的高值化利用及其对提高薯类加工的社会经济效益。

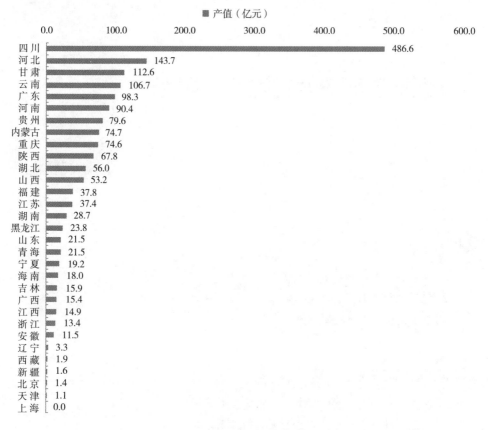

图 8-1　中国薯类细分省市产值分布

(来源：中国农村统计年鉴)

第一节　马铃薯加工副产物的综合利用

马铃薯具有易种植、营养高、产业链长等特点而被广泛种植，是世界第四大粮食作物，居水稻、小麦和玉米之后，是重要的粮菜兼用和工业原料作物。我国马铃薯产业存在的问题如加工专用型马铃薯品种稀少，储存、运输及加工水平较低，相关产品种类单一等。我国马铃薯的消费类型主要是食用，占马铃薯消费总量的 60%~70%，且大多地区将马铃薯以蔬菜的形式食用，而用作加工和饲料的比例分别为 10% 和 13%，远低于欧美等国家的平均水平。因此，加快马铃薯产品开发和拓宽其产品应用范围就显得尤为重要。

一、马铃薯概述

马铃薯（*Solanum tuberosum* L.）属于茄科、茄属，一年生草本植物。马铃薯起源于南美洲安第斯山脉，公元 1600 年前后传入我国，又称土豆、洋芋、山药蛋等。我国马铃薯的主产区主要分布在西南、西北、东北、华北等高海拔或低温地区，在全国播种面积最大的地区为西南区。

马铃薯块茎是公认的全营养食品，鲜马铃薯的主要营养成分如图8-2所示。研究表明，马铃薯富含人体所需的碳水化合物、蛋白质、膳食纤维、维生素及矿物质等营养素，其中蛋白质为完全蛋白，含有人体所需的18种氨基酸，其氨基酸的含量和比例也符合人体所需，并且富含赖氨酸，能够与其他主粮互补；其中维生素的含量高且丰富，每100g鲜薯约含维生素A 5.00mg、维生素B_1 0.08mg、维生素B_2 0.04mg、烟酸1.10mg、维生素C 27.00mg、维生素E 34.00mg，胡萝卜素30mg，其中维生素B_1的含量为常用蔬菜之冠。与禾谷类粮食相比，马铃薯中的蛋白质易于被人体消化吸收；马铃薯中的淀粉主要是支链淀粉，热量低，糊化特性优良，容易使人产生饱腹感，不易引起体重的增加。因此，食用马铃薯可以达到与其他主粮优势互补、改善居民膳食结构的效果。此外，马铃薯含有优质的膳食纤维和木质素，有利于肠道蠕动，改善肠道微生物环境，降低饭后血糖水平；马铃薯所含的多种矿物质，对人体的生长发育和新陈代谢都有很大的帮助，可以作为人类日常膳食中矿物质的重要来源。

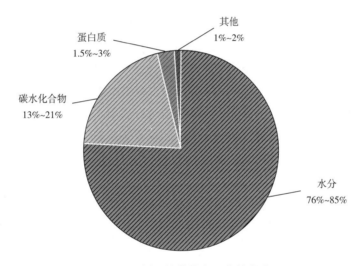

图8-2　鲜马铃薯的主要营养成分

贮藏方式对马铃薯品质以及马铃薯加工品质有很大影响。马铃薯采收后进行贮藏，受到贮藏过程中新陈代谢的影响，其干物质组分含量逐渐下降，这一变化是影响马铃薯加工品质的主要因素；不同贮藏方式下，马铃薯中淀粉和还原糖的含量均有不同程度的变化；马铃薯的淀粉含量在采摘后达到最大值，随着贮藏时间的延长，马铃薯淀粉含量会逐渐降低；低温会导致马铃薯块茎内淀粉降解，还原糖积累，在高温加工过程中，块茎内还原糖和游离氨基酸反应，产生大量类黑素进而影响色泽；不同的贮藏方式还对马铃薯块茎的淀粉酶、淀粉磷酸化酶、转化酶活性以及酚类物质的含量均有影响。

二、马铃薯薯渣的综合利用

马铃薯鲜薯渣含水量高达90%，自带菌种多达33种，不宜贮藏和运输，因其蛋白质含量低，粗纤维含量高，适口性差。如果晒干或直接作为饲料，不仅营养价值较低，而且还会受到家畜的排斥，若进行烘干处理，则会产生较大的能耗。由于生产季节集中，大量的薯渣堆积，若不及时处理，不仅占用场地，而且容易腐败产生恶臭，既影响原料的利用率，又造成了环境污染。

马铃薯薯渣作为马铃薯淀粉生产过程中的副产物，其主要含有水、细胞碎片、残余淀粉颗粒和薯皮细胞以及细胞结合物等。薯渣的化学成分主要包括淀粉、纤维素、半纤维素、果胶、蛋白质、脂肪和灰分等（表8-1）。工艺过程中马铃薯薯渣含水量特别高，达到90%左右。但是因其不具备液态流体性质，而表现出胶体的物化特性，所以很难除去水分。由于马铃薯淀粉生产工艺的限制，其残余的淀粉含量比较高，占干组分含量50%~60%。同时其干组分中还含有30%左右的纤维素，剩下的10%左右是蛋白质、灰分等。由此可见，马铃薯薯渣若能加以利用，其主要可利用成分是淀粉和纤维素。

表8-1　脱水后马铃薯薯渣的主要营养成分　　　　　　　　　　　单位:%

组分	水分	淀粉	纤维素	半纤维素	果胶	蛋白质	脂肪	灰分
含量	5~15	30~50	15~35	5~20	10~25	4~8	0.4~1	1~5

对于马铃薯薯渣的利用，科研工作者及相关企业做了多方面的尝试，其中包括用马铃薯薯渣制备膳食纤维、提取果胶，以及利用不同种类的微生物发酵马铃薯薯渣，制备出燃料乙醇、氢气、乳酸、聚丁烯、果糖、普鲁兰糖等发酵产品，利用马铃薯薯渣配合其他营养物质发酵生产单细胞蛋白（SCP）饲料，利用木霉发酵马铃薯薯渣生产木聚糖酶、羧甲基纤维素酶等。对马铃薯薯渣的成分经过不同的处理方法，可以得到不同的产物，其应用范围也不一样。目前，国内外对于马铃薯薯渣的开发及其应用见表8-2。

表8-2　马铃薯薯渣的主要应用领域

处理方式	应用领域
薯渣中添加蛋白质及其他营养组分	动物饲料原料
生物转化为糖或提取糖浆	增色调味剂
水解及微生物发酵	燃料乙醇
黑曲霉固态发酵	制备木聚糖酶
黑曲霉发酵	制备柠檬酸或柠檬酸钙
微生物发酵	单细胞蛋白
白腐菌发酵	制备膳食纤维

马铃薯薯渣的工业利用既能解决马铃薯淀粉生产中马铃薯薯渣的堆积污染问题，又可提高马铃薯工业的经济效应和社会效应，实现低碳生产，无污染生产。

（一）膳食纤维的提取与综合利用

目前国内对麦麸、甜菜渣、甘蔗渣、豆渣膳食纤维的研究较多，对马铃薯薯渣膳食纤维的开发研究较少。马铃薯薯渣是一种安全、廉价的膳食纤维资源。薯渣中含有丰富的膳食纤维，马铃薯干渣中有30%左右的膳食纤维，是马铃薯薯渣中可以利用的主要成分之一。用薯渣制成的膳食纤维产品外观白色，持水力、膨胀力高，有良好的生理活性。目前提取膳食纤维的工艺方法主要有热水提取法、化学法、酶法等。比较而言，热水提取法工艺简单，但是提取率不高；化学法是采用化学试剂分离膳食纤维，主要有酸法、碱法和絮凝剂等，化学法的特点是制备成本较低，但在环保上存在弊端；酶法是用各种酶如 α-淀粉酶、糖化酶和蛋白酶等去降解原料中的其他成分。目前国内多采用化学法和化学-酶法相结合的方法。吕金顺等采用酶法制备膳食纤维，采用酶法和酸碱处理马铃薯薯渣得到马铃薯薯渣膳食纤维，并对其功能化以及漂白条件进行优化，得到符合标准要求的膳食纤维，具体工艺如下：马铃薯薯渣 → 除杂 → α-淀粉酶解 → 酸解 → 碱解 → 功能化 → 漂白 → 冷冻干燥 → 超微粉碎 → 成品 → 包装。王卓等对采用酸处理、中温 α-淀粉酶处理和耐高温 α-淀粉酶处理 3 种工艺条件制备的 3 种马铃薯膳食纤维产品的膨胀力、持水力和阳离子交换能力进行比较，发现不同的处理方法得到的性能有所差别。

马铃薯纤维作为一种天然的膳食纤维，具有突出的功能和作用。文献研究表明，马铃薯纤维在结肠中具有良好的发酵能力，因此其对预防和缓解便秘有着较好的效果；此外，临床试验显示马铃薯纤维可起到降低血糖水平的效果，具有预防糖尿病、结肠癌、心血管疾病等慢性病的作用。前期通过对马铃薯纤维的特性研究发现，其具有较高的持水能力、持油能力和膨润力，此外它可以提高油、水混合物的稳定性，促进油、水的混合，防止分离。鉴于上述特性，可将其应用于食品加工领域，以发挥其特性方面的优势价值及营养方面的作用功效。

由于马铃薯纤维具有良好的持水能力和膨润力，可以在一定程度上改善面团加工过程中的品质和性状；在面包烘焙和肉制品加工过程中可以使成品更为松软，帮助提高其口感。由此可知，马铃薯纤维的加入可以提高烘焙制品和肉制品行业的产品感官及生产效率，具有广阔的市场潜力和应用前景。

（二）果胶的提取与综合利用

果胶属于多糖类物质，是植物细胞壁的主要成分之一，尽管可以从大量植物中获得，但是商品果胶的来源仍非常有限。马铃薯薯渣中含有较高的胶质含量，占干基的 15% ~ 25%，同时产量大，具有实用性。它是一种很好的果胶来源。果胶是一类具有亲水性质的植物胶，有着良好的凝胶作用及乳化作用，通常用在食品包装膜、生物培养基和食品添加剂等方面。以马铃薯薯渣为原料获取其中的果胶，不仅开拓了马铃薯薯渣的应用范围，还增加了果胶的原料来源。利用马铃薯薯渣生产果胶有微波法、沉淀法、酸法和酶提取法等，而且所得果胶的纯度较高。采取 4 种不同方法对马铃薯薯渣中的果胶进行提取，研究表明柠檬酸法和盐酸法获取果胶的含量分别可达 56.33% 和 55.62%，复合盐法提取的果胶含量为 52.56%，碱性磷酸盐法的提取含量最低，为 32.31%。通过超声波-微波辅助盐酸法对马铃薯薯渣中的果胶进行提取，在最佳提取条件下，果胶提取率为 22.86%，而且薯渣中果胶乳化液的乳化性能相对较佳。使用耐高温 α-淀粉酶以及高转化率糖化酶提取马铃薯薯渣中的果胶，使用上述两种酶进行组合优化，在最佳优化条件下，薯渣中的果胶纯度高于 80%。利用多聚半乳糖醛酸酶对马铃薯薯渣进行预处理，获取其中的 I 型果胶，然后利用深层过滤和超滤的方法对 I 型果胶进行纯化处理。结果发现，与化学萃取法相比，这种方法能够获得相对分子质量更大的产物，提取效果较好。通过响应曲面法优化马铃薯薯渣中果胶的获取条件，结果表明，在 62.5℃、pH 3 的条件下，添加戊聚糖酶反应 1h，果胶的收集时间更短，提取率更高。

在动物营养中果胶有着不可忽视的作用。对于单胃动物而言，果胶是抗营养因子，会影响营养物质的消化吸收。日粮中添加果胶显著降低了肉鸡的生产性能和饲料的消化率，同时后肠道的食糜黏性提高，阻碍了其对营养物质的吸收。对于反刍动物而言，果胶除了能作为饲料的成分外，还能调控瘤胃内环境的稳定性；一方面，果胶在瘤胃菌群的作用之下，产生的降解产物半乳糖醛酸可起到抑制酸性乳酸菌发酵的作用，进而提高瘤胃液的 pH；另一方面，含果胶丰富的饲料中的纤维物质具有如 Ca^{2+}、Na^+、K^+ 和 Mg^{2+} 等离子的亲和能力和离子交换能力，可将其带电阳离子释放到瘤胃液中，起到缓冲作用以提高 pH；果胶对瘤胃中的乙、丙酸比例，也有一定的提高作用；果胶对瘤胃中纤维物质、有机物质的降解率和短链脂肪酸的生成量都有提高作用；同时，促进了机体尤其是肠道对于含氮物质的吸收率。果胶可通过降低瘤胃中氨氮浓度，提高菌体蛋白质合成。

（三）单细胞蛋白饲料的开发及应用

用马铃薯薯渣生产单细胞蛋白饲料，主要是指在适宜的条件下，以马铃薯薯渣为主要原料，利用微生物发酵，在短时间内生产大量的微生物蛋白，使马铃薯薯渣中粗纤维、粗淀粉降解，提高蛋白质的含量，而且发酵后的马铃薯薯渣微生物蛋白氨基酸种类齐全，并含有多种维生素和生物酶等。由此可见，马铃薯薯渣经微生物发酵后，畜禽对薯渣的消化率、吸收率和利用率都大大提高了，增强了马铃薯薯渣的生物学效价。过去人们为了提高饲料对畜禽的促生长作用，一般在饲料中添加一些抗生素或激素，但是这些药物作为饲料添加剂被畜禽使用，畜禽并不能完全分解这些添加剂，它们会在畜禽产品中残留，这对人体有不利的影响。

马铃薯薯渣微生物蛋白饲料是经过有益微生物发酵而得到的一种天然微生物饲料，其中含有许多活的或死的微生物以及其发酵产物，这些物质在饲料中被称作益生素，可加强畜禽肠道良性微生物的屏障功能，减少病害，加快畜禽的生长。

从经济学方面考虑，马铃薯薯渣微生物蛋白饲料投资少，效益高。因为它的原料是来自马铃薯深加工过程中的下脚料，薯渣和废液，这些原料成本很低。而经微生物发酵生产出的马铃薯薯渣微生物蛋白，不但在质量上优于豆饼、鱼粉和苜蓿草粉，而且具有广阔的市场空间。为了使科研成果更好更快的应用到工业大生产，科研工作者设计出多菌发酵马铃薯薯渣生产单细胞蛋白饲料的工艺（图 8-3）。

据计算，在蛋白质含量相同的情况下，1t 马铃薯薯渣微生物蛋白饲料比苜蓿草粉价格高400 多元，更不用提豆饼和鱼粉了。从生态环境角度考虑，马铃薯薯渣是微生物生长繁殖的良好营养源，若直接排放，会对空气和环境造成极大的污染，并有可能给生物带来病害。而用马铃薯薯渣生产微生物饲料蛋白的整个环节均不会造成环境污染，并且通过控制条件，有害微生物得到控制，另外，马铃薯薯渣蛋白饲料包装密封后，放置时间越长，产生的醇香味越浓郁，畜禽非常喜爱，适口性很好，因此说马铃薯薯渣蛋白饲料是一种环保良好的蛋白饲料。

随着马铃薯产业的发展壮大，产生的马铃薯薯渣也将逐年增加，这为马铃薯薯渣微生物蛋白的生产提供充足的原料。近些年随着人们生活水平的提高，对动物蛋白质的摄取量也逐渐增加，养殖规模也在迅速扩大，同时对蛋白饲料的需求量势必要增加，另外，由于疯牛病的发生和蔓延对动物性饲料蛋白的影响很大。2001 年 3 月，我国农业部发出禁止动物饲料中添加和使用反刍动物蛋白（如骨粉等）的通知，这加剧了畜禽业对其他蛋白饲料的需求。因

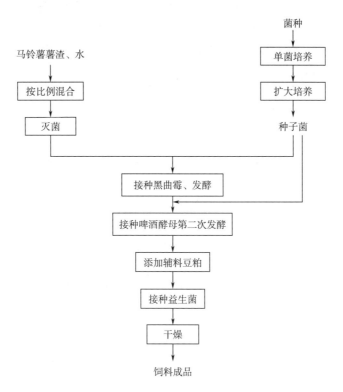

图 8-3 马铃薯薯渣生产单细胞蛋白饲料的工艺流程

此，马铃薯薯渣微生物蛋白饲料不但具有丰富的原料资源，而且具有广阔的市场潜力。马铃薯薯渣微生物蛋白饲料不但可增强畜禽机体免疫力，提高消化吸收能力，调节肠道微生物平衡，加快畜禽生长速度，减少病害，节省药费，降解残留，消除栏舍恶臭，实施生态养殖，降低饲养成本，增加有效产出，而且能生产安全健康、无污染的优质绿色动物源性食品，它顺应市场需求，兼具生态、经济、社会效益，能够有效推动马铃薯产业的可持续发展。

甘肃农业大学、甘肃省农科院等单位协作，已经建立了薯渣工厂化加工技术体系，对采用固态发酵法生产菌体蛋白饲料的糖化菌种进行了优选。该试验以马铃薯薯渣为主料，采用微生物多菌协生固态发酵技术，试制出菌体蛋白饲料。杨全福等采用半固态发酵马铃薯薯渣生产单细胞蛋白，通过优化发酵条件并进行二次发酵后，得到的发酵产物绝干时蛋白质含量高达 45.15%。以马铃薯薯渣为主要原料，以白地霉、黑曲霉和热带假丝酵母为发酵菌种，对马铃薯薯渣固态发酵生产蛋白饲料工艺进行研究，研究表明，在最佳条件下蛋白质转化率达 15%。王文侠等对马铃薯薯渣制备膳食纤维的酶法水解液制备单细胞蛋白进行了研究，结果表明在优化条件下，干酵母产量可达 19.92g/L，单细胞蛋白中蛋白质含量达 12.27%，产物得率为 39.39%。通过一系列试验研究出马铃薯薯渣发酵在适宜条件下，得到粗蛋白质含量高达 13.5% 的发酵产品，同发酵原料相比，粗蛋白质含量提高 126%。并通过饲喂试验表明马铃薯薯渣蛋白饲料具有良好的饲喂效果。

三、马铃薯废液的综合利用

如图 8-4 所示，马铃薯淀粉在生产过程中会产生大量的废液，平均每生产 1t 淀粉需要消耗 6.5t 左右的马铃薯，排放 20t 左右的废液，5t 左右的薯渣。在此过程中产生大量的工业有机废液，主要是溶解性淀粉和蛋白质，化学需氧量（COD）通常在 8000~30000mg/L，蛋白质含量在 2000~8000mg/L。如此高浓度废液直接排入水体，不仅对环境造成严重的污染，而且也是对水资源的浪费。

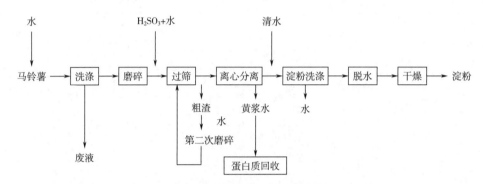

图 8-4　马铃薯淀粉生产过程中产生废液分析图

（一）废液处理方法

马铃薯淀粉废液的综合利用有三种方法，即物理化学法，生物法，综合处理法。其中物理化学法包括絮凝法、提取蛋白法、膜分离法、气浮分离法等。生物处理法包括好氧处理法及厌氧处理法。综合处理法即将几种处理方法综合起来，联合使用。

絮凝法无需额外的设备，只需在废水流动环节中设置一沉降池。因而成本较低，应用较为广泛。莫日根等应用此方法对高浓度马铃薯淀粉废液进行了处理，通过投加碱式聚合氯化铝使废液进行絮凝沉淀，通过吸附柱吸附等措施后，废液重铬酸盐去除率为 54%~65%，对最终的处理废液达标起了决定性作用。絮凝法针对马铃薯清洗废液处理效果较好，但在高浓度蛋白液等工艺生产废液中，却无法解决蛋白液起泡等技术问题。常与其他方法联合使用，作为综合处理方法中的一个环节。以马铃薯废液为原料，采用热带假丝酵母菌株生长菌株，制备对虾饵料的单细胞蛋白，淀粉水解糖转化率达 60% 以上，该技术采用新型工艺，每吨含水解糖 2% 的淀粉废液可生产 15kg 左右的单细胞蛋白。采用"冷冻催化氧化絮凝吸附"工艺对上层稀液进行处理，可使废液中有机物沉淀，除臭效果明显，而且此方法操作简便，所用絮凝剂均为无毒害作用的天然产品，所产生的絮体有望作为饲料或饲料添加剂，能够产生经济效益，实现综合利用。

蛋白质提取技术是物理化学法的典型应用，近年来对其在处理淀粉废液方面研究很多，此项技术将资源利用与废液处理很好地结合为一体。从马铃薯废液中提取饲料蛋白有双重的意义，既对废液进行预处理，降低废液中的有机物含量，使其易于进行后续处理，又能够回收一定的粗蛋白质，用于饲料加工，提高马铃薯淀粉生产的附加值。目前有很多关于通过使蛋白质变性将其沉淀并进行分离，以回收粗蛋白质，降低 COD 的研究。通过蛋白质热处理使蛋白质发生凝胶反应，并进行后续的沉淀、浓缩处理，能够从每吨蛋白液中提取饲料蛋白粉 35kg，其中粗蛋白质含量在 24.19%~40%。

膜分离技术也是废液处理中常用的技术之一。该法既有分离、浓缩、纯化和精制的功能，又有高效、节能、环保及过滤过程简单、易于控制等特征，被广泛应用于工业生产中。

国内早有在马铃薯淀粉生产废液的处理中使用膜分离技术的报道。

用丝网过滤、微滤膜回收、截留相对分子质量在 10 万和 1.5 万之间的超滤膜处理马铃薯加工废液，能够有效地回收马铃薯蛋白质、低聚糖。采用超滤膜对马铃薯淀粉废液进行回收蛋白质的中试实验，结果表明，超滤膜对马铃薯淀粉生产废液中蛋白质的截留率>90%，重铬酸盐的截留率>50%。但是严重的膜污染使得膜法分离工艺在实际废液处理时很难应用。如果能在絮凝工艺预处理后使用，效果会更好。

生物处理法是现代污水处理应用中最广泛的方法之一。使自然环境中微生物分解者的身份发挥出更大的作用。根据微生物的异化作用类型，生物处理法可分为厌氧生物处理和好氧生物处理两大类。在处理高浓度有机废液方面，该方法以其处理费用低、处理效率高等优点被很多污水处理单位采用，只是由于微生物的生长代谢受环境因素，如温度、pH、氧化还原电位、有毒物质等影响较大，使得该技术的使用受到很大限制。

废液厌氧生物处理是指在无分子氧的条件下通过厌氧微生物包括兼氧微生物的作用，将废液中各种复杂有机物分解转化成甲烷和二氧化碳等小分子物质的过程。厌氧生物处理常见的工艺有：升流式厌氧污泥床（UASB）、颗粒污泥膨胀床（EGSB）、厌氧内循环反应器（IC）、厌氧滤床（AF）、折流式厌氧反应器（ABR）、厌氧附着膜膨胀床（AAFEB）等。

利用厌氧法处理马铃薯淀粉废液，处理过程不需另加氧源，故运行费用低。此外，它还具有剩余污泥量少，可以产生甲烷等作为能源气体等优点。因此在处理马铃薯淀粉废液等高浓度有机废液中得到广泛应用。但对马铃薯废液来说，厌氧处理法容易受到废液水温等的影响，使得反应速度更加缓慢，反应时间较长，所以如何提高废液水温是处理马铃薯淀粉废液的关键。

同厌氧生物法相比，好氧生物处理法具有反应速度较快，所需的反应时间较短，出水水质好，占地少的优点，因此被各国广泛使用。根据北方气候特点和马铃薯淀粉生产特点及淀粉废液性质，采用沉淀分离-单纯曝气组合工艺处理北方城市的马铃薯废液，该工艺流程简单、容易操作、便于管理。好氧生物处理法特别适于对中、低浓度的有机废液的处理。因此，好氧处理应用的关键在于，蛋白质的预处理是否彻底有效，否则曝气时间的气泡十分严重，处理效果不好。针对这种情况，目前对马铃薯淀粉废液的处理通常选择厌氧-好氧及物化-厌氧-好氧的综合处理工艺，实验过程中取得了良好的处理效果。

通过采用上流式厌氧污泥床和接触氧化进行了处理该废液的实验研究，结果表明该组合工艺的处理效果良好，COD 去除率可达 95%～97%，五日生化需氧量（BOD5）去除率为 96%～98%，容积产气率 1.733m³/（m³·d）。

近年来，我国对马铃薯淀粉废液处理的研究已非常重视，取得了许多技术上的突破。马铃薯淀粉废液是高浓度有机废液，研究表明，采用单一方法的有机物去除效率都很难达到排放要求。因此，将各种方法结合起来，使它们的优缺点相互补充，并积极探索和研发以蛋白质提取、生物处理为重点的马铃薯淀粉加工废液的综合利用项目，从根本上解决废液污染问题的研究日益受到人们的关注。

废液中含有可观的蛋白质和低聚糖。马铃薯蛋白是一种极其优良的饲料添加剂，它的营养价值高于大豆蛋白，等同于脱脂奶粉。淀粉废液中含有少量的淀粉，蛋白质，有机酸等成分，如果进行回收利用，除了可以变废为宝，还可以减轻对环境造成的污染破坏。

（二）废液资源化利用现状

马铃薯淀粉废液营养丰富，是很好的培养微生物的养料，目前对废液主要处理方法是将废液作为培养基培养功能性微生物或是通过发酵生产絮凝剂、肥料、油脂、普鲁蓝多糖等产品。除此之外，还可利用废液生产可回收性蛋白质。

1. 生产絮凝剂

利用废液发酵微生物生产的絮凝剂，相较于化学絮凝剂具有絮凝成本低、处理效果好、工艺简单等优点。利用马铃薯淀粉废液培养从污泥当中提取出的根霉 M9 和 M17 产生的复合型微生物絮凝剂，对高岭土悬液的絮凝率达到了 92.67%，提高了絮凝率，并且培养微生物之后的废液 COD 去除率达到 93.60%，处理后的废水可与净水混合后作为灌溉用水。假丝酵母能够在马铃薯淀粉加工废水中良好生长，在不灭菌的废水中，按照 10% 接种量接种假丝酵母，28℃、摇床转速为 150r/min 条件下发酵 48h，发酵液对高岭土悬浊液的絮凝率可达 94.6%，原废液 COD 去除率达到 93.7%。

2. 制作肥料

淀粉废液可通过厌氧处理制备肥料。将甘薯淀粉加工废液在室温条件下经厌氧折流板工艺（ABR）处理，得到的水可以替代化肥作为一种绿色有机肥而应用于蔬菜的种植。当 ABR 出水为 200mL 时，能够显著增加蔬菜的产量和质量；且 ABR 出水处理的土壤也具有较低的氮淋湿风险和较低的 N_2O 排放通量。在控制氮肥、增加磷肥、不施钾肥的基础上，使用马铃薯淀粉加工废水进行灌溉，可以使土壤孔隙度和肥力增加，从而改良土壤理化性质，并且使农作物增产超过 25%。

3. 培养解淀粉芽孢杆菌

马铃薯淀粉废液在合适的条件下可培养解淀粉芽孢杆菌。在马铃薯淀粉废液中只添加基础培养基，按 5% 的接种量将种子液接入废液培养基中，调节初始 pH 为 7.0~7.5，摇瓶机转速 200r/min，在 36℃ 下培养 24h，得到解淀粉芽孢杆菌活菌数可达到 2.2×10^9 CFU/mL。

4. 生产微生物油脂

淀粉废液中的有机物能够被某些菌株吸收利用，用于生长繁殖，生产微生物油脂，是低成本获得生物柴油的重要途径。在淀粉废液中将粘红酵母多次驯化，其耐受淀粉废液 COD 高达 75 000mg/L，利用流式细胞仪筛选得到一株粘红酵母，其油脂含量为 25.7%。发酵培养后，粘红酵母生物量达 25.3g/L，菌体油脂含量为 29.5%，废液 COD 由初始的 75 000mg/L 降至 5 600mg/L，降解率为 92.5%。

5. 生产普鲁蓝多糖

普鲁蓝多糖是一种由出芽短梗霉发酵产生的类似葡聚糖、黄原胶的胞外水溶性黏质多糖。因其具有良好成膜、成纤维、阻气、黏接、易加工、无毒等特性，已广泛应用于医药、食品、化工和石油等领域。出芽短梗霉在不同 COD 浓度的淀粉废液中生长不受影响，废液中有机物浓度随处理时间增长而降低，COD 去除程度随废液浓度升高而增大，而且普鲁蓝多糖的量随废液浓度升高而增加。用出芽短梗霉对马铃薯淀粉废液进行生物处理，不仅实现了废液处理，达到环境保护的目的，而且提高了经济效益。

6. 回收蛋白质

废液中可回收性蛋白质含量较高，通过发酵或理化法回收蛋白质，其回收率最高可达 80% 以上。

利用发酵法进行微生物发酵生产回收蛋白质。将产朊假丝酵母、白地霉、热带假丝酵母以 5：9：1 的比例进行复配，以 12% 的总接种量接入马铃薯淀粉加工废液中，在温度 24℃，pH 4.13，摇床转速 200r/min 条件下进行发酵，得到 SCP 产量为 3.06g/L，对废液 COD 的去除率达到 56.9%。利用酿酒酵母、产朊假丝酵母和白地霉发酵马铃薯淀粉加工废液，发现白地霉在废液中生长最佳，COD 去除率达到了 70.9%，且 SCP 得率达 1.932g/L；产朊假丝酵母次之，COD 去除率达 62.7%，SCP 得率为 0.982g/L；最后是酿酒酵母，COD 去除率达 58.9%，SCP 得率为 0.912g/L。

理化法回收蛋白质的方法主要有吸附法、等电点沉淀法、酸热法、超滤法等。采用具有超强吸附力的蒙脱土与等电点沉淀法相结合，当蒙脱土加入量为 0.7g 时，调节 pH 为 3.50，在温度为 40℃ 的条件下振荡 2h，可以使得蛋白质的回收率达 77.63%，COD 去除率达 43.56%，浊度去除率达 82.02%。将蒙脱土吸附法与等电点沉淀法相结合，不仅能提高经济效益，还可以降低成本。利用酸热法从马铃薯废液中回收蛋白质，当破碎料液为 2mL/g、pH 4.5、温度 35℃、沉降 40min 时，蛋白质回收率可达 79.21%。利用超滤膜在最佳超滤条件下（操作压力 0.10MPa、室温 22℃、pH 5.8）经超滤回收蛋白质，其截留率高达 80.46%，处理后废水的 COD 去除率达 60%。利用 0.05% 的碱性蛋白酶对超滤膜进行清洗，超滤膜恢复系数高达 99.55%，用 5g/L 的 NaOH 水溶液对超滤膜进行清洗，超滤膜恢复系数达 89.12%。

四、马铃薯加工副产物的其他综合利用

（一）动物饲料的制备

由于马铃薯薯渣的鲜基物料中粗纤维和水分含量较高，而蛋白质含量较低以及含有有毒因子，使其在应用于动物饲料方面有一定的约束。通过熟制、混合贮存、青贮和固体发酵等方式制备饲料，可以有效地提高其营养价值，生产出高蛋白质、高能量的饲料。以 15% 的马铃薯糟渣饲料替代精料玉米，奶牛产奶量无明显变化，但饲喂效果较好。通过采用单一菌种和复合菌种发酵实验，确定双菌组合发酵的产物比单菌和三菌组合发酵的粗蛋白质含量要高，从而得出微生物发酵蛋白质饲料可以有效地提高饲料的利用率。

（二）化工原料的开发

马铃薯薯渣可应用于制备新型黏结剂、胶黏剂以及吸附材料等。通过对马铃薯薯渣中含有的 β-半乳聚糖聚合而成新型纤维（PDF），其对 Hg^{2+}、Pb^{2+}、Cd^{2+} 有较好吸附效果。以马铃薯淀粉工业废渣及黄腐酸为原料，制备了超强吸水剂和耐高温材料。利用胶体磨湿法超微粉碎及高压蒸汽处理马铃薯薯渣，再通过氧化改性改善其流动性，制备出了与广泛应用的淀粉基瓦楞纸板黏合剂性能类似的黏合剂。

（三）制备种曲、醋、酱油及可食性膜

马铃薯薯渣主要是经过发酵制备口感好、营养价值高、低成本的饲料，在这个过程中种曲的制备至关重要。制曲可以为菌种提供适宜的生长环境，有助于菌种分泌大量的纤维素酶、蛋白酶、糖化酶等，满足马铃薯薯渣制备饲料的发酵工艺的要求。同时，马铃薯薯渣中的纤维素、果胶、淀粉和蛋白质是天然的可食性物质，可以用于制备可食性膜替代塑料膜应用于包装上，减少白色污染，提高马铃薯薯渣的利用价值。

（四）制备燃料乙醇

马铃薯薯渣中含有丰富的纤维素和半纤维素，纤维素酶可以将纤维质原料降解为 D-葡

萄糖，被酵母利用转化为乙醇。不同的发酵方式有不一样的效果。采用生料同步糖化发酵法可以降低生产成本，减少可发酵性糖的损失，乙醇的产率比传统生产工艺高。

第二节　甘薯加工副产物的综合利用

甘薯约在 400 年前由南美洲的热带地区传入我国。目前，我国甘薯主要有三大种植区域，其中南方种植面积更加广泛。由于甘薯具有产量稳定、适应性强、栽培容易且抗灾能力强等优点，深受广大农民的喜爱，并在全国迅速得到推广和普及。如图 8-5 所示，亚洲的甘薯产量超过了全球总产量的 80%。据 FAO 的统计数据显示，甘薯常年种植面积达到 230 多万公顷以上，年产量达到 5000 多万 t，成为仅次于小麦、玉米、水稻之后的重要粮食作物。

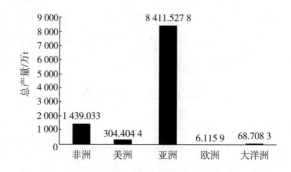

图 8-5　世界各大洲甘薯产量分布图（来源：FAO）

一、甘薯概述

甘薯（*Ipomea batatas* [L.] Lam），旋花科，甘薯属，又称地瓜、番薯、甜薯等，是重要的食粮和淀粉加工产业的原材料。甘薯营养成分十分丰富，主要包括糖类、蛋白质、膳食纤维、维生素、矿物质等，同时还有少量的脂肪和钠。进入 21 世纪以来，甘薯加工业在我国发展十分迅速，其中甘薯淀粉的生产发展最为迅猛。目前，我国甘薯的加工主要是提取淀粉，甘薯淀粉用于加工粉条、粉丝、粉皮等。但同时，造成的环境污染问题也随之产生，其中最为突出的就是甘薯薯渣的处理问题。

我国甘薯制品主要集中在淀粉、休闲食品及工业用乙醇等方面，其中甘薯淀粉的加工发展最为迅猛。甘薯淀粉加工过程中会产生大量的甘薯薯渣。我国甘薯淀粉产量约 150 万 t，但产生的废渣液达 500 万 t，年产 3000t 的甘薯淀粉加工企业通过简单脱水处理仍会产生 4000t 以上的甘薯薯渣。目前，甘薯薯渣除了少量被加工利用外，大部分都被丢弃，造成资源的严重浪费，还会带来环境污染问题。科学利用好甘薯薯渣资源是当下甘薯加工产业提质增效的重要途径。

二、甘薯薯渣的综合利用

甘薯是我国的粮食作物之一，其种植面积及产量均居世界首位，而甘薯薯渣是甘薯淀粉提取过程中所产生的副产物，占 10%~14%，它的主要成分是水、残余淀粉颗粒和膳食纤维。因其具有含水量高，不宜储存、运输等特点，通常直接晒干或烘干作为动物饲料。由于生产周期短且集中，多在秋末冬初，导致排放大量的薯渣来不及处理，不仅占用场地而且容易变质发臭，既造成了资源的浪费，降低了原料的利用率，又导致了环境污染。目前，我国的甘薯淀粉加工厂约 800 多个，年产甘薯淀粉 150 万 t，产生甘薯废渣约 500 万 t。因此，如何采用全面、经济、合理的方法处理薯渣，对其进行深加工，使之产生一定的经济效益，对于甘薯淀粉加工企业来说，是目前亟待解决的重要问题。将甘薯薯渣进行深加工和综合利用不仅可以减少环境污染，还可以增加其经济价值，实现资源的可持续利用。

甘薯薯渣含水量特别高，能达到 90% 左右，且因其持水性高的特点，所以很难通过过滤等简单方法除去水分。由于甘薯淀粉加工厂采用的生产工艺限制，薯渣的残余淀粉含量比较高，甘薯原料品种、提取工艺及技术水平不同，不同企业产生的甘薯薯渣的具体成分略有差异，但总体上仍残余大量淀粉，其次为膳食纤维，另外还含有一定量的果胶和蛋白质等（表 8-3）。

表 8-3　脱水后甘薯薯渣的主要营养成分　　　　　　　　单位:%

组分	淀粉	膳食纤维	果胶	蛋白质
含量	34.42~60.89	25.85~36.26	15.28~20	3.38~5.97

对于甘薯薯渣的资源化开发主要有利用甘薯薯渣提取果胶、提取膳食纤维，以及利用微生物发酵薯渣制备乙醇、氢气等及制备活性炭、低聚异麦芽糖等。对甘薯薯渣进行不同的处理，可以得到不同的产物，其应用领域也不一样（表 8-4）。

表 8-4　甘薯薯渣的主要应用领域

处理方法	应用领域
酿酒酵母发酵	生产乙醇
枯草芽孢杆菌固态发酵	生产 γ-聚谷氨酸
超声、均质、水解	生产纤维素纳米晶体
混合菌体发酵	生产氢气
酵母菌发酵	生产菌体蛋白
酶法转化	低聚异麦芽糖
直接干燥、粉碎	动物饲料
稀酸、盐处理	提取果胶
碱化、碳化	制备活性炭
不作处理	生产沼气

（一）甘薯薯渣膳食纤维的制备

近几年，人们对甘薯薯渣的关注度越来越高，从甘薯薯渣中提取制备膳食纤维的研究报道也不断增多。使用不同原料或采用不同方法生产的甘薯薯渣膳食纤维，其化学组成、结构和粒度分布均会有所差异，进而会影响甘薯薯渣膳食纤维的物理化学特性，最终导致甘薯薯渣膳食纤维的生理功能及其应用差异。甘薯薯渣膳食纤维的制备方法主要有化学法、酶法、发酵法和筛分法。

1. 化学法

化学法制备甘薯薯渣膳食纤维是指将原料干燥、粉碎后采用化学试剂进行分离，提取甘薯薯渣膳食纤维的方法，其中化学试剂以酸和碱的应用最为广泛。通常干燥粉碎后的物料经一定浓度酸或碱浸泡处理后，反应液经过抽滤后所剩固体残渣即为 IDF，抽滤液经 95% 乙醇醇沉后则得 SDF。韩颖采用单因素试验和正交试验对甘薯薯渣 SDF 化学法提取工艺进行了优化，当提取温度 90℃、提取时间 90min、pH 2.0、料液比 1：25（质量体积比）时，SDF 得率为 10.83%。化学法提取甘薯薯渣膳食纤维的工艺虽然近似，但不同物料提取的甘薯薯渣膳食纤维含量差异较大，可能与初始物料中所含甘薯薯渣膳食纤维含量有关。化学法制备甘薯薯渣膳食纤维过程中容易产生较多废液与废气，可能对设备造成侵蚀；废液的后期处理成本较高，若处理不当，排放到环境中会造成污染，生产的甘薯薯渣膳食纤维通常生理活性较差。因此，在实际生产中很少单独采用化学法制备甘薯薯渣膳食纤维。

2. 酶法

酶法是利用多种酶分别去除原料中的淀粉、蛋白质、脂肪等非膳食纤维物质，制备膳食纤维的方法。在甘薯薯渣膳食纤维的提取过程中，如果所用原材料中含有大量的淀粉或者蛋白质成分，添加淀粉酶或蛋白酶等酶制剂则有助于甘薯薯渣膳食纤维的提取。甘薯薯渣中淀粉含量为 43%～61%，在甘薯薯渣膳食纤维提取过程中，协同使用淀粉酶等有利于得到高纯度甘薯薯渣膳食纤维。在甘薯薯渣膳食纤维提取过程中，α-淀粉酶、胰蛋白酶和糖化酶通常协同使用，通过优化其比例和反应条件达到最佳的提取效果。余蕾等采用复合酶酶解法提取甘薯薯渣膳食纤维，当在 α-淀粉酶和糖化酶复合酶用量 3%、酶解温度 50℃、酶解 pH 6.5 的条件下酶解 6h 后，再采用中性蛋白酶进行酶解（中性蛋白酶用量 0.5%、酶解温度 45℃、酶解时间 180min、酶解 pH 7.0），经二次酶解甘薯薯渣膳食纤维提取率可达 85.5%，有效地提高了甘薯薯渣膳食纤维的提取率。将淀粉酶、胰蛋白酶和糖化酶以不同比例添加到甘薯薯渣中，通过一步酶解法也可以达到提高甘薯薯渣膳食纤维产率的目的。赵英虎等将甘薯薯渣在温度 60℃、pH 4.5、α-淀粉酶添加量 1.4mL/g、胰蛋白酶 0.5mL/g、糖化酶 5mL/g 条件下反应 40min，总甘薯薯渣膳食纤维提取率可达 81.6%，其中 SDF 提取率为 25.7%。根据原料本身材质的不同，采用单一的酶制剂也能获得高含量的甘薯薯渣膳食纤维。总之，采用酶解法提取甘薯薯渣膳食纤维一般反应条件温和，并且能够获得甘薯薯渣膳食纤维纯度较高的样品。但是，由于酶制剂自身成本也较高，因此生产上通常采用酶解法与物理或化学法配合使用。

3. 发酵法

发酵法是利用微生物自身酶系将原料中淀粉、纤维素以及半纤维素等物质转化为微生物多糖和菌体纤维素的方法。通常选用乳酸杆菌、链球菌等益生菌添加到原料中直接发酵。田亚红等利用乳酸菌发酵提取 IDF 时，在发酵时间 20h、料液比 1：12（质量体积比）、接种量 1.25%、发酵温度 42℃ 条件下，IDF 的提取率为 15.96%。黑曲霉也是常用来作为 DF 生产的菌种之一，以甘薯薯渣为原料，利用黑曲霉发酵提取 IDF，当发酵时间 120h、发酵温度

30℃、料液比1∶40、接种量6%时，IDF得率为24.3%。利用发酵法生产得到的甘薯薯渣膳食纤维通常颜色、质地均较好，但是发酵工艺复杂多变、发酵过程不易掌控，因此得到的甘薯薯渣膳食纤维质量不稳定。

4. 筛分法

筛分法是根据物料颗粒粒径的不同进行筛分，提取甘薯薯渣膳食纤维的方法，适合于原料组分中物质单一，颗粒度有差异的物料，使得甘薯薯渣膳食纤维得到有效的分离。筛分法所得甘薯薯渣膳食纤维产量与物料粉碎粒径关系密切，甘薯淀粉粒径范围通常为0~55μm，平均粒径为30μm，而甘薯薯渣粒径较大，粉碎至30~150μm则有利于膳食纤维和淀粉的分离；粉碎粒径<30μm则会导致筛分过程中甘薯薯渣膳食纤维损失较大。研究发现，筛分频率对甘薯薯渣膳食纤维提取率的影响最大，当筛分料液比1∶50（质量体积比）、筛分时间15min、筛分频率3.5Hz、溶液pH 5.0时，甘薯薯渣膳食纤维得率最高为28.64%。曹媛媛等以甘薯薯渣为原料，在料液比1∶60、筛分时间20min、筛分频率3.75Hz、pH 7.0条件下，制得甘薯薯渣膳食纤维总量为81.25%，显著提升了SDF的比例。筛分法成本低，工艺简单，便于推广与扩大化生产；但筛分法提取的膳食纤维纯度相对较低，容易混杂淀粉等颗粒，与酶法、化学法结合使用可提高膳食纤维纯度与品质。

（二）甘薯薯渣膳食纤维的改性与综合利用

目前，国内外研究的膳食纤维资源主要集中于豆渣、麦麸以及米糠等谷物、油料加工副产物，对于甘薯薯渣膳食纤维的研究还处于起步阶段。甘薯薯渣膳食纤维的制备大多处于实验室规模，受限于制备工艺和生产成本，市场上还未见有高纯度甘薯膳食纤维，阻碍了甘薯薯渣膳食纤维的广泛应用。SDF作为膳食纤维的活性成分，在天然甘薯薯渣中含量较低，膳食纤维改性可以提高甘薯薯渣的膳食纤维品质及饲用价值，提升甘薯的经济附加值。

天然膳食纤维中SDF含量普遍较低，因此，常采用物理法、化学法和酶法对天然膳食纤维进行改性，促使膳食纤维中某些不溶性物质中化学键断裂形成分子链较短的分子，增大SDF/IDF比例，提高膳食纤维的生理活性。

随着现代机械制造产业发展，有较多的新工艺、新设备用于甘薯薯渣膳食纤维的改性研究。常见的物理法包括挤压膨化、蒸汽爆破、超微粉碎和动态超高压微射流技术等，主要通过强烈的物理作用力使不溶性大分子（纤维素、半纤维素和木质素等）的分子键断裂，增加可溶性成分，目前的研究主要集中在改性条件的优化。

1. 挤压膨化

挤压膨化技术是集混合、搅拌、破碎、加热、蒸煮、杀菌、膨化及成型为一体的加工技术，可使蛋白质、淀粉和纤维素聚合物短时间内直接或间接转化。通过挤压膨化，可使纤维素微粒化，分子极性发生改变，增加与水分子的亲和性，增大甘薯薯渣膳食纤维的水溶性。采用双螺杆挤压膨化处理甘薯薯渣，当物料含水量18.75%、挤压温度159.7℃、螺杆转速91r/min时，甘薯薯渣中的SDF含量从3.34%提升到9.64%。由于挤压膨化技术具有成本低、耗时短、产量高、节能等优点，在膳食纤维改性领域已得到广泛应用。

2. 蒸汽爆破

蒸汽爆破是通过将原料置于高温、高压蒸汽中一定时间后瞬时爆发性减压，使得原料空隙中的过热蒸汽迅速汽化，体积急剧膨胀而使细胞破裂，是破坏细胞壁及其木质纤维素结构的一种有效预处理方式。在蒸汽爆破中，存在类酸性水解及热降解、类机械断裂、氢键破坏等作用，因而能够将纤维素进行降解破坏。利用蒸汽爆破改性甘薯薯渣膳食纤维，当蒸汽压力 0.35MPa、维压时间 121s、物料粒径 60 目时，SDF 含量从 3.81% 提升到 22.59%，其持水力、持油力、膨胀力等特性显著提升（$P<0.05$），且改性后的 SDF 结构变得膨胀疏松多孔。通过瞬时爆破可使甘薯薯渣内部大分子裂解、组织膨胀、结构疏松，进而改善甘薯薯渣膳食纤维功能特性与应用价值，是较有效的甘薯薯渣膳食纤维改性手段。

3. 超微粉碎

超微粉碎技术是指利用机械或流体动力的途径将颗粒粉碎至 100μm 以下的技术。粉碎后颗粒粒径的大小决定了超微粉碎的等级，共分为微米级粉碎（1~100μm）、亚微米级粉碎（0.1~1μm）和纳米级粉碎（1~100nm）。超微粉碎所得的粒子具有良好的溶解性、分散性、吸附性和化学活性等。采用超微粉碎法改性甘薯薯渣膳食纤维，当设备工作压力 0.7MPa、系统风量 $3m^3/min$、分级机转速 2400r/min、加料速度 12kg/h 时，SDF 含量从 9.25% 提升到 12.81%，基本成分未发生显著改变，物化特性指标（持水力、持油力、膨胀力、葡萄糖吸附能力和 α-淀粉酶抑制能力等）均显著上升（$P<0.05$）。单一超微粉碎的甘薯薯渣膳食纤维改性效果有限，通常作为物料的预处理手段，需辅以其他物理或酶法对甘薯薯渣膳食纤维进一步改性。

4. 低温超高压技术

低温超高压技术（high pressure with low temperature，HPLT）是指在常温或更低温度下，采用 100MPa 以上（通常是 100~1000MPa）的静水压力对物料进行预处理，从而实现对物料的灭菌、改性效果。在膳食纤维改性过程中，通过 HPLT 对原料进行处理，可避免高温引起的变性，并能破坏支撑物料立体结构的氢键、离子键和疏水键，从而有利于膳食纤维的改性与提取。

5. 动态超高压微射流

动态超高压微射流（dynamic high pressure micro-fluidization，DHPM）是一种集输送、混合、超微粉碎、加压、膨化等多种单元操作于一体的特殊物理改性技术，能够对物料起到乳化、均一化、超微化或改性修饰的处理效果，通常是在均质处理（压力 20~60MPa）的基础上将压力提升到 60MPa 以上，从而达到破坏糖苷键的目的。采用 DHPM 法处理甘薯薯渣，当甘薯 SDF 在料液比 1∶10、压力 160MPa 时，加压处理 1 次，SDF 含量提升到 8.37%，并且甘薯薯渣膳食纤维的粒径显著减小，持水性、持油力等各项功能特性指标均有不同程度提升。DHPM 设备目前相对少见，对甘薯薯渣膳食纤维的改性研究大多停留在试验室研究阶段。

6. 化学法

甘薯薯渣膳食纤维的化学改性方法是利用酸解、碱水解、氧化、醚化及交联等化学方法，在甘薯薯渣膳食纤维分子中引入功能基团来改变其物理化学特性。在蒸煮过程中加入不同浓度的 NaCl 和 $CaCl_2$ 实施对甘薯薯渣膳食纤维的改性，膳食纤维含量从 8.8% 提升到 11.4%，水溶性多糖成分黏度明显降低。化学法改性通常反应时间较长，工艺过程较复杂，而且化学基团的引入会给应用于食品及饲料的甘薯薯渣膳食纤维带来较大的安全风险。

7. 酶法

酶法改性是指利用纤维素酶、木聚糖酶等酶解物料中纤维素，提升 SDF/IDF 比例的方法。采用纤维素酶解法对经过淀粉酶、蛋白酶处理得到的甘薯薯渣膳食纤维进行改性处理，当纤维素酶添加量 1%、溶液 pH 4.8、酶解温度 50℃、时间 1.5h，此时 SDF 得率为 15.33%，酶解改性后，甘薯薯渣膳食纤维的持水力提高了 48.35%；当纤维素酶浓度为 1.45%、酶解 pH 5.0、酶解时间 4h、温度 50℃时，改性后甘薯薯渣膳食纤维持水力和膨胀力明显提高，溶解性、持油力和流动性有提升的趋势。复合酶的使用可以提高物料中膳食纤维的含量，同时降低酶制剂的使用。酶法改性相对温和、高效，通过酶法改性能够改变膳食纤维的成分、持水力、持油力等物化指标。

目前，应用物理法和酶法协同处理的改性方法相对较多，通过物理法破坏物料空间聚集结构，暴露出内部基团，使得物料结构疏松延展，增大其相对表面积，进而增加了物料与酶的接触面积，最终提高了膳食纤维得率。

（三）甘薯薯渣果胶的分离提取与综合利用

果胶是一种胶体性复合多糖类物质，它由 D-吡喃半乳糖醛酸通过 1,4-糖苷键连接成长链状而组成，即多聚半乳糖酸，含有几百到一千个聚合体，分子结构如图 8-6 所示。在不同的植物组织中，果胶的化学结构和分子质量皆不相同，通常以部分甲酯化状态存在。天然果胶中有 20%~60% 的羧基被酯化，分子质量为 1~10Ku。在果胶结构的主链上还有许多其他糖类，如半乳糖、阿拉伯糖、鼠李糖、山梨糖等。

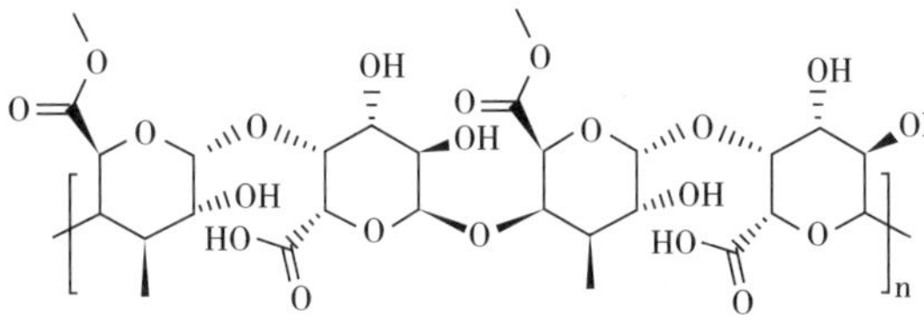

图 8-6 果胶的分子结构

果胶是植物中的一种酸性多糖物质，具有水溶性，主要存在于植物的细胞壁和细胞内层，属于可溶性膳食纤维。在食品上可作胶凝剂、增稠剂、稳定剂、悬浮剂、乳化剂、增香剂等天然食品添加剂。果胶是粮农组织/世卫组织食品添加剂联合专家委员会以及欧洲食品安全局推荐的安全无毒的天然食品添加剂，无每日添加量限制。在医药上，果胶作为可溶性膳食纤维具备多种药用功效，是一种非常好的药物基质，可与其他药物制剂合用，用于制造软膏、栓剂、胶囊等药物。果胶具有良好的吸附重金属的功能，由于果胶的分子链间能够与高价的金属离子构成"鸡蛋盒"似的网状结构，使得果胶成为一种良好的重金属吸附剂；高甲氧基果胶在体内只能被肠道内的某一特定酶所消化，实现定位释药，且定位准确，效率高；果胶可与腹中的食物包裹在一起并增加食物黏稠度，吸附食物中未被消化的胆固醇和乳糜脂肪，同时还可与胆汁结合，直接把有害人体健康的垃圾物质排泄体外，还能够促进人体有益菌的增殖，调节人体肠道的微生态平衡；果胶能够阻碍癌细胞的聚集，抑制其扩散和转移；果胶还有抗腹泻、防辐射以及预防肥胖等作用。

甘薯果胶和马铃薯果胶具有潜在的抗氧化、抗癌及吸附重金属（Cu^{2+}、Pb^{2+}）能力，且超声波、高压均质、高静水压辅助果胶酶改性可显著增强其生理活性。例如，甘薯果胶经超声波改性后，其抗氧化及抗癌活性分别提高 4.30 和 3.18 倍；高静水压辅助果胶酶改性可使甘薯果胶的 Pb^{2+} 吸附能力提高 1.61 倍。此外，果胶还可用于制造超滤膜和电渗析膜，用于水油乳浊液的乳化稳定剂、造纸和纺织的施胶剂等。

甘薯薯渣中有较高的果胶含量，因甘薯品种的不同其含量也有差异，果胶含量最高可占20%左右，是一种很好的果胶来源，目前有关此方面的研究也不断增多。不同的提取方法，果胶的得率不同，纯度也不相同，不同提取方法的原理及特点见表8-5。

表8-5　甘薯果胶提取方法的原理及特点

方法	原理	优点	缺点
酸提法	利用稀酸将水不溶性果胶转化成水溶性果胶	应用广泛、成本低	产品质量一般，得率低
螯合剂提法	螯合剂与植物组织中阳离子的螯合作用，使果胶能溶出	工艺简单，提取得率较高，产品品质较好	回收利用难，易造成产品污染
酶提法	利用酶降解果胶原料中纤维素等大分子物质，使果胶溶出	操作简单，产品质量稳定，且低消耗，低污染	成本很高，对酶纯度要求很高
微波提法	利用微波的电效应和化学效应，使植物组织崩解，加速果胶的溶出	工艺简单，时间短，得率高，产品质量较好	因成本、设备限制无法实现工业化生产

以鲜甘薯薯渣为原料，采用盐酸提取甘薯薯渣中果胶，研究提取温度、pH、提取时间对果胶提取率的影响，结果表明，提取温度90℃，pH 2.0，提取时间1.5h为最佳提取条件，此条件下果胶提取率为10.19%。采用生物发酵法提取甘薯薯渣果胶，结果表明，发酵温度35℃，pH 5.0，发酵时间48h，接种量15%为最佳优化条件，其果胶提取率仅为6.55%。采用磷酸氢二钠法提取甘薯薯渣中果胶，利用响应曲面法进行优化研究，结果表明，料液比20∶1，提取时间3.3h，提取温度66℃，pH 7.9为最佳条件，此条件下果胶提取率为10.24%，果胶酯化度为11.2%，凝胶强度为115.6g。采用酸处理、碱处理、六偏磷酸钠与酸处理、六偏磷酸钠与碱处理四种方法来提取甘薯薯渣果胶，并利用13C-CP/MAS固态核磁共振来检测四种方法下所提取果胶的酯化度和半乳糖醛酸含量，结果显示，酸处理获得最高的果胶酯化度57%，六偏磷酸钠与碱处理下果胶中半乳糖醛酸含量最高占80%。利用3.95mg/mL的草酸铵在375W的超声波辅助下提取甘薯薯渣中的果胶，提取率为15.48%。如图8-7所示，在制备果胶过程中，首先要经过预处理以除去甘薯薯渣的淀粉及可溶性色

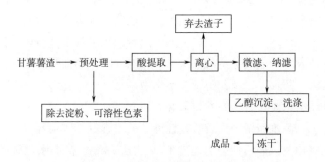

图8-7　果胶的制备工艺流程

素，然后再进行酸提醇沉的加工工艺。Arachchige 等通过盐酸提取、超滤纯化、乙醇沉淀从甘薯薯渣中提取果胶，并研究高静压和果胶酶改性甘薯果胶的结构、理化性质和乳化性能。与未处理组及单独处理组相比，高静压和果胶酶处理的甘薯果胶分子质量、酯化度、甲氧基化和乙酰化程度较低。此外，它还表现出较高的鼠李糖和半乳糖醛酸含量以及最佳的乳化性能。这些结果证实了高静压辅助果胶酶处理获得的改性甘薯薯渣果胶在食品工业中具有很大的应用前景。

果胶得率高、质量好又有可能实现工业化生产的当属螯合剂提取法。我国果胶厂家少，规模小，产量低，不能满足我国国内食品行业的需求，每年从国外进口果胶占全年用量的80%以上。若是能解决螯合剂对产品的污染问题，就能实现果胶工业化生产，为果胶产业的发展开拓一条新的途径。

（四）甘薯薯渣低聚糖的制备

低聚糖是由 2～10 个单糖通过糖苷键连接形成直链或支链的低度聚合糖。它具有预防龋齿、降低胆固醇、促进双歧杆菌增殖、抑制肠道内有害菌群繁殖、促进钙、镁、锌、铁等矿物元素吸收等生理功能。目前利用甘薯薯渣转化为低聚糖的研究报道较少，而低聚糖具有广阔发展前景，因此需要进一步研究将甘薯薯渣开发成低聚糖产品。通过酶法转化废弃薯渣生产低聚异麦芽糖，取得了一定的成果，但是由于生产低聚异麦芽糖的关键酶 α-葡萄糖苷酶依赖于日本进口，价格昂贵，无法实现低成本高效益的工业化大规模生产。目前利用微生物发酵法来生产低聚糖的研究不断增多，Sangeetha 利用米曲霉液态发酵蔗糖生产低聚果糖，米曲霉所产生的果糖基转移酶活性可维持六个周期，且其低聚果糖的产量最高可达53%。Mussatto 利用曲霉固态发酵农产品加工业的残留物生产低聚果糖。

由此可得，甘薯薯渣制备低聚糖不仅可以通过酶法，还可尝试利用微生物发酵法，由于甘薯薯渣成分复杂，所得的低聚糖可能为一种混合低聚糖，因此低聚糖产量的检测也是此技术最需攻克的难题，只有解决好这个问题，才能真正有效地提高甘薯薯渣利用价值，为低聚糖的开发提供广阔的空间。

（五）甘薯薯渣资源的饲料利用

甘薯薯渣除含有少量淀粉外，大部分是纤维素和半纤维素，蛋白质含量很低，动物直接食用消化性很差。为了让动物更好地消化吸收甘薯薯渣，目前多集中在以甘薯薯渣为原料，生产菌体蛋白。

王淑军利用扣囊拟内孢霉、产朊假丝酵母和绿色木霉混合发酵甘薯薯渣来生产菌体蛋白，发酵产品的粗蛋白质含量由发酵前8%提高到26.9%，纤维素降解了36.16%，产品富含酵母活细胞和消化酶。替代 20%基础日粮饲喂猪试验表明，产品适口性好，能降低料肉比，促进生长。Aziz 先对甘薯薯渣进行酸处理和 γ 射线处理，再通过混菌发酵处理后的甘薯薯渣生产菌体蛋白，这样有效地增加了菌体蛋白的产量，占65.8%。夏军等以废弃薯渣为底物，常规发酵菌株中添加产赖氨酸菌株进行固态发酵，制备富含赖氨酸的菌体蛋白饲料的研究表明，通过正交优化等试验，薯渣发酵后粗蛋白质含量可达到 16.80%，赖氨酸含量为1.32%。张海波等研究甘薯薯渣替代白酒糟对育肥牛肌内脂肪（IMF）沉积相关基因表达的影响，结果表明，甘薯薯渣替代饲粮中白酒糟的比例应控制在饲粮组成的10%以内；当提高甘薯薯渣替代白酒糟的比例，通过下调育肥牛背最长肌脂肪酸合成相关基因（*SREBP*-1、*FAS*、*ACC* 和 *PPARγ*）表达及上调脂肪分解相关基因（*HSL* 和 *CPT*-1）表达，从而减少背最长肌 IMF 沉积。周剑辉等为研究益生菌发酵红薯渣对肉牛生长性能、养分表观消化率的影响，结果表明，益生菌发酵红薯渣替代原饲料中15%的玉米，可以提高肉牛的生长性能和养分表观消化率。

由上所知，目前利用甘薯薯渣生产菌体蛋白的方法主要是微生物发酵法，其中最主要的问题为菌种的选择，既能较好的利用甘薯薯渣中的碳源，又能高产蛋白质，因此高蛋白质饲料菌种配伍的成功是此技术的关键。同时，通过酸处理和 γ 射线处理甘薯薯渣后再发酵，可得到更多的菌体蛋白。

（六）甘薯薯渣生物能源转化与利用

目前，随着我国自然资源的匮乏和人们对新能源的关注，氢气无疑被认为是一种未来干净可利用的能源。甘薯薯渣中含有大量的碳水化合物，这为氢气的制备提供良好的基质，但有关这方面的研究报道很少。

通过混菌发酵甘薯淀粉渣制备氢气，先将醋酸梭菌和产气肠杆菌混合反复分批培养，其间加入 EDTA 和 $Na_2MoO_4 \cdot 2H_2O$，再用类球红细菌对其上清液发酵培养，可得出很高的氢气产量，即 $7.0mol\ H_2/mol\ glu$。同时利用微生物发酵淀粉废弃物产氢，也得出了较高的氢气产量，即 $7.2mol\ H_2/mol\ glu$，但是产氢菌种对甘薯薯渣中的碳源利用不够，还要添加一些氮源，一定程度上增加了制氢成本。由此可知，目前从甘薯薯渣中制氢的方法只有微生物发酵法，虽说技术上可行，可是产氢菌株的生长还需要添加其他氮源，增加了生产的成本。

最初我国燃料乙醇以消化陈化粮为主，但随着燃料乙醇产业的发展，陷入与人争粮的境地，因此国家大力支持以木薯、红薯、秸秆等非粮作物生产燃料乙醇，有关利用甘薯薯渣生产乙醇的研究也不少。

利用酿酒酵母发酵甘薯薯渣生产生物乙醇，在发酵时间 36h、发酵温度 35℃、$ZnCl_2 0.4g/L$ 的条件下，生物乙醇的产量可达 5.52g/L。而且 NH_4NO_3 等氮源的加入对其产量并没有影响，还可以得到一些乙醇衍生物和医学上活跃的化合物。曾舟华以干甘薯薯渣为原料，对其进行粉碎、加水、微波预处理、纤维素酶转化后，再混菌发酵生产乙醇。在纤维素酶用量 35IU/g，热带假丝酵母与酿酒酵母的接种比 1:1，酵母菌接种量 0.75% 的条件下，乙醇产率可达 24.5%，与传统工艺相比，产率提高了 20%。将酶解技术应用于甘薯薯渣乙醇生产，采用纤维素酶和果胶酶酶解甘薯薯渣并进行发酵后，可得到 79g/L 的乙醇。田亚红等利用酿酒酵母采用同步糖化发酵法制备甘薯薯渣生物乙醇，通过优化发酵条件，葡萄糖的利用率可达 73.76%，生物乙醇得率为 34.78%。

综上所述，利用甘薯薯渣生产燃料乙醇的方法主要是发酵法，还有对原料进行微波预处理后发酵，可得更多的燃料乙醇。

（七）甘薯薯渣在食品领域的应用

甘薯薯渣资源在食品上的应用主要在提取利用、干燥制粉利用及发酵利用等几个方面。甘薯薯渣因其口感粗糙、不易消化吸收等原因直接应用于食品的研究较少，一般是通过改善口感的技术手段处理后再进行开发利用。蒸汽爆破是将不可溶性膳食纤维转化为可溶性膳食纤维的有效方法。将经过蒸汽爆破的甘薯薯渣粉加入小麦粉中，发现添加量为8%时，制备得到的面包和面条感官品质最佳。超微粉碎方式也可改善甘薯薯渣的加工性能。将经过微细化处理的甘薯薯渣添加至小麦粉中，发现添加微细化薯渣粉会破坏面筋蛋白均匀致密的网络结构，可能是导致面团流变性质改变的原因，但添加质量分数在8%以内的对小麦面团特性的影响较小。以提取淀粉后的甘薯薯渣和浆液为原料，用纤维素酶和果胶酶进行处理后，加入脱脂奶粉并接入保加利亚乳杆菌、嗜热链球菌和双歧杆菌等活性益生菌，经发酵得到的发酵型甘薯薯渣果冻，外观晶莹，酸甜可口，富含膳食纤维和多种活性益生菌。岳瑞雪等以脱脂乳粉和甘薯膳食纤维为原料，对富含甘薯膳食纤维的酸奶发酵工艺进行了研究，获得感官值88.92分的甘薯膳食纤维酸奶。张苗等用添加了甘薯膳食纤维的小麦粉制作馒头，发现馒头的质构特性均有所提高，且贮藏过程中淀粉的老化得以延缓，馒头风味得到改善。

当前我国对甘薯薯渣资源的利用集中在饲料开发、膳食纤维提取等方面。随着绿色生态农业的不断推进，加工技术研究的深入及相关装备的日渐成熟，甘薯薯渣的资源化利用水平逐渐提升，并被企业所关注。总体而言，甘薯薯渣的利用呈现加工成本高、转化效率低、难以实现工业化等问题。为更好地发挥甘薯加工产业效益，减少企业因甘薯薯渣资源水分含量高、果胶含量高、不易脱水等产生的环保问题，突破甘薯薯渣资源的贮藏技术、高效干制技术、低成本利用是未来研究的重点方向。

第三节　木薯加工副产物的综合利用

木薯，耐旱抗贫瘠，原产巴西，现全世界热带地区广泛栽培。主要集中种植于非洲、美洲和亚洲这三大地区，是三大薯类作物之一，热带、亚热带地区第三大粮食作物，全球第六大粮食作物，仅仅位于小麦、水稻、玉米、马铃薯和大麦之后，被称为"淀粉之王"，是世界近六亿人的口粮。另外，木薯具有粗生易长、容易栽培、高产和四季可收获等优良特性。如图8-8所示，世界上木薯产量最大的国家主要有尼日利亚、泰国、印尼及巴西等，其中泰国的木薯产业对中国影响最大；泰国木薯加工业较发达，木薯产品出口量世界第一。

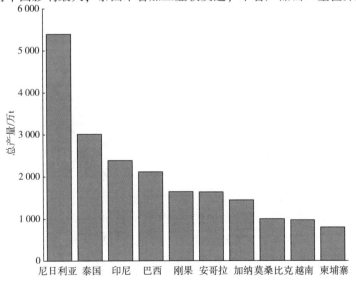

图8-8　全球木薯主产国产量分布图

（数据来自FAO）

一、木薯概述

木薯（*Manihot esculenta Crantz*）又称木番薯或树薯，有"地下粮食""能源作物"的称号。木薯在贫瘠的土地上生长良好，木薯能够在贫瘠条件下正常生长是因为它具有与其他作物不同的生理特性。值得注意的几点是：有比较高的光合能力；气孔控制能力强从而减少水分散失；干旱时，脱落和生长中间裂叶片；在水资源充足的时候能够很快地恢复生长；能够缓慢地吸取深层土壤的水分。这些特点使木薯可以在干旱和半干旱地区正常生长，因此木薯成了最便宜和最可持续的农业原料之一，木薯主要生长在亚热带和热带气候中，超过70%的木薯生长在非洲、泰国及巴西等地区和国家。中国于19世纪20年代引种栽培，主要分布于广西壮族自治区、广东省以及海南省等地，其中以广东省和广西壮族自治区的栽培面积最大。随着木薯产业的发展，木薯用途逐渐多样化，作为饲料、淀粉、燃料乙醇等工业原料。木薯有食用木薯和工业型木薯。

中国木薯原料短缺，由于酒精工业和燃料乙醇的发展，每年需要从东盟国家（特别是泰国、越南）进口大量的木薯干片和木薯淀粉，是木薯原料的最大进口国。在当前世界面临粮食安全、能源危机的情况下，木薯作为一种粮、能兼具的作物，已引起世界各相关国家的重视，发展潜力巨大；但是经济全球化所致的廉价木薯产品大量涌入对中国木薯种植业也带来很大的冲击，可以说中国的木薯产业发展机遇与挑战并存。

二、木薯薯渣的综合利用

木薯薯渣通常意义上是指木薯经过木薯淀粉厂生产淀粉后所产生的残渣，在加工生产淀粉的过程中，每生产1t淀粉即可产生3t的木薯薯渣。按照我国每年生产50万t木薯淀粉估算，我国每年产生的木薯薯渣会达到150万t左右。新鲜木薯薯渣含水量较高，但水分会随着存放时间延长而流失。木薯薯渣中含有淀粉、半纤维素、纤维素、蛋白质、脂肪及微量元素等成分，木质素含量低（表8-6）。

表8-6 脱水后木薯薯渣的主要营养成分　　　　　　　单位：%

组分	淀粉	粗纤维	灰分	蛋白质	粗脂肪	无氮浸出物
含量	31.53~44.29	14.82~18.70	2.61~5.24	1.83~2.92	0.35~0.92	47.72~67.59

由于木薯薯渣含水量比较高，烘干填埋或长途运输成本较高，因此淀粉加工企业通常将木薯薯渣露天存放自然风干。但木薯薯渣存放过程中极易腐败，不仅造成环境污染问题，如产生的毒废气和腐败物质会造成大气污染和地表土壤结构破坏，雨天时腐败物质会随雨水流入水体，对附近水体生态造成影响，从而进一步影响人类和动物的健康，也会造成对资源和经济的极大浪费。因此，对木薯薯渣进行资源化利用，不仅对固体废弃物处理、公害消除和环境保护提供帮助，也对人类社会发展所面临的粮食、能源和环境危机等问题具有深远的意义。

木薯薯渣含有大量的碳水化合物，主要成分为木质纤维素、可溶性糖以及少量的蛋白质。木薯薯渣可用于饲料、生物燃料、生物及化工材料等其他用途。

（一）木薯薯渣在饲料领域的应用

天然木薯薯渣含有大量的碳水化合物、丰富的矿物质元素和氨基酸，但粗纤维和水分含量过高，而蛋白质含量较低，作为饲料难以满足动物的营养需要。根据规模化生产来源，木薯薯渣主要分为木薯淀粉渣（cassava starch residues，CSR）和木薯乙醇渣（cassava brewing residues，CBR）两大类。由于生产工艺不同（木薯在生产乙醇的各阶段往往会加入大量酵母和各种酶，以使木薯细胞壁被彻底破坏），这两类木薯薯渣的营养成分差异较大。与CSR相比，CBR的粗蛋白质、粗灰分、中性洗涤纤维、酸性洗涤纤维、铜、铁、锰、锌等以及大部分氨基酸含量较高，而无氮浸出物含量较低。大量研究结果表明，微生物发酵后，伴随着木薯薯渣中粗纤维含量降低，各种营养物质的消化率也相应得到改善。

微生物利用木薯薯渣中有机物生长繁殖，产生大量纤维素酶、蛋白酶等消化酶，将木薯薯渣中固态不溶性物质（纤维素、半纤维素等）转为液态可溶性糖类，使得单糖、双糖、多肽和氨基酸等易消化的小分子物质释放出来，同时也生成一部分有机酸、醇、醛、酯等其他物质，这既增加了原料的酸香性、改善了适口性，也进一步提高了木薯薯渣的营养品质及其利用率。木薯及其副产物含有氰化物、植酸、单宁、硝酸盐和皂苷等多种抗营养因子，严重影响养分的吸收利用，能显著抑制畜禽的生长发育，过量摄入还会引起器官机能损坏甚至死亡。在这些抗营养因子中，氰化物是限制木薯及其副产物作为饲料资源开发应用的最主要因素。木薯薯渣中含有亚麻仁苦苷和百脉根苷（或称乙基亚麻苦苷）两种氰苷，它们在亚麻苦苷酶作用下或弱酸条件下会生成氢氰酸（HCN），其中的 CN^- 能够抑制细胞内多种酶的活性，尤其是细胞色素氧化酶对氰化物最为敏感。CN^- 与过氧化型细胞色素氧化酶的 Fe^{3+} 结合，阻止其还原为 Fe^{2+}，抑制线粒体呼吸链传递，妨碍细胞正常呼吸，导致组织细胞不能利用血液中的氧而引发窒息。采用微生物发酵木薯薯渣不仅能提高营养物质含量，更重要的是还能有效降低抗营养因子的毒性。利用黄曲霉、德氏乳杆菌和棒状乳杆菌混合发酵木薯薯渣，结果植酸盐含量从9.89mg/kg降低到2.75mg/kg；利用烟曲霉、德氏乳杆菌和棒状乳杆菌混合发酵，草酸盐含量从270.10mg/kg降低到56.32mg/kg；利用黑曲霉、德氏乳杆菌和棒状乳杆菌混合发酵，单宁含量从0.09%降低到0.04%；利用酿酒酵母、德氏乳杆菌和棒状乳杆菌混合发酵，氰化物含量从17.88mg/kg降低到9.40mg/kg。

1. 发酵木薯薯渣在猪饲料中的应用

在猪饲粮中添加适量的发酵木薯薯渣，在不影响生产性能的情况下可提高经济效益，还具有改善机体健康状况的作用，发酵木薯薯渣在生猪养殖业具有广阔的市场发展前景。把发酵后的木薯薯渣配合成全价料饲喂三个不同阶段的猪，猪只均正常采食，未出现厌食情况，虽对日增重和饲料转化率无明显影响，但仔猪后期、育肥前期和育肥后期的日粮成本分别降低62.7元/t、170.1元/t和89.3元/t，经济效益显著。天然木薯薯渣在生猪日粮中的使用比例较小，经微生物发酵后，可明显提高其在生长育肥猪配合日粮中的添加量。但基于生长性能和经济效益的双重考虑，发酵木薯薯渣在育肥猪日粮中的添加量不宜超过10%；对于耐粗食的猪种如特种野猪，发酵木薯薯渣的添加比例可增加至20%，且日增重和经济效益最佳，该养殖模式值得推广到生产实践中。研究木薯薯渣作为隆林黑猪饲养过程中的饲料来源的可行性，用6%发酵木薯薯渣等量替代日粮中的玉米，对猪的生长性能、血糖水平、血脂水平、胴体性状和肉品质等均无不良影响。用4%的发酵木薯薯渣等量替代麸皮饲喂哺乳母猪，哺乳母猪便秘现象得到一定程度的改善；木薯薯渣发酵后的酸香气味和口感可显著提高母猪采食量，哺乳期泌乳量也相应提高；同时，母猪肠道菌群组成被进一步优化，有助于缓解氧化应激，改善初乳和常乳的组成，进而使断奶仔猪的日增重和窝增重分别提高 7.1% 和 9.6%。

2. 发酵木薯薯渣在反刍动物饲料中的应用

关于发酵木薯薯渣在反刍动物生产中的应用研究得相对较多，发酵木薯薯渣能够促进反刍动物的瘤胃代谢，提高饲料的利用率，改善生产性能，降低饲料成本。

在广西本地黑山羊日粮中添加不同比例的发酵木薯薯渣，能提高黑山羊的生长性能，添加 20% 时饲喂效果最好，主要表现为黑山羊的营养物质表观消化率显著提高，而且瘤胃代谢过程也有所加强。用发酵木薯薯渣替代 20% 玉米饲喂湖羊时育肥效果最佳。樊懿萱等也得到了与上述基本一致的研究结果，20% 发酵木薯薯渣替代玉米对湖羊的屠宰性能和血液生化指标无影响，还可提高湖羊采食量和日增重，从而获得最大的经济效益；值得一提的是，40% 的发酵木薯薯渣可显著降低羊肉中饱和脂肪酸含量，对湖羊肉质有一定的改善作用；但随着添加比例的进一步增高，湖羊的采食量下降，当替代比例达到 60% 时能造成湖羊严重腹泻。周璐丽等将新鲜木薯薯渣、干木薯茎叶和新鲜王草混合发酵后饲喂海南黑山羊，结果黑山羊的平均日增重和干物质采食量提高，同时粗脂肪、粗蛋白质、中性洗涤纤维和酸性洗涤纤维的表观消化率显著提高，可见将发酵木薯薯渣作为羊的饲料来源是切实可行的。

发酵木薯薯渣作为水牛粗饲料，研究结果表明，用发酵木薯薯渣替代 25% 的象草或 25%~50% 的玉米秸秆，对体外发酵特性以及甲烷产量无明显影响。研究发酵木薯淀粉渣对泰国本地肉牛与安格斯杂交牛养殖效果的影响，发现营养物质消化率虽有降低趋势，但牛的生长性能和胴体性状未受到不良影响。每天在每头泰国本地肉牛的日粮中添加 300g 发酵木薯薯渣，能显著促进瘤胃发酵能力，改善瘤胃菌群组成，提高营养物质消化率，同时减少甲烷生成。为进一步研究发酵木薯薯渣对奶牛的影响，在奶犊牛的精料中添加 20% 发酵木薯乙醇渣，根据牛体重的 1% 饲喂精料，发现不论是饲料转化率还是瘤胃发酵能力以及瘤胃微生物组成均未受到影响。由此可见，立足于环境保护和废物资源利用，发酵木薯乙醇渣是一种绿色、安全的牛饲料原料。发酵木薯淀粉渣因其含水量高而粗蛋白质含量低，会使牛的营养摄入量减少、生产性能降低，在牛饲粮中不宜大量使用。

3. 发酵木薯薯渣在家禽饲料中的应用

在家禽饲粮中添加发酵木薯薯渣表现出了调控激素水平、改善营养状况的作用，而且还能有效降低养殖成本、改善养殖环境。在文昌鸡日粮中添加 15% 发酵木薯薯渣粉具有较好的增重效果和经济效益。用发酵木薯薯渣替代部分全价饲料，对樱桃谷鸭生产性能无显著影响，但随着木薯薯渣替代量的增加，生产环境中 H_2S 和 NH_3 等的减排效果和经济效益增加明显，盈利可增加 1.18~2.18 元/羽。用 5% 发酵木薯乙醇渣替代部分玉米、豆粕、麦麸等常规饲料原料，对樱桃谷鸭的屠宰率有一定程度的改善作用，并且不影响生长性能和肉品质；但随着日粮中发酵木薯薯渣替代比例的增加，营养物质消化率会有所降低，因此建议发酵木薯薯渣在肉鸭日粮中的替代比例不宜超过 15%。比较木薯薯渣发酵前后对生长鹅代谢激素的影响，研究结果表明，与天然木薯薯渣相比，添加 20% 发酵木薯薯渣能通过改善机体营养状况来提高鹅的激素水平，使其达到和常规日粮饲喂鹅后一致的血液激素水平。

发酵木薯薯渣作为一种新型的绿色生物饲料，富含蛋白质、消化酶、氨基酸、有机酸、维生素、微量元素等多种有益于动物生长的营养成分，同时粗纤维和氰化物的含量减少，有利于改善动物机体的消化吸收功能和生长性能，具有十分广阔的发展前景。此外，从木薯薯渣的无害化及资源化出发，将发酵后的木薯薯渣应用于畜禽生产中，不仅可以降低农业废弃物引起的环境污染，还可以通过资源化利用产生经济效益，符合国家节能减排和循环经济等相关产业政策的要求，也是解决人畜争粮的有效途径，具有较大的经济效益和社会效益。

（二）木薯薯渣在能源领域的应用

将木薯薯渣这种加工废弃物通过厌氧发酵技术转化成生物燃料进行新能源开发，可以将环境污染治理和废弃物资源化利用有机结合。目前，已经有关于通过充分利用木薯薯渣进行各种生物燃料生产的研究，如乙醇、丁醇、甲烷和氢气等。

1. 木薯薯渣在生物乙醇中的应用

由于木薯薯渣中含有木质纤维素成分，因此木薯薯渣被认为是生产乙醇的理想原料，具有生产乙醇的巨大潜力。相关研究已经在通过水解和碳水化合物发酵等方式从木薯工业废料中获取较高产量乙醇方面进行了尝试。以木薯薯渣为底物利用酵母菌发酵，可以得到 $0.30 \sim 0.51g$ 乙醇/g 底物的乙醇产量。通过对木薯薯渣进行水热预处理后可获得更高产量的葡萄糖，用于乙醇生产。利用热带假丝酵母菌和运动发酵单胞菌的混合菌液进行木薯薯渣水解发酵，获得了较高的乙醇产量，其中热带假丝酵母菌起到了分泌淀粉酶进行底物水解从而进行完全发酵的作用。采用一种来自黑曲霉 BCC17849 的多活性酶替代木薯薯渣糖化过程，省去了预糊化步骤。与传统酶法相比，这种非热酶法的糖化效率和用于乙醇发酵的可发酵糖产量更高。此外，为了优化木薯薯渣发酵产乙醇性能，对其他预处理方法也开展了研究。通过湿法氧化使木薯薯渣固体组分中纤维素含量由 $361g/kg$ 提高到了 $600g/kg$，使后续纤维素酶解产乙醇效果得到了增强。选用超声波测试了其对利用 α-淀粉酶和淀粉糖苷酶促进木薯废料酶解获得可发酵糖的提升能力。通过超声波处理后获得的最佳总还原糖产量为 $116.1g/L$，高于未经超声预处理的 $83.1g/L$。以木薯薯渣为原料，采用热纤维梭菌和嗜热厌氧杆菌在两相发酵条件下共培养生产乙醇和氢气，为进一步提高产量提出了整合生物处理工艺。在适宜的条件下，乙醇浓度达到（8.83 ± 0.31）g/L，发酵效率为65%，共培养体系产氢量分别是单培养体系产氢量的1.5倍和2.1倍，直接利用木薯薯渣水解液进行发酵产乙醇，乙醇产量为 $24.9g/L$，乙醇得率为42%，达到理论得率的82%，乙醇产率为 $1.04g/$（$L \cdot h$），葡萄糖利用率达到97%。

2. 木薯薯渣在甲烷中的应用

在过去的几十年里，厌氧消化已经被很好地开发和商业化，用于稳定地处理各种有机废弃物。以木薯薯渣为原料生产甲烷已得到了广泛的应用，并证明了该方法的有效性和经济性。采用产酸相全混合厌氧反应器（CSTR）和产甲烷相混合反应器消化木薯淀粉加工厂残渣，连续运行300d，COD 的去除率达到96%，生物气中甲烷含量达到80%。以木薯薯渣和猪粪混合物为底物，选用 CSTR 反应器进行半连续发酵产甲烷，COD 去除率达到57%，甲烷产量达到306mL CH_4/g-VS。同样以木薯薯渣和猪粪混合物为底物，选用 SBR-CSTR 工艺进行发酵产甲烷，COD 去除率达到69.2%，甲烷产量达到352mL CH_4/g-VS。以经过微波-热处理、蒸汽-热处理和酶水解的木薯薯渣为底物，选用间歇发酵方式进行发酵产氢产甲烷，氢气和甲烷产量分别达到 $102.1 \sim 106.2mL$ H_2/g-VS 和 $75.4 \sim 93.2mL$ CH_4/g-VS。通过研究不同物料和微生物比例对木薯薯渣厌氧产酸发酵的影响，实现产甲烷阶段性能的最优化。

3. 木薯薯渣在生物制氢中的应用

生物制氢包括生物光解、光发酵、暗发酵及光-暗发酵耦合四种方式，其中生物光解、光发酵和暗发酵方式如图8-9所示。富含碳水化合物的废弃物是发酵制氢的理想底物的理念已被广泛认识。因此，将木薯加工废弃物作为生物制氢的潜在底物也开始受到人们的关注。目前研究中用作生物制氢的木薯加工废弃物主要为木薯淀粉生产废水。利用温泉样品中的天然微生物进行木薯淀粉废水产氢以提高产氢率，最大氢气产量达到287mL H_2/g-淀粉。利用纯产氢菌（如丙酮丁醇梭菌）进行木薯淀粉废水产氢，产氢量达到2.4mol H_2/mol-葡萄糖。可以看出，目前利用木薯加工淀粉废弃物进行生物制氢主要集中在利用废弃物中的淀粉成分，而针对木薯加工淀粉后的残渣中木质纤维素成分进行发酵产氢的研究较少。因此，若能有效将木薯加工淀粉残渣中的木质纤维素成分高效转化成氢气，可以提高木薯加工废弃物的利用效率，拓展以氢气为代表的新能源开发的途径。

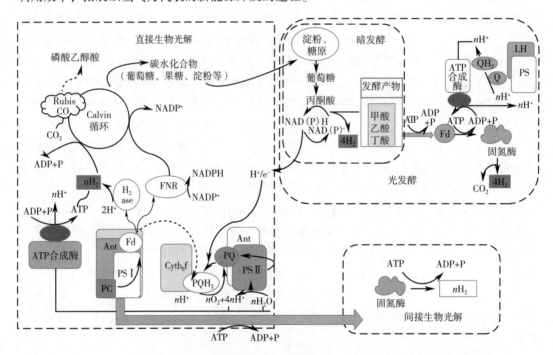

图8-9 生物制氢概况图

Calvin循环—卡尔文值环；RubisCO—核酮糖-1,5-二磷酸羧化酶/加氧酶；NADPH—还原型辅酶Ⅱ；H_2ase—氢化酶；

ATP—三磷酸腺苷；ADP—二磷酸腺苷；FNR—转录调控因子；PC—藻蓝蛋白；PQ—质体醌；Ant—抗生素类污染物；

$Cytb_6f$—细胞色素复合体；PS—色素光系统；LH—捕光复合体；Fd—铁氧还蛋白

（三）木薯薯渣在污染治理中的应用

1. 用于制备吸附剂生物炭

生物炭是一种有效的有机物吸附剂，在土壤修复、固碳、重金属吸附等方面显示出潜在的作用。

研究木薯薯渣在不同温度（350℃、450℃、550℃、650℃、750℃）下热解产生的生物炭对抗生素诺氟沙星的吸附特性，表明该生物炭吸附效果主要取决于吸附剂微孔表面积，相比于传统的水处理方法，木薯薯渣生物炭吸附能有效处理抗生素废水。利用木薯薯渣制备生物炭，结果表明，木薯薯渣在较高温度（350℃、550℃、750℃）下热解产生的生物炭具有较大的特定面积和微孔容积，三种生物炭对环丙沙星有很强的吸附能力，可作为有效材料控制环境中的抗生素污染物。

内分泌干扰物（EDCs）对环境水体有严重的威胁，它们能够结合自然激素的激素受体、运输和代谢过程干扰生物活动，而现有的活性炭吸附剂具有一定的局限性，阻碍其吸附水环境中EDCs。采用微囊化技术，以高岭石（400目）和粉煤灰（100目）的混合物为囊壳，活性炭粉末（92%）和木薯碎片（8%）为芯材，制备了小尺寸的芯壳结构活性炭（CSAC）材料，壳薄、机械强度高；CSAC对双酚A的朗格缪尔吸附最大吸附量可达28.5mg/g，为水体中EDCs的修复提供了可能。

2. 在生物处理系统中以木薯薯渣作为外加碳源

目前，生物絮凝系统（BFT）被认为是一种解决水产养殖产业发展所面临的环境和饲料成本制约的有效替代技术，该系统可依靠微生物作用维持水质，水更新率较低，且维护较简单。BFT的常用碳源主要为蔗糖、淀粉和玉米，然而这些碳源的高成本限制了BFT在实践中的使用。对木薯薯渣进行酶解，研究将其作为蔗糖替代品应用于水产养殖的可行性。在C/N比为20∶1的反应条件下，酶解木薯薯渣相较于蔗糖为碳源的系统更有利于水质控制，虾的存活率较高。酶解木薯薯渣更易被异养细菌吸收，且为微生物繁殖提供了更多附着部位，可作为养殖系统理想的廉价碳源。以木薯薯渣替代养虾饲料的成分，结果表明，木薯薯渣的加入降低了养殖系统中氮的排放，维持了水质。在对重油进行生物脱硫处理中利用木薯废水优化培养基，以降低处理成本。经过12h处理，最大脱硫率可达75%，缩短了处理时间，微生物对木薯废水有良好的适应性。

（四）木薯薯渣在其他领域的应用

1. 木薯薯渣制备生物肥料与农用助剂

木薯薯渣含有生长素与赤霉素等植物生长调节剂，可促进植物种子的发芽及根茎叶等器官的发育。大量研究表明，木薯薯渣可作辣椒、甘蓝、黄瓜和番茄等经济作物的主要栽培基质，如今在生产上已大规模运用。由于木薯薯渣存在体积质量和总孔隙度较低、pH较高等缺陷，因此其需与其他基质混合，以改善自身的理化性状，进而栽培出最优质的农作物。木薯薯渣还可栽培木耳、真姬菇和鸡腿菇等食用菌，食用菌是我国第五大农作物。这不仅可变废为宝，还能够提高各种菌丝品质，且栽培食用菌后的剩余菌渣又可回归至木薯种植地，实现木薯资源的循环利用，或用来加工生物饲料、二次栽培农作物，或作为燃料及作为土壤调理剂等，为薯农带来额外的附加经济效益，从而促进木薯及食用菌等农作物产业的经济发展。使用不同比例（1∶1、1∶2、2∶1和2∶2）的木薯皮和家禽粪便混合物可加速堆肥。利用木薯废水作为土壤肥料种植向日葵，不仅可为向日葵提供充足的营养，且施用木薯废水不会对土壤、植株形态产生不良影响。通过固态发酵木薯薯渣获得植酸酶。以木薯薯渣淀粉和蓝莓渣制备pH指示膜，以达到减少污染和循环利用资源的效果。

2. 用于提取益生元

低聚木糖具有益生元的功效，可通过改变味道和物理化学特性来改善食物的质量，并刺激肠道中双歧杆菌的活性。与果糖相比，低聚木糖在改善肠道健康方面更有效。此外，低聚木糖可以降低胆固醇，增加Ca^{2+}的吸收量。利用木薯薯渣为原料生产低聚木糖，以小鼠为受试对象检测木薯薯渣低聚木糖的益生元活性。结果表明，以木薯薯渣为原料，添加0.5g/kg体重和

1.0g/kg 体重的低聚木糖，均可增加小鼠结肠双歧杆菌和乳酸杆菌数量，大肠杆菌数量减少。

3. 木薯薯渣作为化工生产的原料

木薯薯渣含有约38%淀粉，具有与阳离子淀粉相同的功能。以木薯薯渣为原料合成了阳离子木薯薯渣，研究结果表明，阳离子木薯薯渣用量为 0.5%~1.5%时，可获得很好的废纸脱墨浆助留助滤效果，可显著提高纸张的物理强度。利用界面修饰剂酯化淀粉处理木薯薯渣纤维，并结合内聚阻燃剂（IFR），制备聚丁二酸丁二醇酯（PBS）-木薯薯渣纤维复合阻燃材料，实验数据表明，装载适量的木薯纤维有利于复合材料的机械性能，复合材料极限氧指数可达 37.3%，阻燃性能可达 UL94 V0 级。内化木薯薯渣的燃烧残留物对 IFR 和 PBS 的燃烧产物形成的三维烧焦层具有支撑作用，从而有效地提高了复合材料的阻燃性和热稳定性，同时有效降低了聚合物的成本。采用高压均质化技术从淀粉酶处理的木薯薯渣中提取纳米纤维素，将其作为可再生材料用于复合材料研究。以木薯薯渣为原料生产环糊精，不仅可以降低环糊精的生产成本，且能为木薯淀粉工业产生额外的收入。此外，还有利用木薯薯渣制备草酸、木薯薯渣牛皮纸复合材料、发泡缓冲包装材料等。

第四节　薯类生物活性物质综合利用

薯类作为一种重要的粮食作物，富含淀粉、多糖、蛋白质、矿物质、维生素等多种物质，一直以来广受人们的青睐和重视。薯类的生物活性物质具有抗氧化、抗癌、免疫调节以及改善肠道菌群等功效，有利于提高我国居民健康水平。然而，我国对于薯类皮和茎叶的利用率不高，造成大量的生物活性物质浪费，限制了薯类产业的发展。因此，需要进一步了解国内外关于薯类多糖、多酚、花色苷、花青素、类胡萝卜素、香豆素等功能性成分及其保健功能的研究，深入探讨生物活性物质的开发利用途径，从而提高薯类的综合利用价值，进一步为功能食品开发和农产品加工利用提供理论依据。

一、薯类多糖

多糖是指由多个单糖聚合而成、性质完全不同于单糖的一类高分子化合物，它是多聚糖的一种简称。多糖来自高等植物、动物细胞膜和微生物细胞壁，是一类天然的大分子物质，它不具有甜味和强还原性，是所有生命有机体的重要组成部分，并与维持生命所需的多种生理功能有密切关系。就多糖的研究状况而言，多糖类物质的研究虽然取得了巨大的进展，但与蛋白质和核酸相比，还远比不上它们的发展。

多糖的活性还直接或间接地受其分子结构的影响，当通过适当的方法在其结构上添加某些基团或是降解某些结构，多糖的活性会随之发生变化，生物活性也会有一定的提高，甚至还会产生一些新的功能。类似这种对多糖的结构的改变一般称为多糖分子结构的修饰。运用这种分子修饰的手段将会开发出更多的新型药物及保健品，从而可以进一步开发利用多糖资源。

目前甘薯多糖常采用水提法、酶解法等方式进行提取，如图 8-10 所示，在薯类多糖提取过程中需要去除淀粉和可溶性色素，通常采用喷雾干燥的方式获得具有活性成分的薯类多糖。

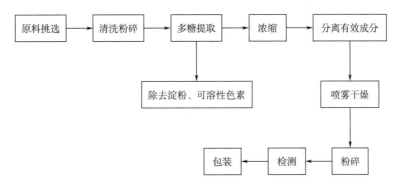

图 8-10　薯类多糖提取工艺流程

薯类中的多糖由于其结构的复杂，要准确测定其所有的结构或者分子式很困难。对其结构的研究，往往是通过分离纯化后，使用各种化学和仪器方法对它的部分组分多糖的分子质量或是单糖组成进行研究，不同来源的多糖其单糖组成也往往不同。活性多糖是常见的一种功能成分，其种类较多，各组分单糖的构成及含量有所差异。通过水提醇沉法可以从甘薯中分离出 3 种薯类活性多糖 PSPP1-1、PSPP2-1 和 PSPP3-1，其中 PSPP2-1 仅由鼠李糖和半乳糖构成，PSPP1-1 和 PSPP3-1 由鼠李糖、木糖、葡萄糖和半乳糖组成；这 3 种多糖菌属于 β 型多糖，分子质量分别为 33.8ku、17.8ku 和 75.3ku。当薯类活性多糖经完全酸水解后，用纸层析的方法来分析其单糖的组成，表明这种多糖由葡萄糖、半乳糖和木糖组成。研究表明，薯类活性多糖具有抗氧化、抗辐射等作用。

目前薯类活性多糖的抗氧化功能特性主要体现在其清除自由基的能力。田春宇等人使用已经分离纯化的甘薯多糖试验了清除羟基自由基（·OH）的能力和它对邻苯三酚自氧化的抑制作用，同时研究了甘薯多糖对荷瘤小鼠中 SOD 活性影响和对丙二醛（MDA）含量的影响。研究结果表明，在体外，甘薯多糖对·OH 和超氧阴离子（O^{2-}·）都有较好的清除作用，且清除作用与甘薯多糖的浓度成正相关性。在活体内，甘薯多糖的抗氧化性与抗肿瘤作用也有密切关系。甘薯多糖会明显提高荷瘤小鼠血清中 SOD 活性，并降低体内 MDA 含量。高秋萍等人研究了紫心甘薯多糖（PPSP）在体内外的抗氧化作用。结果表明，随着紫心甘薯多糖浓度的增加，对·OH 和 DPPH·的清除率和还原力均有所增加。当 PPSP 浓度为 $250\mu g/mL$ 时，对·OH 和 DPPH·的清除率分别为 92.2% 和 60.2%，其中对·OH 清除率明显高于维生素 C 的，对 DPPH·清除率接近维生素 C 清除水平，还表现出较强的还原力。

薯类活性多糖的抗辐射作用通常利用射线辐射损伤保护模型进行研究。江雪等人研究了紫甘薯多糖在体内对 ^{137}Csγ 射线辐射的损伤小鼠的保护作用。在 4Gy ^{137}Csγ 射线的辐射情况下，与辐射模型组比较，紫甘薯多糖对小鼠外周血白细胞总数、胸腺系数、脾脏系数、胸骨骨髓细胞的微核率、脾结节数都有显著的提高作用。

二、薯类多酚

多酚是一类广泛存在于植物体内的多元酚化合物，早期人们对多酚的关注更着重于它的抗营养性，认为多酚会影响碳水化合物和蛋白质等营养物质的吸收，因此，专家们对去除食品中酚类物质的方法进行了一定的研究。多酚具有很强的生物活性如抗氧化性、抗菌、抗癌等，经常食用富含多酚类物质的果蔬可在一定程度上减少机体的氧化以及患心血管疾病、癌症、糖尿病、衰老等退行性疾病的概率。

多酚类化合物的结构特点为一个或多个芳香环上具有一个或多个酚羟基基团，多酚类化合物通常被分类为酚酸、黄酮、二苯乙烯、香豆素和单宁五种。酚类化合物能够抑制多种突变因子引起的逆向突变。薯类中含有大量酚类化合物，但目前经化学成分研究的主要为酚类酸。酚类酸对花色苷进行酰基化，能够增强和改变花色苷的颜色和稳定性。

酚酸类物质是指一个苯环上连接有若干个酚性羟基的化合物。由于其苯环上连接的羟基数目及位置的不同，导致酚酸结构的差异。酚酸类物质主要分为两大类：羟基苯甲酸及其衍生物和羟基肉桂酸及其衍生物，如绿原酸及其异构体、阿魏酸、没食子酸等均是酚酸类物质。绿原酸大量存在于薯皮中，是甘薯有氧呼吸过程中形成的苯丙素类物质。目前关于绿原酸的生理功能研究主要集中在抑菌和降糖方面，据研究，绿原酸能破坏铜绿假单胞菌及烟曲霉生物被膜，影响菌株的正常生长；同时也可以通过影响白色念珠菌的 K^+ 通道诱导白色念珠菌的凋亡。另外，刘学辉等从紫甘薯茎叶中分离出绿原酸及异绿原酸（4，5-O-咖啡酰基奎宁酸、3，5-O-咖啡酰基奎宁酸和3，4-O-咖啡酰基奎宁酸），发现上述4种化合物对 α-葡萄糖苷酶产生竞争性抑制作用，推测其作用机制在于通过咖啡酰基部分与酶结合，从而影响底物的结合，说明绿原酸类化合物具有降糖活性。

黄酮类化合物是一类在植物界广泛分布的多酚类物质，可分为黄酮类、黄烷酮类、儿茶素类及花色苷类等。黄酮类化合物具有较多的生理功能，有抗肿瘤、抗炎、抗突变、治疗心血管疾病等生物学活性，最重要的作用是减少自由基形成和清除自由基的抗氧化活性，抗氧化活性高低与其结构有着密切的关系。黄酮类化合物主要存在于甘薯的茎叶中，是一类具有生物活性的次级代谢产物。研究发现，甘薯的黄酮类化合物主要包括花色苷、原花色素、黄酮醇和儿茶素等，约占总量的85%；其由5种酶共同参与生物合成过程，分别是查耳酮合酶（CHS）、查耳酮黄烷酮异构酶（CHI）、黄烷酮3-羟化酶（F3H）、二氢黄酮醇4-还原酶（DFR）和类黄酮3-O-葡萄糖基转移酶（UFGT）。黄酮类化合物的含量会随着甘薯品种、部位和采收期的不同等因素而发生改变。有研究表明，甘薯黄酮能够保护且减轻 CCl_4 对导肝细胞的损害，减少细胞的凋亡。

植物单宁又称鞣质，是高分子质量的一类植物多酚，相对分子质量在 500~3000。植物单宁主要存在于谷类、薯类、水果、草本等植物中，在植物的果实、根、叶、树皮等部位含量较高。根据其化学结构及其组成的差异性，植物单宁可以分为三大类，第一类是水解单宁，由没食子酸及葡萄糖中心组成，如没食子酸单宁、芥子酸单宁；第二类是原花色苷或缩合单宁，由儿茶素和表儿茶素组成，低聚原花色苷等属于此类；第三类是由间苯三酚单元组成的单宁。通过对紫心甘薯花色苷和单宁的辅色动力学研究，结果得出单宁-花色苷热降解的速率较低，半衰期长，耐热性好，表明单宁可以增加花色苷的稳定性，对其具有辅助作用。

三、薯类其他生物活性成分

在薯类中，类胡萝卜素是一种重要的功能成分，主要包括 α-胡萝卜素、β-胡萝卜素以及叶黄素等，其中 β-胡萝卜素具有最高的维生素 A 转化活性，是维生素 A 主要前体物质。

研究表明，甘薯中的反式 β-胡萝卜素远高于顺式，其含量占 $76.56\% \sim 96.49\%$；在白色或淡黄色甘薯中，顺式 β-胡萝卜素的含量低于橙色或者红色甘薯，而在黄心甘薯中以 β-胡萝卜素环氧化合物为主。类胡萝卜素具有治疗夜盲症、防止视力衰退的作用，其关键机制为 β-胡萝卜素中含有 2 个 β-紫罗兰酮环结构，能够通过体内 β-胡萝卜素 15, 15'-单加氧酶的作用，促进维生素 A 的形成。另外由于 β-胡萝卜素具有多个共轭多烯双键，能够与自由基发生加成反应，生成稳定的自由基，因此还具有抗氧化特性。维生素 A 缺乏仍是当今全球性问题，近年来已通过营养强化技术实现对高 β-胡萝卜素型甘薯的培育。研究发现，在食用高 β-胡萝卜素甘薯后，儿童血清中维生素 A 水平明显高于对照组，约有 67% 的儿童血清水平转为正常，证实了高 β-胡萝卜素甘薯对儿童体内维生素 A 的干预作用。

维生素是个庞大的家族，目前所知的维生素就有几十种，大致可分为脂溶性和水溶性两大类。在日常生活中维生素及其衍生物对于人和动物而言需要量较少，但却是人体必需的营养成分，若人体缺少某种或某几种维生素，机体则会遭到损害，如缺少维生素 D 会使机体患佝偻病。维生素 A、维生素 C 和维生素 E 等具有较强的抗氧化性，对于维持机体的平衡至关重要。研究发现，甘薯品种橙心薯块中含有丰富的维生素 A，维生素 A 对机体的免疫功能、正常生长和发育、正常代谢等具有重要的作用，多吃橙心薯块有利于机体的健康。

生物碱广泛存在于自然界中，是一类具有复杂含氮环状结构的碱性有机化合物，已知的生物碱有 6000 多种。生物碱根据分子结构分为吲哚衍生物类、吡啶衍生物类、萜类生物碱、固醇生物碱等十几种，各类别均可以存在于一种或几种植物中。生物碱在医学和农业中具有广泛的应用价值，医学上用来抗菌、降压、消炎、抗氧化、抗癌、抗艾滋病等，农业中用来杀虫、灭菌、除草、抗病毒等。生物碱抗氧化性的强弱与它的空间结构及电性因素有关，当环状结构中的氮原子"暴露"时，抗氧化性比较强，反之，抗氧化性比较弱。甘薯叶中生物碱含量为 345.62mg/100g 干物质。通过对比分析白心和紫心薯块中营养组成成分，检测到两种甘薯薯块中均含有生物碱。

贮藏蛋白质是植物体在恶劣条件下可被利用的蛋白质，为机体正常生长发育提供碳源、氮源以及硫源等。Sporamin 蛋白是甘薯中最为重要的贮藏蛋白质，主要存在于甘薯的根块中，几乎不存在于茎、叶等部位。研究发现，Sporamin 蛋白呈球形，其 N 端含有信号肽和前导肽的结构序列，具有靶向功能。这种靶向机制体现为：通过 Sporamin 的 N 端信号肽或前导肽与其他蛋白质的 N 端相结合，引导其他蛋白质进入液泡、胞外质和内质网，从而避免这些特殊功能蛋白质的降解。同时 Sporamin 蛋白也被证实是一种 Kunitz 型蛋白酶抑制剂，具有抗虫效果。目前，关于 Sporamin 蛋白的研究多集中在结构特征方面，对于其作为胰蛋白酶抑制剂的保健功能却少有报道。据研究，Sporamin 蛋白具有抗癌的作用。Sporamin 蛋白可以触发抗凋亡信号与促凋亡信号之间的平衡关系，其通过下调 Akt/GSK-3 信号通路，诱导细胞凋亡并显示出细胞毒性，这表明甘薯的 Sporamin 蛋白可能对口腔癌有一定的治疗效果。发现 Sporamin 蛋白会下调肝脏中 β-连环素和血管生长因子（VEGF）的表达和分泌，从而抑制小鼠直肠癌结节的生长。

薯类的不同部位及各种形式的提取物中的化学成分在体外和体内具有独特的生物活性，对人类健康有重要的影响。薯类不同部位的生物活性物质可能影响多种不同的分子生物学过程，并可能产生比单独使用根或叶更有效的预防和治疗人类疾病的功效。需要注意的是，不同部位生物活性成分之间的相互作用可能是协同的、相加的或拮抗的方式。薯类不同部位的生物活性物质是否存在促进健康的协同作用或拮抗作用尚不明确。所以今后仍需要深入探索薯类各种生物活性物质在生理条件下相互作用的机制，这对于薯类在预防和治疗人类疾病方面的应用至关重要。

> ### 🔍 思考题
>
> 1. 薯类加工副产物主要有哪些？分别具有哪些营养成分和特点？
> 2. 简述不同薯类加工副产物的综合利用途径。

参考文献

［1］任素霞，徐海燕，杨延涛，等．稻壳灰的综合利用研究［J］.河南科学，2012，3005，600-604.

［2］罗红元，林伟琦，罗联忠，等．稻壳的资源化利用研究进展［J］.广东化工，2019，4611，124-125+148.

［3］刘强，侯业茂，张虎，等．稻谷加工副产品稻壳的综合利用［J］.粮食加工，2013，3803，39-42.

［4］朱永义．稻壳综合利用技术与产业化前景［J］.粮食加工，2010，3501,43-45.

［5］张洋，所艳华，马守涛，等．稻壳制备应用型材料的研究进展［J］.化学与粘合，2022，44（01），61-64+67.

［6］鲍雯钰，刘晓庚，李博，等．稻壳中硅及其利用研究进展［J］.粮食科技与经济，2017，4204，72-76.

［7］隋光辉，程岩岩，陈志敏，等．综合利用稻壳制备木糖、电容炭与硅酸钙晶须［J］.高等学校化学学报，2019，4002，224-229.

［8］Aworn A．, Thiravetyan P．, Nakbanpote W．Recovery of gold from gold slag by wood shaving fly ash［J］.Journal of colloid and interface science，2005，2872，394-400.

［9］Barel A．, Calomme M．, Timchenko A．, et al．Effect of oral intake of choline-stabilized orthosilicic acid on skin，nails and hair in women with photodamaged skin［J］.Archives of Dermatological Research，2006，2978，381-381.

［10］赵秀平，王韧，王莉，等．稻壳基磁性介孔 SiO_2 的改性及其性质表征［J］.中国粮油学报，2015，3012，1-5+32.

［11］穆京海，叶舟，张权，等．介孔二氧化硅在癌症化疗药物控释和靶向输送中的应用进展［J］.生物技术进展，2016，603，179-184+229.

［12］Sapna I, Jayadeep A．Application of pulverization and thermal treatment to pigmented broken rice：insight into flour physical，functional and product forming properties［J］.J Food Sci Technol-Mysore，2021，58（6）：2089-97.

［13］Chen S H, Li X F, Shih P T, et al．Preparation of thermally stable and digestive enzyme resistant flour directly from Japonica broken rice by combination of steam infusion，enzymatic debranching and heat moisture treatment［J］.Food Hydrocolloids，2020，108：106022.

［14］Cai Y H, Liu Y H, Liu T Y, et al．Heterotrophic cultivation of Chlorella vulgaris using broken rice hydrolysate as carbon source for biomass and pigment production［J］.Bioresour Technol，2021，323：124607.

［15］Xiao H X, Yang F, Lin Q L, et al．Preparation and characterization of broken-rice starch nanoparticles with different sizes［J］.International Journal of Biological Macromolecules，2020，160：437-445.

［16］徐春泽．碎米发酵制备甘露醇的研究［D］．合肥工业大学，2012．

［17］吴书洁，陈凤莲，张欣悦，等．碎米及其产品的研究进展［J］．现代食品，2020，22：36-39+42．

［18］李洪波．碎米制备山梨醇的研究［D］．合肥：合肥工业大学，2010．

［19］吴丽荣．碎米多孔淀粉的超声酶法制备及功能成分的包埋应用［D］．宁夏大学，2020．

［20］Lei M，Jiang F-C，Cai J，et al. Facile microencapsulation of olive oil in porous starch granules：Fabrication，characterization，and oxidative stability［J］. International Journal of Biological Macromolecules，2018，111：755-61．

［21］许诗尧．水热处理大米粉制备抗性淀粉的研究［D］．武汉轻工大学，2016．

［22］杨帆，肖华西，林亲录，等．超声波-湿热法结合酸水解制备大米抗性淀粉及其理化性质研究［J］．中国粮油学报，2018，33（7）：43-50．

［23］林亲录．稻谷资源与利用［M］．北京：科学出版社，2019．

［24］申明玉．糯米红曲色素分离纯化及其结构和稳定性的研究［D］．安徽农业大学，2020．

［25］奚星平．红曲米色素分离纯化和十种色素分析方法建立［D］．天津科技大学，2018．

［26］朱翠玲，陈亮，沈婷，等．小麦麸皮多糖的研究进展［J］．保鲜与加工，2019，19（2）：163-7．

［27］Wen Y，Zhao R，Yin X，et al. Antibacterial and antioxidant composite fiber prepared from polyurethane and polyacrylonitrile containing tea polyphenols［J］. Fibers and Polymers，2020，21（1）：103-10．

［28］Moussaoui A E，Jawhari F Z，Almehdi A M，et al. Antibacterial，antifungal and antioxidant activity of total polyphenols of Withania frutescens. L［J］. Bioorg Chem，2019，93：103337．

［29］卞科，郑学玲．谷物化学［M］．北京：科学出版社，2017．

［30］豆康宁，王飞．麦麸不溶性膳食纤维的提取方法［J］．现代面粉工业，2019，33（2）：34-36．

［31］袁建，范哲，何荣，等．小麦麸皮中β-葡聚糖碱提工艺及其相对分子质量分布研究［J］．粮食与油脂，2014，27（2）：33-7．

［32］李长征．麦胚蛋白的亚临界水萃取、抗氧化肽制备及吸收转运［D］．镇江市：江苏大学，2017．

［33］李永恒，田双起，赵仁勇，等．微波辅助碱法提取麦胚蛋白及其功能特性的研究［J］．河南工业大学学报（自然科学版），2018，39（4）：14-9．

［34］张亚奇．麦胚清蛋白的表征及中试设计［D］．郑州：河南工业大学，2018．

［35］周会会．小麦胚抗肿瘤蛋白的分离纯化、表征及抗肿瘤机理研究［D］．无锡：江南大学，2013．

［36］牛丽亚，刘宛玲，肖建辉，等．黑曲霉发酵法提取麦胚黄酮工艺的研究［J］．食品工业，2015，36（11）：1-3．

［37］顾婕，马海乐，何荣海，等．响应面法优化小麦胚芽蛋白逆流脉冲超声辅助提取技术［J］．中国粮油学报，2015，30（8）：19-23.

［38］熊艳珍，黄紫萱，马慧琴，等．黑米的营养功能及综合利用研究进展［J］．食品工业科技，2021，42（07）：408-415.

［39］廖若宇，张春娥，刘新保，等．黑米中合成着色剂亮蓝的提取工艺优化及含量测定［J］．食品与发酵工业，2021，47（03）：120-127.

［40］Prasad B J，Sharavanan P S，Sivaraj R．Health benefits of black rice：A review［J］．Grain and Oil Science and Technolog，2019，2（4）：109-113.

［41］李静，焦雪，华泽田，等．20种黑米的总酚含量与抗氧化活性［J］．食品工业科技，2017，38（20）：31-35.

［42］陈子涵，蒋继宏，鞠秀云，等．各食用米中活性成分及其抗氧化活性［J］．食品工业科技，2018，39（3）：71-75，81.

［43］马先红，李峰，宋荣琦．玉米的品质特性及综合利用研究进展［J］．粮食与油脂，2019，32（1）：7-9.

［44］张云，楚杰，何秋霞，等．玉米浸泡液的综合利用［J］．中国食物与营养，2017，23（3）：24-26.

［45］Saalia F K，Amponsah A K，Asante N D，et al．Effects of corn steep water pretreatment on the rheological and microstructural properties of Ga‐kenkey［J］．John Wiley & Sons，Ltd，2017（5）：e12521.

［46］Alejandro López‐Prieto，Hadassa Martínez‐Padrón，Lorena Rodríguez‐López，et al．Isolation and characterization of a microorganism that produces biosurfactants in corn steep water［J］．CyTA‐Journal of Food，2019，17（1）：509-516.

［47］潘旭琳，曹龙奎．玉米蛋白粉研究进展［J］．黑龙江八一农垦大学学报，2013，25（4）：53-57.

［48］高伟．山东省玉米加工产业发展研究［D］．山东农业大学，2013.

［49］李金霞，何长安，王海玲，等．黑龙江省玉米产业发展现状及展望［J］．农业展望，2020，16（1）：67-70.

［50］刘玉春，孙庆杰．工业玉米副产品玉米皮精深加工技术进展［J］．农产品加工，2017，425（3）：76-79.

［51］Rodríguez‐López L，Rincón‐Fontán M，Vecino X，et al．Extraction，separation and characterization of lipopeptides and phospholipids from corn steep water［J］．Separation and Purification Technology，2020，248（1）：117076.

［52］李海燕．玉米浆及其副产物的制备与应用［D］．湖北工业大学，2013.

［53］周瑾琨，尹志慧，赵玮．玉米皮纤维素提取工艺优化及结构表征［J］．食品工业科技，2019，40（05）：207-212.

［54］Li Y，He T，Liang R，et al．Preparation and properties of multifunctional sinapic acid corn bran arabinoxylan esters［J］．International Journal of Biological Macromolecules，2018，106，1279-1287.

［55］许英一，林巍，刘晓兰，等．玉米胚芽蛋白提取工艺的优化［J］．食品工业，

2019，40（10）：88-90.

［56］石丹. 玉米胚芽蛋白的功能性质研究［D］. 黑龙江东方学院，2015.

［57］Musa A，Gasmalla M A A，Ma H，et al. A new continuous system of enzymatic hydrolysis coupled with membrane separation for isolation of peptides with angiotensin I converting enzyme inhibitory capacity from defatted corn germ protein ［J］. Food & Function，2019，11（1），1146-1154.

［58］唐红明. 玉米蛋白粉深加工及利用探讨 ［J］. 南方农业，2020，14（21）：190-191.

［59］张桂凤. 玉米 DDGS 在家禽中的应用研究进展 ［J］. 家禽科学，2017，000（2）：50-55.

［60］Priyanka S，Hina A，Amit K S，et al. Physico-chemical characterization of carvacrol loaded zein nanoparticles for enhanced anticancer activity and Investigation of molecular interactions between them by molecular docking ［J］. International journal of pharmaceutics，2020，588：119795.

［61］张守文，韩英. 玉米蛋白粉中黄色素超声微波提取工艺的优化 ［J］. 中国食品添加剂，2014（01）：95-101.

［62］Guo X，Ren C，Zhang Y，et al. Stability of zein - based films and their mechanism of change during storage at different temperatures and relative humidity ［J］. Journal of Food Processing and Preservation，2020，44（9）：e14671.

［63］马庆庆. 河南省玉米产业竞争力提升研究［D］. 福建师范大学，2019.

［64］孙婷，王峰，刘俊林. 我国粮油原料的综合利用现状 ［J］. 农产品加工，2019（16）：76-79+88.

［65］阮少兰，郑学玲. 杂粮加工工艺学 ［M］. 北京：中国轻工业出版社，2011.

［66］张丽，刘娜，张彦青，等. 双水相萃取分离红高粱色素工艺研究 ［J］. 中国调味品，2021，46（08）：164-168+173.

［67］王文颖，张健男，孙阁，等. 甜高粱饲用价值的研究进展 ［J］. 饲料研究，2021，44（14）：153-156.

［68］汪勇. 粮油副产物加工学 ［M］. 广州：暨南大学出版社，2019.

［69］张亚琨，张美莉，郭新月. 微粉碎对燕麦麸皮功能性成分及抗氧化性的影响 ［J］. 中国食品学报，2021，21（11）：22-28.

［70］孟续，李言，钱海峰，等. 燕麦 β-葡聚糖的提取制备及纯化研究进展 ［J］. 食品与发酵工业，2021，47（21）：268-274.

［71］杨成峻，陈明舜，戴涛涛，等. 燕麦 β-葡聚糖功能与应用研究进展 ［J］. 中国食品学报，2021，21（06）：301-311.

［72］王海滨，夏建新. 小米的营养成分及产品研究开发进展 ［J］. 粮食科技与经济，2010，35（04）：36-38.

［73］田秀红，任涛苦. 荞麦的营养保健作用与开发利用 ［J］. 中国食物与营养，2007，（10）：44-46.

［74］李秀利. 大麦麸皮中大麦素的提取及其性质的研究 ［D］. 沈阳：东北农业大学，

2014.

［75］周正容，林天昌，时小东，等．碳酸钠和盐酸法提取荞麦壳中水不可溶性膳食纤维的对比研究［J］．食品工业科技，2020，41（14）：172-178+203.

［76］木泰华，陈井旺．中国薯类加工现状与展望［J］．中国农业科学，2016，49（9）：1744-1745.

［77］薛红军，王奇．木薯酒糟渣沼气化利用的厌氧发酵特性［J］．河南科技．2019（19）：134-139.

［78］李子涵，杨晓晶．世界及中国马铃薯产业发展分析［J］．中国食物与营养，2016（5）：5-9.

［79］Menon R，Padmaja G，Sajeev M S．Cooking behavior and starch digestibility of NUTRI-OSE ® （resistant starch）enriched noodles from sweet potato flour and starch［J］．Food Chemistry，2015（182）：217-223.

［80］王颖，潘哲超，李先平，等．马铃薯的营养价值与人体健康［J］．中国食物与营养，2017（8）5-8.

［81］董吉林，王雷．膳食纤维对肠道微生物及机体健康影响的研究进展［J］．粮食与饲料工业，2019（1）：36-37.

［82］杨金姝．马铃薯渣中果胶的超声波-微波协同酸法提取工艺及乳化特性研究［D］．北京：中国农业科学院，2018.

［83］田雅婕．酵母发酵马铃薯淀粉加工废水生产 SCP 的试验研究［D］．哈尔滨：哈尔滨工业大学，2017.

［84］徐梦瑶．甘薯渣的资源化利用［D］．济南：山东师范大学，2017.

［85］Wang T，Liang X，Ran J，et al．Response surface methodology for optimisation of soluble dietary fibre extraction from sweet potato residue modified by steam explosion［J］．International Journal of Food Science & Technology，2017，52（3）：741-747.

［86］Arachchige M P M，Mu T H，Ma M M．Structural，physicochemical，and emulsifying properties of sweet potato pectin treated by high hydrostatic pressure and/or pectinase：A comparative study ［J］．Journal of the Science of Food and Agriculture，2020，100（13）：4911-4920.

［87］周剑辉，陆丹，蒋小霞，等．益生菌发酵红薯渣对肉牛生长性能、养分表观消化率的影响［J］．中国饲料，2021（1）：131-134.

［88］黄滢洁，冯龙斐，梁新红，等．汽爆甘薯渣对小麦粉中淀粉理化特性及面包品质的影响［J］．中国食品学报，2020，20（9）：147-155.

［89］张婷，陈小伟，赵优萍，等．木薯副产物的综合利用现状及发展趋势［J］．食品工业科技，2019，40（8）：343-349.

［90］蒋建生，庞继达，蒋爱国，等．发酵木薯渣饲料替代部分全价饲料养殖肉鸭的效果研究［J］．中国农学通报，2014，30（11）：16-20.

［91］Shang Q，Tang H，Wang Y，et al．Application of enzyme-hydrolyzed cassava dregs as a carbon source in aquaculture［J］．Science of the Total Environment，2018（615）：681-690.

［92］Yue X，Li J，Liu P，et al．Study on the performance of flame-retardant esterified starch-modified cassava dregs-PBS composites［J］．Journal of Applied Polymer Science，2018

（18）：1-10.

［93］Panyasiri P，Yingkamhaeng N，Lam N. T，et al. Extraction of cellulose nanofififibrils from amylase-treated cassava bagasse using high-pressure homogenization ［J］. Cellulose，2018（3）：1-12.

［94］江雪，吕晓玲，李津等 . 紫甘薯多糖对辐射的防护作用 ［J］. 食品与生物技术学报，2010，29（05）：665-669.

［95］田春宇，王关林 . 甘薯多糖抗氧化作用研究 ［J］. 安徽农业科学，2007，35（35）：11356-11401.

［96］罗丽萍，高荫榆，王应想等 . 薯蔓多糖的体外抗氧化作用研究 ［J］. 食品科学，2008，29（07）：424-427.

［97］高秋萍，阮红，毛童俊等 . 紫心甘薯多糖的抗氧化活性研究 ［J］. 营养学报，2011，33（01）：56-60.

［98］刘雪辉，李觅路，谭斌，等 . 紫甘薯茎叶中绿原酸及异绿原酸对 α-葡萄糖苷酶的抑制作用 ［J］. 现代食品科技，2014，30（3）：103-107.

［99］Yang C，Zhang J J，Zhang X P，et al. Sporamin suppresses growth of xenografted colorectal carcinoma in athymic BALB/c mice by inhibiting liver beta-catenin and vascular endothelial growth factor expression ［J］. World Journal of Gastroenterology，2019，25（25）：3196-3206.